哲人石丛书

立足当代科学前沿

彰显当代科技名家

绍介当代科学思潮

激扬科技创新精神

策　划

潘　涛　卞毓麟

哲人石丛书 Philosopher's Stone Series

当代科普名著系列

原子弹秘史

历史上最致命武器的孕育（上）

理查德·罗兹 著

江向东 廖湘彧 译

上海科技教育出版社

图书在版编目(CIP)数据

原子弹秘史/(美)罗兹(Rhodes,R.)著; 江向东,廖湘彧译. —上海:上海科技教育出版社,2008.12
(哲人石丛书.当代科普名著系列)
ISBN 978-7-5428-4535-1

Ⅰ.原... Ⅱ.①罗... ②江...③廖... Ⅲ.原子弹—研究—技术史 Ⅳ.TJ91-09

中国版本图书馆CIP数据核字(2008)第079783号

1. 英国小说家威尔斯。他 1914 年的小说《世界解放》预言了原子弹、原子战争和世界政治。

2. 作为一个年轻人，匈牙利物理学家利奥·齐拉梦想着拯救世界。“如果我们能找到一种能被中子分裂的元素……”

3. 皮埃尔·居里和玛丽·居里 1900 年在巴黎他们的实验室里。他们首先从沥青铀矿残留物中分离出元素钋和镭，其辐射能量远远超过任何化学过程。

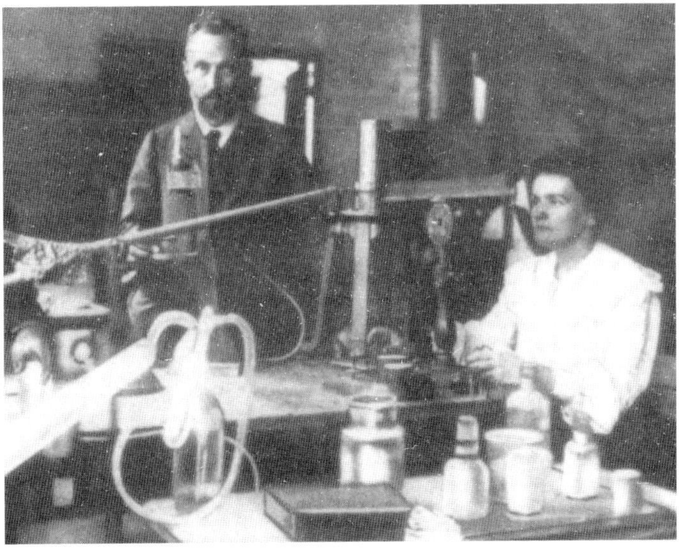

4. 新西兰人欧内斯特·卢瑟福发现原子核。詹姆士·金斯称他为“原子物理学的牛顿”。1902年。

5. 英国剑桥大学卡文迪什实验室，20世纪早期全世界实验物理学的中心。

6. 化学家奥托·哈恩和物理学家莉泽·迈特纳，在柏林组成了一个多产的小组。

7. 尼尔斯·玻尔即将取得伟大的成功。1911年夏天，他和未婚妻玛格丽特在一起。

8. 1912年10月:德皇走在前头，准备为他捐献的柏林郊外达勒姆耕地上新建成的研究所庆典献辞。

9. 威廉皇帝化学研究所,迅速增长的德国势力的另一标志。

10. 化学家弗里茨·哈伯（左）和理论物理学家阿尔伯特·爱因斯坦。1914年。第一次世界大战中,哈伯领导德国毒气开发;爱因斯坦呼吁和平主义,从事广义相对论的研究。他已经导出重要的质能关系式 $E=mc^2$。

11. 剑桥大学物理学家亨利·莫塞莱,1915年阵亡于加利波利。一个颂扬他的人说，单就他的死一件事来说，第一次世界大战就是“丑恶”和“不可补救”的罪恶。

12. 准备进行毒气训练的美国士兵,1917年。“这是拯救无数生命的一种方法,”哈恩记得哈伯为毒气战辩解说,“……如果这意味着战争能够尽快结束的话。”

13. 尼尔斯·玻尔在哥本哈根的理论物理学研究所,建成于1921年，全世界最优秀的年轻物理学家朝圣般地来这里工作和学习。

14. 20世纪20年代的尼尔斯·玻尔。

15. 1927 年，在意大利的科摩，恩里科·费米、沃纳·海森伯和沃尔夫冈·泡利（从左到右）听玻尔详细讲解互补性。

16. 位于维亚盘尼斯佩纳的物理研究所。

17. 费米和他在罗马的小组在 20 世纪 30 年代为重要工作做准备，并发现用中子轰击元素能引起前所未知的人工放射性。铀是一个复杂的谜。从左至右，埃米利奥·塞格雷、恩里科·佩尔西科（Enrico Persico）和恩里科·费米，1927 年在欧斯提亚。

18. 剑桥大学物理学家弗朗西斯·阿斯顿对同位素进行质量分类的质谱仪。它们的整数质量数让人们得以理解使原子结合在一起的结合能。“我个人认为，毋庸置疑，我们周围的亚原子能是可利用的，”阿斯顿在演讲中说，“总有一天，人们会释放出并控制它那几乎是无穷的威力。”

19. 阿道夫·希特勒于1933年4月颁布的第一个排犹法律，剥夺了“非雅利安人”的学术职位。100多名物理学家逃离德国。

20. 由于欧洲局势混乱，玻尔的哥本哈根年会变成了工作论坛。前排（左起）：奥斯卡·克莱因、玻尔、海森伯、泡利、乔治·伽莫夫、列夫·朗道（Lev Landau）、亨德里克·克拉默斯（Hendrik Kramers）。

21. 卢瑟福的弟子詹姆斯·查德威克着手确定物质的第三种基本组分。1932年,中子的发现打开了对原子核进行详细考察的大门。查德威克的同事们兴奋地称他为"完美实验家的化身。"

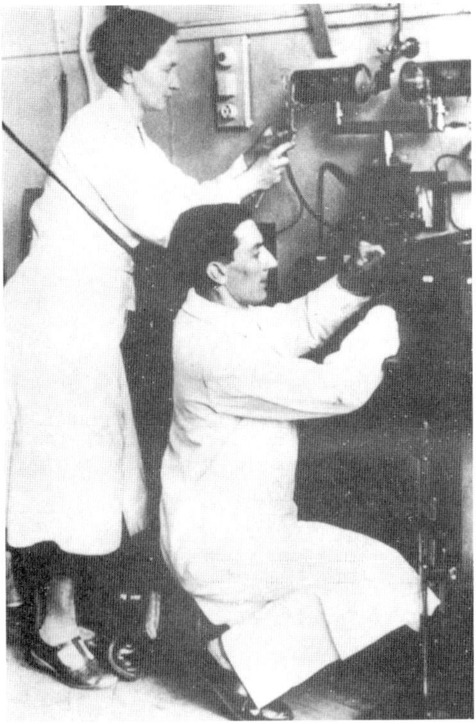

22. 巴黎镭研究所的弗雷德里克和伊蕾娜·约里奥-居里发现人工放射性,但错过了中子的发现。1935年。

23. 20世纪30年代,在伯克利,理论物理学家罗伯特·奥本海默(左)和实验物理学家欧内斯特·劳伦斯建造了一所伟大的美国物理学校。

24. 让劳伦斯获诺贝尔奖的回旋加速器击碎了原子核的秘密，证实了一个强有力的中子源。劳伦斯在检测1937年完工的直径94厘米回旋加速器的真空室。

25. 卡文迪什实验室两位著名的主任J. J. 汤姆孙（左）和欧内斯特·卢瑟福在20世纪30年代。

26. 数学家冯·诺伊曼早年离开欧洲去接受高等研究院的一个终身职务。

27. 1936年在牛津，格特鲁德·外斯为齐拉伯的照片。链式反应专利已属英国的军事秘密。

28. 物理学家们逃出纳粹德国，到达英国之后迁往美国的人数在增加。后来的诺贝尔桂冠学者汉斯·贝特在康奈尔大学获得一个职位。

29. 斯图加特的教授女儿露丝·埃瓦尔德（Rose Ewald）于1936年随后而来。贝特说："露丝当时20岁，我与他坠入了爱河。"

30. 排犹的战争蔓延到意大利，威胁到劳拉·费米（Laura Fermi）。费米1938年获得诺贝尔奖，让这对夫妇有了逃离意大利的经济保障；他们领着他们的孩子朱利奥（Giulio）和内拉（Nella），从斯德哥尔摩去了纽约。费米调侃道："我们建立了费米家族的美国支系。"

31. 1937年,59岁的莉泽·迈特纳。1938年圣诞节，她在斯德哥尔摩从哈恩那里获知哈恩和斯特拉斯曼的惊人发现：慢中子轰击铀产生钡——铀裂变的第一个证据。

32. 奥托·弗里施(Otto Frisch),1938年。他和他的姨妈迈特纳一起,揭示了哈恩-斯特拉斯曼铀裂变的过程及其革命性意义。

33. 60岁的奥托·哈恩,1939年。他的“钡狂想”将改变世界。

34. 威廉皇帝化学研究所里哈恩的一张工作台。

35. 瑞典昆格尔夫的一座中世纪城堡，俯瞰着工作中的迈特纳和弗里施。

36. 1939 年 1 月，哥伦比亚的赫伯特·安德森（Herbert Anderson）首次在美国演示核裂变原理。

37. 1938 年 9 月，在慕尼黑，英国首相张伯伦同意了纳粹瓜分捷克斯洛伐克的要求。张伯伦对伦敦群众说这是“光荣的和平”。丘吉尔则指责说是“彻底的投降”。

38. 1939 年 1 月 28 日晚间，华盛顿哥伦比亚特区卡内基协会地磁部靶室，原子核裂变演示结束后。从左到右：罗伯特·迈耶(Robert Meyer)、默尔·图夫、费米、理查德·罗伯茨(Richard Roberts)、罗森菲尔德、埃里克·玻尔(Erik Bohr)、尼尔斯·玻尔、格雷戈里·布赖特(Gregory Breit)、约翰·弗莱明(John Fleming)。

39. 1939 年，爱因斯坦致信弗兰克林·罗斯福总统，陈述德国原子弹研究的可能性，促使罗斯福委任了一个由标准局主任莱曼·布里格斯(Lyman J. Briggs)(左)领导下的铀委员会。

40. 美国科学界的战时领军人物,1940 年。从左到右:欧内斯特·劳伦斯、阿瑟·康普顿、万尼瓦尔·布什、詹姆士·布赖恩特·科南特(James Bryant Conant)、卡尔·康普顿、阿尔弗雷德·卢米斯(Alfred Loomis)。

41. 随着德国 1939 年 9 月 1 日入侵波兰,战争降临欧洲。图中,华沙的波兰公民在看纳粹的公告。罗斯福向交战国呼吁停止轰炸平民。

42. 吉尼亚·派尔斯(Genia Peierls)和鲁道夫·派尔斯(RudolfPeierls)。当美国人的努力遇阻时,派尔斯和奥托·弗里施于 1940 年在英国研究出用铀 235 作燃料的快速裂变铀弹的基础理论,并且说服他的英国同行们相信这是切实可行的。

43. 尤金·布思（左）和约翰·邓宁（右）1940年决定用气体多孔膜扩散法分离铀235和铀238。英国也采用了同样的方法。

44. 经济学家亚历山大·萨克斯将爱因斯坦的告诫信带给罗斯福；他推动建立了保守的布里格斯领导的铀委员会，这个委员会没能成功地持续到第二年。

46. 阿尔弗雷德·尼尔用他的质谱仪分离出一块铀235样品。哥伦比亚大学用它证实这种稀有的同位素对应于慢中子裂变。

45. 获诺贝尔奖的理论物理学家尤金·维格纳。齐拉、爱德华·特勒和他一同被称为“匈牙利阴谋家”。齐拉始终如一地称呼他为“项目的良知”。

47. 澳大利亚人马克·奥利芬特 1941 年访问美国，协助促成美国原子弹工程的启动。

48. 格伦·西博格（Glenn Seaborg），钚的发现者之一，1942 年和他的未婚妻海伦·格里格斯（Helen Griggs）在洛杉矶合影。

49. 战略轰炸不久就跨越天堑英吉利海峡。这是考文垂市大教堂被德国炸弹摧毁的场景。

50. 1941 年 12 月 7 日，日本人偷袭珍珠港，最终促使美国参战。美国不仅向日本宣战，还向德国和意大利宣战。美国的原子弹开发研究工作立即加快了速度。

51. 富兰克林·罗斯福看到了长远的潜力并且本能地将原子核武器的决策权留给了自己。

52. 1942 年 8 月 20 日，路易斯·沃纳（Louis B. Werner）和伯里斯·坎宁安（Burris Cunningham）在芝加哥分离出第一份纯净的钚样品。

若把人类成就和人间迷惘看作一部传奇，科学发现就是伟大的史诗。

——罗伯特·奥本海默(Robert Oppenheimer)

在诸如制造原子弹这样的事业中，对各种想法、希望、建议和理论计算作出鉴别，以及基于测量的可靠数据是至关重要的。只要少数几个不可预言的原子核截面与它们的实际数值相差一个因子2，则所有的委员会、所有的政治活动和所有的计划，将全部化为泡影。

——埃米利奥·塞格雷(Emilio Segrè)

对本书的评价

这是一部巨著。罗兹先生做了一件漂亮的事,我很难想象有人能超越它。

——路易斯·W·阿尔瓦雷茨(Luis W. Alvarez)

1968年诺贝尔物理学奖得主

……在我已经读过的内容中,作者丰富的与原子核能和原子弹发展有关的科学史知识以及美国为这一发展作出贡献的人物的知识,给我留下了深刻印象。特别是他对利奥·齐拉贡献的重要性的认识,给我印象尤深。齐拉的贡献几乎总被低估,但在该书中,作者充分认识并甚至可能高估了它。我希望该书拥有广泛的读者。

——尤金·P·维格纳(Eugene P. Wigner)

1963年诺贝尔物理学奖得主

我发现《原子弹秘史》写得好,引人入胜,是众多有关这一主题的最佳图书之一。它像小说一样使人着迷,我从中学到了许多我不知道的东西。罗兹先生尽心竭力且富有才智地完成了职业之外的一项工作。

——埃米利奥·塞格雷(Emilio Segrè)

1959年诺贝尔物理学奖得主

罗兹先生对于化学家在开发研究原子弹方面扮演的角色给予了谨慎的关注。《原子弹秘史》,作为至今对"曼哈顿工程"最完整的记述，撞击着我的心灵。

——格伦·T·西博格(Glenn T. Seaborg)
1951年诺贝尔化学奖得主

《原子弹秘史》具有弥尔顿史诗般的价值。我还没有在其他地方看到过如此优雅、热忱、细节详尽、语言简朴的完整故事，它引领着读者体会那美妙而深刻的科学发现以及它们的应用。

在痛苦的世纪里，在重大而又令人敬畏的决策面前，时代的、科学的、军事的和政治的伟大人物一个个显得栩栩如生。这部涉及20世纪各种最深刻问题的巨著能够帮助我们理解21世纪世界面临的机遇和隐忧。

——I·I·拉比(I. I. Rabi)
1944年诺贝尔物理学奖得主

纪念约翰·库什曼

(John Cushman, 1926—1984)

作者诚挚感谢福特基金会和斯隆基金会对本书研究和写作的支持。

目录

第一篇　深刻而必然的真理

科学中深层的内容不是因为它们有用而被发现，它们被发现是因为它们可能被发现。这是一个深刻而必然的真理。

——罗伯特·奥本海默

对我来说，看到随手写在黑板上或纸片上的一些东西是如何改变人类事务的进程的，依然是一个永不枯竭的惊奇之源。

——斯坦尼斯拉夫·乌拉姆（Stanislaw Ulam）

第一章

镜花水月

伦敦,一个灰暗而又压抑的早晨,南安普敦大街穿过百花里(Bloomsbury)大英博物馆对面的罗素广场,利奥·齐拉(Leo Szilard)焦急地等待红灯变成绿灯。昨晚下过雨,地上水迹斑斑。1933年9月12日,星期二,清晨寒冷、阴暗而又潮湿。刚过中午又下起了毛毛细雨。齐拉后来讲起那天的情形,从没提过那天早晨他想去哪儿。他可能没有任何目的地;他常常一边走一边思考。另一目的地随时都会冒出来。红灯转绿灯,齐拉跨出街沿。就在他横穿大街时,时间在他面前裂开一道口子,他看到了一条未来的路,看到死神将走进这个世界,看到我们的所有悲哀、种种事物的幽灵即将来临。

齐拉,匈牙利理论物理学家,1898年2月11日生于布达佩斯一个犹太家庭。1933年他35岁,身高一米六八,即使在那个时代也不算高个。不过他也不是那种圆脸大肚子的"矮胖男人","他的眼里闪耀着智慧的光芒"并且"思想丰富世间罕见",法国生物学家雅克·莫诺(Jacques Monod)日后遇到他时这样说。正处于爱打扮的青年和健壮的中年之间,齐拉有着浓密而卷曲的黑发,富有生气的面容,丰满的双唇,扁平的面颊和深褐色的眼睛,因而一张脸显得生气勃勃。照片上的他悲天悯人。这是有原因的。他最大的雄心,甚至比他投身科学还要关切的,是拯救世界。

《未来事物的面貌》(The Shape of Things to Come)是威尔斯(H. G. Wells)刚出版的新小说,在9月1日的《泰晤士报》

(The Times)上得到像对待长辈一样的好评。"威尔斯先生最新的'未来之梦'是它自身的辉煌证明,"《泰晤士报》含糊其辞地称赞道。这位英国幻想小说家是齐拉颇有影响的熟人关系网中的一员,这个关系网是齐拉通过能说会道的聪明,再敷上十足的厚脸皮而建立起来的。

1928 年在柏林,齐拉是柏林大学的一名无薪大学教师,也是爱因斯坦(Albert Einstein)从事实际发明的知己和搭档。齐拉读过威尔斯的小说《阳谋》(The Open Conspiracy)。阳谋指的是有科学思想的企业家和金融家合谋建立世界共和,从而拯救世界。齐拉很喜欢威尔斯小说里的用语,他在余生里一直断断续续地沿用着。更为扼要地说,他 1929 年前往伦敦会见威尔斯并购买了威尔斯书籍的中欧出版权。齐拉的雄心驱使他与威尔斯讨论了比出版权更多的内容。但是,会谈没有立即促成更进一步的联系。他未曾遭遇威尔斯小说中狄更斯式故事中最吸引人的孤儿。

齐拉的过去为他在南安普敦大街受到的启示作好了准备。他是土木工程师的儿子,他的母亲富有爱心,他受到良好的教育。"我懂得多种语言,因为我们请过几位家庭女教师,首先我学德语,然后学法语。"在布达佩斯著名的明特大学预科班,对同班同学来说,他有几分像"吉祥物"。"在我年轻时,"他曾经告诉一个拜访者,"我有两大人生志趣,一个是物理学,另一个是政治。"他记得 16 岁时,正值第一次世界大战开始,早熟的他基于对交战国相对实力的权衡,告诉心怀敬畏的同学,国家命运的走向将是如何:

> 那时,我告诉他们,我当然不知道谁会赢得战争,但我确切知道战争会怎样结束,它应当以轴心国也就是奥匈帝国和德国的失败而告终,它也以俄国的失败而告终。

> 我说我也不明白这是怎样发生的，因为它们是敌对的双方，但我说这的确应当发生。回顾往事，我发现这很难理解，我以16岁的年龄，除了匈牙利外没有任何其他国家的直接知识，怎么能够作出那样的陈述。

他似乎在16岁时就已形成了他的基本特征。他相信他的判断力在那时达到了顶峰，以后再也没有上升过，“甚至也许下降了。”

他16岁那年是大战爆发的头一年，这场战争将粉碎一个时代的政治和合法协议。单凭那个预言与结果的一致——或者像是一种催化剂——本身就能使一个年轻人以救世主自居。直到生命终结，他都使得愚笨的人感到不舒服，使得自负的人疯狂。

他1916年从明特大学预科班毕业，获得厄缶（Eötvös）奖——一项匈牙利的数学国家奖，并考虑深造。他对物理学有兴趣，但“匈牙利没有物理事业”。如果他研习物理，他至多成为一名高中教师。他考虑过学习化学，认为这以后可能会对从事物理学有用，但这似乎也不可能谋生。他最终决定学电机工程。经济原因可能无法说明一切。他在柏林时的一个学友直到1922年才注意到，齐拉尽管获得了厄缶奖，“仍然觉得自己在数学运算方面的技能可能比不上他的同事。”另一方面，避开那个年代匈牙利大学死气沉沉的科学教学而日后在物理学上成就突出的匈牙利人，并不只有他一个人。

他开始在布达佩斯的约瑟夫国王技术学院学工程学，后被征入奥匈军队。因为受过预科班教育，他被直接送到军官学校接受高机动地面部队的训练。是一次请假差不多肯定拯救了他的命。他请了假，表面理由是当时他的一个兄弟要做大手术，他要给双亲以精神上的安慰。事实上是他生了病。

他原以为自己得了肺炎，想在布达佩斯父母身边，而不是在前线陆军医院治疗。他站立着等待指挥官听取他的请求，其时他高烧至摄氏 38.9 度。这位上尉感到为难，齐拉以他的独特方式坚持要休假并得到批准，他在朋友的帮助下上了火车，到达维也纳时，体温降下来了，但咳得厉害，一到布达佩斯就住进了一家不错的医院。他的病被诊断为西班牙流感，成为奥匈这一边首批病例中的一例。战事渐冷。通过利用“家庭关系”，他被安排在几周后退伍。“不久，我听说我所在的那个团”被送到了前线，“遭到了猛烈的攻击，我的所有战友都就此消失了。”

1919 年夏天，在奥匈帝国战败后的混乱情况下，列宁(Lenin)的匈牙利追随者贝拉·库恩(Bela Kun)和他的共产主义及社会民主主义信徒在匈牙利建立了一个短命的苏维埃共和国，齐拉认为这是出国学习的时候了。他当时 21 岁。正当 8 月初他办理护照时，库恩政权垮台了。他又在海军上将尼古拉斯·霍尔蒂(Nicholas Horthy)的右翼政权那里办理护照并获得成功，大约在圣诞节前后离开了匈牙利。

尽管仍然不愿学习工程学，齐拉还是进了柏林技术学院。但是，在匈牙利是必修的内容在德国只是实践内容。柏林大学物理教员包括诺贝尔奖得主爱因斯坦*、马克斯·普朗克(Max Planck)、马克斯·冯·劳厄(Max von Laue)等一流理论家。还有弗里茨·哈伯(Fritz Haber)，他从空气中固定氮合成硝酸盐制造火药的方法，将德国从大战的早期失败中解救出来。高贵优雅的柏林市郊达勒姆有几所政府及企业赞助的威廉皇帝研究所，有许多声望显赫的物理学家和化学家，哈

---

* 爱因斯坦 1919 年尚未是诺奖得主，他获得的是 1921 年的诺贝尔物理学奖，1922 年颁奖。——译者

伯只是其中一个。布达佩斯和柏林之间在科学机遇方面的差异使得齐拉感到不能再去听工程学课。“最后,像平时一样,下意识占了上风,我无法再继续工程学的学习。我的自负终于让步了,我离开技术学院到柏林大学完成我的学业,这大约是在我21岁半的时候。”

那个时候,学物理的学生漫游于欧洲追寻大师,像中世纪的学术和工艺前辈那样追寻大师。在德国,大学是国家的公共机构,教授是拿薪的公务员,他也可以选择性地开几门课从学生中直接收取酬金(相比之下,无薪大学教师是那些有教学资格、可以收取酬金但没有薪水的访问学者)。如果你想学的某个专业是在慕尼黑授课,你就要去慕尼黑听课;如果是在哥廷根,你就得去哥廷根。无论如何,科学起源于工艺传统;在20世纪的头三分之一的时间里,仍然保留着一种非正式的师徒关系体系——在一定的程度上保留至今——在它之上建立了欧洲研究生院体系。这种非正式的学院,部分地解释了齐拉那一代科学家的情感,他们是具有国际范围和价值的、几乎像行会一样的孤高团体的成员。

齐拉的好友及匈牙利同事、理论物理学家尤金·维格纳(Eugene Wigner),在齐拉转学时正在技术学院攻读化学工程,看到了他倾倒于柏林大学。“齐拉一旦清楚认识到物理学是他实际的兴趣,就立即以特有的直率向爱因斯坦作了自我介绍。”爱因斯坦此时与妻子分居——喜欢独创而不愿墨守成规,他只讲很少的几门课——但维格纳记得,齐拉说服爱因斯坦给他们讲授研究班的统计力学课程。马克斯·普朗克是一个憔悴、秃头、年长的科学领袖,通过研究均匀发热表面(如窑炉的内部)的辐射,他发现了一个普适的自然常数。他遵循着一个在科学带头人中流传的谨慎的传统,只接受最有前途的学生加以个别指导。齐拉赢得了他的注意。马克斯·

冯·劳厄,柏林大学理论物理学院英俊的主任,X 射线晶体学的创始人,应用这一学说使晶体的原子晶格首次成为可见,从而引起了民众的轰动;他接受齐拉参加他富有见地的相对论课程,并且最终指导了齐拉的长篇博士论文。

在战后的德国,战败的绝望、玩世不恭和狂躁情绪如同热病产生的幻觉一样在柏林蔓延。柏林大学,位于市中心多萝西大街和勃兰登堡门以东的菩提树下大街之间,是看到这种希奇古怪世相的极好位置。齐拉没有赶上 1918 年 11 月的那场革命,它在基尔暴动的水手中开始,迅速蔓延到柏林,迫使德皇逃亡到荷兰。血腥暴乱后,战斗停了下来,最后建立了一个危机四伏的魏玛共和国。齐拉 1919 年底到达柏林时,超过 8 个月的戒严令已经撤消,一开始,这个城市充满了饥饿和寒冷,但很快就恢复了醉人的生活。

"地上积着雪,"一个英国人回忆他在那个午夜首次看到战后柏林的情景时说,"雪、霓虹灯和庞大的建筑群混成一体,疑非人间。你会感到你身处一个十分陌生的地方。"对一名 1920 年代柏林剧院常客的德国人来说,"空气总是清新的,仿佛撒了胡椒粉,就像纽约的深秋:你只要小睡一会而绝不会感到疲倦。这样好的体制哪儿都不会失败,即使被反复击中下巴也不会被判出局。"德国贵族从视野里消失了,被知识分子、电影明星和新闻记者取而代之,在只有一座皇宫空荡荡地矗立的城市里,举行了一次成为重大年度社会事件的新闻发布会,它由柏林媒体俱乐部主办,吸引了多达 6000 名的来宾。

密斯凡德罗(Mies van der Rohe)在战后的柏林设计了第一座玻璃幕墙的摩天大楼。童星叶赫迪·梅纽因(Yehudi Menuhin)首次登场表演,爱因斯坦在听众席上为他鼓掌喝彩。乔治·格罗斯(George Grosz)在他多年来在柏林宽阔的林阴道上无情的观察中,挑选并出版了著名画作《看哪! 人们》。弗拉基米尔·纳博科夫(Vladimir Nabokov)在柏林,注意到"一个年老、面色红润、双下肢高位截肢的女乞丐……像一尊半身像一样坐在墙根下……正荒唐地出售鞋带。"费奥多·温贝格(Fyodor Vinberg),一位前沙皇政府官员,在这儿出版劣质的报纸,兜售《锡安长老议定书》,他亲自将该书从俄国引入德国——这本德文版的伪马基雅维利主义的征服世界的欺世幻想之作,曾销售超过100000册——公开鼓吹对犹太人的暴力毁灭。希特勒(Hitler)到这件事结束都没有在柏林,因为他在1924年出狱后被禁止去德国北部,但他派遣"侏儒怪"约瑟夫·戈培尔(Joseph Goebbels)当他的代表;戈培尔学会了在这座被他在日记里贬为"黑暗、神秘之谜"的开放而充满活力、酗酒和喧嚣的城市里使用暴力和进行欺骗宣传。

1922年夏天,德国的货币兑换率降到了400马克对1美元。到了真正可怕的1923年,1月上旬降到7000马克对1美元,7月份为16万,8月份为100万,1923年11月23日为4.2万亿对1美元,调整终于开始。银行登广告招聘会画零的簿记员并按重量支付现金提款。破产中产阶级典当的珠宝快要堆到古董店的天花板了。剧院的一个座位票价只值一个鸡蛋的价钱。只有那些持硬通货的人们——多半是外国人——在花几便士就可以乘坐列车头等车厢横跨德国之时显得神气活现,但他们也赚来了饥饿的德国人的敌视。"不,没人有负罪感,"来访的英国人幸灾乐祸,"人们觉得这非常正常,这是上帝的礼物。"

后来移居美国的德国物理学家瓦尔特·埃尔萨塞(Walter Elsasser)1923年在他学生时代的一个间隔期在柏林工作;他的父亲同意支付他的个人费用。他虽不是外国人,但得到外国的资助,使他能像模像样地生活:

为了使我不受到(通货膨胀的)影响,我父亲恳求他的好友巴塞尔银行家考夫曼(Kaufmann)给我在一家大银行建立一个美元账户……每星期我花半天时间离开学校乘地铁到市中心以德国马克提取我的贴补;一次比一次多。回到我的租住房,我立刻买足能用到下周的食物一类的必需品,因为不出三天,所有物价都会明显上涨,约为百分之十五,这样我的贴补将变得短缺,不再允许我在周末享受到波茨坦或者是英格兰北部的湖泊区旅游的快乐……

我那时太年轻,太无情,太缺乏经验,不能理解这种飞速的通货膨胀——现实的饥饿和贫困——对那些靠养老金或者其他固定收入生活的人甚至是工薪阶层,尤其是家里有许多孩子、而其薪水的增长又落后于通货膨胀的人而言意味着什么。

齐拉一定就是这样生活的,除了没有人回想起曾看到过他自己做菜;他宁可买熟食或上小餐馆。他应该体会到极度的通货膨胀意味着什么以及它的一些原因。但是,尽管齐拉是超自然的信奉者——“在科学家中生活的漫长岁月里,”维格纳写道,“我还没遇到过更有想象力和独创性、更有思维和独立见解的人”——他的回忆和他的文章对在柏林的这些日子里发生的事情几乎只字未提。处于战后社会、政治和知识崛起高潮中的德国首都赢得了齐拉肯定的评价:“那时的柏林处于物理学的全盛期。”这意味着20世纪20年代异乎寻常地产生了现代综合的物理学,对他来说是多么重要。

4年学习通常是一个德国学生的论文工作的前期准备阶段。然后,在一个教授的认可下,学生解决一个他自己孕育的问题或者他的导师提供的一个问题。“为了能被接受,”齐拉说,它“必须是一项真正原创性的工作。”如果论文博得好感,这个学生就在某个下午接受答辩，如果通过了，他就在合适的时间被授予博士头衔。

齐拉已经把一生中的一年交给了当兵、两年交给了工程学。他在物理学方面的进步没有浪费一点时间。1921 年夏天，他找劳厄要论文题目。劳厄显然决定挑战齐拉——这一挑战可能是友好的，也可能是试图使齐拉端正自己的位置——给他一个相对论方面晦涩的问题。“我不能在这一题目上取得任何进展。事实上，我甚至不相信这是一个能够解决的问题。”齐拉在这个问题上努力了 6 个月，直到圣诞节，“我认为圣诞节不是工作时间而是休闲时间，因此我认为我只需要随意想些事情。”

他在 3 个星期里所想的，是怎样解决热力学方面一个难以理解的矛盾。热力学是关于热能和其他形式能量间联系的物理学分支，有两种热力学理论，在预言热现象方面都非常成功。一种是现象学的，较为抽象和普适（因而更有用）；另一种是统计学的，基于原子模型并且更接近于物理真实。尤其是统计理论将热平衡描述为原子的一种随机运动状态。例如，爱因斯坦在 1905 年的一篇重要论文中论证了布朗运动——像悬浮在液体上的花粉那样的微小颗粒的随机运动——便是这样一种状态。但更有用的现象学理论将热平衡当成静态处理，静态是没有变化的状态。这是一对矛盾。

齐拉散步了很久——柏林有几分寒冷和阴沉，这种阴沉在阳光灿烂的日子里有所缓解——“我在散步途中明白了点什么；回到家我就把它写下来；次日早晨醒来时又有了新的想法，就又出去散步；在我的头脑中已经成形，并在晚上写了下来。”他认为，那是他生命中最富有创造性的时期。“在 3 个星期里，我写成了一份有关某个问题的手稿，这的确是相当原创性的，但我不敢交给劳厄，因为这不是他要求我做的。”

齐拉在一次讨论课后将手稿交给了爱因斯坦,强拦住他并说自己想向他谈一些自己正在做的事情。

"好吧,你都在做些什么?"齐拉回忆当时爱因斯坦这样说。

齐拉汇报了他"非常原创性"的想法。

"那不可能,"爱因斯坦说,"这是一些无法做成的事情。"

"唔,是啊,但我做成了。"

"你怎么做成的?"

齐拉开始解释。"5 分钟或 10 分钟"后,他说,爱因斯坦听懂了。在一年的大学物理学学习后,齐拉完成了一个严格的数学证明,热平衡的随机运动能够以它原始的、经典的形式在现象学理论框架中取得一致,与特定的原子模型无关,"(爱因斯坦)非常赞同。"

受到了鼓舞,齐拉将他的论文——标题为"论唯象热力学向涨落现象的扩展"——交给了劳厄,劳厄用古怪的神情接受了它并带回家。"第二天一早,电话铃响了,是劳厄。他说:'同意将你的手稿作为你的博士论文。'"

6 个月后,齐拉写出了另一篇热力学论文,"论智能生物干预下热力学系统中熵的减少",它最终被认为是现代信息论的一份重要基础文献。到此时,他已经有了高级学位,现在是利奥·齐拉博士了。直到 1925 年,他在达勒姆威廉皇帝化学研究所做晶体中 X 射线效应实验,这是劳厄的领域。这一年,柏林大学接受了他的熵论文作为大学授课资格论文,也就是他的就职论文。他因此被指定为无薪大学教师,直至 1933 年离开柏林去英国。

齐拉自那时以后的副业之一便是发明。1924 年到 1934 年间,他个人或者与他的搭档阿尔伯特·爱因斯坦一道向德国专利局申请了 29 项专利。他们的合作申请大多涉及家用冷藏。“一天早晨，一条让人悲痛的报道……引起了爱因斯坦和齐拉的注意。”齐拉后来的一名美国学生写道，“柏林一家报纸报道，有一户包括几个年幼孩子在内的一家人在他们住的公寓里被发现窒息死亡，原因是他们吸入了家电冰箱中作为致冷剂的（化学）物质产生的有毒烟雾——在夜间通过磨损的气泵阀门泄漏出来。”因此，两位物理学家设计一种用电磁性抽运金属化致冷剂的方法，一种除致冷剂本身外，不需要任何其他运动机件（因而也就不可能发生阀门密封渗漏）的方法。A. E. G.（德国通用电气公司）签约雇用齐拉为一名带薪顾问并实际制造一台爱因斯坦－齐拉冰箱，但是，这种磁抽运泵比起当时甚至最吵的传统压缩机噪声还要大，因此，它从没离开过工程实验室投入实际应用。

另一项十分类似的发明也取得了专利，要是能在专利的基础上进一步改进，齐拉会在这方面赢得国际声誉。独立于美国实验物理学家欧内斯特·奥兰多·劳伦斯（Ernest O. Lawrence）的工作，而且还至少早了3个月，齐拉就给出了作为劳伦斯发明而被称为回旋加速器的基本原理和总体设计。这是一个在环形磁场中加速核子的装置，一种核子泵。齐拉为他的装置申请专利是在1929年1月5日；劳伦斯首次想到回旋加速器大约是在1929年4月1日，一年后生产出一个小小的工作模型——劳伦斯为此赢得了1939年度诺贝尔物理学奖。

齐拉的独创性在任何水准上都没有停止。从16岁作为国家命运预言家到31岁与威尔斯谈判版权时的合谋者，他一直想有一本他自己的《阳谋》，记录从“德国20年代中期”起他的社会发明的日期。假如这样的话，那么，他1929年去看望威尔斯，既醉心于这位英国人的幻想，也醉心于他的敏锐。查尔斯·珀西·斯诺（C. P. Snow），英国物理学家及小说家，这样写齐拉,他"总是有着非凡的气质,也许在主要科学家当中这并不太稀罕。他强烈自负,有着无可辩驳的自我中心主义,但他的表现却是个性外向,与人为善。在那种意义下,他有一个与爱因斯坦相似但程度稍低的家族特质。"在这句话中,与人为善指的是一篇关于一个新组织的文献:《同盟》——兄弟会、秘密结社或者更简单地说就是团伙。

关于"同盟",齐拉写道,应该是"一个有着密切联系的人群,在它的内部章程中贯穿着宗教和科学精神":

> 如果我们拥有一种魔法,用它可以在成长的一代人年幼时就能识别其"最好"的个体……那么,我们就能训练他们独立思考,通过一种紧密社团形式的教育,我们能够用可以自我更新的内部凝聚力造就一代精神领导阶层。

这个阶层的成员将不被报以财富或个人荣耀。相反,他们将被要求承担特殊的责任,以"负重"来"表明他们的献身精神"。齐拉认为这样一个群体即使没有正式组织结构或法律地位,也有很好的机会影响公共事务。但也有可能"作为政治体系中的一部分对公共事务产生更直接的影响,接近于政府和议会的职能,或者取代政府和议会"。

"兄弟会,"齐拉在另一时间写道,"不应该是某种类似政党的组织……,而应该代表国家。"他看到,代议制民主在30人到40人的每一个单元中自我完善,将形成"同盟"的成熟政治体制。"因为选举(和教育)的方法……将会有良好的机会使高层决策来自公正的大多数人。"

齐拉终身都执著于他的"同盟"的这一个版本或另一个版本。迟至1961年它才通过适当伪装,在他的通俗故事《海豚的声音》中发表:在“维也纳学院”,满槽的海豚把它们引人注目的智慧通过它们的驯养员和讲解员告知世界,这些人是美国和俄罗斯的科学家们;讲述者巧妙地暗示,驯养员可能是智慧的真实来源,利用人类对超人类救星的强烈迷恋来拯救人类。

乐观主义或者说机会主义的狂热爆发使齐拉在1930年热衷于组织一群熟人(他们中许多是年轻物理学家)联合起来工作。在20世纪20年代中期,他相信“议会民主机制在德国不会持续很久”,但他“认为它可能存在于一两代人。”5年内他有了不同看法。“我得出结论,德国到1930年某些事情会误入歧途……”德国国家银行总裁雅尔玛·沙赫特(Hjalmar Schacht)那年在巴黎会见了一个经济学家委员会,这些人被召来决定德国能够支付多少战争赔款,他宣布,除非将被割让的前殖民地归还给德国,否则德国一点也付不出。“这个惊人的声明攫住了我的注意,我得出结论,如果沙赫特相信他在这事上能侥幸成功,一定会坏事。我对这事印象如此深刻,以至于我写了一封信给我的银行,将我所有的钱一分不留地从德国转账到瑞士。”

一个组织严密得多的同盟以不同的方式正在德国发展壮大,其最原始的纲领就是拯救世界。这个纲领,在一本自传式的书《我的奋斗》中,傲慢自大地进行了陈述,它将带来漫长而血腥的劫难。在以后几年中,齐拉想领导一场运动,集合各类同盟;他从人们的视野中消失了,从事一个其结局比乌托邦更为紧迫和立竿见影的工作,这一“密切联系的人群”将最终对世界大事产生甚至比纳粹主义更强烈的影响。

20世纪20年代那些日子里,一个新的研究领域引起了齐拉的注意:核物理学,即对原子核——原了的大部分质量因而也是其大部分能量在原子核中——的研究成为研究的焦点。他熟悉德国化学家奥托·哈恩(Otto Hahn)和奥地利物理学家莉泽·迈特纳(Lise Meitner)在放射性一般领域中卓越工作的长期记录,这些人在威廉皇帝化学研究所建立了一个高产的工作小组。毫无疑问,齐拉一如既往地拥有对空气中弥漫的标志着可能有的新发展的独特张力的警觉。

一些轻原子的核能够被原子微粒轰击打碎,英国伟大的实验物理学家欧内斯特·卢瑟福(Ernest Rutherford)已经做了大量这样的实验验证。卢瑟福用一个核轰击另一个核,但是,因为两个核都带较强的正电,被撞击的核避开了大多数攻击。因此,物理学家寻找将粒子加速到很高速率的方法,从而强迫它们通过核的电势垒。齐拉的能用于这一目的的类似回旋加速器的设计,表明他早在1928年就在思考核物理学。

直到1932年,他都只是思考。他有其他工作,而核物理学还没有引起他充分的兴趣。1932年,核物理学变得引人注目。物理学的发现打开了新的可能领域,而齐拉在文学作品和乌托邦理想中的一些发现启发了他以新的方式拯救世界。

1932年2月27日,在给英国《自然》杂志的信中,剑桥大学卡文迪什(Cavendish)实验室——卢瑟福所在的实验室——的物理学家詹姆斯·查德威克(James Chadwick)宣布,中子可能存在。(4个星期后,他才在《皇家学会会议录》上发表的长篇论文中证实了中子的存在,但是,在查德威克首次谨慎声明时,齐拉就不再怀疑,比查德威克本人还有信心;很明显,像许多科学发现一样,它一旦被验证就是明白无误的了,只要齐拉愿意,他随时都能在柏林重复这一验证。)中子,一种质量与带正电的质子非常相近的粒子,不带电荷,这意味着它能够通过环绕原子核的电荷障碍进入原子核。质子是1932年以前被唯一确信的原子核组分。中子能够击开原子核进行研究,这甚至可能是一种迫使原子核将它巨大能量释放出一些来的方法。

就在这时,1932 年,齐拉找到或者收养了他以往从没发现过的威尔斯书中感人的孤儿:《世界解放》。尽管它是这样的标题,但它不是像《阳谋》这样的小册子。它是一本预言小说,出版于 1914 年第一次世界大战前。30 年后齐拉仍然能够准确地讲述《世界解放》的细节。齐拉说,威尔斯是这样描述的:

> ……原子能用于工业的大规模释放、原子弹的开发,以及一场世界大战,这显然是一场由英国、法国,可能包括美国在内的联盟,对德国和奥地利这些欧洲中部势力的战争。他将这次战争设想在 1956 年;在这场战争中,世界主要城市全被原子弹摧毁。

更多的个人发现出现在威尔斯的幻想小说中——预见或者回应齐拉的乌托邦计划的种种想法,可成为在以后的岁月里引领他向前的向导。例如,威尔斯写道,他的科学家英雄是"受压抑的,他感觉到他的发现的严重后果,他确实吓呆了。那个晚上,他有一个模糊的想法,他不应该发表他的成果,时机尚不成熟,某些贤明人士的秘密协会应该照看好他的著作并世代相传,直到它在世界上的实际应用时机成熟的那一天"。

然而,《世界解放》的题材所揭示的内容对齐拉的影响并不大。"这本书给我留下了非常深刻的印象,但我认为它只是一本科学幻想小说。它不能让我想出这些事情是否会实际发生。直到那时,我还没有开始在核物理方面的工作。"

根据齐拉自己所述,一次非同寻常而又平静的对话改变了他的工作方向。将他介绍给威尔斯的那个朋友 1932 年回到了欧洲大陆：

> 我在柏林再次遇到他，在那里作了难忘的交谈。奥托·曼德尔(Otto Mandl)说，他现在真正认为，他知道能把人类从一连串足以毁灭人类的持续不断的战争中解救出来的是什么。他说，男子汉有自己的英雄气质。男子汉不满足于快乐的闲散的生活，他需要战斗并直面危险。他得出结论，人类为拯救自己必须做的是实施一项旨在离开地球的计划。面对这项任务，他认为人类能够集中精力，能够满足英雄主义的需求。我很清楚地记得我自己的反应。我告诉他，这对我来说有些新奇，我真不知是否同意他的见解。我唯一能说的是：如果我下结论说这是人类需要的，如果我想为拯救人类作一点贡献，那么，我就大概会涉足核物理学，因为只有通过核能的释放，我们才能获得使人们不仅能离开地球，也能离开太阳系的手段。

这一定是齐拉的结论；那年，他迁至威廉皇帝研究所的哈纳克(Harnack)之屋——德国企业赞助的为科学家来访提供的住所，是一种教授俱乐部——并且和莉泽·迈特纳商量一起从事核物理实验工作以此来拯救世界。

在哈纳克之屋的租住房里，他的一家一当都在两只手提箱里。他将两只手提箱的钥匙带在身上，而手提箱都已整理停当。“一旦情况不妙，我必须做的事情只是转转钥匙然后走人。”情况果然不妙，以至于必须推迟与迈特纳一起工作的决定。齐拉回忆说，一位年长的匈牙利朋友——迈克尔·波拉尼(Michael Polanyi)，威廉皇帝研究所的一名化学家，携全家住在这里——像那时其他许多生活在德国的人一样乐观地看待德国的政治局势。“他们都认为，文明的德国决不会容忍任何真正野蛮的事情发生。”齐拉并不持这样的乐观态度，他注意到德国人自己已被玩世不恭所麻醉，而玩世不恭是战败后道德败坏的反映。

1933 年 1 月 30 日，阿道夫·希特勒被任命为德国总理。2 月 27 日晚，一帮由希特勒的私人卫队——柏林冲锋队——队长直接指挥的纳粹分子纵火焚烧了雄伟的国会大厦。这座大厦被彻底焚毁。希特勒以纵火罪诬陷共产党人，并威逼惊魂未定的国会授予他紧急处置的权力。齐拉发现，波拉尼在纵火案后仍对齐拉的判断将信将疑，“他看着我说，‘你真的想说你认为赫尔曼·戈林(Hermann Goring)的内政部与这事有关吗？’我说：‘是这样，这正是我要说的。’他只是用怀疑的目光看着我。”3 月下旬，普鲁士和巴伐利亚的犹太法官和律师都被停职解雇。4 月 1 日那个周末，尤利乌斯·施特赖歇尔(Julius Streicher)导演了一场对犹太商店的全国联合抵制，犹太人在大街上被殴打。“我在 1933 年4 月 1 日的前一天从柏林乘火车到维也纳，”齐拉写道，“火车空空的。第二天，同一列火车拥挤不堪并在边境上被拦下来，人们只得走出来，每个人都得接受纳粹盘查。这刚好表明，如果你想在这个世界上成功，你不必比别人聪明多少，只需比别人早一天就行了。”

4 月 7 日，《行政机构人员恢复法》在全德国发布，德国各大学大批犹太裔学者和科学家因此失业。齐拉在 5 月上旬到达英格兰，从这里出发，热心奔走帮助这些人移出德国，帮助他们在英国、美国、巴勒斯坦、印度、中国和中间各地找寻工作。如果说他还没能拯救全世界，他至少拯救了世界的一部分。

9 月，齐拉飞到伦敦。那时，他住在罗素广场的帝国饭店，之前他已经从苏黎世银行将 1595 英镑转账到伦敦。一大半的钱,854 英镑,是他替他的兄弟贝洛(Béla)保管的;其余的足够他用上一年。齐拉的资金来自于他的专利证、冰箱顾问和无薪大学教师酬金。他忙于为别人寻找工作,却不必操心为自己找一份。毕竟他的开销很少;在一家不错的伦敦饭店,一星期的住房和一日三餐大约要 5.5 英镑;他一生大部分时间是单身汉,生活很简朴。

“我大约是在英国学会(会议)时使自己在伦敦安下身来,直到这时我才重新考虑(与奥托·曼德尔关于太空旅行的)会谈以及威尔斯的书。”齐拉加重了语气:至关紧要的词是“直到这时”。他被各种事务和救援工作搞得焦头烂额,以至于无法创造性地思考核物理。他甚至考虑转到生物学,经历一次研究领域上的根本改变;战前和战争开始后,许多有才能的物理学家都是这样转业成功。这一改变在心理上非常重要,齐拉 1946 年才这样做了。但是,1933 年 9 月,英国科学促进会的一次会议(一次年度集会)使他暂时放弃了这一念头。

9 月 1 日星期五,如果这一天齐拉闲躺在帝国饭店的休息室里阅读《泰晤士报》上对《未来事物的面貌》的评述文章,那么他会注意到匿名批评家的意见,说威尔斯“在更早的时节尝试了那样的一些事——那本有些偶然的著作《世界解放》尤其浮现在人们脑海中——但在细节上从没有充足的连贯性和可靠性,或者实际上,对某些更直接的和灾难性发展的可怕可能性没有说服力。”要是读到了这篇文章,齐拉也许会重新思考威尔斯早期著作中的原子弹、威尔斯的《阳谋》和他自己、纳粹德国和它的有才能的物理学家们、毁灭的城市和全面战争。

无疑,齐拉阅读了 9 月 12 日的《泰晤士报》,上面刊登了一连串引人注目的标题:

英国学会

击碎原子

元素的转化

《泰晤士报》报道,欧内斯特·卢瑟福讲述了"在最近四分之一个世纪的时间里在原子嬗变方面的发现"的历史,包括:

中子,新奇的转化

所有这些使齐拉心神不宁。大不列颠的一流科学家在开会,而他没有出席。他是安全的,他在银行有钱,但他的身份只是又一个在伦敦落魄的无名犹太难民,在旅馆门厅里慢慢喝着早茶,无业且默默无闻。

然后,《泰晤士报》的第二个专栏中间是卢瑟福演说的摘要,他发现:

转化任何原子的希望

卢瑟福爵士在结论中问道,未来的 20 年或 30 年的前景是什么?

作为加速轰击粒子的方法,可能并不需要数百万伏特这一数量级的高电压。用 30000 或者 70000 伏特,转换就可以实现……他相信,我们最终应该能够转化所有的元素。

我们可以在这些过程中获得比质子提供的能量多得多的能量,但是,通常说来,我们不能指望用这一方法获得能量。这是一种拙劣而又低效的产生能量的方法,所有寻找这种原子转化能源的人都不过是在谈论着"镜花水月"。

齐拉知道"镜花水月"的意思是"愚蠢的白日梦"吗?当他掷下报纸、狂奔上街时,他非得询问看门人吗?"据报道,卢瑟福爵士说过，谈论工业规模上的原子能释放就是在谈论‘镜花水月’。专家们说某些事情不可能做成的声明总是使我感到气恼。”

“当我在伦敦街头散步时，这件事使我陷入沉思；我记得在南安普敦大街的交叉路口等绿灯时……我在考虑卢瑟福爵士会不会弄错。”

“我想到，中子，和 α 粒子相比，不会使它所通过的物质电离（也就是与之发生电相互作用）。”

“从而，中子在撞击原子核并与之反应前不会停下来。”

齐拉并不是认识到中子可以穿越原子核正电势垒的第一人，其他物理学家也有这一认识。但是，他是第一个设想一种机制的人；凭借这种机制，多于向中子自身提供的能量可以通过中子对原子核的轰击被释放出来。

化学中存在一个类似的过程，波拉尼研究过它。数量相对较少的活性粒子——比方氧原子——被允许进入一个化学不稳定系统后，可在比反应通常需要的温度低得多的温度下像酵母一样引起化学反应。这一过程被称为链式反应。化学反应的一个中心产生数千个生成物分子，一个中心有时会与反应物产生特别有利的接触，这样就会形成不是一个而是两个或更多个新的中心，每一个这样的中心又能次第传递下去，形成链式反应。

化学链式反应通常是自我限制的。否则的话，它们将以几何级数的方式发展下去：1，2，4，8，16，32，64，128，256，512，1024，2048，4096，8192，16384，32768，65536，131072，262144，524288，1048576，2097152，4194304，8388608，16777216，33554432，67108868，134217736……

“正当红灯变成绿灯、我横穿大街时，”齐拉回忆说，“一个想法……突然在我头脑中出现。我们是否能够找到一种元素，当中子穿越它时，它吸收一个中子，放出两个中子。如果能积聚这样一种元素到充分大的质量，就能够维持一个原子核链式反应。”

“此刻我没有想出将怎样找到这样一种元素，或者需要做什么样的实验，但这一想法总萦绕在我心头。在某一特定情况下，实现原子核链式反应、以工业规模释放原子能、制造原子弹，都应该是可能的。”

利奥·齐拉走上了街沿。在他身后，绿灯变成了红灯。

第二章

原子和空隙

原子能来自原子。直到20世纪初，这个怪物在物理学才拥有合法的身份。原子作为一种想法，作为一个表观世界底下永恒的基本物质的看不见的层次——在这个世界里各种事物正在结合、涌现、分解和腐烂——这是永恒不变的概念。留基伯（Leucippus），公元前5世纪的古希腊哲学家，他的名字因为提出这一概念而在亚里士多德（Aristotle）的著作中被提及；德谟克利特（Democritus），同一时期一个富有的且名气更响的色雷斯人，发展了这一概念。古希腊医生盖仑（Galen）引用德谟克利特72本失传的书中的一本中所说的，“依照惯常，甜是甜，苦是苦，颜色是颜色，而事实上只存在原子和空隙。”从17世纪以来，一旦物理学理论的发展需要世界的原子模型，物理学家就会假定它们存在。但是，原子是否真实存在，一直是一个争论不休的问题。

渐渐地，争论转向哪一种原子是必需的和可能存在的问题。艾萨克·牛顿（Isaac Newton）为他的由运动物质组成的机械宇宙设想了某种像微型弹球的东西：“对我来说，很有可能的是，”他在1704年写道，“上帝最初用实心的、有质量的、坚硬的、不可穿透的和可运动的粒子来构成物质，这些粒子的尺寸、形状、其他性质以及与空间的比例十分有利于上帝把它们造出来。”苏格兰物理学家詹姆斯·克拉克·麦克斯韦（James Clerk Maxwell）——卡文迪什实验室的奠基者——1873年发表了一篇题为“论电学和磁学”的开创性论文，这篇论文通过引进电磁场的概念，修正了粒子在空隙中碰撞的牛顿的纯机械宇宙。这种场弥漫在空隙中，电磁能量以光速传播穿过空隙；麦克斯韦论证，光本身是电磁辐射的一种形式。但是，尽管麦克斯韦作出了这一修正，他仍然像牛顿那样笃信坚硬的、机械的原子：

> 尽管随着年代变迁天空中发生过灾变并且可能还会发生灾变，尽管古老的体系可能崩溃而新的体系在它们的废墟中脱颖而进化，然而，构造（太阳和行星）的（原子）——这一物质世界的基石——仍然是不碎裂、不磨损的。它们至今仍维持着它们被创造时的样子——数量、尺寸和重量都原封不动。

马克斯·普朗克则有不同的看法。他根本就怀疑原子的存在，正如他的许多同事那样——物质的微粒理论是英国人而不是欧洲大陆人的发明，它淡淡的英国气味惹得恐外的德国鼻子颇为反感——但是，即使原子确实存在，他肯定它们不会是机械的。“这至关重要，”他在他的《科学自传》中公开承认，“外部世界是独立于人的，是绝对的，而探求适用于这个绝对性的定律是我一生最崇高的科学追求。”在所有物理学定律中，普朗克相信热力学定律是适用于独立的“外部世界”——他对绝对性的一个要求——的最基本的定律。他早就看到，纯粹的机械意义下的原子违背热力学第二定律。他的选择是很明确的。

热力学第二定律认为，热不会从较冷的物体传给较热的物体而不引起系统的某种变化，或者像普朗克 1879 年在慕尼黑大学完成的哲学博士论文中概括的，“热传导过程无论如何不能完全可逆。”此外，热力学第二定律除了禁止永动机的制造外，还定义了由普朗克的前辈鲁道夫·克劳修斯（Rudolf Clausius）命名为熵的物理量：因为无论做何种功，能量都会以热的形式耗散——不能再被收集回来变成有用、有组织的形式——宇宙一定会慢慢地变得无序。这种无序性不断增加的观点意味着，宇宙进程是单向且不可逆的；第二定律是以物理形式表述了我们所称的时间，但是，它的机械物理——如今称为经典物理——的方程在理论上允许宇宙平等地朝前或退后。"因此，"一位重要的德国化学家抱怨，"在一个纯粹的力学世界，大树能够缩回到幼芽和种子，蝴蝶能变回到毛毛虫，老人能变回到小孩。力学学说没有解释这些不可能发生的事情……因此，自然现象的这种实际上的不可逆性证明了不能用力学方程描述的现象是存在的；而根据这一点，对科学物质主义的判决就作出了。"普朗克比这早几年更以特有的简洁写道："第二定律的一致性的承诺……与有限的原子这种假设不相容。"

问题的一个主要方面是，原子当时并不能被实验直接可及，它们在化学上是有用的概念。在化学上，它们被用来解释为什么某些物质——元素——会结合形成其他物质而自身却不能用化学方法分解。原子似乎是气体能够充满它们进入的整个容器以及均匀挤压所有器壁的原因。它们也被用来解释这样一个令人惊奇的发现：任何用实验室的火焰加热或者用电弧蒸发的元素，会使发出的光具有某种颜色，这种光在通过一个三棱镜或衍射光栅后展开成彩虹一样的光谱，光谱总是被特定的亮线分成几段。但是，一直到1894年，索尔兹伯里第三任总督，罗伯特·塞西尔（Robert Cecil），这位牛津大学的名誉校长和前任英国首相在英国学会做他的主席演说中，对科学的未竟事业进行分类时，就讲到原子究竟是真实的存在或者只是方便的哲学抽象，以及它们隐藏着怎样的结构，仍然是一个悬而未决的问题：

> 每种元素的原子是什么，它是否是一种运动、一个物体、一个旋涡、一个具有惯性的点，对它的分割是否有限，如果有限，这种限制是如何被强加的，长长的元素列表是否有一个尽头；是否每种元素都有共同的起源。所有这些问题仍然被像过去一样深重的黑暗包围着。

在各种方案中挑选，物理学是如此工作的，所有科学也都是如此工作的。利奥·齐拉的朋友，化学家迈克尔·波拉尼晚年在曼彻斯特大学和牛津大学审视过许多科学工作。他发现一个传统组织与大多数非科学家想象的大相径庭。一个“科学共和国”，他这样称呼一个独立的男人们和女人们自由协作的团体，是“一个自由社会高度简化的实例。”这点不是所有像波拉尼一样的科学哲学家都赞同的。就连波拉尼有时都称呼科学为一种“正统性”。但是，他的科学共和国模式是强有力的，就像成功的科学模式是强有力的一样：它能解释尚不完全清楚的事物之间的一些关系。

波拉尼直截了当地提出问题。怎样选择科学家？他们要做出怎样的承诺？谁引导他们的研究？——怎样选择研究课题、核准实验、评估结果的价值？在最后的分析阶段，谁决定什么在科学上是“真”的？带着这些问题，波拉尼回过头来从外面考察科学。

在仅 3 个世纪前开始重塑的伟大结构背后，整个人类世界建立在一种对自然的人生观的基本信奉之上。在其他时间和其他地点，魔法的、神话的等其他一些人生观起着支配作用。当孩子们学着说话、学着阅读以及上学的时候，他们便学到了自然观。“政府每年在科学培养和传播方面花费数百万的资金,"波拉尼曾经在对拒绝理解他的观点的人失去耐心时写道,"而政府不会为推进占星术和巫术提供一分一毫的经费。换句话说,我们的文明深刻地建立在对事物性质的一定信念之上;这种信念与埃及早期文明或阿芝台克文明的信念是不同的。"

许多年轻人学习的不过是正统的科学。他们习得了"现成的教条,僵死的学问。"有些人在大学里还继续学习最原始的方法。他们在例行研究中练习实验证明。他们发现科学的"不确定性和它永远的暂时性。"这才开始赋予科学以生命。

哪些人不能成为一名科学家?波拉尼认为,成为一名科学家需要"一种充分的原创性。"这样一种原创性来自个人与原创观点和杰出的师傅的实践之间的紧密结合。科学实践本身不是科学,而像绘画艺术一样,或者像法律和医学的技巧和传统一样,是一门由师傅传授给徒弟的艺术。你不能单纯从书上或课堂上学会法律,你也不能这样学会医学。你更不能这样学会科学。因为,在科学中没有什么是一成不变、万试万灵的,没有哪个实验是终极性的证明,所有事物都是简化的和近似的。

美国理论物理学家理查德·费恩曼(Richard Feynman),曾经在加利福尼亚技术学院对挤满讲演厅的大学生以同样的坦率讲述他的科学观。"我们说'理解'某些事物,这是什么意思?"费恩曼天真地问道。他风趣地用人类感官的局限性给出了他的答案:

> 我们能够想象,组成"这个世界"的运动事物的复杂阵列类似于天神们的一个大棋局,而我们是观棋的人。我们不知道棋规是什么;我们被允许做的一切就是观棋。当然,看的时间长了,我们最终可能发觉一些规则。棋规

就是我们所说的基础物理学。可是,即使我们知道了所有规则……我们能用那些规则解释的事物也是非常有限的,因为几乎所有情况都如此繁杂,以至于我们不能应用这些规则下这局棋,而说出下一步将会发生什么的可能性就更小了。因此,我们只能将自己局限在棋规的较为基础的问题上。如果我们了解了这些规则,我们就能认为我们“理解”了这个世界。

学会感受证明;学会判断;学会何时凭直觉行动;学会何时把计算推倒重来,有哪些实验结果不可靠:这些技能让你进入天神棋局的观众席,而学会这些规则要求你首先坐到大师脚下。

波拉尼发现科学上充分原创性的另一必备条件就是信念。即使科学成为西方的正统,个人仍然可以整体或部分地自由取舍;占星术、马克思主义和圣灵感孕的信徒很多。但是“除非有人认为科学学说和方法是基本稳固的并且其最终前提能被无可置疑地得到公认,否则没有人能成为科学家。”

成为一名科学家,必须是一种深刻地信奉科学体系和科学世界观的行动。“任何科学论述,如果它没有把科学明确描述为我们所相信的某种东西,本质上是不完善的虚饰之词。这等于声明,科学本质上不同于而且高于所有不真实的非科学论述。”信念是科学家忠诚的誓言。

这就是科学家是如何被选择和接纳进这一团体的。他们建立一个受过教育的科学信徒的“共和国”,这些信徒通过师承学会仔细判断他们工作的难以捉摸的前沿。

那么,谁来指导那些工作?这一问题实际上是两个问题:谁来确定哪些问题需要研究、哪些实验需要完成?谁来评价这些结果的价值?

波拉尼提出一个类比，他说，想象一群工人面对拼合一个很大、很复杂的拼图的问题。他们怎样把自己组织起来才能最有效地做这一工作？

每个工人都可以从碎块堆中取出一些碎块，试着将它们拼合在一起。如果拼图是像给豌豆剥壳（弃去不要的，留下要的）一样的工作，这将会是一个有效的方法。但它不是。拼图的各小片不是孤立的，工人们必须将它们拼合成一个整体，而每个工人恰好都拿到可以互相拼合的碎块的机会很小。即使这群人制作了足够多的这种碎块的复制件，以至于每个人都有一整套来拼合，个人独自的完成量也不可能比得上群体的完成量。关键是要能够设计一种群体共同工作的方法。

波拉尼认为，做这件事最好的方法，是允许每个工人明了其他工人的进程。“让他们在别人的视野内进行拼图的拼合，这样，只要拼图的一小片被一个[工人]拼接好，其他所有工人就立即考虑下一个可能的步骤。”用这种方法，尽管每个工人都只迈出了自己的一步，他的行动也会推进整个群体的成就。群体既独立又协作，是拼合拼图的最有效的方法。

波拉尼认为，科学沿着他所谓的一系列的“成长点”进入未知领域，每个点都是作出最丰饶发现的地方。留意于对科学出版物和专业友好交流的网络——交流的完全公开性，绝对的并且至关重要的言论自由——科学家们涌至这些成长点工作，在那里，他们的特殊才能能为他们付出的努力和思考带来情感和智力上最大的回报。

于是，科学家当中由谁来评价科学结果的价值就变得明了了：群体中的每一个成员，像在贵格会教派祈祷会中一样。“科学意见的权威性本质上是相互的；它建立在科学家之间，而不是在科学家之上。”有一些带头科学家在他们自己领域的成长点上极为多产，但是，科学没有终极领袖。少数服从多数。

并不是每个科学家都有能力评价每一项科学成就。交流网络也解决了这一问题。设想科学家M宣布一项新的成果,他比世界上任何人都了解他的高度专业化的课题。谁有能力评价他?有。仅次于M的科学家L和N,他们的课题与M的课题交叠,因此,他们理解他的工作,足以评价它的质量和可靠性,并且懂得它哪些地方适合于科学。仅次于L和N的是其他科学家K、O、J和P,他们很好地了解L和N,足以决定后两者关于M的评价是否可信。外推到科学家A和Z,他们的课题几乎与M的完全无关了。

“这个交流网络是科学见解的集中地,”波拉尼强调,“这些见解并非单个人脑所持有,而是分散成数千个不同的片段,由许多个体所持有,每个这样的个人依靠相互影响的链,间接认可其他人的见解。这样的链通过一个相邻交叠的系列将每个人与其他所有人联系起来。”波拉尼暗示,科学就像一个由许多个体智能联系在一起的巨脑一样运行。这就是科学的累积的和似乎是不可阻挡的力量源泉。但是,波拉尼和费恩曼都谨慎地强调,这种力量的代价,就是对随意性的限制。科学,通过严格限制它的权限,在忍受一个由不同背景和不同价值观的男人和女人之间的政治性网络这样一件困难的事情上取得成功,甚至在天神棋局中发现规则这样一件更困难的事情上取得成功。“物理学,”正如尤金·维格纳曾经提醒他的一群同事时说的,“甚至并不试图给出关于我们周围事件的完整信息——它给出了关于这些事件之间关联的信息。”

当科学家们对他们同行的成果作出评价时,他们所参考的标准是什么,这仍然是一个问题。好的、原创性的科学工作往往超越了已成定论的见解主体,往往代表了对正统的异议。那么,正统能公正地评价它吗?

波拉尼猜想,是科学上师徒传承体制使科学评估免于僵化。学徒从师傅那里学会高的评价标准。同时他也学会信赖自己的评价:他知道异议的可能性和必要性。书籍和讲课可以教授准则;师傅则以自己的原创性——某种意义上原创性就是反叛——的工作为例,教授一种有控制的反叛。

学徒学得三大科学评价标准。第一条标准是合理性。这可以排除疯子和骗子。这也可能会(有时也的确这样)扼杀不能被正统认可但完全有效的原创性观点,科学不得不冒这样的风险。第二条标准是科学价值。这是一个由同等重要的三部分构成的复合体,包括该观点在所属科学分支领域的整个体系中的准确性和重要性,以及其内在价值。第三条标准是原创性。专利审查员根据发明物在通晓该技艺的专家眼中产生的新奇程度来评价一个发明的原创性。科学家们也类似地评价新理论和新发现。合理性和科学价值是用正统标准衡量被评价观点的品质,而原创性却衡量这一观点的异议性。

在波拉尼的开放的科学共和国模式里,每个科学家在评价他同行的工作时都反对相互赞同、相互支持的评价标准,这解释了为何原子在 19 世纪的物理学中如此居无定所。原子具有合理性;它有相当可观的科学价值,尤其在系统的重要性方面;然而,还没有人作出过任何关于它的令人惊奇的发现。至少没有一项足以让 1895 年由全世界自称为物理学家的仅约 1000 个男人和女人组成的网络以及更大的与之关联的化学家的网络确信。

原子时代即将到来。基础科学的重大新奇发现 19 世纪在化学领域出现了,20 世纪前半叶将在物理学领域出现。

当 1895 年年轻的欧内斯特·卢瑟福在引擎的轰鸣声中离开安提波蒂兹群岛到卡文迪什实验室为日后扬名立业而学习物理学时,留在他身后的新西兰还是一个蛮荒的边缘之地。

19 世纪 40 年代，英国非国教徒的工匠和农夫以及一小部分好冒险的乡绅登上这个崎岖不平、火山频发的群岛并定居下来，他们赶跑了 5 个世纪前首先找到这块土地的玻利尼西亚毛利人；在经历了数十年小规模流血冲突后，只是在 1871 年毛利人才放弃了认真的抵抗，也就在这一年，卢瑟福出生了。他在新建的学校上学；赶着母牛回家挤奶；骑马到灌木林中射杀原始米罗树长满浆果的枝头上的野鸽；在布赖特沃特他父亲的亚麻作坊里帮忙，野亚麻从原产的沼泽地砍回来经过浸泡、打散和梳理，做成亚麻线和亚麻绳。他有两个弟弟被淹死，全家人在农场附近的太平洋沿岸找了好几个月。

这是一个艰难而又健康的童年。卢瑟福总能赢得奖学金，先是到纳尔逊南岛附近普通的纳尔逊学院上学，然后进入新西兰大学，并在 22 岁时在这里以数学和物理科学双第一的成绩获得文学硕士学位。他强健、热情而聪明，这些是他从偏远的新西兰走向英国科学领导者阶层所需的素质。另外一种更微妙的品质，一个乡村男孩的敏锐与边缘地区深刻的纯朴交织在一起，对他在物理发现方面举世无双的人生记录来说是至关重要的。正如他的学生詹姆斯·查德威克（James Chadwick）所说，卢瑟福最大的优点是“他惊人的天赋”。他保持着抵御每一次成功带来的冲击的品质以及那种难以磨灭的殖民地出生的伤痕——尽管掩饰得很好，但经常会使他有惹人厌的不安全感。

在新西兰大学，他的天赋第一次得到展露，1893 年，他继续留在这所大学攻读理学士学位。1887 年，亨利希·赫兹（Heinrich Hertz）发现“电波”——我们现在称呼这种现象为无线电波——给卢瑟福留下了奇妙的印象，正像世界各地的年轻人所表现的一样。为了研究这种波，他在一个阴湿寒冷的地下更衣室里安装了一个赫兹振荡器——一些间隔的充电金属球,能在金属极板之间产生来回跳跃的火花。他在寻找首次独立研究工作的课题。

他将课题定位在:当时的科学家,尤其还包括赫兹本人,都同意的高频交变电流的一个特性,即当电火花在金属极板间快速来回振荡时赫兹振荡器产生的那种电流,不会使铁块磁化。卢瑟福猜测有不同的可能,并富有才华地证明自己是正确的。这项工作使他获得1851年伦敦博览会设立的剑桥大学助学奖学金。当收到电报时,他正在家中的菜园里刨土豆。他母亲大声地逐字逐句告诉他这一消息。他大笑着扔下手中的铲子,沉浸在喜悦中的儿子和母亲双双欢呼:"这是我掘的最后一个土豆啦!"(36年后,当他成为纳尔逊的卢瑟福男爵时,轮到他发给母亲一封电报:"如今的卢瑟福爵士,更多荣誉属于您而不是我。")

"通过高频放电来磁化铁块"归因于巧妙的观察和大胆的质疑。带着更深刻的创见,卢瑟福注意到,当用高频电流磁化小铁针时,有一个微妙的逆效应:当高频电流流过时,已经磁饱和的小针被部分地消磁了。他惊人的天赋在发挥作用。他很快意识到他能利用无线电波;用合适的天线接收无线电波并传送到线圈,感生一个高频电流传到一捆磁化的小针里;然后,这些小针会被部分地消磁;如果他放一个指南针在这些小针旁边,指南针就会摇摆以显示这种变化。

就在卢瑟福于1895年9月靠借贷来到剑桥大学,在著名主任J·J·汤姆孙(J. J. Thomson)领导的卡文迪什实验室开始工作时,他将他的观察结果精心转化成一台在远距离探测无线电波的装置——实际上这是第一台粗糙的无线电接收机。当时,古列尔莫·马可尼(Guglielmo Marconi)仍然在意大利他父亲的房子里努力完善一台接收机的设计。在几个月内,这个年轻的新西兰人就在探测远距离无线电传播方面创造了世界纪录。

卢瑟福的实验使得那些从汤姆孙那里了解到情况的著名英国科学家们欢欣鼓舞。他们很快接受了卢瑟福。甚至有一个晚上,在教授们的自助餐宴席上,让他坐在紧挨着教务长的荣誉席位上,这使他感觉自己“就像一头披着狮皮的驴。”这使妒忌得眼睛都绿了的卡文迪什职员们中的某些势利眼相形见绌。1896 年 6 月 18 日,在全世界最重要的科学组织伦敦皇家学会的会议上,汤姆孙大度地安排神经紧张但兴致盎然的卢瑟福阅读他的第三篇科学论文“电波的磁探测器和它的某些应用”。马可尼是在 9 月才赶上了他。

卢瑟福很穷。他与玛丽·牛顿(Mary Newton)订了婚,她是新西兰大学的女地主的女儿,两人推迟婚期直到他的经济条件有所改善。他一边通过工作来改善经济,他在仲冬研究的中期写信给他的未婚妻:“我如此热衷(无线电波探测)课题的原因在于它的实用价值……如果我下周的实验结果正如我所预期的那样,那我就看到了将来快速获取现金的机会。”

这里有一种难以理解的行为,这种行为带着他走上通向“镜花水月”的道路。在以后的几年里人们了解到,卢瑟福在科研预算方面是一个固执的人,他不愿接受企业或者私人的捐赠,甚至不愿申请,而相信“细线和封蜡”就能凑合着过日子。他对科学研究商业化强烈反感,比如,当他的俄罗斯学生彼得·卡皮察(Peter Kapitza)接受一个企业提供的顾问职务时,他告诫卡皮察:“你不能同时侍奉上帝和财神。”这种难以理解的行为还影响到被了解卢瑟福的斯诺所称的卢瑟福“一贯正确”的直觉的“一个不寻常的例外”,斯诺还曾说过:“没有哪个科学家比卢瑟福更少犯错误了。”这个例外就是卢瑟福拒绝承认从原子中获得有用能量的可能性。1933 年,正是这个拒绝激怒了齐拉。“我相信,他是害怕他心爱的原子核领域受到为商业开发目的而将它击成碎片的异端的侵袭,"他的另一个学生,马克·奥利芬特(Mark Oliphant)这样推测。然而,卢瑟福自己在1896年1月就热衷于无线电的商业开发,这一巨大的终身的变化缘何而来呢?

记录是含糊不清然而又有所启示的。英国科学传统历来有一种绅士作派。它通常鄙弃研究的专利,以及任何其他法律和商业的束缚,这些都威胁着科学成果的公开传播。实际上,科学自由的捍卫者能够归化成深恶痛疾"庸俗商业主义"的人。欧内斯特·马斯登(Ernest Marsden),一名受过卢瑟福式训练的物理学家以及富有洞察力的传记作家,听说"在卢瑟福刚到剑桥的那段日子里很少有人说他不是一个有教养的人"。这也说明了谣传可能部分地是对他致力于从无线电中获利的一种轻蔑。

似乎汤姆孙介入了。一项全新的重要工作突然出现。1895年11月8日,在卢瑟福到达剑桥大学后的一个月,德国物理学家威廉·伦琴(Wilhelm Röntgen)发现从阴极射线管的荧光玻璃壁辐射出的X射线。伦琴在12月份报道了他的发现,这震惊了世界。这一陌生的辐射是一个新的科学成长点,汤姆孙几乎立即着手研究它。与此同时,他也继续做他的阴极射线实验,这项实验于1897年告终,他辨认出了他所谓的"负电性微粒"——电子,第一个被确认的原子粒子。他必须得到帮助,他也会认识到,这种辐射会给卢瑟福这样一个长于实验的年轻人提供一个原创性研究的特别机遇。

为了解决好这一问题,汤姆孙写信给英国科学界元老,72岁的开尔文(Kelvin)爵士,征求他在无线电商业化可能性方面的意见——"在诱导卢瑟福转向新的课题之前,"马斯登说,不管是否是庸俗商业主义,开尔文毕竟开发了越洋电报电缆。"这位伟人的回答是,为一家公司在[无线电]开发方面投资100000英镑是合理的，但更多就不行了。”

到4月24日，卢瑟福看到了希望。他写信给玛丽·牛顿：“我希望以某种方法做到收支平衡，但是我看第一年有点玄……我目前的科学工作进展缓慢。这一学期，我和一位教授一起继续研究伦琴射线。我被老课题有一点点喂饱了，我对这一变化感到高兴。我期望和这位教授一起工作一段时间对我来说会是件好事。我已经完成了一项研究，表明我能够独立工作。”口气温顺了，几乎难以相信，好像是汤姆孙正长辈般地和幽灵般地通过卢瑟福对他的未婚妻说话。他还没有出现在皇家学会面前，在那里，他几乎不可能被他的课题“有一点点喂饱”。但是，事情发生了转变。此后，卢瑟福的勃勃雄心将是走向科学的荣耀，而不是商业的成功。

很有可能的是，汤姆孙将心情热切的青年卢瑟福，安排在麦克斯韦筹建的卡文迪什实验室（一幢哥特式建筑）中的暗黑的镶嵌马赛克的房间里，这所实验室位于牛顿写下他伟大的《原理》的剑桥大学。汤姆孙温和地对他说，他不能同时侍奉上帝和财神。可能这位卡文迪什实验室的著名主任写信给了高高在上的开尔文爵士，讲起急躁的新西兰人的商业野心，这让卢瑟福悔恨交加，从此从暴发户般的荒诞情感中摆脱出来。他决不会再犯相同的错误，即使这意味着他的实验室会受资金的约束，即使这意味着赶走他最好的学生，结果也的确如此。甚至即使这意味着从他珍爱的原子中出来的能量不过是“镜花水月”。但是，如果说卢瑟福为了神圣的科学放弃了商业财富，那么作为回报，他赢得了原子。他发现了原子的各个组成部分，并为它们命名。他用“细线和封蜡”使原子变成了实在的东西。

封蜡是血红色的，它是英国银行对科学最显著的贡献。英国实验工作者使用英国银行的封蜡使玻璃管密封。卢瑟福在原子方面最早的工作像汤姆孙在阴极射线方面的工作一样,是在19世纪检验在抽成真空的玻璃管内产生的迷人效应的基础上发展起来的。两块金属极板被封入玻璃管的两端,然后与一个电池组或感应线圈相连。给金属极板充电,密封管内的空腔就会发出辉光。辉光从负电极板(阴极)发出而在正电极板(阳极)消失。如果你将阳极制成一个圆筒,并将这一圆筒密封在管的中央,你就能投射出一束辉光——阴极射线——通过圆筒并到达管子中与阴极相对的另一端。如果这个射线束能量足够大,撞到玻璃管壁上,就会使玻璃管壁发出荧光。这种阴极射线管通过适当改进,把它的全玻璃端部做成平的并涂上磷以增强荧光性,就是今天的电视显像管。

1897年春天,汤姆孙证明了,在阴极射线管中的辉光物质束不是由光波组成的,而正如(他冷冰冰地写的)"德国物理学家们几乎一致的意见"那样是光束。更准确地说,阴极射线是从带负电的阴极激发出来的带负电的粒子束,被吸引到带正电的阳极。这些粒子能被电场所偏转,其径迹能被磁场弯曲成曲线。它们比氢原子轻很多。如果将气体引进管子中,则"无论放电穿越的是何种气体",它们都别无二致。因为它们比已知物质最轻的种类还要轻,并且,不管产生它们的物质种类是什么,它们都是相同的,可以推论,它们一定是物质的基本组成部分,如果它们是一个部分,那么就一定存在一个整体。真实的、物理的电子隐含着真实的、物理的原子:因此,物质的粒子理论就首次令人信服地被物理实验证明了。人们在卡文迪什年度晚宴上为汤姆孙的成功而高歌:

微粒赢得了今天,
它自由离去,
成了阴极射线。

有了电子的概念，又从其他实验了解到电子从原子中除去后留下的是质量大得多的带正电的物质，汤姆孙在以后10年间继续进行后来称为“葡萄干布丁”模型的原子模型的研究。汤姆孙原子就像葡萄干点缀在布丁中一样由“许多带负电的微粒镶嵌在一个带均匀正电的球体中”组成，是一个复合体：微粒状电子和弥漫的剩余物质。它的理由在于电子在原子中稳定的排布能够在数学上得到证明，而稳定排布在数学上能够解释元素周期表中列出的化学元素之间的相似性和规律性。电子是元素间化学亲和力形成的原因，化学最终与电有关，这些也变得清晰了。

1894年，汤姆孙正好错过了X射线的发现。他并非如传说中的牛津大学物理学家弗雷德里克·史密斯(Frederick Smith)那样运气不佳：史密斯发现，放在阴极射线管附近的照相底片容易变得模糊不清，却只是告诉助手将底片移到别的地方。汤姆孙注意到，放在“距离放电管一两米”处的玻璃管受到阴极射线轰击时，像放电管管壁本身一样发出荧光，但他太过于专心于研究射线本身以至于没有去寻求其起因。伦琴通过用黑纸覆盖他的阴极射线管来隔开其影响。当附近的一个荧光物质屏幕仍然发出辉光时，他认识到，导致屏幕产生辉光的某种东西正穿透纸张和其间的空气。如果他将手掌放在被覆盖的管子和屏幕之间的话，他的手掌就会略微减弱屏幕上的辉光，但他在暗处却能看到自己的骨头。

除了汤姆孙和卢瑟福之外，伦琴的发现还激起了其他科学研究者的兴趣。法国人亨利·贝可勒尔(Henri Becquerel)是一个物理学世家的第三代，像他的父亲和祖父在他之前所做的那样，他在巴黎自然历史博物馆里占据着物理学的席位；与他们的另一个共同点是，他也是一个磷光和荧光方面的专家——他专门研究铀的荧光。在1896年1月20日科学院的周会上,他听了伦琴工作的报告。他得知 X 射线来自发荧光的玻璃,这立即启发了他,应该测试各种发荧光的材料,看看它们是否都发射 X 射线。他工作了 10 天,没有取得成功。1 月 30 日,他读到一篇 X 射线方面的文章,这鼓舞他继续工作,并决定测试一种铀盐,即硫酸双氧铀钾。

他第一个实验成功了——他发现铀盐放出辐射——却误导了他。他用黑纸将照相底片封装起来,在黑纸上撒上一层铀盐,"并在阳光下曝晒数小时"。当他冲洗出照相底片时,"我在负片上看到磷光物质黑色的轮廓。"他错误地认为这一效应是阳光激发的,很像阴极射线从玻璃管中释放出伦琴的 X 射线。

贝可勒尔接下来偶然发现的故事是很有名的。当他于 2 月 26 日试着重复他的实验并于 2 月 27 日再次重复时,巴黎的天空昏暗下来。他将包好的照相底片扔在了黑暗的抽屉里,铀盐则放在适当的地方。3 月 1 日,他决定继续做实验,并冲洗出了底片,"原以为会发现影像非常淡弱,但正相反,轮廓显得非常鲜明,我立刻意识到这种作用可能能够在黑暗中进行。"高能量的、穿透性的辐射不是由射线或光线激发的。与玛丽(Marie)和皮埃尔·居里(Pierre Curie)夫妇通过他们非常辛劳的工作寻找纯粹的放射性元素一样,如今卢瑟福有了他的课题。

1898 年间,卢瑟福首次将注意力转向贝可勒尔发现的现象上,这一现象被居里夫人命名为放射性。1911 年,他做出了他一生最重大的发现,这位年轻的新西兰物理学家系统地解剖了原子。

他研究铀和钍发出的辐射,并给其中的两种辐射起了名:"目前,至少存在两种性质迥异的辐射,其中一种容易被吸收,为方便起见,它被命名为 α(阿尔法)辐射;另一种穿透性较强，被命名为β（贝塔）辐射。”［法国人P·V·维拉尔（P. V. Villard）后来发现状如高能X射线的第三种辐射，它被命名为γ（伽马）辐射，以保持与卢瑟福体例的一致。］工作是在卡文迪什实验室完成的，但直到1899年他27岁转到蒙特利尔成为麦吉尔大学物理学教授时才发表。一个加拿大烟草商捐赠了一笔钱，在那里建了一所物理实验室，并提供了多个教授职位，包括卢瑟福的教授职位。“麦吉尔大学的名声很好，”卢瑟福写信告诉母亲，“500英镑不是太差（的工资待遇），这所物理实验室也是世界上同类实验室中最好的，我没法抱怨。”

1900年，卢瑟福报道了从放射性元素钍散发放射性气体的发现。居里夫妇很快发现镭（那是他们1898年从铀矿中提纯的）也发出放射性气体。卢瑟福需要一个好的化学家帮助他确定钍“射气”究竟是钍还是其他某种东西；他幸运地物色到了麦吉尔大学一个年轻的牛津人，这个人就是弗雷德里克·索迪（Frederick Soddy），他的天赋足以使他最终获得诺贝尔奖。“（1900年）冬天开始时，”索迪回忆说，“卢瑟福这位年轻的物理学教授在实验室里叫住我，把他的发现告诉我。他刚刚携新娘从新西兰回来……但在离开加拿大做这次旅行之前，他已经做出了他称为钍射气的发现……我当然兴致勃发，并提出应该测试这种（物质）的特性。”

这种气体被证实无论如何没有任何化学特性。索迪说，这“传递了一个非同小可而又不可避免的结论：元素钍正在缓慢地、自发地转变成（化学惰性的）氩气！”索迪和卢瑟福都观察到了放射性元素的自发衰变，这是20世纪物理学最重大的发现之一。他们着手追踪铀、镭和钍通过以α粒子和β粒子的形式辐射出一部分物质而改变它们的元素性质的方式。他们发现，每种不同的放射性产物都有一个特征性的“半衰期”,就是它辐射减弱到先前所测强度一半所用的时间。半衰期标志着一种元素的一半原子转变成别的元素的原子,或者转变成同种元素的一个物理变种的原子——“同位素”,这是索迪后来命名的。半衰期成为探测嬗变物质现存数量的一种方法,这种嬗变物质——“衰变产物”——数量太少,以至于不能用化学方法探测到。铀的半衰期被证实为45亿年,镭的为1620年,钍的一种衰变产物为22分钟,钍的另一种衰变产物为27天。有些衰变产物的出现并自我嬗变只有几分之一秒——一眨眼的功夫。这对物理学来说是无比重要的工作,新的领域被激动人心地一个接着一个开辟,并且,“在两年多的时间里,”索迪后来回忆,“生命,科学生命,变得如此亢奋,这在一个人的一生中是罕见的,也许在一个学术机构的历史上也是罕见的。”

沿着这条路线,卢瑟福探究了放射性元素在其嬗变过程中的辐射。他论证了β射线是由“各方面都类似于阴极射线的”高能电子组成的。他先是猜测而后在英国确实地证明了α粒子是在放射性物质衰变时喷射出来的带正电荷的氦原子核。他曾在铀矿和钍矿的晶体空隙中发现被圈禁的氦气,现在也知道了其中的原因。

1903年,卢瑟福和索迪一起写了一篇重要论文“放射性变化”,首次通报了放射性衰变释放的能量值的计算结果:

> 因此可以说,镭在衰变期间的总辐射能量不会小于10^8(也就是100000000)卡/克,可能介于10^9和10^{10}卡/克之间……氢和氧结合产生水释放大约4×10^3(也就是4000)卡/克的能量,而这种放射性反应比起给定重量的任何其他已知化学变化释放更多的能量。因此,放射性变化的能量一定至少是化学变化能量的2万倍,并

且可能是百万倍，大大高于任何分子变化的能量。

这是正式的科学陈述；非正式场合下，卢瑟福倾向于异想天开的末世论。1903年，一个剑桥同事写一篇有关当年放射性方面的文章，考虑引用卢瑟福“一种开玩笑的说法：可以想象，要是能发现一种奇特的炸药，它在物质中惊起原子衰变的波浪，真的会使这个古老的世界灰飞烟灭。”卢瑟福喜欢一语双关地说：“实验室里的某个傻瓜会在无意间炸掉这个宇宙。”即使原子能永无用处，它仍然可能是危险的。

索迪在那一年返回英国，更为认真地审查这个话题。1904年，在给皇家工程兵部队作有关镭的演讲报告时，他预见性地推测原子能可能被付诸应用：

> 这是可能的，所有重物质都拥有——潜在的，并且和原子结构有密切关系的——一种类似于镭拥有的能量。如果它能被调节和控制，它会是一个多大的决定世界命运的因素！吝啬的大自然拥有一个可以如此审慎地调节原子能量储备输出的杠杆。然而一个把手伸向这一杠杆的人，将会拥有一种能随心所欲地毁灭地球的武器。

索迪或许没有考虑过这种可能性：“我们生存下来这样一个事实，证明（这种巨大能量的释放）从来没有发生过；它从来没有发生过就是它永远不会发生的最好的保证。我们信任大自然会保守她的秘密。”

威尔斯在读到索迪1909年《镭的阐释》这本书中类似的陈述时，认为大自然不可信赖。“我的想法取自索迪，”他在他的《世界解放》中写道。“一个美妙而古老的科学浪漫故事，”他这样形容这部小说；对他来说，这种重要性足以使他中断一系列社会性小说的写作而去写它。因此，卢瑟福和索迪对放射性变化的讨论激发了这部科学幻想小说的产生，而这部小说最终使齐拉开始考虑链式反应和原子弹。

1903 年夏天，卢瑟福夫妇在巴黎拜访了居里。居里夫人碰巧在他们到达的当天去接受她的科学博士学位；彼此的朋友们安排了一个庆祝会。“在一个非常活跃的晚会后，”卢瑟福回忆说，“大约 11 点，我们回到花园里，居里教授拿出一支部分镀有硫化锌的试管，管内装了许多溶解状态的镭。黑暗中亮光闪闪，这是难忘的一天的辉煌的谢幕。”硫化锌覆盖层发出白色的荧光，使得在沿着周期表从铀到铅的过程中镭的高能粒子喷射在巴黎的夜色中变得清晰可见。这种光线明亮到能够让卢瑟福看清居里的手“由于暴露在镭的射线中而变得非常的红肿和疼痛。”被辐射灼伤肿胀着的手是另一个教训：物质的能量能够做到什么。

一个来自法兰克福的 26 岁德国化学家奥托·哈恩 1905 年到蒙特利尔和卢瑟福一起工作。哈恩已经发现了一种新的“元素”，放射性钍，后来人们明白是钍的 12 种同位素之一。他和卢瑟福一起研究钍的放射性；他们一起确定从钍中放射出的 α 粒子与镭以及另一个放射性元素锕中放射出的 α 粒子有相同的质量。因此，这些 α 粒子可能是完全相同的——顺着这个思路，1908 年，卢瑟福证明了一个结论，α 粒子千真万确是带电的氦原子（氦原子核）。1906 年，哈恩返回德国，作为许多同位素和元素的发现者开始了自己卓越的事业；1920 年代，齐拉曾在柏林威廉皇帝化学研究所见到他正在和物理学家莉泽·迈特纳一起工作。

卢瑟福在麦吉尔的研究工作解决了放射性元素的复杂的嬗变问题，1908 年他因此而得到诺贝尔奖——但不是物理学奖，而是化学奖。他已经想过得这个奖，当他妻子在 1904 年底回到新西兰探望她的家人时，他给她写信说："如果我坚持下去，可能会有机会。"1905年初又写道："他们现在都追踪我的工作，如果我要在今后几年内有机会获得诺贝尔奖，我必须使我的工作不断有进展。"这份化学奖而不是物理学奖，至少使他感到有趣。"这件事说到底像是对他开了一个善意的玩笑，"他的女婿说，"连他自己都完全意识到了这一点，他从此永久地被打上一个化学家的烙印，而不是真正的物理学家。"

这次颁奖仪式的一名目击者说，卢瑟福看上去可笑地年轻——他37岁，在晚间发表获奖演说。他宣读了他新近证实的而在一个月前简要发表过的成果：α粒子实际上是氦。这个验证性的实验典型地精致。卢瑟福有一个吹玻璃工，为他吹制了一种壁非常薄的玻璃管。他将这支管子抽空并充上氡气，这是一种丰富的α粒子源。管子是不漏气的，但它的薄壁允许α粒子逃逸。卢瑟福用另一支玻璃管将这支氡管包围住，抽空两支管子之间的空气，并密封使之与外界隔绝。"几天后，"他得意洋洋地告诉他的斯德哥尔摩听众，"在外面的管子里看到了一条明亮的氦的谱线。"卢瑟福的实验仍然以它们的简洁而令人吃惊。"在这方面，卢瑟福是一名艺术家，"一位他从前的学生说，"他的所有实验都别具一格。"

1907年春天，卢瑟福带着全家——包括那时已经6岁的女儿，他唯一的孩子——离开蒙特利尔回到了英国。他在曼彻斯特接受了一个物理学教授职位；在这座城市里，约翰·道尔顿（John Dalton）几乎恰好在一个世纪前首次使原子理论复苏。卢瑟福买了房子，立刻投入工作。他接受了他前任的助手，一位名叫汉斯·盖革（Hans Geiger）的富有经验的德国物理学家，当他的助手。几年后，盖革亲切地回忆起在曼彻斯特的那些日子，卢瑟福和他的合作亲密无间：

> 我看到物理学大楼顶层房顶下面他那安静的研究室。他的镭就存放在这里，如此著名的放射性气体的工作就在这里进行。但是，我也看到在黑暗的地下室里，他组装了他的研究 α 射线的精巧设备。卢瑟福喜欢这间房间。你沿楼梯往下走两级，就会听到从黑暗中传来的卢瑟福的声音，提醒你在头的高度处装着横跨房间的暖气管，还要跨过两根水管。最后，在昏暗的灯光下，你可以看到这位伟人独自坐在他的设备旁。

卢瑟福的住宅要热闹得多，另一个曼彻斯特的学生高兴地回忆："星期六和星期日在墙壁洁白的餐厅里用过晚餐，然后在一楼书房嘻闹直到深更半夜；星期日在客厅喝过下午茶，接着常常开动摩托车在柴郡的马路上兜风。"家里没有酒，因为玛丽·卢瑟福不赞成喝酒。她不情愿地允许她丈夫抽烟，因为他烟瘾很重，无论是烟斗还是香烟都抽。

现在，刚步入中年，他就已经名声大噪。一个"部落首领"，正如他的一个风趣而爱说俚语的学生说的。他会绕着实验室边走边跑调地唱着《前进！圣斗士》。他现在在这个世界已有一席之地；你知道他前程远大。他脸色红润，蓝色的眼睛闪闪发光，他的肚子开始隆起。缺乏自信的个性很好地被隐藏了起来：他与人握手时间很短、柔若无骨；"他给人这样的印象，"他以往的另一个学生说，"他羞于肢体接触。"他仍然会因为要看人脸色、窘得脸红、吓得转过身去而感到屈辱。在他的学生们看来，他像是一块更文静、更温和的纯金。"他是一个男子汉，"有一个学生高度赞扬他，"从不要弄卑鄙的花招。"

哈伊姆·魏茨曼（Chaim Weizmann）——俄罗斯犹太裔生物化学家，后来被选举为以色列第一任总统——那时正在曼彻斯特从事发酵制品方面的工作。他成了卢瑟福的好朋友。“年轻、精力充沛而滔滔不绝”，魏茨曼回忆说，“不仅仅科学家这一话题，他无话不谈。他乐此不疲地谈论太阳底下的每一件事，即使他常常对正在谈论的话题一无所知。我都会听到他那响亮、友好的话音在去餐厅就午餐的走廊里回荡。”魏茨曼认为卢瑟福根本不懂政治，但也为重要的科学工作占据了他全部的时间而原谅他。“他是一个和蔼的人，但他不高兴与蠢人相处。”

1907 年 9 月，卢瑟福在曼彻斯特的第一学期，他整理出一个可能的研究课题的表格。这个表格的第七项是“α 射线的散射”。经过几年的工作确定了 α 粒子的特性，他最终意识到了它作为原子探针的重大价值；因为它与高能的却几乎没有质量的 β 电子相比是大质量的，它与物质强烈地相互作用。测量那种相互作用就能够揭示原子的结构。“凭直觉，我将原子视为一个很硬的家伙，红色或者灰色的。”卢瑟福曾经在一次宴会上告诉听众。1907 年，他已经清楚地认识到，原子根本不是一个坚硬的家伙，实质上是空荡荡的。1903 年，德国物理学家菲利普 · 勒纳(Philipp Lenard)通过用阴极射线轰击元素，作了许多实验证明。勒纳对他的发现作了一个生动的、戏剧性的比喻：他说，1 立方米的固体铂占据的空间就像地球外的星空一样空。

但是，如果在原子中有空的空间——空隙中的空隙——那也有其他的东西。1906 年，在麦吉尔大学，卢瑟福研究了 α 粒子的磁偏转，他将 α 粒子投向一个固定的窄缝，使之成为细束，并通过一个磁场。每一次，他用一片云母遮住固定窄缝的一半，这片云母大约只有千分之三厘米厚度，薄到足以允许 α 粒子通过。他在相纸上记录下这些实验结果，发现被云母遮盖的那部分粒子束的边缘是模糊的。这种模糊意味着，当 α 粒子通过时，它被云母的原子偏转——散射——许多 α 粒子以差不多2度的角偏离直线。由于一个强磁场也不过将未遮住的α粒子散射略大一点的角度，所以，一定发生了某种异乎寻常的事件。对于像α粒子这样质量相当大、以如此高的速率运动的粒子，2度角是一个巨大的偏转。据卢瑟福计算，散射一个α粒子到如此程度要求云母有一个大约每厘米100兆伏特的电场。"这种结果清楚显示出这样一个事实，"他写道，"物质的原子一定是非常强的电力所在处。"在他列出的研究课题表中，他记下的正是这个散射问题。

为了完成这事，他不仅需要计算α粒子的数目，还要看到单个的α粒子。在曼彻斯特，他接受了完善这一必需设备的挑战。他和盖革一起开发了一种电气装置，这种装置能咔哒咔哒地记录下每一个到达计数腔的α粒子。盖革后来将这一发明精心改良成了现代放射性研究中的盖革计数器。

有一种用硫化锌使单个α粒子可见的方法，硫化锌就是1903年在巴黎皮埃尔·居里拿到夜花园里装镭溶液的玻璃管子上镀的化合物。用α粒子轰击一块镀上硫化锌的小玻璃板，在每个粒子撞击的点上会瞬时地发出荧光，这被称为"闪烁"，这个词来自于希腊语"火花"。在显微镜下，硫化锌上微弱的闪烁能被一个个地辨别和计数。这个方法非常单调乏味。它要求在黑暗的房子里至少坐上30分钟等眼睛适应，然后轮流每人每次仅计数一分钟——交接班靠一个定时器发出的铃声——因为眼睛紧盯一个狭小、昏暗的屏幕的持续时间不可能更长。甚至通过显微镜，闪烁都只游移在可分辨边缘；一个期望实验产生一定数量闪烁的计数员有时会无意识地看到假想的闪烁。因此，问题就是，计数通常是否准确。卢瑟福和盖革将观察计数与电气方法的匹配计数进行比较，如果证明观察方法可靠，他们就放弃电气方法。毕竟电气方法只能记数，不能观察。而且，卢瑟福首先是对给α粒子在空间定位感兴趣。

盖革在当时曼彻斯特大学18岁的大学生欧内斯特·马斯登的帮助下，继续从事α散射研究。他们观察α粒子从一个加热的管子中产生出来，通过像铝、银、金和铂之类的金属箔。结果通常与期望的一致：α粒子在撞上葡萄干布丁类型的原子后，可以非常好地堆积在其周围2度偏转角的范围内。但是，实验中出现的离群粒子添了麻烦。盖革和马斯登认为，加热的管壁中的分子可能散射它们。他们试图用一串有刻度的金属垫圈缩小和限定加热管子的端部来消除离群粒子。结果证明这无济于事。

卢瑟福踱步进来。三个人仔细讨论这个问题。它的某些方面唤起了卢瑟福期望出现副效应的直觉。几乎像是未卜先知，他转向马斯登说："看看你是否能得到从金属表面直接反射α粒子的一些效应。"马斯登知道预期的结果会是否定的——α粒子将穿过薄箔，它们不会被薄箔反弹回来——但是，要是错过了肯定的结果就会是一个不可原谅的过失。他非常细心地准备了一个强α粒子源。他将铅笔粗细的α粒子束以45度角对准一块金箔。他将闪烁屏相对于箔放在与α粒子束的同一边，从而，反弹回来的粒子就能够撞击到屏幕，并显示出一个闪光。在加热管和屏幕之间，他插入一块厚铅板，从而排除了α粒子直接射向屏幕产生的干扰。

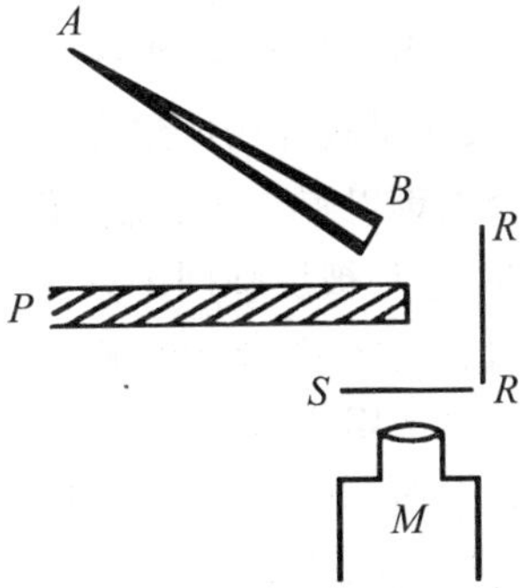

马斯登实验装置。A－B，α粒子源。R－R，金箔。P，铅板。S，硫化锌闪烁屏。M，显微镜。

马上，马斯登惊奇地发现

了他正在寻找的东西。"我清晰记得把这一结果报告给卢瑟福,"他写道,"……在通往他私人房间的台阶上,我遇到了他,并兴奋地告诉了他。"

几星期后,在卢瑟福的指导下,盖革和马斯登系统地描述了实验并发表了它。"考虑α粒子的高速率和大质量,"他们作出结论说,"实验显示一些α粒子能够在一层 6×10^{-5}(也就是0.00006)厘米厚的金箔中被偏转一个90度或者更大的角度,这似乎是很令人吃惊的。在磁场中要产生相似的效应需要 10^9 绝对单位的高强度磁场。"与此同时,卢瑟福开始思考这一散射意味着什么。

在其他工作之余,卢瑟福考虑了一年多。他本来对这一实验所预兆的东西有一个灵敏的直觉,但后来放弃了。甚至在他宣布这个惊人的结论后,还不愿宣扬它。其中一个原因,可能是这一发现与汤姆孙和开尔文爵士早先提出的原子模型相抵触。关于他对马斯登的发现的解释,物理学上存在一些反对意见,这也是需要解决的问题。

卢瑟福真的被马斯登的实验结果震惊了。"在我一生中,这是我经历的最令人难以置信的事件,"他后来说,"这太令人难以置信了,就像你朝一张薄纸射击一颗38厘米的炮弹,它却被反弹回来并击中了你。经过考虑,我明白了,这个向后的散射,来自一次单一的碰撞。我进行运算后认识到,除非你选用这样一个系统,在这个系统中,原子的绝大部分质量集中在一个非常小的核上,不然,就不可能获得任何这样一个数量级的结果。"

"碰撞"是容易使人误解的。卢瑟福将它进行了形象化,作出计算,并在质地很好的大片纸张上画出了原子图解。α粒子准确地沿着那种弯曲路径奔向和远离一个致密的大质量中心体,就像彗星在引力场中与太阳所跳的双人舞。他制作了一个模型,一块重电磁铁用一根 9 米长的绳子悬挂成一个摆,面对放在桌子上的另一块电磁铁。当相同极性相对时,它们会相互排斥,摆会根据它的逼近的速率和角度偏转形成一个抛物线轨迹,正像 α 粒子的偏转。他总是想使他的工作形象化。

当进一步的实验证实了他的理论,即原子确有一个小而重的核时,他终于准备好面对公众了。他选择了一个古老的曼彻斯特组织——曼彻斯特文学哲学协会——作为他的论坛。"大部分是普通民众,"詹姆斯·查德威克说,1911 年 3 月 7 日他作为一个学生参加了这一历史性事件,"……他们对文学和哲学思想有兴趣,其中主要是商人。"

第一项议程是一个曼彻斯特水果进口商的报告,在一批牙买加香蕉货物中发现了一条罕见的蛇,他展示了蛇。然后轮到卢瑟福。他的演讲只留下了一份摘要,但查德威克记得听时的感觉:它"对我们这样的年轻人来说是一个很有震撼力的演讲……我们意识到这明显是真的,事情就是这样。"

卢瑟福发现了他的原子的核,然而他尚未安排好原子的电子。在曼彻斯特会议上,他谈到"一个集中在一点上的中心电荷,被总电量与之相等但电性相反的沿均匀球形分布的电荷环绕着。"这对于计算是充分理想化的,但它忽视了重大的物理事实:"相反电荷"必须具体化为电子。它们应该以某种方式安排在核的周围。

还有另一个秘密。一位日本理论物理学家,长冈半太郎(Hantaro Nagaoka),1903 年提出过一个原子的"土星"模型:电子形成的扁平环像土星环一样绕着一个"带正电的粒子"旋转。长冈为他的模型改写了麦克斯韦发表于 1859 年的第一篇成功论文"论土星环运动的稳定性"中的数学。所有卢瑟福的传记作家都同意这样的看法,即在 1911 年 3 月 11 日曼彻斯特会议之前,卢瑟福并不知道长冈的论文。会后他从一个物理学家朋友的明信片中了解到它:"坎贝尔(Campbell)告诉我,长冈曾经试图推断出他的原子有一个大的带正电中心以说明光学效应。"他于是在《哲学杂志》上查得这篇论文,并在论文的最后一页加上对它的讨论,题为"α 粒子和 β 粒子被物质散射以及原子结构"。他于 4 月将这段讨论投到同一家杂志上。他在那篇文章中将长冈的原子描述为"由电子旋转环围绕的中心吸引质量所组成。"

但似乎长冈不久前拜访过他,因为这位日本物理学家 1911 年 2 月 22 日从东京写信感谢他"在曼彻斯特给我的盛情款待。"* 然而,看来两位物理学家会面时没有讨论过原子模型,不然的话,或者长冈会在他的信中继续进行讨论,或者卢瑟福作为一个完全诚实的人,当然会在他的论文中表示感谢。

卢瑟福不知道长冈的原子土星模型的一个原因是,这一模型在长冈推出后,受到了批评,被抛弃了,因为它存在一个严重的缺陷——一个能毁坏卢瑟福现在设想的原子的相同的理论缺陷。土星的环是稳定的,因为作用在碎片的微粒之间把它们维系在一起的力——万有引力——是吸引力。而作用在长冈土星电子环的电子(负电荷)之间的力是排斥力。按数学推算,只要两个或者更多的电子均匀地分布在绕核旋转的轨道上,它们就将漂移成振荡模式——一种不稳定状态——会很快将原子撕碎。

对长冈的土星模型成立的,理论上对卢瑟福通过实验发

* 长冈间接指出,这次拜访是在 1910 年 7 月前的某一天——在马斯登 1909 年的发现之后,而在卢瑟福 1910 年圣诞节期间告诉盖革他作出了一个解释之前。

现的原子也成立。如果这种原子按经典物理学的力学定律——即牛顿定律，它们支配着行星系中的关系——运转，那么，卢瑟福模型就不应该起作用。但是他的模型不仅仅是一个理论结构，它是实际物理实验的结果。并且它分明起着作用。它有着亘古不变的稳定性，并且将 α 粒子像炮弹一样反弹回来。

必须有人来解决经典物理学和卢瑟福用实验方法验证的原子之间的矛盾。他必须是与卢瑟福有着不同素质的人：不是实验家，而是理论家，不过是深深植根于现实的理论家。他至少必须有与卢瑟福差不多的勇气，以及不相上下的自信。他必须乐意穿过力学的镜子跨进一个陌生的、非力学的世界，在那里，原子尺度上发生的一切，不能用行星或者单摆这样的已知事物来模拟。

好像已经应召启程一般，这样一个人突然出现在曼彻斯特。1912 年 3 月 18 日，卢瑟福写信给一位美国朋友，宣布这个人的到来："玻尔，一个丹麦人，离开剑桥大学到了这里，想在放射性工作方面获得一些经历。""玻尔"就是尼尔斯·亨里克·戴维·玻尔（Niels Henrick David Bohr），丹麦理论物理学家。他当时 27 岁。

第三章

双重意识

"一个身材瘦弱的小伙子走了进来,"卢瑟福在麦吉尔大学的同事、传记作者伊芙(A. S. Eve)回忆在曼彻斯特的日子,"卢瑟福立即将他领进了书房。卢瑟福夫人向我们介绍说,来访者是一个年轻的丹麦人,她的丈夫对他的工作着实有很高的评价。不出所料,这个人就是尼尔斯·玻尔!"这个记忆有点奇怪。玻尔是一个优秀运动员。他所在的大学足球队取得的战绩赢得了丹麦人的喝彩。他滑雪、骑自行车和驾驶帆船,他劈柴,他的乒乓球无人能敌,他习惯于上楼时一步迈两级台阶。斯诺说,他的体貌也让人难忘:家族遗传的高个,有着"一颗硕大的半球形脑袋",一个长而厚重的下颏,一双大手。青年时代的他和后来相比显得稍瘦,随意地向后梳理的乱蓬蓬的头发,可能让伊芙这样比卢瑟福年长12岁的人看上去还有些孩子气。不过,玻尔绝不是"身材瘦弱"。

触发伊芙不谐和的记忆的,除了玻尔的身体相貌,可能还有他略带迟疑的表现。"与他的谨慎小心相比,他拥有发达的肌肉和运动员体魄,"斯诺证实道,"他说话轻声细语,比耳语高不了多少。"玻尔一生都是这样平静地说话——然而从不厌倦——听他讲话的人却要使劲细听。斯诺认为他"是一个饶舌者,像亨利·詹姆士(Henry James)晚年一样,说话很难切中要害,"但是,他在公共场合发表演讲却和私下讲话有着巨大的不同,在谈到首创性探索的课题和已成定论的知识时,也有着巨大的不同。玻尔的一个学生,奥斯卡·克莱因

(Oskar Klein),后来是玻尔的同事,他说,在公共场合,“他将最大的注意力放在获得最精确的有着细微差别的事物表述上。”爱因斯坦称赞玻尔:“像永远在黑暗中探索的人一样发表他的观点,从不像一个(相信自己是)拥有了终极真理的人。”莉泽·迈特纳当物理学家的外甥奥托·弗里施(Otto Frisch)指出,只要玻尔经过了认真探索的阶段,随着对知识的掌握,“他的信念增强了”,“他的演讲就变得生气勃勃,充满生动想象。”而在私下,在密友当中,克莱因说,“他会表现得非常有想象力,既会猛烈批评,也会热情赞扬。”

玻尔的仪态也像他的演说一样具有双重性。爱因斯坦于1920年春天在柏林第一次遇到玻尔,他后来写信给玻尔:“在我一生中,并不常常有人能像你那样仅仅因为风度就使我如此欣赏,”并且,他告诉他们共同的朋友、住在莱顿的奥地利物理学家保罗·埃伦菲斯特(Paul Ehrenfest),“我像你一样非常喜欢他。”尽管爱因斯坦如此热心,他还是对他这位丹麦新朋友进行了一番审视;在玻尔35岁,他刚遇到玻尔时,他的判断和玻尔28岁时伊芙的判断相似:“他像一个极其敏感的孩子,总带着几分恍惚地闯荡这个世界。”在第一次会议上,理论家亚伯拉罕·派斯(Abraham Pais)却认为这张长而厚重的面孔极为“阴郁”,为那一瞬时的印象感到困惑,直到他开始演讲人们才看到“玻尔的面容充满活力,满脸露出灿烂温和的笑容。”

玻尔对20世纪物理学的贡献仅次于爱因斯坦,位列第二。他将成为一名无与伦比的前瞻性的科学政治家。在很大程度上与通常科学家的情况不同,他的个性取向——他从艰苦中养成的个性和他所立足的情感价值——对他的工作是至关紧要的。他年轻时的某个时刻曾经历过痛苦的个性分裂。

玻尔的父亲,克里斯蒂安·玻尔(Christian Bohr),是哥本哈根大学的一名生理学教授。玻尔父亲的玻尔式下巴顺着浓密胡须向下伸长，他是圆脸，前额没有尼尔斯的这么高。他可能当过运动员；他一定是一个狂热的体育迷，他给艾卡迪米锡足球队加油并在资金上给予帮助，为了他的儿子们有朝一日能参加第一流的足球赛［尼尔斯的弟弟哈拉尔(Harald)参加了1908年奥林匹克运动会］。政见上他是改革论者，他致力于妇女解放；他是个无神论者，但名义上信奉国教，是一个殷实的中产阶级知识分子。

克里斯蒂安在22岁时发表了他的第一篇科学论文，获得一个医药学学位，随后在莱比锡师从著名生理学家卡尔·路德维希(Carl Ludwig)，获得一个生理学博士学位。他的研究课题是生物的氧化作用，他在19世纪80年代早期，认真致力于研究仍然新奇的物理学和化学实验。在实验室以外，他的一个朋友解释说，他是歌德(Goethe)的一个"热心崇拜者"，歌德的很多哲学论点激起了他的兴趣。

那时，较大的争论是机械论对活力论，这是一个持续不断的古老辩论的变相形式，这一辩论以包括僧侣在内的人们为一方，这些人相信世界有目的，而另一方的人认为世界自动地、偶然地或周而复始地运转。1895年，一个嘲笑"科学唯物主义"的"纯粹机械世界"会让蝴蝶变回到毛毛虫的德国化学家争论的就是同一论点，一个像亚里士多德一样古老的论点。

在玻尔父亲的专业领域里出现了这样一个问题，生物体和它们的子系统——它们的眼睛、肺——是按照事先的目的，还是按照盲目的、无生气的化学和进化的规律，被组合在一起的。在当时，生物学方面机械论立场的极端支持者是一个德国人，欧内斯特·海因里希·海克尔(Ernst Heinrich Haeckel)，他坚持认为，有机物和无机物完全是一回事。海克尔认为，生命是偶然发生的；心理学完全是生理学的一个分支；灵魂不是不朽的,意志并非自由的。尽管玻尔的父亲致力于科学实验,但他反对海克尔的观点,可能因为他是歌德的崇拜者。那时,他肩负着把他的实践和观点调和起来的困难任务。

部分是这个原因,部分是因为享受朋友聚会,他开始在丹麦皇家科学和文学院的星期五例会后呆在咖啡馆与哲学家哈拉尔·霍夫丁(Harald Høffding)讨论,他们两人都是该院的成员。气味相投的物理学家克里斯滕森(C. Christensen),童年时是一个牧羊童,不久也加入进来。这三个人从咖啡店移到他们各自的家中定期轮番会面。语言学家威廉·汤姆森(Vilhelm Thomsen)加入进来,成为强大的四人组:一个物理学家,一个生物学家,一个语言学家,一个哲学家。他们的谈论伴随了尼尔斯和哈拉尔·玻尔的整个童年。

作为热心的女性解放者,克里斯蒂安给女子大学预科班教课。有一个学生,埃伦·阿德勒(Ellen Adler),是一个犹太银行家的女儿。她的家庭在丹麦人中是有教养、富有和杰出的;她的父亲好多次被选进丹麦议会的上院和下院。克里斯蒂安向她求婚;他们于1881年结婚。她的儿子们的一个朋友后来说,她有着“可爱的个性”和伟大的无私。结婚后,她潜心于犹太教,没有像她最初计划的那样上大学。

克里斯蒂安和埃伦·玻尔在市政厅阿德勒家中度蜜月,这座房子隔着一条古老宽阔的卵石街道面对着议会的所在地克利斯提安堡宫。1885年10月7日尼尔斯·玻尔就出生在这个令人喜爱的地方,尼尔斯是他们的第二个孩子,也是第一个儿子。1886年,克里斯蒂安在大学接受了一个职位,玻尔全家就移居到了外科学院旁边的一所房子里,生理实验室就坐落在外科学院里。尼尔斯和小他19个月的哈拉尔就在这里长大。

远在尼尔斯·玻尔能记事起,他就喜欢梦想一些伟大的相互关系。他的父亲爱讲悖论;尼尔斯可能在父亲的思维习惯中发现了他的梦想。同时,这个男孩思想极为严密,这种物理学家必备的品质是常常被低估的。在大约3岁时,他的父亲领着他一起散步,开始向他指出一棵树的和谐结构——树干、树枝、树叉和树梢——从树的各部分为他的儿子组合树的概念。这个思想严密的孩子看到的是这个生物体的整体,而不赞成父亲的话,他说:如果不是这样,它就不是一棵树。玻尔一生都在讲这个故事,直到1962年他78岁去世前的最后几天时间里。"我从幼年起就能够说一些有关哲学问题的话,"他当时自豪地总结说。并因为这种能力,他说,"我被认为有一点与众不同的禀赋。"

哈拉尔聪明伶俐、机智诙谐、语言丰富,最初,他似乎是两兄弟中较聪明的那个。"可是,在很小的时候,"尼尔斯·玻尔后来的合作者和传记作家斯特凡·罗森塔尔(Stefan Rozental)说,"克里斯蒂安的看法就已经相反;他已经意识到玻尔的卓越能力和特殊天赋以及他宽广的想象力。"要不是出于对两兄弟的关爱,父亲是不会说出这种包含严酷比较的看法的。他断言,尼尔斯是"这个家庭中特殊的一员。"

上5年级时,尼尔斯被指定画一座房子,他创作了一件非常成熟的作品,就连篱笆的木桩都预先考虑到了。他喜爱木工和金属加工,从小就是一个家庭巧匠。"甚至还是一个孩子时,(他)就被认为是家里的思想家,"一个较年轻的同事说,"并且,他的父亲仔细地听取他对一些基本问题的看法。"他在学习书写方面几乎肯定有困难,并且在书写方面也总遇到麻烦。他母亲成了他忠诚的秘书:他向她口述作业,她将作业记录下来。

他和哈拉尔小时亲密得就像对双胞胎。"这里回荡着胜过一切的主乐调,"罗森塔尔注意到,"那就是两兄弟亲密无间。”他们的一个朋友记得，他们“两人一起”说话和思考。“在我整个青年时代，”玻尔回忆说，“我弟弟经常占主导地位……我只好尽量配合他。他在各个方面都比我聪明得多。”哈拉尔晚年却对所有问起的人说，自己只是一个普通人，而他的兄长是纯金，似乎的确是这样。

语言是笨拙的，文字是苍白的。孩子的第一张世界地图是事物的外表而不是语言，主体和客体是不分的，它随着纳入地图的世界同步扩张，直到觉醒了的意识把它分开。玻尔爱展示一根棍棒怎样被用作一支探针——比如盲人的导盲棍——成为胳膊的延伸。他说，感觉似乎移到了棍棒的末端。这一观察，他常常反复说起，作为与男孩和树的故事一样的奇迹，它深深打动了他的那些物理学家弟子们，因为这承载着他的情感意义。

他看来就是一个有着深刻联想的孩子，这种联想是一种学会说话以前就具有的天赋。他的父亲，怀着对目的和整体以及歌德风格的渴求，对这一点领会尤深；而整体性，即自然界的统一性，是摆脱了古老形式的深似海洋的宗教慰藉。父亲对这孩子过高的期望给了他很大的压力。

宗教上的冲突早就开始了。尼尔斯“笃信他从学校宗教课上学到的一切，”克莱因说，“长时间以来，父母不虔诚使得这个敏感的孩子感到不快乐。”玻尔 27 岁时，在剑桥写给未婚妻的一封圣诞信件中，说起曾经为父母背叛神明而苦恼：“我看到一个小男孩走在通往教堂的大雪覆盖的街道上。这是他父亲去教堂做祈祷的仅有的一天。为什么呢？这样一来，这个小男孩不会与其他小男孩有不同的感受了。他从不对这个小男孩说一句有关相信或怀疑的话，而那个小男孩的信仰是全心全意的。”

写作困难是一个很不吉利的征兆。家里为了补救这个问题，让他的母亲当他的秘书。他独自一人时，无法潜心写作，于是就会找他的帮手来。而当场写作更为费力。还有就是说话低得像耳语，这使斯诺想起亨利·詹姆斯晚年的饶舌。成年后，玻尔甚至连一封私人信件的草稿都要写了又写。他的科学论文草稿在重写后，不断地反复校对，成为了传奇。他曾经连续不断地向在苏黎世的奥地利物理学家沃尔夫冈·泡利（Wolfgang Pauli）请求给予无与伦比的批评帮助。泡利很了解玻尔，他小心地回答，“如果最后的校样寄出了，我就会来。”玻尔先是与他的母亲及弟弟哈拉尔合作，然后就是与他的妻子合作，再后来，与一生中一连串的年轻物理学家合作。他们珍惜与玻尔一起工作的机会，但这种经历也很烦人。他不仅要求他们参与，而且要求他们在智力和情感上投入：他想让他的合作者们确信他是正确的。在他做成功之前，他怀疑自己的结论，或者，至少怀疑这些结论的语言表述。

在写作困难的后面，还有另一个更为弥漫性的困难。那就是担心他的母亲不能再给他非同寻常的支持，担心他的弟弟可能因伤致残。有一段时间，还真是这样。

按照克莱因所述，可能在尼尔斯还是“一个年轻人”的时候，就首次出现了宗教信仰危机。正如他曾经信仰宗教一样，玻尔现在同样怀疑宗教，“非同寻常地坚决。”1903 年秋天，18 岁时，他被哥本哈根大学录取，就在此时，这种怀疑变得深刻，使他陶醉于令人敬畏的无限之境。

玻尔爱读一本小说，《一个丹麦学生的奇遇》（En Dansk Students Eventyr）。小说的作者是玻尔·马丁·默勒（Poul Martin Møller）。默勒在 1824 年就把它作为读物向哥本哈根大学学生会推荐。它在作者死后才出版。它短小、诙谐，愉悦人的身心。在 1960 年的一个重要的演说中，玻尔描述默勒的书为“人类知识的统一体，”“一本没有完成的小说仍然能让

(丹麦)人无论老幼都喜爱阅读。"他说,这本书给出了"我们(作为人类)的状况各个方面之间相互影响的一种生动而有启发性的说明。"世界大战后,丹麦政府帮助玻尔在哥本哈根建了一所研究所。世界上许多有前途的年轻物理学家都慕名前来学习。他的合作者莱昂·罗森菲尔德(Léon Rosenfeld)写道:"每个来到研究所与玻尔亲密接触的人,一旦丹麦语过关,就会知晓这本小册子:它是他授课的一部分。"

这本小册子有什么神奇的地方呢?它是第一本具有当代意义的丹麦小说,讲的是学生生活,尤其是一对堂兄弟学生的持续对话,一个是"科班出身"——一个学位应考人,另一个是"俗人"。俗人是一种大家熟悉的类型,玻尔说他"在实际事务中非常冷静能干";而"科班出身"则异乎寻常,"沉溺于不利于他的社会活动的不着边际的哲学冥想"。玻尔引用一段"科班出身"讲的"哲学思想":

> (我开始)思考自己对我能找到自我的情况的想法。我甚至想到我在思考它,并如此把我自己分成相互考虑的后退着的'我'的无限序列。我不知道停止在哪一个'我'上来将它看成实际的我,而且,我一旦停止在某一个'我'上,事实上就又有一个停止于其上的'我'了。我搞糊涂了,并且感到晕头转向,就如我低头俯视着一个无底的深渊一样。

罗伯特·奥本海默(Robert Oppenheimer)回忆说:"玻尔不断回溯到不同意义上的词'我',""一个是行动的'我',一个是沉思的'我',而且是一个研究'我'自身的'我'。"

在默勒的小说中困扰"科班出身"的其他情况,可能在现实生活中也困扰着年轻的尼尔斯·玻尔。例如下面他说的这种无助：

> 确切说，我明白了写进论文之前的那些想法；但是，因为我清楚地认识到这一行动中暗含的矛盾，我感到完全没有能力构造出哪怕是一个句子……我为解释一个人是如何想、如何说或者如何写这样一些不可理喻的难题而折磨着自己。我的朋友，你知道，一项运动预先设定着一个方向。意识不沿着一条确切路径运动，是无法继续下去的；但是，在走上这条路径之前，意识必然已经考虑过它了。因此，一个人在用事先早已想好的每一条思路在思考。因而，每一条思路，似乎是一瞬间的工作，实际上我们预先设定它是永恒真理。这几乎使我发狂。

这也许是一种对关于自身的分裂和它放大的两重性的抱怨，在稍后的几年里玻尔习惯于引用这种两重性。

> 因此，在很多场合，人将自己分成两个个人，其中一个试图愚弄另一个，而此时，一个第三者，他事实上与其他两个相同，他对这种混淆充满惊奇。简而言之，思考变得戏剧性了，它与它自己一起平静地表演最复杂的情节给它自己看，而观众一次又一次地成为演员。

“玻尔要点出那些情景，”罗森菲尔德注解道，“在那些情景中，‘科班出身’描述他如何少算了许多个自我，或者关于表述一种思想之不可能性（的论点），并且通过这些奇幻的自相矛盾，他领着与他谈话的人……走向不含糊地交流经验的问题的核心，他因此戏剧性地强调他们的真挚性。”罗森菲尔德崇拜玻尔，他未能看到，或选择不说出来，对玻尔来说，“科班出身”的思想斗争大多源于“奇幻的自相矛盾”。

逻辑推理——这是对于“科班出身”所做事情的术语，也是对年轻的玻尔所做事情的术语——是一个消除焦虑的防御机制。思维的螺旋让人惶恐不安但又不得不如此做。疑虑加倍再加倍，行动无力，脱离现实。这一机制是无限回溯的，因为受骗者一旦识破骗局，他就会怀疑一切，甚至怀疑机制本身。哲学上说，现象可能是引人入胜的，但作为一个实际问题，推理乃拖延之举。如果工作永不完结，它的质量就无法得到评价。麻烦在于，这种拖延延缓了对质，把罪过加到载体上。焦虑在增加；这一机制促进了它的螺旋形上升；自身感觉好像它将瓦解；放大的“我”把崩溃的紧迫感戏剧化了。此刻，狂躁使人感到恐惧；反复出现在玻尔的对话和写作中的这个形象化比喻就是“科班出身”说的“无底的深渊”。我们招来了深渊，被“悬浮在语言中，”玻尔喜欢这样说。他最爱引用的就是席勒(Schiller)的两行诗：

> Nur die Fulle fiuhrt zur Klarheit,
> Und im Abgrund wohnt die Wahrheit.
> 唯有整体性导致清晰，
> 真理往往藏在深渊中。

但是，玻尔找到的坚实的立足处并非是在默勒的小说中。他为此需要的不仅仅是一本小说，而是更为合适的东西。他需要我们为了心智健全都需要的东西：他需要爱和工作。

“很早以前，在我中学考试后，我对哲学产生了强烈的兴趣，”玻尔在他以后的访谈中说，“我和霍夫丁开始了尤为亲密的联系。”霍夫丁是玻尔父亲的老友，星期五晚间讨论小组的发起人之一。玻尔还是小孩的时候就与他相识。他出生于1843年，比老玻尔年长12岁，是一个知识渊博、敏感而和善的人。他是瑟伦·克尔恺郭尔(Soren Kierkegaard)和威廉·詹姆斯著作的优秀诠释者,同时,他本人也是一名受人尊敬的哲学家:一个反黑格尔派哲学家,一个对知觉不连续性感兴趣的实用主义者。玻尔成了霍夫丁的一个学生。几乎可以肯定他曾经私下找霍夫丁寻求过帮助。这是玻尔的一个好的选择。霍夫丁年轻时在自身危机方面经历过挣扎,他后来这样写道,这一危机使他几近"绝望"。

1855年11月,克尔恺郭尔因肺部感染在寒战中死亡。当时霍夫丁12岁,这个年龄足以在城墙外阴沉的墓园小径中听到骚动声,足以能将使用了许多假名的、古怪的、笨拙的、雄辩滔滔的诗句变成生动的形象。以这种熟悉为起点,霍夫丁后来转而去读克尔恺郭尔的作品以寻找绝望中的安慰。他特别在《人生路各阶段》中找到了慰藉,这是一个关于精神各阶段的辩证法的黑色幽默剧本,每一幕是独立、不连贯的,只通过信念的无理性的跳跃来连接。霍夫丁怀着感激的心情支持这位多产而艰难的丹麦人;他的第二本主要著作出版于1892年,这本书有助于在大家心目中树立克尔恺郭尔作为一个重要哲学家的形象,而不仅仅像丹麦评论家们最初看待他那样,只把他当作一个自成流派的大发狂言的文学家。

克尔恺郭尔对玻尔的影响很大,尤其是当霍夫丁对他作了诠释之后。克尔恺郭尔像默勒一样考察了同样的精神状态。在大学里,默勒给克尔恺郭尔教授道德哲学,并且似乎成为后者的向导。默勒去世后,克尔恺郭尔将《畏惧的概念》奉献于他,在一篇草拟的献辞中称他为"我年轻时狂热追随的偶像,我人生之初的知己,使我觉醒的强大号手,我已故的朋友。"从默勒到克尔恺郭尔,到霍夫丁,到玻尔,一脉相承。

克尔恺郭尔声名狼藉地背负着日益增加的认同和怀疑。在克尔恺郭尔的著作中,意识两重性是一个中心主题,正如在他之前的默勒的著作中一样。意识两重性甚至似乎会成为丹麦人当中长期存在的一个危险。丹麦语中表示绝望的一个词,Fortvivtelse,这个词的中心部位的语素为"tvi",它的意思是"二",标志着"双重意识"。"tvivl"在丹麦语中意思是"怀疑","tvivlesyg"意思是"怀疑论","tvetydighed"是"歧义性"。自省本身实际上是清教主义的一句口头禅,与基督教义非常类似。

但是,克尔恺郭尔不同于默勒,默勒调侃了"科班出身"的两重性,而克尔恺郭尔则竭力寻找穿越镜中迷宫的路径。霍夫丁在他的《现代哲学史》——玻尔在读大学时就读过这本书——中,总结他所理解的克尔恺郭尔所要找的路径,发现"他最主要的思想是,不同的人生概念是如此尖锐地彼此对立,以至于我们必须从中作出选择。因此,他的关键词是'非此即彼';而且,这一选择是每一个特定的人必须为自己作出的,因而,他的第二个关键词是'个体'"。他接着又说:"只有在可能性世界里存在连续性,而现实世界中,决定总来自一种对连续性的破坏。"使玻尔倍感苦恼的连续性指的是疑惑流的不断扩大以及折磨人的那一个个"我";连续性的破坏——决定性、功能——是他希望找到的结局。

他首先转向数学。他在一次大学讲座中学到黎曼几何,这是一种非欧几何,是由德国数学家格奥尔格·黎曼(Georg Riemann)发展起来表述复变函数的。黎曼证明,这样一个多值函数(一个数,它的平方根,它的对数,等等)是怎样表述的,以及怎样与一组后来被称为黎曼曲面的一致的几何平面族建立关联的。"当时,"玻尔在他晚年的访谈中说,"我真想写一些哲学文章,是关于多值函数的类比物的。我觉得,心理学中的各种问题——即关于自由意志的、所谓的大哲学问题——当人们真正考虑着手做时事实上能够归结于它们,能够通过与多值函数作类比来得到解决。”此时，他认为这一问题可能是一种语言问题，一种歧义性、多值性，正如在词“我”的不同的意义间所存在的。在每个不同平面上区分每一个不同的意义，你就能够保持你正在谈论内容的思路。同一性的混淆会在人们眼前自行得到形象的解决。

这种计划对玻尔来说过于简略。数学可能太像推理，使他陷于冥思苦想中。他想写一本关于数学类比的书，却骤然转而去从事具体得多的工作。不过注意数学类比开始把关于怀疑的问题置于语言的框架内，而把怀疑等同于语言歧义的特别形式；并且注意到，数学类比是通过在离散的、互不联系的平面上隔离它们若干个变量的意义来设法澄清歧义性的。

1905 年 2 月，玻尔开始着手扎实的工作，当时他 19 岁，这项工作是一个实验物理方面的问题。每年，丹麦皇家科学文学院都要公布一些研究课题，截止期限为两年，届时，科学院要为胜出的论文颁发金牌和银牌。1905 年的物理学问题是，当液体从一个小孔流出时，通过测量由这些液体产生的波（一根花园水管辫状喷流显示出这种波）来确定一定量液体的表面张力。这一方法由英国诺贝尔奖获得者约翰·威廉·斯特拉特（John William Strutt）即瑞利（Rayleigh）爵士提出，但还没有人证实它。玻尔和另一竞争者接受了挑战。

玻尔在生理实验室开始着手工作，在那里，他曾经观看并协助他父亲工作过数年，学到了实验技巧。为了获得稳定的喷射，他决定使用拉制的玻璃管。因为这种测量法要求大量液体，他限定为对水进行实验。玻璃管的一端必须被略微压平以造成一个卵形截面，它使水流喷射成一特定形状，能够演化出辫状的波。所有将管子加热、软化和拉制的工作，玻尔都是自己完成；他觉得这事使人着迷。罗森菲尔德说玻尔“如此喜欢这个操作，以至于完全忘记了这一事情的初衷，他花费好多时间让一根接一根玻璃管通过火焰。”

确定表面张力值实验的每一个步骤都要费好几个小时。这只能在晚上做，只有此时实验室才没有人占用，而水的喷注又极易受到振动的干扰。工作进展迟缓，但玻尔仍懒懒散散。科学院给的时间是两年。快要到这个期限时，克里斯蒂安意识到他的儿子会拖延进度以至于在截止期之前不能完成论文。“实验没完没了，”玻尔几年后和罗森菲尔德一起骑自行车去乡下时告诉他说，“我总注意那些我认为必须首先理解的新细节。最后，我父亲让我离开了实验室，把我遣送到这里，我不得不详细地补写好论文。”

“这里”是指内鲁姆伽德，是哥本哈根以北他外祖父阿德勒在乡下的庄园。在这里，远离实验室的诱惑，由尼尔斯写好，哈拉尔誊清，一篇114页的论文就出来了。尼尔斯赶在截止期的当天将论文送交到科学院，但即使到了这时，它还是不完整的；三天后，他又将意外留下的11页的附录补交上去。

这篇论文是玻尔的第一篇科学论文，虽然只是确定水的表面张力，但也出色地扩展了瑞利的理论。这篇论文赢得了科学院的金牌。对于像玻尔这样的年轻人来说，这是一个显著的成就，并且，这也促使玻尔走上了物理学道路。与数学化的哲学不同，物理学是稳固地植根于真实世界的。

1909年，伦敦的皇家学会接受了这篇表面张力论文的修正稿，发表在它的《哲学会报》上。在这篇论文发表时，玻尔还只是个正在攻读硕士学位的学生；当学会秘书在致函中使用了推测的（玻尔的）学术头衔时，玻尔只得向他解释说自己“不是教授”。

退居乡下曾给了他一次帮助。这可能再次帮助他。然而，在阿德勒一家将内鲁姆伽德捐赠出来做一所学校后，这里就不能再为玻尔所用了。大约在1909年3月到5月期间，玻尔正着手硕士学位考试的研究工作，他去位于菲英岛上的维森比约旅行，菲英岛在哥本哈根的西兰岛之西，紧邻着西兰岛。玻尔在这里住在克里斯蒂安·玻尔实验室助教的父母家的牧师家中。尼尔斯在菲英岛逗留期间，读了《人生路各阶段》。就在读完的这一天，他狂热地将这本书邮给了哈拉尔。“这是我不得不寄给你的唯一的东西，”他写信给自己的弟弟，“不过，我不认为我能容易地找到比这更好的……这是我有生以来读过的最好的书。”6 月底，玻尔回到哥本哈根，再一次在最后期限做完硕士论文，让母亲替他誊清后上交了。

哈拉尔后来居上，获得了理学硕士学位。他 4 月份乘飞机去了德国哥廷根的乔治亚－奥古斯塔大学，攻读哲学博士学位，这里是欧洲的数学中心。1910 年 6 月，他在哥廷根获得这一学位。尼尔斯半开玩笑地在信中告诉弟弟，他的“妒忌很快就要涨过屋顶了，”但事实上，他为自己在博士论文上的进展而高兴，尽管花费了“4 个月时间考虑一个与一些无聊的电子相关的无聊问题，并且（随后）只写了大约包含 14 个不同见解的原始草稿”。克里斯滕森向玻尔提出一个金属电子论问题，作为玻尔的硕士论文；这一课题玻尔很感兴趣，所以在博士论文工作中继续从事这一课题的研究。他现在专攻理论研究，他解释说，试图也做实验工作是“不切实际的”。

1910 年秋天，他回到维森比约的牧师住宅。他的工作进展缓慢。他可能记起了“科班出身”论述的问题，因为他又转向了克尔恺郭尔。“当我在菲英岛的牧师住宅撰写学位论文时，克尔恺郭尔给我造成了强烈的印象，我夜以继日地读他的著作，”玻尔于 1933 年告诉他的朋友及以前的学生鲁德·尼尔森（Rud Nielsen）。“他的正直和他自觉地思考问题到达它们的极至，乃是他的伟大之处。而且，他的语言美妙，常常是庄严的。当然，在克尔恺郭尔的思想中有一些是我不能接受的，我将这归因于他所生活的那个年代。但我赞赏他的刚烈和坚定不移、他到达极至的分析，以及这样的事实：他通过这些素质扭转了不幸，并且一直忍受到时来运转。”

1911 年 1 月底，他完成了题为“金属电子论研究”的博士论文。2 月 3 日，他父亲突然去世，时年 56 岁。他把他的论文“以最深的感激之情献给我的父亲”。他热爱他的父亲；如果他背负着父亲的期望，那他现在可从这种重负中解脱了。

按惯例，5 月 13 日，他在哥本哈根公开作论文答辩。“玻尔博士，一个苍白而又谦恭的年轻人，”哥本哈根《日报》报道，这条报道的上方是打着小白领结、身穿燕尾服站在大讲台前的应试答辩者的漫画肖像，“答辩没有进行太长时间，持续时间之短创下了纪录。”小会堂挤满了人。两个主考官之一的克里斯滕森简单地说，在丹麦很难有人足够精通这一课题，能够评价应试答辩者的工作。

克里斯蒂安在去世前，为自己的儿子出国学习，帮助安排了一个来自嘉士伯基金的奖学金。尼尔斯花一个夏天与一个朋友的妹妹玛格丽特·诺兰（Margrethe Nørland）一起航海和长途徒步旅行。诺兰是一个年轻漂亮的女学生，玻尔于 1910 年与她相遇，就在他启程之前不久，两人订婚了。然后，他于 9 月下旬乘飞机去了剑桥。他被安排在卡文迪什实验室汤姆孙的门下攻读。

1911 年 9 月 29 日
艾提斯赖大街 10 号
剑桥大学纽纳姆学院

喔，哈拉尔！

对我来说，一切都变得如此美好。我刚刚和汤姆孙交谈过，就我所能向他表明了我关于辐射、磁性等等的想法。要是你知道与这样一个人交谈对我来说意味着什么就好了。他给我的印象太好了,我们谈了好多东西;我相信,他认为我讲的东西有些意思。他现在就会去读(我的论文),并且他还邀请我星期天和他一起去三一学院进晚餐;然后,他会和我一起谈我的论文。你能想象得出我有多高兴……。我现在有我自己的小公寓,它在镇子的边缘,所有各方面都不错,我有两间房间,吃饭都是单独在我自己的房间里。这里太美妙了;此刻,我正坐在这里给你写信,我自己的小壁炉内跳动着火苗并发出呼呼的声响。

玻尔对剑桥很满意。他父亲的亲英倾向为他喜爱英国生活习惯作好了准备;大学保持着牛顿和克拉克·麦克斯韦以及有着令人敬畏的物理学发现记录的伟大的卡文迪什实验室的传统。玻尔发现,他在中学时必须学习的英语这时派上了用场,借助手上的一本权威性新字典来查找每一个吃不准的单词,他开始阅读《大卫·科波菲尔》。他发现实验室人很多且供应不足。另一方面,"在高额罚金的威胁下",必须穿戴方帽长袍(一旦作为研究生被三一学院录取)走来走去让人感到好笑,同样好笑的是看到三一学院贵宾席上的人"他们吃得那么多,吃得那么好,简直难以理解他们怎么负担得起","用餐前还要花一个小时走过河沿岸的许多美丽草坪,草坪由点辍着红浆果的绿篱围住,中间有矗立的柳树随风摇摆——想象一下在白云飞渡、大风骤起的秋季旷远天空下所有的这一切。"他加入了一个足球俱乐部;拜访了一个生理学家,这人是他父亲原来的一个学生;参加物理学讲座;做汤姆孙指定他做的实验;听任英国淑女们("在逗你说话方面绝对是天才")在宴会上在他旁边尽她们的职责。

但汤姆孙从没有考虑阅读他的论文。事实上,第一次会晤并非如此理想。这个从丹麦来的新生除了解释自己的想法,他还指出了他在汤姆孙的电子论著作中发现的一些错误。“我不明白,”玻尔不久后写信给玛格丽特,“他对我不同意他的想法会说些什么。”稍后又说:“我渴望听到汤姆孙将要说的话。他是伟人。我希望他不会对我愚蠢的话生气。”

汤姆孙可能生气了,也可能没有。他现在对电子没有多大兴趣。他将注意力转向了带正电的射线——他指定玻尔做的实验与这种射线有关,玻尔觉得它明显地没有前途——无论如何他也没有多少耐心去作理论讨论。“要了解一个英国人需要花费半年的时间,”玻尔在他晚年接受采访时说,“……在英格兰,这是一个风俗,他们会彬彬有礼,如此等等,但又不愿留心任何人……我星期天去三一学院用餐……我坐在那儿,好多个星期天都没人和我说话。不过后来他们明白了我没有比他们更强烈的和他们说话的愿望。后来,我们成了朋友,你看,后来的情况完全不同了。”这种领悟是普遍的,汤姆孙的冷漠也许是它的第一个特例。

后来,卢瑟福出现在剑桥。

他“从曼彻斯特来到剑桥,在卡文迪什年度宴会上发表讲话,”玻尔说,“尽管在这种场合我不能和(他)私下接触,但他的人格魅力和能力给了我极深刻的印象,他无论在哪里工作,都能取得惊人的成就。这个宴会”——在12月——“在非常幽默的气氛中举行,这也给了卢瑟福的一些同事一个回顾和他的名字连在一起的许多奇闻轶事的机会”。卢瑟福热心地说起物理学家威尔逊(C. T. R. Wilson)最近的工作,威尔逊是云室(它使得带电粒子的轨迹显示为一条由悬浮在过饱和雾气中的小水滴组成的线)的发明者,也是他在剑桥学生年代的一个朋友。玻尔说,威尔逊“就在此时”拍下了他的云室中被原子核相互作用散射的α粒子,“这个现象在仅仅几个月后引导(卢瑟福)作出了关于原子核的划时代发现。"

玻尔有一种感觉,他不久就将与原子核和它在理论上不稳定的电子的问题打交道,但是卢瑟福的热心和不拘礼节在年度晚宴上给了他最深刻的印象。他在以后漫长的人生中都记得他生命的这一时刻,他选出卢瑟福众多品质中特别值得赞美的一种:"当他觉得某个年轻人有想法时,无论是谁,他都有耐心听取,不管这种想法在他眼里有多普通。"可以想象,汤姆孙,无论有怎样的优点,在这一点上是欠缺的。

宴会以后不久,玻尔前往曼彻斯特拜见"最近故世的我父亲生前的一个同事,他也是卢瑟福的密友,"玻尔很想见到卢瑟福。这位密友使他们走到了一起。卢瑟福仔细察看这个年轻的丹麦人,尽管他对理论家有偏见,他还是喜欢他看到的这个人。后来有人问起这个矛盾,卢瑟福用咆哮来掩饰好感,吼道:"玻尔不一样!""他是一个足球队员!"在其他方面,玻尔也是不同的;在卢瑟福的众多学生中,玻尔很容易地成为最有才能的——而卢瑟福一生培养了多达11个诺贝尔奖获得者,这是一个无法超越的纪录。

他一直都没有在剑桥和曼彻斯特之间作出抉择,直到1912年1月哈拉尔特地为这事到剑桥看望他时,两人才一起把事情办妥。随后,玻尔热切地写信给卢瑟福,希望他同意自己去曼彻斯特学习,正如他们在12月份讨论过的那样。卢瑟福当时劝告他不要这么快离开剑桥——卢瑟福告诉他,曼彻斯特总在那里,它又不会跑掉——因而,玻尔提出春季学期到曼彻斯特去,这个学期开始于3月下旬。卢瑟福高兴地同意了。玻尔觉得在剑桥他是在浪费时间,他希望有实质性的工作。

他在曼彻斯特用最初的6个星期时间学习一门"放射性研究的实验方法导论",盖革和马斯登都在指导教师之列。

他继续从事他在电子论方面的独立研究。他和一个年轻的匈牙利贵族乔治·德海韦西(George de Hevesy)开始了终身的友谊。德海韦西是一个放射化学家,长着一张敏感的长脸,高耸的鼻子在脸上很显眼。德海韦西的父亲是一个法院评议员,他的母亲是一位女性男爵;还是一个孩子时,他在紧挨着他祖父庄园的奥匈帝国皇帝弗朗茨·约瑟夫(Franz Josef)的私人猎场猎杀过鹌鹑。现在,他正在从事一项卢瑟福有一天交给他的挑战性工作,从母物质中分离出放射性衰变产物。他用以后的几十年发展了来源于这项研究的在医学和生物学研究中应用放射性示踪剂的科学,这是卢瑟福的不经意但又多产地衍生出来的非常有用的分支。

玻尔从德海韦西那里了解到放射化学。他开始看到与他的电子论工作的关系。他后来突然爆发的直觉是惊人的。他在几周的时间内意识到,放射性发源于原子核,而化学性质主要依赖于电子的数量和分布。他意识到——这个想法很放肆,但又碰巧是正确的——因为电子决定了化学性质,而原子核的总正电荷决定了电子个数,那么,一种元素在元素周期表中的位置就是原子核的电荷数(或者是“原子序数”):氢具有核电荷数1,列第1位,然后是氦,有核电荷数2,依次类推,直到92号位上的铀。

德海韦西向他谈到,已知的放射性元素的数量已经远远比周期表中现有的格子多,玻尔作出了更多的直觉联系。索迪指出,放射性元素一般不是新元素,只是天然元素的物理变种(后来他给它们取了一个现代名称,同位素)。玻尔意识到,放射性元素一定与和它化学性质一致的天然元素具有相同的原子序数。这使得他能够草拟出后来所谓的放射性位移律:当一种元素通过放射性衰变来改变它自身时,如果它发射一个α粒子(一个氦核,原子序数为2),那么它在周期表中的

元素周期表

原子序数 ← 19 → 元素符号
K
钾 → 元素名称
注* 的是人造元素
$4s^1$ ↓ 外围电子的构型，括号指可能的构型
原子量 ← 39.098 3(1)

族 周期	IA	IIA	IIIB	IVB	VB	VIB	VIIB	VIII	VIII	VIII	IB	IIB	IIIA	IVA	VA	VIA	VIIA	0
1	1 H 氢 $1s^1$ 1.007 94(7)																	2 He 氦 $1s^2$ 4.002 602(2)
2	3 Li 锂 $2s^1$ 6.941(2)	4 Be 铍 $2s^2$ 9.012 182(3)											5 B 硼 $2s^22p^1$ 10.811(7)	6 C 碳 $2s^22p^2$ 12.010 7(8)	7 N 氮 $2s^22p^3$ 14.006 74(7)	8 O 氧 $2s^22p^4$ 15.999 4(3)	9 F 氟 $2s^22p^5$ 18.998 403 2(5)	10 Ne 氖 $2s^22p^6$ 20.179 7(6)
3	11 Na 钠 $3s^1$ 22.989 770(2)	12 Mg 镁 $3s^2$ 24.305 0(6)											13 Al 铝 $3s^23p^1$ 26.981 538(2)	14 Si 硅 $3s^23p^2$ 28.085 5(3)	15 P 磷 $3s^23p^3$ 30.973 761(2)	16 S 硫 $3s^23p^4$ 32.066(6)	17 Cl 氯 $3s^23p^5$ 35.452 7(9)	18 Ar 氩 $3s^23p^6$ 39.948(1)
4	19 K 钾 $4s^1$ 39.098 3(1)	20 Ca 钙 $4s^2$ 40.078(4)	21 Sc 钪 $3d^14s^2$ 44.955 910(8)	22 Ti 钛 $3d^24s^2$ 47.867(1)	23 V 钒 $3d^34s^2$ 50.941 5(1)	24 Cr 铬 $3d^54s^1$ 51.996 1(6)	25 Mn 锰 $3d^54s^2$ 54.938 049(9)	26 Fe 铁 $3d^64s^2$ 55.845(2)	27 Co 钴 $3d^74s^2$ 58.933 200(9)	28 Ni 镍 $3d^84s^2$ 58.693 4(2)	29 Cu 铜 $3d^{10}4s^1$ 63.546(3)	30 Zn 锌 $3d^{10}4s^2$ 65.39(2)	31 Ga 镓 $4s^24p^1$ 69.723(1)	32 Ge 锗 $4s^24p^2$ 72.61(2)	33 As 砷 $4s^24p^3$ 74.921 60(2)	34 Se 硒 $4s^24p^4$ 78.96(3)	35 Br 溴 $4s^24p^5$ 79.904(1)	36 Kr 氪 $4s^24p^6$ 83.80(1)
5	37 Rb 铷 $5s^1$ 85.467 8(3)	38 Sr 锶 $5s^2$ 87.62(1)	39 Y 钇 $4d^15s^2$ 88.905 85(2)	40 Zr 锆 $4d^25s^2$ 91.224(2)	41 Nb 铌 $4d^45s^1$ 92.906 38(2)	42 Mo 钼 $4d^55s^1$ 95.94(1)	43 Tc 锝 $4d^55s^2$	44 Ru 钌 $4d^75s^1$ 101.07(2)	45 Rh 铑 $4d^85s^1$ 102.905 50(2)	46 Pd 钯 $4d^{10}$ 106.42(1)	47 Ag 银 $4d^{10}5s^1$ 107.868 2(2)	48 Cd 镉 $4d^{10}5s^2$ 112.411(8)	49 In 铟 $5s^25p^1$ 114.818(3)	50 Sn 锡 $5s^25p^2$ 118.710(7)	51 Sb 锑 $5s^25p^3$ 121.760(1)	52 Te 碲 $5s^25p^4$ 127.60(3)	53 I 碘 $5s^25p^5$ 126.904 47(3)	54 Xe 氙 $5s^25p^6$ 131.29(2)
6	55 Cs 铯 $6s^1$ 132.905 45(2)	56 Ba 钡 $6s^2$ 137.327(7)	57—71 La—Lu 镧系	72 Hf 铪 $5d^26s^2$ 178.49(2)	73 Ta 钽 $5d^36s^2$ 180.947 9(1)	74 W 钨 $5d^46s^2$ 183.84(1)	75 Re 铼 $5d^56s^2$ 186.207(1)	76 Os 锇 $5d^66s^2$ 190.23(3)	77 Ir 铱 $5d^76s^2$ 192.217(3)	78 Pt 铂 $5d^96s^1$ 195.078(2)	79 Au 金 $5d^{10}6s^1$ 196.966 55(2)	80 Hg 汞 $5d^{10}6s^2$ 200.59(2)	81 Tl 铊 $6s^26p^1$ 204.383 3(2)	82 Pb 铅 $6s^26p^2$ 207.2(1)	83 Bi 铋 $6s^26p^3$ 208.980 37(3)	84 Po 钋 $6s^26p^4$	85 At 砹 $6s^26p^5$	86 Rn 氡 $6s^26p^6$
7	87 Fr 钫 $7s^1$	88 Ra 镭 $7s^2$	89—103 Ac—Lr 锕系	104 Rf 𬬻* $(6d^27s^2)$	105 Db 𨧀* $(6d^37s^2)$	106 Sg 𨭎* $(6d^47s^2)$	107 Bh 𨨏* $(6d^57s^2)$	108 Hs 𨭆* $(6d^67s^2)$	109 Mt 鿏* $(6d^77s^2)$	110 Ds 𫟼*	111 Uuu *	112 Uub *						

镧系	57 La 镧 $5d^16s^2$ 138.905 5(2)	58 Ce 铈 $4f^15d^16s^2$ 140.116(1)	59 Pr 镨 $4f^36s^2$ 140.907 65(2)	60 Nd 钕 $4f^46s^2$ 144.24(3)	61 Pm 钷 $4f^56s^2$	62 Sm 钐 $4f^66s^2$ 150.36(3)	63 Eu 铕 $4f^76s^2$ 151.964(1)	64 Gd 钆 $4f^75d^16s^2$ 157.25(3)	65 Tb 铽 $4f^96s^2$ 158.925 34(2)	66 Dy 镝 $4f^{10}6s^2$ 162.50(3)	67 Ho 钬 $4f^{11}6s^2$ 164.930 32(2)	68 Er 铒 $4f^{12}6s^2$ 167.26(3)	69 Tm 铥 $4f^{13}6s^2$ 168.934 21(2)	70 Yb 镱 $4f^{14}6s^2$ 173.04(3)	71 Lu 镥 $4f^{14}5d^16s^2$ 174.967(1)
锕系	89 Ac 锕 $6d^17s^2$	90 Th 钍 $6d^27s^2$ 232.038 1(1)	91 Pa 镤 $5f^26d^17s^2$ 231.035 88(2)	92 U 铀 $5f^36d^17s^2$ 238.028 9(1)	93 Np 镎 $5f^46d^17s^2$	94 Pu 钚 $5f^67s^2$	95 Am 镅* $5f^77s^2$	96 Cm 锔* $5f^76d^17s^2$	97 Bk 锫* $5f^97s^2$	98 Cf 锎* $5f^{10}7s^2$	99 Es 锿* $5f^{11}7s^2$	100 Fm 镄* $5f^{12}7s^2$	101 Md 钔* $(5f^{13}7s^2)$	102 No 锘* $(5f^{14}7s^2)$	103 Lr 铹* $(5f^{14}6d^17s^2)$

元素周期表。镧系（“稀土族”）从镧（57 号）开始；锕系从锕（89 号）开始，包括钍（90 号）和铀（92 号），化学性质上类似。其他元素族顺着表竖直往下读——例如在最右边是惰性气体：氦、氖、氩、氪、氙、氡。

位置向左移动两个位置；如果它发射一束β射线（一种高能电子，在原子核中留下一个附加的正电荷），就向右移动一个位置。

所有这些初步的判断是其他人要依靠在理论和实验方面几年扎实的工作才可能作出的。玻尔很快将这些结果交给了卢瑟福。令玻尔吃惊的是，玻尔发现这位原子核的发现者对他自己的发现小心谨慎，“卢瑟福……认为，迄今获得的有关含核原子的证据不足，不能肯定地引导出这样的一些结果，”玻尔回忆说，“而我对他说，我肯定这就是他的原子的最终证明。”如果说卢瑟福还没有确信，那么，他至少还是形成了印象；当德海韦西有一天问到一个有关放射性的问题时，卢瑟福兴奋地回答说：“去问玻尔！”

后来，当玻尔于6月中旬再次特地找卢瑟福时，卢瑟福对意外惊奇作好了思想准备。玻尔在会面后的6月19日给哈拉尔的信中告诉哈拉尔他意识到了什么：

> 我也许的确作出了有关原子结构的一点点发现。你一定不要告诉任何人任何有关的情况，否则，我肯定不会这么快写信告诉你。如果我是正确的，它所指示的不会是一种可能性质……而也许是小部分的真实性质……你能理解，也许我会是错误的，因为它还没有完全被解决（但我不这样认为）；我也不相信卢瑟福会认为它完全是狂妄的；他正是那种决不会说他确信某种还没有彻底完成的事情的人。你能够想象得出，我是多么渴望尽快完成我的工作。

玻尔第一个瞥见了使围绕着卢瑟福的原子核作理论上不稳定的轨道运动的电子稳定的方法。卢瑟福送他回房间完成这项研究。时间所剩不多；他计划8月1日在哥本哈根和玛格丽特·诺兰完婚。他于7月17日写信给哈拉尔说,他"进展很顺利;我相信我发现了一点点东西;但完成它花费的时间实在要比我当初愚蠢地相信的时间要长。我希望在离开之前能准备一点论文内容给卢瑟福看,因此,我忙,如此地忙;但是,曼彻斯特难以置信的高温对我的勤奋的确没有帮助。我多么想和你谈谈!"紧接而来的星期三,也就是7月22日,他去找了卢瑟福,得到了进一步的鼓励,在回家的路上计划着和哈拉尔见面。

玻尔结婚了,婚礼很平静,玻尔与一个强健、聪慧而又漂亮的女性白头偕老。他在哥本哈根大学教了整整一个秋季学期的课。他努力发展的新原子模型继续耗费着他的精力。11月4日,他写信给卢瑟福,希望"能在数周内完成论文。"几个星期过去了,什么也没有完成。他决定放弃大学教学工作,和玛格丽特一起回乡下去。老办法发挥了作用;他弄出了"一篇关于所有这些事情的很长的论文。"接着,他产生了一个新的重要想法,中止了原来的长论文,开始重新将论文写成三个部分。"论原子和分子的结构",如此骄傲而又大胆的标题——第1部分于1913年3月6日邮寄给了卢瑟福,第2部分和第3部分在年底以前完成并发表了——将会改变20世纪物理学的进程。玻尔因为在这方面的工作而获得1922年诺贝尔物理学奖。

早在玻尔写博士论文时,他就断定,他所考察的某些现象不能用牛顿物理学的力学定律来解释。"必须假定存在某些力,其性质完全不同于通常力学中的那种,"他当时写道。他知道去哪里寻找这些不同的力:他注意到了马克斯·普朗克和阿尔伯特·爱因斯坦的工作。

普朗克是德国理论家,利奥·齐拉将于1921年在柏林大学遇到他;他生于1858年,1889年以来,他一直在柏林教书。

1900 年,他提出了一个革命性的想法,用以解释机械物理学中的一个久攻不下的问题,这就是所谓的"紫外灾变"。按照经典理论,在一个像窑炉的热空腔内部,应该存在无限多种的光(能量,辐射)。这是因为经典理论按照它的过程连续性预言,在热空腔壁上振动以产生光的粒子其振动的频率范围是无限的。

显然,实际情况并非这样。但是,是什么使空腔内的能量无限流入到远紫外区? 1897 年,普朗克开始努力找出它,并且经历了 3 年的艰苦工作。成功伴随着最后一分钟的顿悟终于来临,普朗克在 1900 年 10 月 19 日柏林物理学会一次会议上宣布了自己的研究结果,朋友们就在那个夜晚用实验导出值来检查普朗克的新公式。第二天早上,他们报告说,这些实验导出值与新理论精确一致。"后来的测量也是这样,"普朗克在 1947 年他漫长生命的最后日子里也不无自豪地写道,"一遍又一遍地验证我的辐射公式——所用的测量方法越精,就发现公式越准。"

普朗克通过提出振动粒子只能以几个特定的能量辐射解决了辐射问题。这种被允许的能量由一个新的数值决定——"一个普适常数,"他说,"我称它为 h。因为它具有作用量的量纲(能量×时间),我给它起了一个名字,基本作用量子,"[量子(quantum)是拉丁词 *quantus* 的中性形式,*quantus* 意思是"多大"。]只有那些受限制的和有限的能量才能出现,它们都是 $h\nu$ 的整数倍:$h\nu$ 是频率 ν 乘普朗克的 h。普朗克算出 h 是一个非常小的数,接近于现在的值 6.63×10^{-27} 尔格·秒。普适常数 h 不久得到现在这个名称:普朗克常数。

普朗克,一个彻底的保守派,对于继续追求他的辐射公式的根本结果并未作任何尝试。但有人做到了:爱因斯坦。在 1905 年的一篇论文中,爱因斯坦将普朗克的受限制的、不连续的能级想法与光电效应问题联系起来了,这篇论文最终使他获得诺贝尔奖。光照射在某种金属上,撞击电子使其自由逸出;这一效应今天被应用于推动太空飞船的太阳能电池板。但是,从金属中被撞击后自由逸出的电子的能量并非按常理推断的那样依赖于光的亮度。取而代之的是,它依赖于光的颜色——即依赖于光的频率。

爱因斯坦在这一古怪事实中看到了一个量子化条件。他提出了一个被视为异端的可能性:多年来被谨慎的科学实验证实的以波的形式传播的光,实际上是以小的单个波包——粒子(他称之为"能量子")的形式传播的。他写道,这种光子(正如今天对它们的称呼)具有不同的能量 $h\nu$,当它们撞击到金属表面上时,它们就将这种能量转移给电子。因此,一束较明亮的光能够释放更多的电子,但并不能释放更高能量的电子;释放出的电子能量依赖于 $h\nu$,因而依赖于光的频率。爱因斯坦将普朗克的量子从一个方便的计算工具导向一个可能的物理实在,从而推进了普朗克的量子思想。

由于这些理解上的进步,玻尔能够正视卢瑟福原子模型的力学不稳定问题。就在"准备向卢瑟福提交那篇小论文"的7月,他已经有了他的中心思想。这就是:既然经典力学预言像卢瑟福这样的原子(具有一个小而重的中心核,被沿轨道运动的电子环绕)是不稳定的,但事实上原子却是最稳定的系统之一,那么经典力学就不适合描述这样的系统,并将不得不让位于量子方法。普朗克引进量子原理挽救了热力学定律;爱因斯坦将量子思想推广到光;玻尔现在建议将量子原理引进原子本身。

回到丹麦,整个秋天和初冬,玻尔继续探求他的思想的结果。卢瑟福的原子遇到的困难是,它的设计中没有任何一点能保证它是稳定的。如果它是一个具有多个电子的原子,它就会飞散。即使是只有一个电子的(力学上是稳定的)氢原子,经典理论预言,当绕原子核在它轨道上运行的电子改变方向时,它将会辐射光,因而系统会损失能量,电子会沿螺旋线落到核里,于是原子坍塌。卢瑟福的原子从牛顿力学的观点看——像一个缩微的太阳系——应该是大得不可想象或者小得不可想象。

玻尔因此提出,在原子内一定存在着他所谓的“定态”:电子能够占据的轨道,没有不稳定性,没有光辐射,没有螺旋形收缩和坍塌。他研究了大量这种模型并发现它们与各种各样的实验值符合得很好。于是,他至少有了一个似乎正确的模型,用它来具体地解释一些化学现象。但它具有明显的任意性;与像汤姆孙的葡萄干布丁这样的其他有用模型相比,它并非更为明显地是原子的一个真实图像。

随后,帮助来自于一个不太可能的方面。伦敦国王学院数学教授尼科尔森(J. W. Nicholson)(玻尔遇到了他,并且认为他是一个傻瓜)发表了一系列的论文,提出了一个量子化的原子土星模型,用以解释日冕的异常光谱。这些论文发表在6月份的一份天文学杂志上;玻尔直到12月份才看到它们。他很快就确定了尼科尔森模型不适当的地方,但此前他感到了来自其他研究人员极为紧迫的挑战。他注意到尼科尔森陷进了光谱线的丛林中。

转向化学,与德海韦西来来回回通信联系,玻尔并没有想到从光谱学中找到支持他的原子模型的证据。“光谱是一个非常困难的问题,”他在晚年接受采访时说,“……人们认为这太美妙了,但在这方面取得进展是不可能的。这正像你即便有了蝴蝶的翅膀,当然它有很规则的色彩,诸如此类,但是,也没有人认为有谁能从蝴蝶翅膀的色彩中得到生物学的基本原理。”

受到尼科尔森的启发,玻尔现在转向了这只光谱蝴蝶的翅膀。

光谱学在1912年是充分发展的一个领域。18世纪苏格兰物理学家托马斯·梅尔维尔(Thomas Melvill)首先富有成果地探究了它。他用酒精和化学盐混合,点燃混合物,研究通过棱镜的光线。每种不同的化学药品都产生具有特征的颜色图案。这表示可以应用光谱作化学分析,从而鉴别未知物质。发明于1859年的三棱镜光谱仪推进了科学发展。在光谱仪中,在三棱镜前放置一个狭缝,用来将光斑限制成同样宽度的窄线;这些光能够直接投射到一根刻度尺上(后来是感光胶卷上),从而测出它们的间隔并算出它们的波长。这种特征化的线形图样称为线状光谱。每种元素都有自己独特的线状光谱。氦是1868年在太阳的色球层中作为一个反常光谱线系列而发现的,这是在地球上发现混合在铀矿石中的氦的23年前。线状光谱找到了它们的用途。

但是,没人理解是什么产生了这些光谱线。充其量也不过是数学家和喜欢摆弄一下波长数的光谱学家能够在一组组光谱线当中找到美妙的、协调的规则。约翰·巴尔末(Johann Balmer),一个19世纪瑞士的数学物理学家,于1885年确定了一种最基本的协调性,一个计算氢光谱线波长的公式。这些谱线,总称为巴尔末系,看上去像这样:

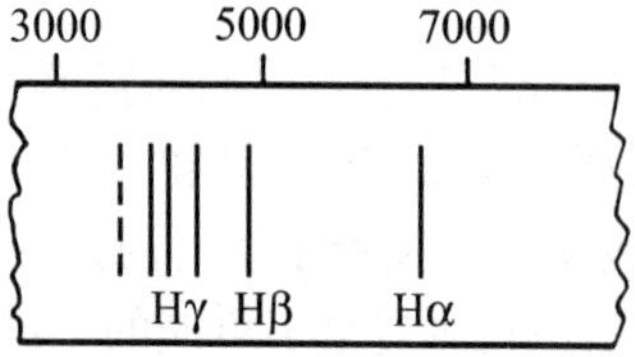

巴尔末导出的公式在千分之一的精度内预言了每一条光谱线在光谱带中的位置,要欣赏这个公式的简单性无需太多的数学。这个公式只有一个任意常数(n):

$$\lambda = 3645.6\left(\frac{n^2}{n^2-4}\right)$$

希腊字母 λ，读作“拉姆达”，表示谱线的波长；对应于不同的谱线，n 取值为 3、4、5 等等。应用他的公式，巴尔末预言了对尚未研究的那部分氢光谱所能期待的谱线波长。人们在他指出的谱线的位置找到了它们。

一个瑞典光谱学家，约翰内斯·里德伯(Johannes Rydberg)，超越巴尔末，于 1890 年发表了一个对大量不同线状光谱成立的普遍公式。巴尔末公式因而成为更为普遍的里德伯方程的一个特殊情况，里德伯方程是围绕一个称为里德伯常数的数字构造的。这个数字，随后用实验得出，并且是所有普适常数中已知的最精确的常数之一，取其精确的最新值为 109677 厘米$^{-1}$。

玻尔曾在大学物理中了解过这些公式以及这些数值，尤其因为克里斯滕森敬慕里德伯，并且彻底研究了他的著作。但是，光谱学与玻尔的领域相隔太远，他大概忘记了它们。他找到他的老友和同学，汉斯·汉森(Hans Hansen)，一个物理学家及一个光谱学学生，刚刚从哥廷根回来。汉森和他一起回顾了线状光谱的规则。玻尔查到了一些数值。“我一看到巴尔末公式，”他后来说，“对我来说一切都立刻明朗了。”

立刻明朗了的就是他的轨道电子和光谱线之间的关系。玻尔提出，一个束缚在原子核附近的电子通常占据一个稳定的、基本的轨道，这称为基态。给原子增加能量——比如给它加热——电子作出的响应就是跃迁到一个较高的轨道上，这是一个离原子核较远的更高能量的定态。增加更多的能量，电子就接着跃迁到更高的轨道上。停止增加能量——放下原子不管——电子就又跃迁而回到它们的基态，就像这样：

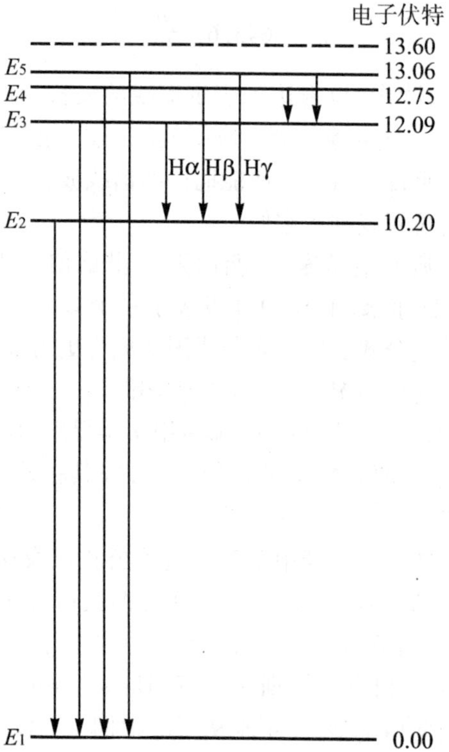

通过每次跃迁,每个电子放射一个特征能量的光子。这些跃迁,以及由此而来的光子能量,由普朗克常数限定。用较高能量定态值 W_1 减去较低能量定态值 W_2,将会精确地得到光的能量为 $h\nu$。因此,这也就是普朗克空腔辐射的物理机制。

通过这一优美的简化:$W_1 - W_2 = h\nu$,玻尔能够推导出巴尔末系。巴尔末系的光谱线原来正好就是氢原子中电子从轨道向下跃迁到它的基态轨道时放射出的光子的能量。

然后,用这个简单公式

$$R = \frac{2\pi^2 me^4}{h^3}$$

(这里,m 是电子质量,e 是电子电荷,h 是普朗克常数——都是基本数值,玻尔没有构造任何任意常数。)玻尔轰动一时地导出了里德伯常数,算出它与实验测量值相差在7%范围内!“世界上没有什么比实验和理论在数值上一致更能打动物理学家了,”一个美国物理学家评论说,“而且,就我所知,我不认为还有过哪个数值的一致性会比这一个更能打动人。”

“论原子和分子的结构”对物理学来说有着学术重要性。除了提出一个有用的原子模型,它还表明发生在原子尺度的事件是量子化的:正如物质作为原子和粒子以基本的颗粒状态存在一样,过程也是如此的。过程是不连续的,过程的“颗粒性”——例如原子中电子的运动——就是普朗克常数决定的。因此,旧的机械物理学是不精确的;尽管它在大尺度事件中作为一个好的近似是有效的,但在说明原子的微妙性质时是无效的。

玻尔乐于在新、旧物理学之间施加这种比较。他觉得,这对物理学来说是富有成效的。因为原创性的工作总是具有反叛意义的,他的论文不仅是对物理世界的一个检验,也是一篇政治文献。在某种意义上,它提出在物理学中开始一场改革运动:限制一些断言并消除认识论的谬误。机械物理学已经成为了权威。它在超出自身的能力范围宣称普遍适用,宣称宇宙及宇宙中的所有事物都严格地由机械论的因果关系支配。是海克尔学说将它带到一个寒冷的尽头。它抑制过尼尔斯·玻尔,正如生物学的海克尔学说抑制过克里斯蒂安·玻尔一样,也正如哲学中和中产阶级基督教中类似的权威抑制过瑟伦·克尔恺郭尔一样。

例如,当卢瑟福看到玻尔的第一部分论文时,他立即发现了一个问题。"你的假说在我看来存在着一个严重的困难,"他于3月20日写信给玻尔,"我想你无疑也完全清楚,即一个电子在从一个定态跃迁到其他定态的过程中,它怎样决定将以哪个频率振动?我认为你不得不假定电子预先知道它将停在哪里。"1917年,爱因斯坦指出,卢瑟福问题的物理学回答是统计性的——任何频率都可能出现,而恰好出现的那个是有最好机会的。但是,玻尔在稍后的学术报告中以更为哲学化并且甚至是拟人化的方式回答这一问题:"每个原子状态的变化应该被认为是单个过程,无法给出更详细的描述,在此过程中,原子从一个所谓的定态跃迁到另一个定态……到目前为止,我们在这里排除一种因果描述:处于定态的原子一般甚至可以被说成拥有在各种可能的跃迁之间作自由选择的权利。"这里的"关键词",正如霍夫丁可能说过的,是"单个的"和"自由选择"。玻尔的意思是,在单个原子中态的变化是不可预见的;这一关键词给物理局限性涂上了个人情绪的色彩。

事实上,1913年的论文在情绪上对玻尔来说是非常重要的。它是一个科学如何起作用的著名实例,也是个人鉴别力对科学发现的意义的一个著名实例。玻尔情感上的专注使他对理解先前未被注意的自然界的法则变得敏感。他早期心理学的相关知识和他对原子变化过程的解释之间的平行性是不可思议的,不可思议到这样的程度:要不是这篇论文的伟大的预见能力,则它的假设仿佛完全是武断的。

例如,意志是不是自由的就是玻尔严肃对待的一个问题。认出在原子自身内部有一种选择的自由度对他小心构建的信念结构是一个胜利。玻尔称为定态、分立、清晰的电子轨道,唤起了对克尔恺郭尔的各阶段的回忆。它们也唤起了玻尔借用分立、清晰的黎曼面重新定义自由意志问题的尝试。而且,因为克尔恺郭尔的各阶段是有间隔的,只有通过信仰的跳跃来穿越，所以玻尔的电子也这样从轨道到轨道不连续地跳跃。玻尔强调，作为他论文中两个“主要假设”之一，电子在轨道间的行踪是无法计算的，甚至无法想象。在这之前和之后是完全不连续的。在这个意义上，电子的每一个定态都是完备的和唯一的，并且，总体上是稳定的。相比之下，由经典力学预言的连续过程，玻尔明显地将它与“科班出身”的无穷推理联系起来，要么将原子分裂撕碎，要么呈螺旋形运动直到因辐射而坍塌。

玻尔也许部分地通过唤起童年时思维严谨的天赋，为越过他青年时代的情感危机找到了道路。他很好地坚持将物理学植根于事实，而拒绝进行脱离物理证据的论证。他从不是一个体系建造者。“玻尔以特有的方式避开‘原理’这样一个词，”罗森菲尔德说，“他宁愿说‘观点’，或者较好一些仍说‘论点’，即理由的陈列；同样地，他很少提到‘自然的定律’，而宁愿引用‘现象的法则。’”玻尔并非在通过选择措辞来展示虚假的谦卑；他是在提醒自己和他的同事们，物理学不是权威命令的大哲学体系，而仅是一种方法，用他喜爱的话说，就是“向自然提问”。他同样地为自己即兴的、散乱的演讲习性而表示歉意：“我不想说得比想得更清楚。”

“他指出，”罗森菲尔德补充说，“我们在科学中使用的理想化的概念，最终必须从日常生活的普通经验中获得，而对它们自身无法作更进一步的分析；因此，只要任何两个这样的理想化事物原来是不相容的，这就只能表明，某些共有的限制被强加在它们的有效性上。”玻尔通过走出克尔恺郭尔的“想象的乐园”返回到现实世界而找到了怀疑所作的螺旋形运动的一个解决办法。在现实世界，物体具有持久性；而它们的原子却通常不稳定。在现实世界，因果关系有时似乎限制了我们的自由，但在其他时间，我们知道我们在选择。在现实世界，对存在的怀疑是没有意义的，怀疑本身证明了怀疑者的存在。困难的很大一部分是语言，语言是不可靠的传媒，玻尔认识到，我们不可避免地悬浮其中。他反复告诉他的同事，“认为物理学的任务是发现自然界是怎样的，这是错误的。”——这是经典物理学为自己索要的领土。“物理学关心的是我们对自然界能说些什么。”

稍后，玻尔会详尽地发展有关共有限制的思想以作为对更多认识的一个指南。它将像为他的物理学提供的一样，为他管理国家的本领提供一个深刻的哲学基础。1913 年，他首次证明了它解决问题的威力。“这是清楚的，”他在晚年回忆说，“并且，这是关于卢瑟福原子的要点，我们有了某些东西，除了根本性的改变，我们完全不可能以任何其他方式取得进展。这也是(我)当时如此认真地对待它的原因。”

第四章

长长的墓穴挖好了

奥托·哈恩心中珍藏着德皇视察的日子。最初的两个威廉皇帝研究所,化学所和物理化学所,正式成立于1912年12月23日——玻尔在哥本哈根正在一步步逼近他的量子化原子模型——这是柏林西南方达勒姆市郊的一个雨天。德皇威廉二世(Wilhelm II)——维多利亚(Victoria)的长孙——身披防雨斗篷以保护他的制服,他的厚大衣的黑色领口翻转在斗篷鲜亮的披肩外。官员们迈着合适的步伐跟在他的后面,他的学者朋友阿道夫·冯·哈纳克(Adolf von Harnack)和著名化学家埃米尔·费歇尔(Emil Fischer)在官员中走在最前面,凑合着穿戴深色外衣和礼帽;那些跟在队伍后面的人拿着收拢了的伞。男学生们将帽子拿在手上,像阅兵场上的士兵一样列队站在明亮街道的两旁。他们充满稚气地立正着,敬畏之情布满了他们迷茫的面孔,正在接受这个留着上翘的黑胡须、相信用神授的权力统治着他们的肥胖中年人的检阅。他们都是十三四岁的年纪。他们当兵还太早了点。

文化部的官员们敦促皇帝陛下支持德国的科学事业。威廉二世把皇家农场捐献出来建立研究中心。企业和政府随后以丰厚的捐赠成立了一个科学基金会(威廉皇帝学会),用以筹建研究所;等到1914年,将会建成七座研究所。

1911年初,这个学会开始了它的公务生涯,而神学家哈纳克,一个化学家的儿子,成为它的第一任会长。皇家建筑师恩斯特·冯·伊内(Ernst von Ihne),精神抖擞地着手工作。

德皇来到达勒姆为最先完工的两座建筑献辞,化学研究所一定特别使他满意。它坐落在蒂耶尔大道和法拉第路的交角处,背靠宽阔的绿草地:三层石砖房,墙壁上开着六角形窗户,陡峭的精石板屋顶,进门上方的屋顶边缘是由四根多利克式柱子支撑的古典山墙。侧楼成角度地偏离与街道平行的方向。在主楼和像铰链一样的侧楼之间戏剧性地耸立着一座四层高的圆塔。伊内给塔按上了一个圆顶。显然,这个圆顶是有意要迎合德皇的偏好。威廉二世缺乏幽默感,无疑喜好这种感觉。圆形屋顶采用巨型德式头盔,也就是那种德皇和他的士兵们戴的装饰着喜剧穗的头盔的形状。

1906 年,哈恩从蒙特利尔离开卢瑟福后来到了柏林,在大学里和费歇尔一道工作。费歇尔是一个有机化学家,不太了解放射性,但他知道,这一领域正在变得重要起来,他也知道哈恩是位一流人物。他在他实验室的地下室木工车间为哈恩腾出了一间房,并且为哈恩找了一份无薪大学教师的工作,这使得这位能力上有远见的化学家没有大声嚷嚷待遇上的可悲下降。一个声称用金箔静电计鉴定了新元素的化学家,即使事实上不是一个骗子,也至少一定会惹点麻烦的。

哈恩发现,这所大学的物理学家比化学家更为平易近人,他们定期参加物理学讨论会。1907 年秋季学期之初的一次学术讨论会上,他遇到了一个奥地利女人,莉泽·迈特纳,她刚刚从维也纳来到这里。迈特纳 29 岁,比哈恩大一岁。她在维也纳大学获得了哲学博士学位,已经在 α 辐射和 β 辐射方面发表了两篇论文。马克斯·普朗克的理论物理学讲座吸引她来到柏林读研究生。

哈恩是一个体操、滑雪和登山爱好者,长着一张漂亮的娃娃脸,喜爱啤酒和雪茄,有着莱茵河人的慢条斯理的腔调和热忱而又自嘲的幽默感。他喜欢迷人的女性。在他整个婚姻幸福的人生当中，他都不厌其烦地培养她们，并与她们中的很多人保持着朋友关系。迈特纳是一个娇小、深肤色的美丽女人，也有着近乎病态的羞怯。哈恩以朋友态度对待她。她只要一有空就决定去做实验。她需要一个合作者，哈恩也需要一个合作者。一个物理学家和一个放射化学家，他们将组成一个多产的小组。

他们需要一个实验室。费歇尔允许迈特纳分享这间木工车间，条件是她决不能出现在楼上的实验室，因为在那里工作的全是男生。两年来，她严格遵守着这一条件；后来，随着学校思想的解放，费歇尔也让了步，允许女性进入他的班上，迈特纳也就能走到地下室的上面来了。维也纳也在一点点变得开明。迈特纳的父亲，一个律师——迈特纳一家被接纳为奥地利犹太教徒，全家受过洗礼，他坚持要她在开始攻读物理学之前获得一个法语教师资格，以便她自己能养活自己。只有到那时她才能够为在大学工作作准备。带着这个毫不相干的资格证书，迈特纳异乎寻常地将八年的大学预科压缩成了两年。她是有史以来在维也纳获得哲学博士学位的第二位女性。她的父亲资助她在柏林的研究工作至少到 1912 年；此时，普朗克成了她的一个热心资助者，为她安排了一个助教职位。“德国的居里夫人”，爱因斯坦这样称呼她，显然把她和德国绑在了一起，而忘记了她的奥地利出身。

哈恩说：“我们之间在实验室之外绝对不存在任何密切关系。迈特纳持有一种严谨的、淑女般的教养，非常保守，甚至羞怯。”他们从没有一起进过餐，从没有一起散过步，仅仅在学术讨论会上和木工车间里见面。“但我们仍然是关系密切的朋友。”她为他用口哨吹奏勃拉姆斯（Brahms）和舒曼（Schumann）的曲调，用以打发他们在为确定半衰期而定时读取放射性数据时的漫长时间。1908 年，当卢瑟福从诺贝尔奖颁奖仪式返回路过柏林，两个男人沉浸在长时间的交谈中时，她无私地陪伴卢瑟福夫人外出逛街购物。

1912年，这一对关系密切的朋友搬进了新的研究所，着手为德皇准备一个展览。在到蒙特利尔之前，哈恩在伦敦第一次涉足放射化学领域时，他就辨认出被他当作新元素的放射性钍，它的放射性是它谦卑的同名物的100000倍。在麦吉尔大学，他发现了这两种物质之间的第三种物质，他将它命名为"新钍-I"，这种物质后来被确认为镭的一种同位素。新钍-I化合物在黑暗中发出的光，与放射性钍的化合物发出的昏暗的光不在同一水平上。哈恩认为，这种差别可能会让他的君王高兴。他在一个小盒子里的天鹅绒软垫上放置了一块未遮挡的新钍-I的样品，放射强度等于300毫克的镭。他将令人信服的成果呈现给德皇，请求他把它与"放射性钍辐射样品"比较一下，而"后者在黑暗中产生非常美妙的光辉，在屏幕上投下晃动的影子。"没人提醒皇帝陛下辐射带来的危险，因为当时还没有建立放射性辐照的安全标准。"如果今天我做同样的事情，"50年后哈恩说，"我就会坐牢。"

新钍-I没有产生明显的伤害。德皇结束这边的视察，越过成交角的侧楼朝西北方向法拉第韦格半个街区位置的第二个研究所走去。哈恩和迈特纳所在的化学研究所由两位资深的化学家管理，而其全称为物理化学和电化学研究所，是特地为它的第一位主任，从布雷斯劳来的一个难以相处但有发明才能的德国犹太化学家弗里茨·哈伯建造的。该所是一种报偿的产物。一个德国企业基金会为它出资并赠款，因为哈伯1909年成功地开发了一种从空气中提取氮制造氨的实用方法。这种氨将作为人造肥料，代替德国及世界的主要自然资源，因为从智利极为干燥的北方沙漠挖出的硝酸钠，价格昂贵而供给又不可靠。在战略上，哈伯方法对于在战时生产用于炸药的硝酸盐来说更是无法估价的。德国不产天然硝酸盐。

德皇威廉在献辞中详述瓦斯的危险,瓦斯是积聚在矿井中的甲烷和其他气体的混合物。他敦促他的化学家们找出某些早期探测方法。这是一种使命,他说,"值得精英们为它流汗。"精英哈伯——他的子弹形脑袋剃得光光的,戴着一副圆形角质架眼镜、蓄着牙刷般的胡须、穿着得体、吃喝讲究,但忍受着婚姻不和谐的痛苦——开始着手发明一种瓦斯警报器,当危险气体出现时,警报器会发出不同的声调。利用一间没受到过去的放射性污染的精良的现代实验室,哈恩和迈特纳着手放射化学和原子核物理学新领域的工作。德皇从达勒姆回到柏林他的皇宫,陶醉于将自己的名字与又一个发展德国势力的机构连在一起。

1913 年夏天,玻尔携年轻的妻子乘船到了英国。他为他划时代的论文的第二、三部分而来,这两部分,他事先邮寄给了卢瑟福,希望在发表之前讨论它们。在曼彻斯特,他又遇到了他的朋友德海韦西以及其他一些研究人员。他见到一个人,也许是第一次遇到,此人是亨利·格温·杰弗里斯·莫塞莱(Henry Gwyn Jeffreys Moseley),人称哈里(Harry),在伊顿公学上过高中,在牛津上过大学,从 1910 年起,他作为一个实验演示员给卢瑟福当助手,给大学生开课。莫塞莱 26 岁就已经准备好作出伟大的成就了。他只需要玻尔的来访像催化剂那样助他启程。

莫塞莱是一个孤癖的人,"很保守,"罗素(A. S. Russell)说,"以至于我既不能喜欢他,也不能不喜欢他。"但是,莫塞莱的不幸习性使他只允许对事物作无可挑剔的严格陈述。当他在实验室停下手头工作长时间喝茶时,他甚至使卢瑟福也要让他三分。卢瑟福的其他"男孩子"称卢瑟福为"老爸"。

莫塞莱尊敬这位好嚷嚷的诺贝尔桂冠学者,但的确从来没有用任何这样的亲密方式尊敬过他;他甚至认为卢瑟福是舞台上的殖民地乡巴佬。

哈里来自一个著名的科学家世家。他的曾祖父开了一家精神病院,完全出于康复热心而没有行医收益。他的祖父是个牧师,在国王学院当自然哲学和天文学教授。他的父亲作为一名生物学家在英国皇家海军舰艇“政府公务”号上参加了三年航行。航行产物《挑战者》是一套50卷的先驱性海洋研究读物。亨利·莫塞莱——哈里与父亲有相同的名字——因写有一卷本普及读物《博物学家关于〈挑战者〉的手记》而赢得查尔斯·达尔文(Charles Darwin)的友好称赞。而哈里自己将和达尔文在曼彻斯特当物理学家的孙子查尔斯·G·达尔文(Charles G. Darwin)共事。

即使说他保守到刻板的地步,他在实验上也是不知疲倦的。他会全力以赴地工作15个小时,夜以继日,直到筋疲力尽,有时会在黎明前吃一顿简朴的奶酪食品,找时间睡上几个小时,早餐则推迟到中午吃一顿水果色拉。他爱整洁,穿戴小心而保守,热爱他的姐妹和寡居的母亲,他定期给她们写信嘘寒问暖。花粉热使他放弃了牛津大学的优等生考试;他鄙视在曼彻斯特教大学生的工作——他们中很多人是外国人,“印度人,缅甸人,日本人,埃及人,和另一些讨厌的印第安人,”他在他们“洒着香水的龌龊”面前退缩了。不过最终于1912年秋天,哈里找到了他的重大课题。

“有些德国人最近让X射线通过晶体并拍摄下它们,获得了美妙的结果,”10月10日在给他母亲的信中,他这样写道。这些德国人在慕尼黑受到冯·劳厄的指导。冯·劳厄发现,晶体有序的、重复的原子结构产生X射线的单色干涉图样,就像白光被肥皂泡稍微分开的内外表面反射经干涉形成的彩色图案一样。因为X射线结晶学这样一项发现,冯·劳厄获得了诺贝尔奖。莫塞莱和小达尔文决心着手探究这个新领域。他们得到了所需的设备,干了整整一个冬天。1913年5月,他们开始用晶体作为分光镜,并且正在结束第一个可靠的工作项目。X射线是波长极短的高能光线。原子晶格展开它们的光谱,很像三棱镜展开可见光。“我们发现,”莫塞莱于5月18日写给他母亲的信中说,“一个带铂靶的X射线球形管给出五个波长的锐利线光谱……明天,我们研究其他元素的光谱。这里出现了一个全新的光谱学分支,它能真正告诉人们许多关于原子的性质。”

随后玻尔来了,他们讨论了玻尔以往的见解,即元素周期表中元素的次序应该按照原子序数,而不应该像化学家认为的那样按照原子量。(例如,铀的原子序数是92;铀最普通的同位素的原子量是238;铀的一个较稀有的同位素具有235的原子量,却具有相同的原子序数。)哈里能够在X射线线光谱的波长中找到有规则的移位,并证明玻尔的论点。原子序数将在周期表中为所有已经发现的物理变种确定一个位置,这些物理变种不久将被命名为同位素;原子序数强调,原子核电荷数决定电子数,并因而决定了化学性质,这将有力地证实卢瑟福的原子有核模型;X射线光谱线将进一步地证明玻尔的量子化电子轨道。这一工作将由莫塞莱独自进行,小达尔文当时已经抽身从事其他重要工作了。

玻尔和生病的玛格丽特继续旅行到剑桥度假并润饰玻尔的论文。卢瑟福大约在7月底和玛丽一起去田园诗般的蒂罗尔山区旅游。莫塞莱留在“不堪忍受的闷热”的曼彻斯特吹制玻璃。“甚至于现在将近午夜,”他在卢瑟福启程后两天写给他母亲的信中说,“我也得脱掉外套和马甲,敞开门窗工作,想通通风。在我开始测量前,我一旦使得仪器能够正常工作,就会到您那里去。"8 月 13 日,他仍然在这里。他后来写信给他结婚了的姐姐玛格莉(Margery),解释他都在做什么:

> 我想用这种方法为尽可能多的元素找到其 X 射线谱的波长,因为我相信它们证明的东西将比普通光谱证明的东西更重要、更基本。找出这些波长的办法就是反射来自被研究元素靶的 X 射线(当阴极射线轰击这样一个靶时)……接下来我只需找到射线的反射角,这样就能得到波长。我要达到至少千分之一的精度。

玻尔一行回到哥本哈根,卢瑟福也从蒂罗尔回来了,时值 9 月,又到了英国学会年度会议的时间了,这年在伯明翰召开。玻尔不打算参加,尤其是因为在剑桥滞留了太长时间,但是,卢瑟福认为他应该去:他那具有惊人预见性的光谱以及量子化的原子将会是大会的一个话题。玻尔妥协了,匆忙启程。伯明翰的一些旅馆预订已满。他头一晚睡在一个台球桌上。随后,善于随机应变的德海韦西为他在一所女子学院找到一个铺位。"而且,这非常非常实惠和美妙,"玻尔以后回忆说,并赶快补充说,"女生们都不在。"

英国学会会长奥利弗·洛奇(Oliver Lodge)爵士在开幕辞中提到了玻尔的工作。卢瑟福在会上极力推荐它。剑桥大学数学物理学家詹姆斯·金斯(James Jeans)措辞巧妙地承认,"目前唯一能为这些假设提供合理性论证的是它的巨大成功。"一个卡文迪什物理学家,弗朗西斯·阿斯顿(Francis W. Aston)宣布,他数千次地、乏味地让一个大样品通过陶土管扩散,在分离两种不同重量的氖方面取得了成功。"一个确定的证明,"德海韦西解释道,"不同原子量的元素能够具有相同的化学性质。"玛丽·居里从法国赶来,"羞怯,"伊芙说,“缄默、镇静而高贵。”玛丽·居里通过赞扬卢瑟福来挡开英国报界的纠缠:“伟大的进展,”她预言,“可能要从他的工作中产生。”他是“必然给人类带来某些难以估量的恩惠的活着的人”。

哈拉尔·玻尔在那个秋天告诉他的哥哥,哥廷根的那些年轻人“不敢相信(你的论文)客观上会是正确的;他们认为这些假设太‘大胆’和‘怪异’”。与许多欧洲物理学家持续的怀疑态度相反,玻尔从德海韦西那里听说,他在维也纳的一次会议上遇到爱因斯坦,爱因斯坦本人对此有着深刻印象。德海韦西将一个类似的故事告诉了卢瑟福:

> 与爱因斯坦谈着各种主题,我们谈到玻尔的理论,他告诉我,他曾经有过类似的想法,但他没有勇气发表它们。“玻尔的理论应该是正确的,它是最重要的。”当我告诉他(光谱线的最新发现,而玻尔理论预言了它们应该出现)时,爱因斯坦的大眼睛张得更大了,他告诉我:“那么,它是最伟大的发现之一。”
>
> 爱因斯坦这样说,我感到非常高兴。

玻尔也感到非常高兴。

莫塞莱继续苦干。最初,他在拍摄他的 X 射线光谱的清晰照片方面遇到了麻烦,但是一旦他知道了诀窍,结果是出色的。当他一次一格地沿周期表上升时,重要的光谱线就以绝对的规律性移动。他按照谱线从低到高,把胶卷设计成相匹配的一小段、一小段。他于 11 月 16 日写信给玻尔:“在最近两周,我得到了你会感兴趣的结果……迄今为止,我研究了从钙到锌这些元素的 K(线光谱)系……结果极为简单,而很大程度上是你期望的……$K=N-1$,非常准确,N 是原子序数。”

他在20得到钙,在21得到钪,在22得到钛,在23得到钒,在24得到铬,等等,一直到在30得到锌。他得出结论,他的结果"为你使用的普遍原理提供了一个巨大的砝码,我为此感到高兴,因为你的理论正在物理学上产生一个辉煌的效应。"莫塞莱干净利落的工作比起马斯登和盖革的 α 散射实验,为玻尔-卢瑟福原子模型提供了更为可靠和更易接受的实验验证。"因为你看,"玻尔在晚年接受采访时说,"实际上,卢瑟福的工作并没有被认真地对待。它完全没有被认真地对待,其原委我们今天不能理解……重大的变化来自莫塞莱。"

哈恩多次被邀请演示他的放射性制剂。1914年早春,离莱茵河畔的科隆不远的勒沃库森的拜耳印染厂,邀请他参加一个大演讲厅的落成庆典。德国的化学工业领先于世界,而拜耳是德国最大的化工公司,员工超过万名。它生产大约两千种不同的染料,成吨成吨的无机化学材料,范围广泛的医药药品。公司的常务董事卡尔·杜伊斯贝格(Carl Duisberg)是一名化学家,他更喜欢美国式管理,邀请了莱茵河省长参加庆典,然后,他邀请哈恩为庆典增光添彩。

哈恩给高官显要作了关于放射性的讲演。讲演快开始时,他将杜伊斯贝格的名字用充满浓新钍的一支小玻璃管写在一块密封的照相底板上。当他演说时,技术员将底板冲洗出来;演讲结束时,哈恩将放射线照相签名投射在一块屏幕上,赢得大家热烈鼓掌。

占地3.6平方公里的化学联合体的庆典高潮在晚上到来。"晚上有一个宴会,"哈恩带着怀旧之情回忆说,"一切都高雅别致。每张小桌上放一盘美丽的兰花,都是从荷兰空运过来的。"被快速的双翼飞机运来的兰花,可能是1914年德国繁荣强盛的合适象征,但是,这位常务董事也想显示一下德国技术的优越,并且喜欢异国情调。"在许多桌子上,"哈恩说着，想起了那个前途未卜的以往岁月，“装在热水瓶里的酒用液态气体冰镇过。”

战争爆发时，尼尔斯和哈拉尔正在奥地利的阿尔卑斯山区徒步旅行，每天走35公里以上的路。“无法描述这有多么奇异和美妙，”尼尔斯沿途写信给玛格丽特，“当山上的雾气从所有的峰顶压将下来时，最初就像很小的云朵，最后布满整个山谷。”两兄弟打算8月6日回家；战争像山雾一样压将下来，他们赶在边境关闭之前匆匆跨越德国。10月，玻尔将和他的妻子一起从中立的丹麦乘船去曼彻斯特作为期两年的教学。卢瑟福在他的那些“男孩子”们离开他参与战事的情况下需要帮忙。

8月上旬，莫塞莱在澳大利亚与他的母亲在一起，他出席了1914年年度英国学会会议，在业余时间寻找到了鸭嘴兽和风景如画的银矿。迅速被鼓动起来的澳大利亚人的爱国心触发了莫塞莱自己忠于国王和国家的伊顿公学精神。他一订到船票就返回英国。10月下旬，他兴致勃勃地找到感到为难的征兵官员，后者在预备人员的前列安排他为皇家工兵营的一名中尉。

哈伊姆·魏茨曼，一个高个、强健的俄罗斯出生的犹太生物化学家，他是卢瑟福在曼彻斯特的好友。当许多犹太人、包括许多有影响的英国犹太人相信，犹太复国主义即使不意味着固执、极端或恐怖，也至少是天真的幻想时，他是一个充满激情的犹太复国主义者。不过，尽管魏茨曼是一个犹太复国主义者，他也非常赞赏英国式的民主。他在战争开始后的首要行动之一就是与国际犹太复国主义者组织断绝联系，因为这一组织打算保持中立。它的欧洲领袖憎恨沙皇俄国，而俄国是英国的同盟国。魏茨曼也恨沙皇俄国，但与他们不同的是，他不相信在文化和技术上占优势的德国会赢得战争。他相信西方民主将会胜利地风行于世，而犹太人的命运与这些国家联系在一起。

战争爆发时，他、他的妻子和他年轻的儿子正在去瑞士度假的路途中。他们特地折回巴黎。在巴黎，他拜访了年老的埃德蒙·德罗特席尔德(Edmond de Rothschild)男爵，他是定居巴勒斯坦的犹太农业先驱者的财政支柱。使魏茨曼吃惊的是，德罗特席尔德对战争结局以及它给犹太民族带来的可能境遇持乐观态度。尽管魏茨曼在犹太复国主义运动中没有正式地位，但德罗特席尔德仍鼓励他去找英国领导人谈话。

这与他自己的意向一致。他对英国的影响力所抱的希望根深蒂固。他是一个木材商十五个孩子中的第三个，他的父亲将木材扎成木筏，将它们顺维斯瓦河漂流到但泽加工出口。魏茨曼曾经生活在俄罗斯贫困的西部地区，住在那种用警戒线围住的所谓犹太人"定居区"内。哈伊姆只有 11 岁时就写了一封信预先勾画出他在战争中的工作。他的传记作者伊赛亚·伯林(Isaiah Berlin)报道："这个 11 岁的男孩说，世界上的一些国王和国家明明白白地想让犹太民族毁灭；犹太人一定不要让他们自己被消灭；唯独英国可能帮助他们返回他们在巴勒斯坦的古老土地，实现民族复兴。"

年轻的魏茨曼的信念驱使他不屈不挠地向往西方。18 岁时，他乘他父亲的一个木筏漂流到西普鲁士，设法来到柏林的技术学院学习。1899 年，他取得瑞士的弗里堡大学的哲学博士学位。后来，他将一份专利出售给拜耳公司，这显著地改善了他的经济状况。1904 年，他辗转到了英国。对这次迁移，他认为是"慎重而且拼死的一步……我有退化成一个梦想家(字面上理解，是一个"空谈家")的危险，稍带褒义地说，是任性的和失败的'永久学生'。"化学研究将他从这种命运下解救出来；他在小威廉·亨利·珀金(William Henry Perkin, Jr.)的资助下定居在曼彻斯特。珀金是这里化学部门的领导人,其父通过分离苯胺紫建立了英国煤焦油染色工业。苯胺紫是一种紫色染料,在此之后的“紫红色十年”就是以此得名的。

1914年8月下旬,魏茨曼从法国返回曼彻斯特,发现桌子上有一封来自英国战争部的通知,“邀请每一个持有任何有军事价值的发明的科学家作汇报。”他持有这样一项发现,并且毫不犹豫地“无偿”提供给了战争部。战争部没有答复。魏茨曼继续他的研究。同时,他开始按他和德罗特席尔德商量好的,接近英国领导人,他将要在战争结束之前,精心策划大约两千次会见。

魏茨曼的发现是一种杆状菌及其加工过程。这种杆状菌是魏茨曼丙酮丁醇梭菌,非正式地称为B-Y(“魏茨曼杆状菌”),是一种分解淀粉的厌氧性生物体。当他在一个玉米穗上发现它时,就试图开发一种制造合成橡胶的方法。他认为他能够用异戊醇制造出合成橡胶,异戊醇是酒精发酵的较次要的副产品。他着手寻找一种杆状菌——生活在泥土和植物中,有数百万个种和亚种——它们比已知的菌株能更有效地将淀粉转变成异戊醇。“在这一研究过程中,我发现一种细菌,能够产生可观数量的、气味很像异戊醇的液体。但当我蒸馏它时,它原来是丙酮和丁醇的很纯净的混合物。珀金教授劝我将这些原料倒到水槽里,但我反驳道,没有哪种纯净的化学制品是无用的,或者是应该扔掉的。”

这种意外发现的创造物就是B-Y。和熟玉米糊混合在一起,它将糊状物发酵成一种水和三种溶剂的溶液——溶剂中一份乙醇,三份丙酮,六份丁醇。接着,三种溶剂能被直接蒸馏分离。魏茨曼试图开发一种工艺,用丁醇制造合成橡胶,并且成功了。那正是战争开始前的几年,当时天然橡胶的价格下降,对于合成橡胶的需求消退了。

魏茨曼因致力于建立一个犹太人的家园,在曼彻斯特赢得了一个忠诚而有影响的朋友,斯科特(C. P. Scott),高个、年长,是《曼彻斯特卫报》的自由主义的编辑和戴维·劳合·乔治(David Lloyd George)最亲密的政治顾问。魏茨曼在1915年1月的一个星期五早晨曾和这个精力旺盛的小个子威尔士人乔治共进过早餐。乔治后来成为英国财政大臣,并在战争中期成为英国首相。乔治从小就熟读《圣经》。他敬佩犹太人返回巴勒斯坦的想法,尤其是当魏茨曼富于表情地将多岩、多山的可爱的小小的巴勒斯坦与多岩、多山的可爱的小小的威尔士进行比较时。除乔治外,魏茨曼还惊讶地发现,像阿瑟·鲍尔弗(Arthur Balfour)、扬·克里斯蒂安·斯马茨(Jan Christiaan Smuts)这样的人,也对犹太复国主义感兴趣。鲍尔弗曾经是英国首相,此时是乔治内阁的外交部长;而斯马茨是威望甚高的布尔人(荷裔南非人),他于1917年参加英国战时内阁,而以前是服务于幕后。"真正的弥赛亚(救世主)时代在向我们靠近。"在这个希望的早期,魏茨曼在给妻子的信中这样写道。

魏茨曼起初为制造丁醇,人工培养了B-Y。有一天,他碰巧将他的发酵研究告诉了诺贝尔炸药公司苏格兰分公司的首席研究化学家。这个人被打动了。"你知道,"他对魏茨曼说,"你可能掌握了通往一个非常重要前景的钥匙。"作为主打项目的工业爆破任务使诺贝尔公司无法致力于这一工艺流程的开发,但是,这家公司使英国政府知道了这件事。

"事情就这样发生了,"魏茨曼写道,"(1915年)3月的一天,我去巴黎访问后返回,发现一份英国海军部的召见信在等着我。"海军部,温斯顿·丘吉尔(Winston Churchill)是其首席长官,正面临丙酮的严重短缺。丘吉尔41岁,正好和魏茨曼同龄。那种腐蚀性溶剂在线状无烟火药制造中是一个至关重要的成份。线状无烟火药是用于重炮(包括舰炮)炮弹的推进剂。这种火药以其经常被压成线状而得名。火药使英国舰载火炮的重磅炮弹能跨越数海里水域从舰艇射向舰艇,或从舰艇射向海岸。这种火药是一种64%硝化纤维和30.2%硝化甘油的混合物,用5%凡士林油稳定化,并且用0.8%丙酮软化成为胶状。没有丙酮,就无法制造线状无烟火药;没有线状无烟火药,枪炮就要被广泛改装以适应较热的推进剂,而这种推进剂会很快地腐蚀它们的炮管。

魏茨曼同意去看看自己能做点什么。很快,他就被带到这位海军大臣面前。魏茨曼后来这样回忆与“敏锐、有魅力、英俊和精力充沛”的丘吉尔的会面经历:

> 他的第一句话差不多就是:“嘿,魏茨曼博士,我们需要3万吨丙酮,你能做好这事吗?”我被这贵族式发问吓住了,差点转身就走。我回答:“迄今为止,我能成功地通过发酵过程一次生产几百立方厘米的丙酮。我在实验室做我的工作。我不是一个技术人员,我只是一个研究型化学家。但是,如果我能以某种方式生产一吨丙酮,我就会有能力按你选择的任何因数成倍增产。”……丘吉尔先生和海军部全权委托我,我接受了,随后两年我全力以赴执行这项任务。

这就是魏茨曼的丙酮经历的第一部分。第二部分从6月上旬开始。因为夸大了发生在加利波利半岛的达达尼尔海峡战役的灾难,英国战时内阁在5月份已经改组;首相赫伯特·阿斯奎思(Herbert Asquith)下令丘吉尔辞去海军大臣之职,由阿瑟·鲍尔弗接替;劳合·乔治由财政大臣调任为军需部长。乔治因此立即在陆军和海军军需的广泛范围内接手了丙酮问题。《曼彻斯特卫报》的斯科特提醒他留心魏茨曼的工作,两人在6月7日见了面。魏茨曼将自己以前告诉过丘吉尔的话告诉了他。乔治对此留下了印象,并授予他更大的全权委托,扩大他的发酵制法的规模。

在波(Bow,地名)的尼科尔森杜松子酒厂6个月的实验中,魏茨曼达到了半吨规模,这种方法被证明是有效的。他用100吨粮食发酵出37吨溶剂——大约11吨丙酮。当政府接收英格兰、苏格兰和爱尔兰的6个酿酒厂以适应需要时,魏茨曼开始培训工业化学家。美国玉米的短缺——德国潜艇在第一次世界大战中扼制英国船只,就像后来在二战中一样——威胁到了正常运作。"七叶树是丰富的,"乔治在他的《战争回忆录》中解释道,"组织举国收集它们,利用它们的淀粉替代玉米。"最后,丙酮生产转移到加拿大和美国,重新使用玉米。

"当我们的困难因魏茨曼博士的天才得到了解决时,"乔治继续说,"我对他说:'你为这个国家作出了伟大的贡献,我应该请求首相将你推荐给国王领取奖赏。'魏茨曼说,'我本人一无所求。''但是,你对国家作出了重要贡献,对此我们能一无表示吗?'我问。魏茨曼回答说:'是的,我希望你们为我的人民做些事情。'……这就是著名的《巴勒斯坦犹太人家园宣言》的雏形和起源。"

这个"著名宣言"后来被称为《鲍尔弗宣言》,是英国政府以鲍尔弗致德罗特席尔德的信函形式,对"同意在巴勒斯坦建立一个犹太人家园的意见"和对"用他们最大的努力促成这一目标的实现"所作的承诺。这个文献的创始远比简单地报偿魏茨曼的生物化学贡献要复杂得多。其他发言人和政治家也发挥了作用,魏茨曼的两千次会见也必须考虑在内。斯马茨在战后好多年后,当他说魏茨曼"作为一名科学家的卓越的战时工作使他在同盟国高层中变得声名远扬，他的声音携带了恳请建立犹太人家园的巨大份量”时，才点明了其间的相互关系。

但是，尽管有种种必需的限制，这一故事的乔治版本比起历史学家通常相一致的浓缩版本还是更值得重视。一封118个字的信件由外交部签字，上交给政府。这封信件是关于未来某个尚未确定的时间在巴勒斯坦建立犹太人家园的，“这是可以清楚地理解的，不应做可能有损于巴勒斯坦已有的非犹太社团的公民权和宗教权的任何事情”，这很难被认为是对把英国陆军和海军的火炮从过早报废中拯救出来的一个不体面的奖赏。魏茨曼的经历是战时科学威力的一个早期的和有教育意义的实例。政府指示，科学照办。

德国重型火炮的轰炸打响了在1915年4月22日开始的叶普斯第二次战役。叶普斯是（或者曾是，但现在几乎不复存在）比利时东南方一个普通的集镇，在法国边境北面大约13公里处，离法国境内敦克尔克港口不足50公里。叶普斯四周散布着弹坑，贫瘠的低地上布满低矮的山丘——这些山丘中最高的一座，在军事地图上是60号高地，海拔仅55米，被猛烈地争夺着。协约国的战壕以及沿东北方向与之平行的德国战壕蜿蜒着横贯这块土地，在11月之前火炮就进入了阵地。

在此之前，德军进攻，而英军防御，两支军队开始了向海边的赛跑。德军希望赢得竞赛，从侧翼包抄协约国军队。尚未完全做好战争动员的德军甚至投入了没有训练好的高中生和大学生充数的代用军团，造成135000名人员伤亡，为此，德国民众称其为“杀婴罪”。但是，英国也付出了50000条生命的代价，而后才控制了狭窄的侧翼。这场战争起初被德国人想象成外科手术般的短暂——经过比利时快速挺进，法军投降,回家过圣诞节——却变成了在叶普斯突出角以及沿着从海峡到阿尔卑斯山脉的战壕对战壕的僵持局面。

4月22日的炮击,是有预谋的德国人企图突破的开始,迫使扼守叶普斯战线的加拿大和法国非洲兵团退入他们的战壕。到日落时分,战争升级了。德国军队沿着垂直的交通战壕从前线撤退,留在后边的只是新训练的轻工兵——战地工程技术人员。一枚德国信号弹升上天空,轻工兵着手打开气阀。一股黄绿色烟云从喷嘴嘶嘶作响地喷出来,随风飘过无人区。烟云覆盖大地,汇入弹坑,飘过腐烂的尸体,通过宽阔的带刺铁丝网荆棘区,然后,钻过沙包垒起的协约国军低墙,越过火力点落到战壕里面,充满了战壕,找到地下掩蔽部和纵深掩体:吸到这些气体的人们痛苦尖叫,呼吸困难。这是氯气,具有腐蚀性并使人窒息。它闻起来有氯气味,像氯气一样燃烧。

法国非洲兵团和加拿大兵团狼狈败退。其他兵团,十分吃惊并完全晕头转向,跌跌撞撞地走出他们的战壕来到无人区。人们抓挠自己的喉咙,用衬衫和领带堵住自己的嘴,赤手刨地并将脸埋进土中。他们痛苦地挣扎着,他们中有上万人严重受伤,另有5000人死亡。全军放弃阵地。

德军实现了完美的奇袭。在《1899年关于窒息毒气的海牙宣言》中所有交战国已经一致同意“禁止使用旨在扩散窒息性瓦斯或毒气的抛射体”。似乎没有人认为这个宣言包括催泪瓦斯,尽管催泪瓦斯比足够浓度的氯气有更强的毒性。早在1914年8月,法国将催泪瓦斯用于枪榴弹中;德国人在1915年1月下旬在布列茅与俄军的交战中,3月在纽波特第一次与英军的西线交战中,在炮弹中使用了催泪瓦斯。但是,在叶普斯的氯气攻击战是大战中第一次重大而有预谋的毒气攻击战。

正如后来所用的其他新奇效应的武器，氯气使人恐惧而不知所措。人们扔下武器就逃。战地救护站的卫生官员突然被伤员的不知名的受伤原因难住了。受攻击后幸存者中的化学工作者很快认识到这是氯气，并知道要中和它有多容易；一周内，伦敦的妇女们缝制了300000块棉布包，用硫代硫酸钠浸泡——这是最早的防毒面具。

尽管德国统帅部允许在叶普斯使用毒气，但明显地怀疑它的战术价值。德国统帅部没有聚集后备部队尾随追击。协约国军队很快封闭了阵地缺口。除了极大的痛苦，这次攻击没有带来其他效果。

哈恩此时是步兵预备队的一名中尉，协助装置毒气筒，5730个毒气筒装有168吨氯气，最初放在战线上不同地点。手持铁铲的人员将它们埋进战壕前壁火力点高度处，并用沙袋厚厚地保护它们不被炮火击中。为了使它们起作用，要将铅管与它们的阀门连接起来，将管子拉过战壕壁到无人区，等待信号弹，在预定时间打开阀门。在不加压的情况下，液氯在摄氏零下34.6度沸腾；当释放时，它疾速汽化而出。但是，哈恩的轻工兵队装备氯气筒的地方风向不对。此时，统帅部决定将它们朝前移动六七公里到叶普斯，在那儿，风向更为有利，哈恩被派遣去研究毒气攻击的条件。

1月，他受令去德占的布鲁塞尔看望哈伯。哈伯刚刚从预备队军士长提升为上尉，这在贵族式的德国军队中是军衔上的一个空前的跳跃。他告诉哈恩，他需要军衔以完成他的新工作。“哈伯告诉我，他的工作是为毒气战建立一个特别部门。”哈恩似乎震惊了。哈伯说出了理由，这些理由在战时一再听到：

他对我解释说，西线全面陷入困境，只有依靠新武器

> 才能获得主动。预期的武器之一就是毒气……当我反对说，这是违背海牙协定的一种战争方式时，他说，法国已经使用了它——尽管没有产生太大效果——他们使用充满毒气的步枪子弹。此外，如果这意味着战争能够早点结束，这就是一种拯救无数生命的方法。

哈恩跟随哈伯从事毒气战。物理学家詹姆斯·弗兰克(James Franck)也是做这事的，弗兰克是哈伯的研究所物理部的领导人，像哈伯和哈恩一样，后来将获得诺贝尔奖。法本公司(I. G. Farben)雇佣的一伙企业化学家也是做这事的，法本公司是由拜耳公司精力充沛的卡尔·杜伊斯贝格在战时联合8家化学公司组成的一个卡特尔联合企业。它在勒沃库森的工厂有一个新演讲厅，这个工厂开发出几百种已知的毒性物质，它们中有许多是染料前体和中间产品，并被寄给威廉皇帝物理化学和电化学研究所进行研究。柏林拥有毒气储存仓库，建立了一所学校，哈恩在那所学校进行毒气防御教育。

他也指导毒气进攻。1915年6月中旬，在东线的加利西亚省，"风向有利，我们放出剧毒气体，一种氯气和光气的混合物，对付(俄国)敌军战线……一枪未放……进攻就全面胜利了。"

因为德国拥有众多的化工厂，战前，这些工厂供应全世界之需，所以，它在毒气战的化学品生产方面远远领先于协约国。战争初期，英国甚至被迫通过中立国购买德国染料(不是为了制造毒气，是为了印染)；当德国人识破这一诡计时，出于挖苦和条顿民族不自然的幽默的混合(这没有记录留下来)，他们提出用染料换取短缺的橡胶和棉花。但是法国和英国立即开始行。战争结束之时，至少生产和使用了200000吨战争化学药剂，其中一半来自德国，另一半是几个协约国一起生产的。

废除海牙协定可以说在军备上打开了一批新的生态学的小生存环境。接着,毒气类型和投送方法像达尔文的雀类一样多样化。德国在氯气后引进光气,将它与氯气混合进行云状毒气攻击,就像哈恩的毒气一样,因为它的蒸发速率缓慢。1916年初,法国使用光气炮弹进行报复。光气随后成了军备的原材料,配制成毒气筒、毒气炮弹、从类似于迫击炮的“投射器”射出的毒气罐和毒气炸弹。它闻起来像新割下的干草,在当时其毒性最强,是氯气毒性的10倍,以每升空气含半毫克的浓度,在10分钟内就足以致命。在更高的浓度下,吸上一两口,大约几小时就会死亡。光气——碳酰氯——与水接触水解后成为盐酸,深入到人的肺泡组织中与水饱和的空气作用。大战中超过80%的毒气死亡是由它造成的。

三氯硝基甲烷——英国人称它为呕吐性毒气,德国人称它为氯化苦——一种用苦味酸和漂白粉制成的邪恶化合物随后出现了。德国工程师1916年8月用它来对付俄国士兵。它的特点就是它的化学惰性。它不与若干种放在防毒面具滤毒罐中的用作中和的化学药品反应;只有滤毒罐中普通的活性炭层能够通过吸附将它从空气中除去。因此,高浓度氯化苦能够使活性炭饱和并通过它。它像催泪瓦斯一样起着作用,但引发恶心、呕吐以及腹泻。人们揭开防毒面具呕吐;如果像通常那样的做法将氯化苦和光气混合,那么,他们这样的暴露就可能是致命的。氯化苦另外的优点是,它的制造简单且廉价。

最恐怖的战争毒气是二氯乙基硫醚,因为辣椒或者芥末一样的气味,它以芥子气闻名于世。它令原先自鸣得意的美国开始发展自己的化学战能力。德国人于1917年7月17日深夜在叶普斯首次使用它,将它装在大炮里轰击英国军队。

这一进攻来得完全突然,造成数千人伤亡。以有效的防毒面具和有效的防毒训练为内容的防御方法在 1917 年夏天的攻击下露出了破绽;德国人引进芥子气打破了僵局,正像它以前引进氯气一样。标记有黄十字的炮弹像雨点一样落在叶普斯英军的头上。最初,他们不过是打喷嚏,许多人摘下了防毒面具。随后,他们开始呕吐。他们的皮肤变红并开始起水泡。他们的眼皮发炎,红肿得睁不开。他们不得不瞎摸着走向战地救护站,此后持续 3 周,感染者超过 14000 人。

尽管这种毒气在高浓度时闻起来像芥末,在低浓度下仍然是剧毒的,但几乎不会引起注意。它在战场上持续存留数天甚至数周。一副单独的防毒面具不足以防护。芥子气溶解橡胶和皮革;它浸透多层衣服。一个士兵的一只长统靴可能将足够的芥子气带到战壕使整个战壕里的战友暂时失明。它的气味也能用其他气体伪装。德国人有时选择用甲苄基溴掩饰芥子气,甲苄基溴是一种具有丁香气味的催泪瓦斯,因此,在战时的春天会发生这样的情况,人们因为微风中盛开的丁香花香味而恐怖地逃窜。

第一次世界大战期间,这还远不是在狂暴而又恶毒的实验室中开发的全部毒气和毒药。曾经有过喷嚏性毒气、砷粉和多种催泪瓦斯及它们的各种组合。法国用氰化物填满炮弹——实际情况是,除了发泄仇恨没有其他效用,因为它产生的蒸气比空气轻,所以立即就升空飞散了。1918 年,一种典型的炮火网向东或向西越过前线,携带的毒气弹几乎和烈性炸弹一样多。德国在战争中始终合乎逻辑地逐步走向残暴,谴责法国,同时设法取得一连串的越来越铤而走险的突破。化学家们,像投机商人一样,想象着他们以好几万条生灵的菲薄祭献,来省下满袋子的钱。英国报以道义上的愤怒,并在均势的名义下不再抵制。

这超过了哈伯夫人的忍受限度。克拉拉·伊默瓦(Clara Immerwahr)曾是哈伯童年时代的恋人。她是第一位从布雷斯劳大学获得化学博士头衔的女性。她与哈伯结婚并生了一个儿子后,就成了要抚育一个孩子的被忽视的家庭主妇,一步步退出科学,变得消沉。她的丈夫的毒气工作更触发了令人绝望的忧郁。“她开始认为毒气不仅是对科学的曲解,而且是野蛮的象征,”哈伯的一个传记作家解释说。“它给人们带来了痛苦的回忆,他们说他们早就忘记了这一切。它使得这一学科(也就是化学)变得腐朽和堕落,而这一学科曾开启过生命的远景。”她质问、争辩,最后,强硬地要求她丈夫放弃毒气工作。哈伯把曾给哈恩说过的话向她诉说了一遍,另外补充说,他是一个爱国者,在和平年代是属于世界的科学家,但在战争年代,他属于他的国家。然后他冲出家门去监督东线的毒气进攻。克拉拉·伊默瓦·哈伯博士就在当晚自杀了。

协约国在加利波利的战役于1915年4月25日开始了。崎岖的、向南逐渐下降的加利波利半岛看上去西向伸入爱琴海;向东越过狭窄的达达尼尔海峡——古人和拜伦(Byron)爵士称其为赫拉斯滂海峡——面对亚洲的土耳其。攻下这个半岛,控制达达尼尔海峡,然后是其上的马尔马拉海,然后是将欧洲和亚洲分开的狭窄的博斯普鲁斯海峡,然后是君士坦丁堡,然后就可以控制多瑙河流入的黑海——这是一个对付同盟国的广阔的侧翼运动。这就是战时内阁的雄心,是丘吉尔为达达尼尔海峡战役提出的。达达尼尔海峡是土耳其的领地,土耳其人在德国的支持下,用机枪和榴弹炮抵抗。

一支澳大利亚部队,一支新西兰部队,一支法国殖民地部队和两个英国师在加利波利登陆并建立了狭窄的滩头阵地。土耳其人从陡峭的悬崖高处以每分钟倾泻数万发子弹的火力攻击,滩头阵地所在海湾的海水一开头被速射枪弹搅拌得像急流般泛起白沫,然后,水面泛起浓郁而鲜红的血花。地形上的不利,再加上熟练的德国指挥官指挥下的6个土耳其师挫败了有效的推进。5月上旬,当一个英国廓尔喀族军团和一个法国师赶到以补充协约国军队的损耗时,双方已经钻进了石头地面下的战壕里了。

僵局持续到夏天。伊恩·汉密尔顿(Ian Hamilton)爵士,协约国军司令,出生于科孚岛,精通文学,用布尔人强硬的手段和最好的意图,请求增援。战时内阁进行了改组,丘吉尔被排除出了内阁;内阁勉强同意汉密尔顿的请求,并用船又派出5个师。

莫塞莱在他们当中乘船出征。他是第13步兵师第38旅的一个信号官,这个师是基奇纳(Kitchener)勋爵的新陆军中富有献身精神但缺乏经验的平民义务兵部队之一。6月20日,在直布罗陀,莫塞莱发信号告诉他的母亲"不再怀疑我们的目的地。"6月27日,他在亚历山大立下遗嘱,倾其所有给皇家学会留下2200英镑,严格地"应用于促进病理学、物理学、生理学、化学或其他科学分支的实验研究,但不包括纯数学、天文学或任何只针对描述分类或系统化的科学分支。"

亚历山大"充满热情高涨的本国军人和澳大利亚人",一周后,他们启航到加利波利半岛最南端的赫勒斯角,这是一个在战壕线后边相对安全的海湾。不过,在那里,他们仍然能够容易地被土耳其的亚洲炮台越过达达尼尔海峡攻击。如果士兵们在海湾里洗澡,高处的了望台就会响起警笛宣告一轮轰炸的到来。在爬满蜈蚣的沙滩上,哈里给士兵们发放利眠宁,以治疗他们严重的阿米巴虫痢疾,每个人都在海滩上感染了这种病。穿着丝绸睡衣的哈里分发他母亲寄来的美味的提普树黑莓酱。"生命中真正重要的一样东西就是苍蝇,"他写信给母亲,"没有蚊子,但白天是苍蝇,晚上是苍蝇,水里是苍蝇，食物上是苍蝇。”

到了7月底，这几个师来到利姆诺斯岛，筹划加强侵袭。这就是将半岛分开，获取高地，从侧翼逼近赫勒斯角包抄土耳其防线。在一个月黑之夜，汉密尔顿将2万人隐藏到半岛中部后来称为“澳新军团海滩”上的拥挤的战壕里，而土耳其无人觉察。其余大约1.7万名新陆军士兵于1915年8月6日夜间，在澳新军团海滩以北的苏弗拉湾登陆，很少遇到抵抗。

当土耳其人得知有人入侵时，他们调动几个新师团通过急行军到达半岛。38旅的目标，靠左并朝向半岛尽头，是一块260米、名叫乔鲁克拜尔的高地，离澳新军团海滩2.5公里的内陆，38旅为此经历了好几个白天和夜晚的连续行军和战斗。在乔鲁克拜尔西边向下是有着一小块耕地的另一块高地，名叫农场。莫塞莱所在的纵队，由旅长鲍德温（A. H. Baldwin）指挥，挣扎着走出一个不足1米宽、180米深的囚笼般的峡谷。他们发现道路被一队装满弹药下山的骡子堵死了。那是崎岖的通道，处于受挫的狂怒中的旅长从北方转向农场，“在如漆的黑暗中经过魅影似的乡村，”旅机枪手说，人们“跌跌撞撞地爬上又陡又滑的斜坡，”但他们到达了农场。

然后，鲍德温的部队控制了较远的战线左翼，澳大利亚和新西兰部队不顾危险地将战壕挖到乔鲁克拜尔高地下方的斜坡上，而乔鲁克拜尔高地仍然由土耳其人从战壕里控制着。

土耳其援军在夜间到达，拥挤到乔鲁克战壕里，有3万强壮兵力。他们将进攻定在8月10日拂晓，此时太阳在他们身后晃眼地升起。英国诗人约翰·梅斯菲尔德（John Masefield）曾在现场生动报道：“他们以庞大的群体进攻过来，肩并肩地挤在一起，在有些地方是8路纵队，在另外的地方是3路或4路纵队。”在左侧“土耳其人带着重机枪直接攻入我们的士兵当中，机枪前喷着火舌，接着是英国人一连串的集结肉搏,用匕首、石头和牙齿,在农场毁坏了的玉米地里野兽般地厮杀。"那次战斗中,哈里·莫塞莱在前线阵亡了。

当美国物理学家罗伯特·密立根(Robert A. Millikan)听到莫塞莱阵亡的消息时,他在公开的悼词中写道,仅莫塞莱阵亡这一件事就使得这场战争成为"有史以来最丑恶、最无法补救的犯罪之一"。

沿着到英格兰东南方的白垩海岸在多佛下方约10公里处,一个名叫福克斯通的古老名胜和港口小镇挤在一个小山谷里,这个山谷陡峭地向海峡张开。山岗在北面掩蔽着小镇;白垩峭壁西面是布满草坪花床的宽阔的市政大道。这个协约国士兵大批登船去法国的港口成了一个避难所,它有一个500多米长的深水码头,码头上有8艘汽船的泊位。这个小镇纪念着威廉·哈维(William Harvey),他是17世纪一个内科医生,发现了血液循环,是这个小镇上最著名的人。

1917年5月25日,福克斯通的一个阳光明媚、温暖的星期五下午,家庭主妇们结伴外出,为度圣灵降临节周末去采购。数公里之外的绍恩克利弗军营,加拿大军队集合在阅兵场。在小镇上和军营里,充满了喧闹和热情。这天是发工资的日子。

没有预兆,商店和街道遭到轰炸。一队等待购物的家庭主妇在菜场外面乱作一团。一个酒商回到他的商店门前发现他唯一的顾客脑袋没了。轰炸击倒了老建筑之间狭窄通道上的行人。马匹被炸死在车把手之间。震得粉碎的玻璃像是突然给街道铺了一层冰凌,一个保管室的窗户正掉下来。一个弹坑使网球场面目全非,火焰从毁坏的仓库喷薄而出。

直到第一波轰炸过后,福克斯通的人们才注意到引擎拍击空气的声音。他们很难明白这是什么声音。他们尖叫"齐柏林!齐柏林!"因为直到那时,他们所知道的唯一空中攻击机械是齐柏林飞艇。“我看到了两架飞机，”一个牧师回忆说，他夹杂在喧闹的人群中跑了出来，“不是齐柏林飞艇，从太阳圆盘处出来，几乎就在头顶上。然后是四架或五架，成一条线，或其他队形，都像是闪耀着银光的昆虫，盘旋在蓝色的天空中……总共大约有 20 架，我们被这美丽的景色迷住了。”之所以着迷，是因为对侵入英国天空来说，任何种类的飞行器都是新奇的，而且这些飞机雪亮而又庞大。其结果就没有这么迷人了：95 人死亡，195 人受伤。绍恩克利弗军营的阅兵场被毁坏了，但没有人员伤亡。

福克斯通是第一次世界大战的小格尔尼卡*。德国的哥达轰炸机——一种超大双翼飞机——第一次对英国发动进攻，它们催生了战略轰炸概念的萌芽。德国的侵英空军中队已经朝伦敦方向飞去，但遇到了内陆从格雷夫森过来的浓密的云墙。21 架飞机然后掉头向南，搜索别的目标。福克斯通和它附近的军营正好符合这一需要。

大战早期，当德国人拥向并通过比利时的时候，一艘齐柏林飞艇轰炸了安特卫普。丘吉尔派海军战斗（轰炸）机轰炸了杜塞尔多夫的齐柏林飞艇设备库。哥达轰炸机轰炸了萨洛尼卡，而德国的侵英空军中队在加利波利战役中轰击了达达尼尔海峡的迈多斯要塞城镇。但是，1917 年攻击福克斯通的哥达轰炸机首次开始了有效且持久的战略平民轰炸战役。它符合普鲁士军事战略家卡尔·冯·克劳塞维茨（Karl von Clausewitz）全面战争学说，大致就是，像潜艇攻击所做的那样，将恐怖和威胁带给敌方，用以削弱对方的抵抗意志。“你们不要认为我们打算杀死妇女和儿童，”一个被俘的齐柏林飞艇指挥官告诉英国官方另一个不断重复的理由。“我们有

---

* 二战中被德军轰炸造成大量平民伤亡的西班牙城市。

更高的军事目标。你不可能在德国陆军和海军中找到一个军官会参加杀害妇女和儿童的战争。这种事情在战争中只是偶然发生。"

起初,因为德皇考虑到皇室亲族和历史建筑,伦敦未被列在轰炸表中。他的海军参谋机构促使他逐步退让,第一步允许用海军飞艇轰炸码头,然后勉强地许可扩大到这座城市的西边。但是,齐柏林伯爵的氢气飞艇容易受燃烧弹攻击,当英国飞行员学会向它们开火时,这一步就改用轰炸机了。

轰炸机的数量不是固定的,在战争后期那些年月,这个数量不仅取决于气候的变化,也取决于由于英国实施封锁以及不合格的引擎部件和低质燃料带来的变化。在轰炸福克斯通19天后,6月13日,一支空军中队白天飞到伦敦,扔下大约4.5吨的炸弹,造成一战期间最惨重的平民伤亡,432人受伤,162人死亡,包括16名在幼儿园的地下室里的儿童被可怕地炸得残缺不全。伦敦几乎不设防,并且,起初军方看不到要去改变这种无防备状况的理由;战争部长德比(Derby)伯爵告诉上议院,这种轰炸没有军事意义,因为没有一个士兵死亡。

哥达轰炸机就这样不断地发动攻击。它们从比利时的基地越过海峡,7月份有3次,8月份2次,整个秋季、冬季和春季,平均每月2次,总共达27次,起初是在白天,后来因为英国改善了防务,就增加了夜间轰炸。它们投下100多吨的炸弹,造成835人死亡,还有1972人受伤。

此时已是首相的劳合·乔治要求有才气、可信赖的斯马茨研究一套空战方案,包括一个本国防空系统。预警机制设计出来了:超大双耳留声机喇叭用听诊器与敏锐的监听仪器连接;声音聚焦空腔嵌在海边崖石中,它能收集到海上30公里之外哥达轰炸机引擎的"嗡嗡"声。阻塞气球悬吊起钢丝绳围栏,它们环绕着伦敦的领空;巨大的白色指针架设在地面的支点上，引导在索普威思的骆驼飞机和普扑斯飞机上的非无线电导航飞行员指向入侵的德国轰炸机。环绕伦敦的整个防空系统是原始而有效的，并且，它为下一次大战作准备，只需要作技术上的改进。

与此同时，德国人研究了战略性进攻。他们通过携带备用燃料油箱来增加哥达轰炸机的最大航程。当白天轰炸变得太危险时，他们学会了夜间在星光下飞行和轰炸。他们生产了一种庞然大物，新四引擎轰炸机，取名巨人轰炸机，这是一种翼展达42米的双翼飞机，在20多年以后美国的B－29堡垒轰炸机出现前，它都是无以匹敌的。它的有效航程接近500公里。一架巨人轰炸机于1918年2月16日在伦敦投下了一战中最大的一枚炸弹，有900千克重，4米长，它在切尔西皇家医院的地坪上爆炸。当德国人懂得了战略轰炸，他们便从烈性炸药转向燃烧弹，事先作过这样的推断：火焰可以通过蔓延和结合轰炸造成比单纯的爆炸更大的破坏。1918年，他们开发出一枚4.5千克重的几乎是纯镁的燃烧弹，取名“电子”，燃烧温度在摄氏1100度至1600度之间，而且不能用水降温灭火。在战争的最后几个月内，因对和平谈判寄予希望，德国才放弃了在伦敦进行更大规模燃烧弹袭击的尝试。

德国人试图通过轰炸，摧毁“英国民众的士气”、涣散他们的“斗志”，从而建立“一个和平基础”。他们成功地使得英国人自始至终足够疯狂地惦记着战略轰炸。“这一天可能不远了，”斯马茨在他给乔治的报告中写道，“当大规模地毁坏敌方领土、摧毁工业和人口中心的空中行动可能变成战争的主要方式时，对战争来说，旧的陆军和海军的作战形式就可能变成次要的和从属的。”

美国军队对毒气战的反应迟缓，因为它认为防毒面具将会充分地保护美国士兵。民政部具有在矿井中处理毒气的经验,因此在化学战研究中处于领导地位。当德国于 1917 年 7 月引进芥子气时,美国陆军很快就改变了自己的观念。有关毒气开发的研究协议交到了康奈尔大学、约翰斯·霍普金斯大学、哈佛大学、麻省理工学院、普林斯顿大学、耶鲁大学和其他大学。美国军需部于 1917 年开始在马里兰州的埃奇伍德一块废弃的烂泥地上建起了一个庞大的毒气兵工厂,一个英国观察员当时称它具有"将美国和这种战争部门联系在一起的巨大的重要性"。

这座工厂,投资 3550 万美元——是一座具有 24 公里公路、58 公里铁路、供水系统、发电厂、550 座毒气制造建筑物的联合体,所制造的毒气和毒药有氯气、光气、氯化苦、氯化硫和芥子气——在不到一年的时间内就建成了。厂内有 1 万名军事和民用职工。在战争结束时,它拥有了每月装填 110 万枚 75 毫米毒气弹以及装填几百万其他尺寸和其他类型的炮弹、手榴弹、迫击炮弹和投射器的盘形弹匣的能力。"假如战争拖延得更长,"这位英国观察员评论说,"毫无疑问,这个生产中心将会代表美国对世界大战的一个最重要的贡献。"

无论如何,在致人死伤方面,毒气远比大炮和机枪效果要小。具体说,总数大约 2100 万战争伤亡人员,也许 5% 是毒气造成的,大约为 100 万。它至少杀死了 3 万士兵,但至少有总数 900 万士兵死亡。因为毒气对人们来说是陌生的,且是化学物品,所以,它比人们熟悉的机械武器,在实际效果上更能引起人们的特殊恐惧。

机枪迫使敌方部队躲进战壕。如果他们躲在防护墙后,大炮将越过防护墙肆意逞虐。这使总参谋部学会如此计算:他们将在 6 个月的进攻战中损失 50 万人,或者,在 6 个月的"正规"壕堑战中损失 30 万人。在战争期间,仅英国就发射了超过 1.7 亿枚炮弹,超过 500 万吨。这些炮弹,要么装载榴霰弹,要么撞击时爆炸成为碎片;到目前为止,它们在战争中产生了最恐怖的肢体残缺和血肉横飞,面部被撕碎,阴茎被撕掉,胳膊、腿和头颅残骸满天乱飞,肉浆混入泥土,用这样的泥土装沙袋成了可憎的惩罚。人们到处大声疾呼反对这种极其残忍的战争。

机枪的残毁性轻一些,却有效得多,是战争中基本的杀人工具。"集中了步兵的精华,"一个军事理论家意味深长地评价它。专业正规部队鼓舞士气说,锐气和白刃一定会获胜,而与这一顽固的犯罪信念相反,机枪是最终的决定因素。"我往前进,"一个英国士兵这样写他随部队在前线攻击的经历,"……在像毁坏的巨大蜂巢一样的地面上来来往往,我这一波被击溃了,第二波涌上来,也被击溃了,然后第三波像前两波一样被击溃了,不一会儿,第四波慌张地撞上其他攻击波的残余人员。"他是在描述1916年7月1日的索姆河之战,头一小时,很可能是头几分钟,就至少21000名士兵死亡,头天就死亡60000名士兵。

美国人发明了机枪:海勒姆·史蒂文斯·马克沁(Hiram Stevens Maxim),一个来自缅因州的美国佬;艾萨克·刘易斯(Isaac Lewis)上校,一个西点军校毕业生,美国陆军海岸炮兵学校总监;摩西·勃朗宁(Moses J. Browning),一个枪炮制造销售商;他们的先驱理查德·约旦·加特林(Richard Jordan Gatling),他给了机枪在自动化系统中的正确定位。"它与其他轻武器的关系,"加特林解释说,"正如麦考密克收割机之于镰刀,或者缝纫机之于普通缝衣针。"战争历史学家约翰·基根(John Keegan)写道:

> 关于机枪最重要的是,它是一台机器,一台相当先进类型的机器,在某些方面与高精密车床类似,在另外的方

面与自动压榨机类似。像车床一样，它需要装配，这样它就能在希望的和预定的范围内运作；这就是在马克沁机枪上所做的……调整枪管相对于它的固定开火平台的角度，调节它的横向螺丝的松紧。然后，像自动压榨机一样，由一个简单的扳机启动；开始连续地、无需照看地完成它的功能，自动地射出子弹，只需稳定地提供原料，只需很少的日常维修，就能在整个工作时段有效地运作。

机枪使战争机械化。大炮和毒气使战争机械化。它们是战争的硬件，是工具。但是，它们只是稍次要的杀人机制。根本的机制是组织方法——按当今的说法，是软件包。"基本的层面，"作家吉尔·艾利奥特(Gil Elliot)评论说，"是兵役法，这使得广大的人员能为军队所用。保证履行这一法律的政府机构以及征用大量人员充实军营和师团的军事组织，都是建立在官僚政治基础上的。这些资源的产品，尤其是枪炮和弹药，都是政府机构要考虑的内容。而兵力和资源往前线的调用以及战壕防御系统，是军队要考虑的内容。"每个连锁系统合乎逻辑地自成一体，每个系统通过那些为它奔走操劳的人们的努力而合理化。因此，艾利奥特论证说："守法是合理的，它有利于把人们好好组织起来；设计高技术容量的枪械是灵巧的；让人们隐藏在战壕里躲过密集的火力是明智的。"

这种复杂组织的目的是什么？冠冕堂皇地说，是为了拯救文明，保护小人物们的民主权利，证明条顿文化的优越，打击肮脏的野蛮人，打击傲慢的英国人，等等。但是，战争进行到中途，人们偶然撞见一个更为黑暗的事实。"战争公然变成了机械的和非人道的，"西格弗里德·萨松(Siegfried Sassoon)让一个步兵团军官亲眼目睹，"起初作为志愿者被征集，如今是牺牲品。"前线的士兵也都发现他们在受骗、牺牲；随着战争的延续，人们在逐步觉醒。在俄国，突然爆发了革命。在德国，它激起人们逃跑和投降。在法国军队中，它导致阵前倒戈。在英国军队，它促使人们谎称生病。

无论它的虚假目的是什么，这种复杂组织作为第一次世界大战的有效软件，其最终结果是制造死尸。这一本质上的工业化操作被将军们想象成“消耗战略”。英国人设法杀死德国人，德国人设法杀死英国人和法国人，如此等等；这种“战略”现在被人们如此熟知，以至于听起来几乎习以为常。在1914年以前的欧洲，它是不正常的，尽管有美国内战作为先例，但是没有哪一个当局想到它会发展下去。一旦某处挖了战壕，长长的墓穴就挖好了（约翰・梅斯菲尔德悲痛的讽刺语），然后，战争成为僵局，制造死亡压倒了一切理性的反应。艾利奥特作出结论：“植根于法律、机构、产品、运动、科学、灵巧技术的战争机器，以及超过1500个日子每天6000人死亡的后果，是持久和现实的因素，不受幻想的影响，只稍微由人类变化而改变。”

艾利奥特强调，还没有一个人间机构强有力到能够抵御死亡机器。一种新的机械装置——坦克，打破了僵局。一种旧的机制，封锁禁运，断绝对德国进行食物和材料的供给。日益增多的步兵造反，威胁着官僚政治的安全。或者，在对付法国人时死亡机器运转得太好，开始出现原材料短缺。美国佬卷起衣袖走了过来，在他们身后，是一个没有战壕的大陆，那里的树上没有悬挂人的内脏。这场战争腐烂到结束。

但是，死亡机器只对一个巨大的原材料资源——战线后面的平民——进行取样。还没有发展出高效处理他们的设备，只有枪械和笨拙的双翼轰炸机。也还没有发展出必要的原则，说明老人、妇女和儿童是与武装的和穿军服的年轻人一样的战斗人员。这就是为什么尽管它有着令人厌恶的肮脏和残忍，但在现代人眼中，第一次世界大战称得上白璧微瑕。

第五章

火星来客

欧洲大陆的第一条地铁不是在巴黎，也不是在柏林，而是在布达佩斯。全长3.2公里，于1896年完工，它将繁华的匈牙利首都和它的西北郊区连接起来。同一年，弗朗茨·约瑟夫一世——双王政体中的匈牙利国王——的大皇宫也在翻新改建，这一建筑将被扩大到860间房间。在多瑙河对岸，耸立着庄严宏伟的国会大厦，它占地广阔，是6层楼高的砖石建筑，具有维多利亚时代复折式屋顶；竖立着的新哥特式小尖塔，将一个细长的文艺复兴风格的由飞拱支撑的圆形屋顶团团围住。布达山丘上的这座宁静的皇宫与东岸平地上热闹的佩斯的国会大厦恰好相对。"四轮马车"，匈牙利物理学家特奥多尔·冯·卡门(Theodor von Kármán)回忆那时的情景说，载着"穿着丝袍的贵妇们和她们那些身穿红制服、头戴毡帽的轻骑兵随从通过布达古老的布满战争疮痍的山坡"。但是"这些景象掩盖了深层的社会潮流"，卡门补充说。

从布达的山坡上，你能够越过佩斯远远地看到匈牙利大平原，喀尔巴阡盆地是由弓形的喀尔巴阡山脉向东围住400公里方圆的土地而形成的；一千多年前，马扎尔人跨过喀尔巴阡山脉发现了匈牙利。佩斯在维也纳模式的环形林阴大道圈内伸展开来，它的一些办事机构忙于银行、中介，以及粮食、水果、酒类、牛肉、皮革、木材和工业产品的赚钱交易。这个国家超过96%的民众是最近50年移民来的，以前这个城市不足2万人，工业产品的贸易活动也是这些移民到来后才开始的。

布达佩斯，由布达、欧布达和佩斯组成，在这50年中，其人口比欧洲大陆其他城市的增长都要迅速，从第十七位跃居为第八位——几乎100万。如今的咖啡馆，一个匈牙利记者认为，是"违法交易、通奸行为、黑话、流言蜚语和诗歌的源头，"是"知识分子和那些抗拒压迫的人们集会的地方，"这一切，活跃了林阴大道；公园里和广场上耸立着古铜铸造的武士骑马塑像；第一次来到这座多瑙河畔名胜城市的农夫们站在集欧洲精美之大成的一座座大厦前目瞪口呆。

一个农业资源丰富的国家不久前引进了资本主义和工业化的组织机制，经济腾飞是匈牙利繁荣的原因。这些机制的运作者是犹太人，1910年他们大约占匈牙利人口的5%，他们既靠卓越的雄心和能力，也靠种种违约手段。闭塞的乡村和军国主义的马扎尔贵族，使匈牙利人直到1918年还保持33%比例的文盲，除了水果，他们对本土贸易一无所知。结果，到了1904年，犹太人拥有了匈牙利耕地的37.5%；到1910年，尽管犹太人只占农业劳动者的0.1%，产业工人的7.3%，但他们占匈牙利律师的50.6%，贸易商的53%，医生的59.9%和金融家的80%。在匈牙利，唯一与犹太资产阶级角逐政治权力的其他中产阶级是强弩之末的匈牙利贵族的官僚们。有影响的犹太社会主义和激进分子为一边，顽固的官僚们为另一边，双方是敌对的。犹太人的商贸精英联合起来，使自己能和旧贵族和君主政体共存；作为衡量那个保守联盟的尺度，20世纪初受封为贵族的犹太人人数有了巨大的增加。

乔治·德海韦西富足发达的外祖父舒斯堡(S. V. Schossberger)，1863年成为中世纪以来最早的未改信宗教的受封犹太贵族；1895年，德海韦西全家受封为贵族。马克斯·诺伊曼(Max Neumann)，卓越的数学家约翰·冯·诺伊曼(John von Neumann)的银行家父亲，是1913年升为贵族的。冯·卡门的父亲的情形是个例外。莫尔·卡门(Mór Kármán)，著名的明他大学的奠基人，是一个富商，更是一个教育家。19世纪最后10年中，他按德国模式将散乱的匈牙利学校体系改组，实现了匈牙利学校体系的重大改进——并且非偶然地与占主导地位的宗教机构争夺了一下教育控制权，并将这一控制权交给了国家，这一改进使他在宫庭赢得一席之地，并担负起了制订一个少年大公即一位皇亲的教育计划的职责。因此，冯·卡门写道：

> 1907年8月的一天，弗朗茨·约瑟夫召家父进宫说，他想对家父的杰出工作给予奖励。他提出要封家父一个头衔。
>
> 家父微微弓下腰说："国王陛下，我荣幸之至。但我宁愿要一些能够留给我的孩子们的东西。"
>
> 国王点头应允，并且下诏，赐予家父一个世袭贵族的地位。为了接受一个贵族封号，家父得有一块领地，所幸的是，家父在布达佩斯附近有一个小葡萄园，因此，皇帝赐予他一个封号"冯·西罗斯基斯拉克(von Szolloskislak)"(意为小葡萄)。我将这一封号简称为"冯"，因为，甚至对我个人也这样，一个匈牙利人的完整头衔几乎是没法念完整的。

1900年以前的数百年间，被封为贵族的犹太人家庭总共为126家；而在1900年到第一次世界大战爆发的短短15年间，这个不可靠的保守联盟"出售"了多达220个贵族头衔。这346户贵族，最终包括了大约数千人。从而，他们产生了政治联系，而独立活动的权力却被吸干了。

但是，在繁茂而易受攻击的匈牙利犹太中产阶级中，走出了至少 7 位 20 世纪最突出的科学家：按出生次序，他们是，冯·卡门、德海韦西、波拉尼、齐拉、尤金·维格纳、冯·诺伊曼和爱德华·特勒（Edward Teller）。这 7 个人都在年轻时离开了匈牙利；这 7 个人都多才多艺，都对科学和技术作出了重大贡献；他们中的德海韦西和维格纳两人，最终都获得诺贝尔奖。

才华集中于这样一个边远和广泛的地区真是一个谜，这个谜强烈地吸引着科学界的关注。奥托·弗里施在想到"群星灿烂的匈牙利流亡者"时，想起他一个名叫弗里兹·豪特曼斯（Fritz Houtermans）的理论物理学家朋友提出的流行看法，"这些人真是火星来客；他说，对于他们，讲话不带暴露他们身份的地方口音是困难的，因此，他们愿意自称是匈牙利人。众所周知，匈牙利人没有能力说不带地方口音的任何语言，除了他们是匈牙利人之外，（这些）卓越的人全部生活在别处。"说这话是为了逗趣和奉承那些匈牙利人同事，他们喜欢使他们的过去带有浪漫化神秘色彩。事实更为苦涩：一些匈牙利人，因为缺少科学机遇、人口增多以及最后暴力排犹驱逐他们，只好移居别处。他们在匈牙利接受教育，将学得的知识带往世界各地。

他们都早慧，有各种表现并留在人们的记忆中。冯·卡门 6 岁时以快速心算 6 位数乘法而使他父母聚会的客人大为惊讶。冯·诺伊曼 6 岁能和他父亲用古典希腊语开玩笑，有照相般的记忆力：他能背诵他读过的一些书的全部章节。爱德华·特勒，像在他之前的爱因斯坦一样，学东西特别晚——或者是指说话。他祖父提醒他的父母说，他可能智力迟钝，但当特勒最终在 3 岁开始说话时，他说出了完整的句子。

冯·诺伊曼对他自己和他的匈牙利同胞的血统起源秘密很有兴趣。他的朋友和传记作家，波兰数学家斯坦尼斯拉夫·乌拉姆(Stanislaw Ulam),回忆起他们关于喀尔巴阡山脉两侧偏僻山乡的讨论,喀尔巴阡山脉环绕部分的匈牙利、捷克斯洛伐克和波兰,这些地方到处都是贫困的东正教村庄。“约翰尼*曾说,大约在第一次世界大战期间,从匈牙利移民出来的所有著名的犹太科学家、演员和作家,都直接或间接地来自于那些喀尔巴阡小社会群落,当他们的物质条件有所改善时迁居到布达佩斯的。”对如此成功迁居的人们来说,进取是一种纯哲学的信念。特勒写道:“还是一个孩子时,我特别爱读科学幻想小说。我读儒勒·凡尔纳(Jules Verne)的小说,他的词句将我带到令人兴奋的世界。人类的进步似乎是无止境的。科学的成就奇妙无比,它们必将造福人类。”

齐拉,远在他读到威尔斯的小说之前,就发现另一个有关人类过去和未来的幻想家值得钦佩。齐拉成年后认为,他的“沉溺于真理”和他的“‘拯救世界’的爱好”可以首先追溯到他母亲给他讲的那些故事。但除此之外,他说,“我生命中最重要的影响来自于我10岁时读的一本书。这是一本匈牙利经典著作,在学校里教授,书名为《人的悲剧》。”

《人的悲剧》是一首戏剧性长诗,主人公是亚当(Adam)、夏娃(Eve)和魔鬼撒旦(Lucifer)。这本书是由一个名叫伊姆雷·毛达奇(Imre Madach)的理想主义的和觉醒的年轻匈牙利贵族于1848年匈牙利革命失败后的数年间写成的。一个现代评论家称这部著作为“19世纪最危险的悲观诗作。”它让亚当的一生中一直贯穿着魔鬼撒旦的引导——有点像基督的精灵们引导吝啬鬼埃比尼泽(Ebenezer)——使亚当成为一连串的像法老(Pharaoh)、米太亚得(Miltiades)、十字军骑士坦克雷德(Tancred)、开普勒(Kepler)这样的真实历史人物。它

---

* 约翰·冯·诺伊曼的昵称。——译者

的悲观主义在于它的戏剧策略。魔鬼撒旦不是像《浮士德》和《皮尔吉恩特》中那样用虚构的经历，而是用真实历史事件一步一步向亚当证实人的信仰没有意义。法老释放他的奴隶，奴隶们却因为法老没有给他们一个主宰之神而斥责他；米太亚得从马拉松长跑返回，却遭到被他的敌人收买的一群凶恶的市民袭击；开普勒用出售星座图换来的珠宝装扮他不贞的妻子。亚当明智地作出结论，人永远不能实现最终理想，但无论如何应该向这些理想努力，齐拉一直到1945年都认可这个结论。"在(毛达奇的)书中，"他后来说，"魔鬼向亚当展示人类历史，以太阳渐渐沦亡告终。只剩下少数因纽特人，他们主要担心因纽特人太多而海豹太少了(亚当重新回到开始之前的最后一幕)。这本书的思想是，在你作出你的预言之后，就只剩下很少的希望余地了。这种思想是悲观的。"

齐拉对进步的日益坚定的信念和他的自由主义政治价值观，终于使他与他的匈牙利贵族们分离开来。他相信在前后两个世纪交接的时期，人的群体由布达佩斯的特殊环境发展形成"一个经济保障被认可的社会，"正如一个历史学家对他作出的解释，"高价值被置于智力成就的基础上。"对齐拉和特勒后来就读的明他大学，冯·卡门在和平的19世纪90年代来到这里时，深深地感到满足。"我的父亲(他创办了这所学校)，"冯·卡门写道，"是一个伟大的信徒。他通过展示知识与日常生活的联系，相信所讲授的一切：拉丁文、数学和历史。"为了学习拉丁文，学生们在城市里漫游，从雕像和博物馆拓下碑铭；为了学习数学，他们查找出匈牙利小麦的产量数据，并列出表格，画出图表。"我们从不死记书上的法则，而是自己摸索探究出它们来。"对科学家来讲，还有比这更好的基本训练吗?

尤金·维格纳，小个子，穿着整洁，他父亲经营着一个制革厂,而他自己将成为20世纪一名一流的理论物理学家。他于1913年进入路德教会学校;冯·诺伊曼第二年紧随其后。“我们有两年的物理学课程,是在最后两年,”维格纳回忆说,“物理课很有趣。我们的老师们真是太好了,但是,数学老师富于幻想。他给约翰尼·冯·诺伊曼开小灶。他之所以私下开课是因为他认识到这个人将是一位伟大的数学家。”

诺伊曼和维格纳成了好朋友。他们一起散步和谈论数学。维格纳的数学天赋出众,但他与银行家非凡的儿子相比,仍觉得自己不够一流。诺伊曼才华横溢,给同事们留下了深刻的印象。特勒记得有人提出过一个缩短了的演绎论,其大意是:(a)约翰尼能证明一切,(b)约翰尼证明的一切都是正确的。1933年,诺伊曼29岁时,在普林斯顿大学成为新建的高等研究院最年轻的成员。广泛流行的一个说法是:这位匈牙利数学家其实是半神半人,但他对人类做了彻底的、详尽的研究,能够完全地模仿他们。这个故事暗示诺伊曼装出的温和面孔后面有某种做作的冷漠。甚至维格纳也认为他的友谊缺乏亲切感。不过对维格纳来说,他仍然是唯一地道的全才。

对教会学校的这些日子的较早期回忆与特勒后来经历的动乱形成鲜明对比。个人遭遇当然不完全相同。特勒在明他大学对第一年的数学感到不耐烦,并且很快设法通过改进一个证明方法羞辱了他的数学老师,而这个老师还是这所学校的校长。这位校长在教室里的表现很不友好。“那么,你是一个天才啦,特勒?喂,我不喜欢天才。”但是无论特勒个人有怎样的困难,当他还只是一个11岁的小男生的时候,他已直接面对革命和反革命、动乱和暴力流血,面对个人恐惧。对他之前的那些火星人来说通常只是隐隐约约的东西,而在他眼前变得明明白白了。“我认为我父亲第一次给我留下了深刻印象,”他告诉他的传记作家,“他说,反犹太人主义即将开始。对我来说,反犹太人主义的概念是新奇的,而我父亲如此当真给我的印象颇深。”

在1906年到哥廷根之前,冯·卡门在布达佩斯大学攻读机械工程学;德海韦西1903年在布达佩斯找机会,1904年进入柏林技术学院,并且和哈伯一起工作,后来和卢瑟福一起工作;齐拉在布达佩斯技术学院上过学并参了军,后来,休战后的骚乱使他决定离开。相比之下,维格纳、诺伊曼,特别是特勒,青少年时期经历了匈牙利社会的崩溃——特勒正处于敏感的青春前期——而且有切身体验。

“革命像飓风一样到来,”1918年10月匈牙利革命的一位目击者回忆说,“没人对此有准备,没人能应对它;它以自身不可抗拒的力量爆发。”但是有前兆:1918年1月布达佩斯及匈牙利其他工业中心爆发50万工人大罢工;6月又爆发同样规模的另一次大罢工。那年秋天,大批士兵、学生和工人聚集在布达佩斯。这第一次的短暂革命开始于反军事要求和国家主义要求。当时,以米哈伊·卡罗利(Mihály Károli)伯爵为首建立了匈牙利国会(“没有伯爵,我们甚至无法发动一场革命,”他们在布达佩斯开着玩笑说)。10月下旬,期待的真正的民主改革到来了:国会发布了一个号召匈牙利独立、结束战争、出版自由、无记名投票、甚至女性参政的宣言。

奥匈双王朝于11月垮台了。奥地利小说家罗伯特·穆西尔(Robert Musil)在一篇没有偏见的悼文《它有点偶然》(Es ist passiert)中像所有人那样解释那次垮台。匈牙利在10月31日赢得了一个新政府,狂欢的人群挥舞着象征革命的菊花挤满了布达佩斯的大街,向着乘坐卡车行进而过的士兵和工人队伍欢呼。

胜利毕竟是不容易的。革命艰难地从布达佩斯向外扩展。新政府不能处理比使国家解体更好的任何事情。1918

年11月16日宣布匈牙利共和国的成立,紧接着于11月20日匈牙利共产党成立了,其成员是从俄罗斯军营返回的士兵,他们在那里作为战俘受到了激进教育。1919年3月21日,匈牙利共和国在成立4个月后,不流血地变成了匈牙利苏维埃共和国,其领导人是一个以前的战俘,也是列宁的信徒,记者,出生于特兰西瓦尼亚的喀尔巴阡山区的犹太人,名叫贝拉·库恩。阿瑟·凯斯特勒(Arthur Koestler)当时是布达佩斯一个14岁男孩,首次听到"《马赛曲》和《国际歌》高扬激昂的旋律,而《国际歌》在这个公社存在的百日内,以其热烈、优美奔放的旋律淹没了多瑙河畔的热爱音乐之城。"

它只存在了一百多天:133天。这是混乱、希望、恐惧、滑稽般的愚笨和不乏暴力的日子。战争结束时,冯·卡门从奥匈帝国空军的航空工作岗位回到布达佩斯,他在奥匈空军里参加了一种早期的直升飞机样机的研究开发。德海韦西也回来了。在共和国短暂的日子里,冯·卡门协助进行了大学的改组和现代化,在库恩政权期间甚至任高校联合部副部长职务。他回忆说这个政权天真多于暴力:"据我能回忆得起的,在布尔什维克的一百天中,布达佩斯没有恐怖行为,尽管我确实听说过某些暴行。"因为缺少合格的物理学家,在1918年到1919年的冬季期间,这所大学聘用德海韦西作为实验物理学讲师。3月,副部长冯·卡门给他安排了一个新设立的物理化学教授职位,但是,德海韦西对公社的工作条件不满意,于5月离任到丹麦去访问玻尔。两位老朋友议定,玻尔在哥本哈根的新研究所一建立起来,他就加盟进来工作。

凯斯特勒记得那时食品短缺,尤其是你试图用政府的定量卡和几乎毫无价值的纸币购买时。但是,由于某种原因,同样的纸币能够买到公社提供的丰富的香草冰琪淋,因此,他家用它当早餐、午餐和晚餐。他提及这一怪事时,特别指出:

"因为公社在用典型的无忧无虑、一知半解甚至超现实主义的方法运作。"凯斯特勒认为,它"总的说来是相当可爱的,至少与数年以后袭击欧洲的疯狂和野蛮相比是如此。"

匈牙利苏维埃共和国对诺伊曼和特勒的影响强多了。他们不是像年轻的凯斯特勒一样的景仰者,也不是像德海韦西和冯·卡门一样的知识精英成员。他们是生意人的孩子——特勒的父亲马克斯·特勒是一名代理商。诺伊曼的父亲携全家逃往维也纳。"我们离开了匈牙利,"冯·诺伊曼许多年后证实说,"共产主义者刚一夺取政权……我们基本上是在政权一生效就离开了,这大约是在30天或40天之后。共产主义者被镇压两个月后,我们回来了。"在维也纳,老诺伊曼加入了一个匈牙利金融家团体,与保守的贵族合作来颠覆公社。

在缺乏财产保护的情况下,特勒一家顽强地在布达佩斯坚持下来,全都生活在恐惧中。他们违反规定冒险到乡下向农民换取食品。特勒听说路灯杆上悬挂着尸体,尽管与冯·卡门说的"暴行"一样,但他并没有亲眼目睹。面对一个拥塞的城市,公社对所有住房实行了社会主义公有化。当士兵们带着征用资产阶级超额住房和家具的通知单敲开他们的家门时,凯斯特勒的日子也过得和特勒一样。凯斯特勒一家,在木板屋中拥有两间破旧的住房,被允许保留他们已有的财产;同时凯斯特勒发现,劳动人民是有趣的和不同的。特勒家来了两名士兵,他们睡在老特勒的两间办公室的床上,这两间办公室与特勒家公寓相连。士兵们很有礼貌;他们有时分享他们的食物;他们往橡胶树上撒尿;但是,因为他们找寻贮藏的钱(这些钱被安全地隐藏在老特勒的法律书封面衬套里),或者只是因为特勒一家普遍觉得不安全,他们的寄居就显得可怕。

然而,最后使特勒的父母最为害怕的并不是匈牙利共产主义。公社的领导人以及公社的许多官员都是犹太人——这是必然的,因为直到那时,使匈牙利得以发展的唯一知识阶层就是犹太人。老特勒提醒他的儿子,反犹主义即将开始。特勒的母亲更为强烈地表达了她的恐惧。"我为我的人民的所作所为感到不寒而栗,"她在公社的全盛时期告诉她儿子的家庭女教师,"当这结束时,将有可怕的报复。"

1919 年夏天,当公社政权不稳时,11 岁的爱德华和他的姐姐埃米(Emmi)为安全起见被送到他们在罗马尼亚的外祖母家。他们于秋天回来了;此时,海军上将尼古拉斯·霍尔蒂在新的国家军队后面骑着白马进入布达佩斯,建立欧洲第一个法西斯暴力政权。红色恐怖来了又走了,结果是处死了大约 500 人。霍尔蒂政权的白色恐怖是另一个数量级:至少 5000 人死亡,以及许多虐待狂;秘密拷打房;一种有选择的但无情的反犹主义放逐数万名犹太人。一个当代观察家——一个对每种极端都不偏袒的社会主义者——写道,他"不指望无产阶级专政的野蛮和残暴会有任何缓和;它的严酷性不能否认,即使它的恐怖分子采用侮辱和威胁行为比采用实际行为更多一些。但是,红色恐怖和白色恐怖之间的巨大差异是毫无疑问的。"新政权的一个朋友——老诺伊曼带着全家回来了。

1920 年,霍尔蒂政权引进名额限制法来限制大学入学资格,它要求"入学新生相对数量尽可能与各种族或各国家的相对人口相对应。"这个法律,将限制犹太人入学比率,使之大幅度减少到 5%,是有意识的反犹主义法律。尽管冯·诺伊曼被布达佩斯大学录取并可以留下来学习,但冯·诺伊曼在 1921 年 17 岁时选择了离开匈牙利到柏林,在那里,他将在哈伯的影响下,首先攻读化学工程学位,1925 年在苏黎世技术学院获得这一学位。一年后,以在布达佩斯数学界最优异的成绩取得了哲学博士学位;1927 年,他成为柏林大学一名无薪大学教师；1929 年 25 岁时，他应邀到普林斯顿大学作学术报告。1931 年，他在普林斯顿大学任数学教授，并于 1933 年在高等研究院接受了一个终身职务。

冯·诺伊曼在匈牙利没有经历个人暴力，只经历过动乱和他父母传达的种种焦虑。不过，他仍然觉得自己疤痕斑斑。他和乌拉姆证实喀尔巴阡山村是匈牙利有才能的移居国外者的最终发源地的讨论，在前景更为凶险的情况下继续进行。乌拉姆写道："揭示和解释那个地区有如此多的优秀人才出现的条件，这个工作要留给科学史学家去做……约翰尼常说，这是某些文化因素的巧合，他对这些文化因素无法精确确定：一个是加在中欧这部分整个社会的外来压力，一个是个人方面极端不安全的感觉，这些促使人必须不同凡响，否则就会面临灭绝。"

在最糟糕的霍尔蒂年代，特勒还太小，不能离开匈牙利。正如《泰晤士报》后来对特勒作出的解释，他这时处于青春期，他父亲"反复告诫他的儿子两条严格教训：(1)他长大后一定要迁居到某些更为适宜的国家，(2)作为不受欢迎的少数民族的一员，他必须胜过一般人，即使只是为了暂住下来。"特勒补充了他自己的一条教训。"我热爱科学，"他曾经告诉一个来访者，"它也提供了逃离这个命中注定的社会的可能性。"冯·卡门在他的自传中也插入了一种类似的关于他情感生活中科学地位的惊人陈述。当匈牙利苏维埃共和国垮台时，他躲避到一个富有的朋友家，然后设法回到了德国。"我真高兴离开了匈牙利，"他写他当时的心态，"我感到我已经受够了政治家和政府剧变……突然，我被只有科学才是永恒的这样一种情感包围住了。"

科学能成为世界上的一个庇护所，这是致力于它的男人和女人的一个共识。亚伯拉罕·派斯谈到爱因斯坦"曾经说他将自己的躯体和灵魂卖给了科学,是为了从‘我’和‘我们’逃到‘它’。”但是,当世界处于无法抵抗的恐惧中时,科学作为逃避那个从小到大熟识的世界以及语言的方法——科学作为摆脱困难的方法、一种能迁徙的文明、一种国际友谊、一种唯一遵循的必然性——一定会变得更令人绝望,具有更彻底的依赖性。当魏茨曼写“对我们来说,知识的获得并不是像将武器存入军械库那样的正规教育过程,而借助于这一正规教育过程,我们希望能够在一个充满敌意的世界中站住脚”时,他对俄罗斯管辖区严酷得多的环境给出了某些整体权衡。他痛苦地回忆,“人生的每一个阶段都是一个分水岭。”

特勒于1926年17岁时离开匈牙利到卡尔斯鲁厄的技术学院上学,在此之前,他的经历远不及在俄罗斯管辖区的魏茨曼严酷。但是,外部环境无法真正衡量内部伤害,并且,对有着深深愤怒和可怕的终身不安全感的一代人来说,没有比一个父亲无力保护他的孩子更为恐怖的事。

“近几年,”玻尔于1922年4月写信给在慕尼黑的德国理论物理学家阿诺尔德·索末菲(Arnold Sommerfeld),“我常常感到非常孤独寂寞,觉得我全力以赴系统地发展量子理论原理的努力很少被人理解。”在整个战争年月,玻尔努力跟随他引入物理学的“根本变革”,不论它走向哪里。它遇到了挫折。尽管玻尔战前的结果是激动人心的,但太多的欧洲老科学家仍然认为他的不一致的假说很特别而量子化的原子观念是自相矛盾的。战争本身延误了进步。

然而,他在坚持,在黑暗中摸索他前进的路。“只有一种罕见的、神秘的直觉,”意大利物理学家埃米利奥·塞格雷(Emilio Segré)写道,“才能将玻尔从迷宫中解救出来。”他用所谓的对应原理巧妙地引导自己。正如罗伯特·奥本海默曾经解释它说:“玻尔没有忘记,物理学就是物理学,牛顿描述了它很大一部分,麦克斯韦描述了它很大一部分。”于是,玻尔假定,“在所包含的作用量大于量子的情况下,他的量子规则必然近于牛顿的、麦克斯韦的经典规则。”在可信赖的旧理论和人们不熟悉的新理论之间的那种对应关系,给了他一个外部限制,一堵沿着它摸索道路的墙。

在哥本哈根大学和丹麦私人企业的支持下,玻尔建起了他的理论物理研究所,在推迟了一年多以后,于 1921 年 1 月 18 日付诸使用——像他对他的科学论文付出的艰苦努力一样,他对建筑师的计划也付出了同样的努力。哥本哈根市在法埃勒德公园边缘为研究所划出一块地,有几个足球场那么宽,人们在这里一年一度狂欢庆祝丹麦立宪纪念日。建筑本身用合适的灰色粉刷,红瓦屋顶,不比许多私人住房大;从里看是四层楼,而从外看好像只有三层楼,因为最低的一层楼有一部分建在地面以下;而顶楼,最初作为玻尔一家的住房,一直伸到尖屋顶以下的空间(后来,当玻尔家里第五个儿子出生时,他在旁边建了一所房子,而这些住房就作为来访学生和同事的住处)。研究所包括一个演讲厅、一个图书馆、几间实验室、几间办公室和一张公共乒乓球桌,玻尔常常在这里打球。“他的反应非常快捷准确,”奥托·弗里施说,“并且,他有极大的毅力和耐力。在某种程度上,这些品质也表现在他的科学工作中。”

1922 年,这年玻尔获得诺贝尔奖,成为丹麦民族英雄。同时,他也取得了第二个伟大的理论成就:对作为元素周期律基础的原子结构的解释。它决定性地将化学和物理学连结起来,现在是每一本基础化学教材的标准。玻尔提出,原子由一系列围绕原子核的电子轨道壳层组成——想象一组嵌套的球面——每个壳层能容纳某个确定数目的电子,而不能更多。化学性质相似的元素之所以相似,是因为它们最外面的壳层有同样数目的电子，这些电子参加化合作用。比如，钡是一种碱土金属，在元素周期表中是第56号元素，原子量为137.34，电子壳层依次按2、8、18、18、8和2个电子填充。镭，另一种碱土金属，是第88号元素，原子量为226，电子壳层依次按2、8、18、32、18、8和2个电子填充。因为这两种元素的外壳层都有两个价电子，所以钡和镭的化学性质是相似的，尽管它们的原子量和原子序数大不相同。“（玻尔量子假说）不可靠的和矛盾的基础，”爱因斯坦后来说，“足以使像玻尔这样具有独特直觉和理解力的人发现光谱线和原子电子壳层的重要法则以及它们对化学的意义，而这对我来说像一个奇迹……这是思维领域中的最高的和谐形式。”

为了验证这个奇迹，玻尔于1922年秋天预言，当时发现的72号元素，不是化学家们所期待的，像从57号到71号元素那样是稀土元素，而是像锆一样的4价金属。德海韦西此时迁入玻尔研究所，他和一个新来的年轻荷兰人迪尔克·科斯特（Dirk Coster）一起，着手用X射线光谱在锆矿石中寻找这种元素。当玻尔在12月上旬携玛格丽特一起离开研究所去接受他的诺贝尔奖时，他们还没有完成他们的实验。就在玻尔作诺贝尔奖演讲的前一天晚上，他们用电话正好及时告诉他：他们明确鉴定了72号元素，它的化学性质几乎和锆的一样。他们根据哈夫尼亚（Hafnia）——哥本哈根的罗马古名——将这一新元素命名为铪。玻尔在第二天的演讲结尾，骄傲地宣布了这一发现。

尽管玻尔有了这一成功，量子理论仍然需要一个比玻尔的直觉更为牢固的基础。慕尼黑的索末菲是对这项工作的一个早期贡献者；战后最耀眼的一群年轻人，找到了物理学的成长点，纷纷加盟协助。玻尔回顾那段时间，认为那是“从许多国家来的整个一代理论物理学家的独一无二的合作，”是一种“难以忘怀的经历。”他不再寂寞。

1922 年初夏，索末菲领着他最有前途的学生，一个名叫沃纳·海森伯（Werner Heisenberg）的 20 岁的巴伐利亚人，前往哥廷根听玻尔作为访问学者的演讲。“我决不会忘记这第一个演讲，”海森伯 50 年后写道，记忆仍然清晰如故，“演讲厅里挤得满满的，伟大的丹麦物理学家……站在讲台上，他的头微倾，他的嘴唇挂着友好但有些困窘的微笑。夏日的阳光从敞开的窗户倾泻进来。玻尔讲得相当轻，略微带着丹麦口音……他每一个仔细表述的语句，揭示了一连串基本思想、一连串哲学思考，含义丰富而不把话说满。我发现他的方法非常令人兴奋。”

不过，海森伯对玻尔的一个陈述提出了针锋相对的异议。玻尔早就学会了对不怕争辩的聪明学生保持警惕。“讨论结束时，他向我走过来，邀我在那天下午和他一起步行翻越海恩山。”海森伯回忆说，“我真正的科学生涯直到那天下午才开始。”这是对那个转折点的回忆。玻尔最后提出，让海森伯设法到哥本哈根来，以便他们能一起工作。“突然间，未来看起来充满了希望。”在第二天的晚宴上，玻尔惊讶地遭到两个穿哥廷根警察制服的年轻人的质询，其中一个拍着他的肩膀说：“你以诱拐幼童的罪名被逮捕了！”这是两个学生设下的友好的骗局。他们看护的这个小孩是海森伯，脸上长着雀斑，红色头发坚硬如刷，带着孩子气。

海森伯有着运动员的体魄，精力旺盛，一片热心——“容光焕发，”一个密友说，“在那些日子里，他看上去甚至比他作为一名‘青年运动’成员的真实身份更为生气勃勃……到男生宿舍后，他甚至常常穿着开胸衬衫和运动短裤。”在“青年运动”中，徒步旅行的年轻德国人生起篝火，唱着民歌，谈论着骑士故事、圣杯和报效祖国的话题。许多人是理想主义者，但是,独裁主义和反犹主义已经在他们中开放了有毒的花朵。当海森伯最终于1924年复活节到达哥本哈根时,玻尔领他外出步行通过西兰岛北部,并向他询问所有这些。"'但是,我们的报纸也常常使我们知道许多不祥征兆,德国的反犹主义趋势显然是由蛊惑民心的政客策划的。'"海森伯回忆起玻尔的质询。"'你自己发现犹太人了吗?'"那是被战争所激怒的某些老官员的工作,海森伯说,"但是,我们并不非常认真地对待这些团体。"

现在,作为玻尔所说的"独一无二的合作"的一部分,他们开始精神饱满地着手量子理论工作。海森伯似乎开始对使那些不可测量的事件形象化的做法感到厌恶。比如,还在上大学时,他在柏拉图的《泰米亚斯》一书中读到原子具有几何形状时颇为惊愕:"我悲哀地发现一个拥有柏拉图那样的敏锐判断力的哲学家会屈服于这样的空想。"海森伯认为,玻尔的电子轨道同样是空想,并且,他在哥廷根的同事马克斯·玻恩(Max Born)和沃尔夫冈·泡利也有同感。没有人能看到原子内部。能了解到的和可测量的是从原子内部发出的光,其频率和振幅与光谱线有关。海森伯决定全然拒绝模型,并只从数字中寻找规律。

他回到哥廷根,在玻恩的领导下作为一名无薪大学教师从事工作。直到1925年5月下旬,他的花粉热病突然发作;他向玻恩请了两星期假去了赫里戈兰岛,这是德国北部海上一座45公里长的多风暴的狭长岛屿,这里的空气中极少有花粉。他散步;在寒冷的海水中长距离游泳。"几天时间足以抛掉那些积压的数学包袱,它们总是妨碍这样的尝试的开始;这足以导出我的问题的简单表述。"又过了几天,他瞥见了他需要的体系。它需要一种奇特的代数学,在这种代数学中,他按两个因子在一个方向相乘与相同两个因子在相反方向相乘产生不同的乘积的方式，将因子组合在一起。他担心他的体系可能违背能量守恒的基本物理原理，并且工作到凌晨3点钟，校验他的数据，生怕有什么差错。此时他看到，他得到了"数学一致性和相容性。"伴随着深刻的物理发现，这一经历常常使人兴高采烈，同时感到心理上的烦扰：

> 最初，我深为吃惊。我有一个感觉，透过原子现象的表面，我正在考察一个奇特美妙的内部，并且几乎对这样一种想法感到晕眩：我现在必须去探寻这个数学结构的宝藏，它的性质已经如此慷慨地展现在我的面前。我太激动了，以至于无法入睡，因此，在新的一天破晓时，我来到岛的南端，我早就渴望在这里爬上一块伸到海中的岩石。我现在没有太多麻烦地做到了，并在那里等待日出。

回到哥廷根，玻恩认为海森伯的奇特数学乃是矩阵代数，这是一种表示和操作排成矩阵（格点）形式的一串数字的数学系统，是19世纪50年代发明的，而玻恩的老师大卫·希尔伯特（David Hilbert）于1904年进行了推广。在3个月深入细致的工作中，玻恩、海森伯和他们的同事帕斯夸尔·约尔旦（Pascual Jordan）发展出了海森伯称为"一个相容的、能够包含原子物理学所有方方面面的数学框架"。量子力学，人们这样称呼这一新体系，它高度精确地与实验现象一致。泡利以英雄般的努力设法将它应用于氢原子，并用一致的方法导出了相同的结果——巴尔末公式、里德伯常数——这些结果是玻尔于1913年从不一致的假设导出的。玻尔很高兴。在哥本哈根，在哥廷根，在慕尼黑，在剑桥，这一研究工作在继续发展。

喀尔巴阡山脉的弓形区域，当它们朝西北方向弯曲时，开始确定捷克斯洛伐克的北部边境。远在它能够完整地使弓形弯向奥地利的阿尔卑斯山脉之前,一个隆起的多山地区,萨德特山脉,使它继续横跨捷克斯洛伐克。离布拉格大约100公里处,它折向西南方形成捷克斯洛伐克和德国之间的一片低洼区域,在德国,这一区域称为厄尔士山脉即矿石山。厄尔士山脉在中世纪开始开采铁矿石。1516年,在约瑟姆斯塔尔(即圣约瑟溪谷)发现了一个富银矿脉,这是在冯·施利克(von Schlick)伯爵的领地内,他立即占有了这座银矿。1519年,首次用他掌握的这座银矿的银子打造硬币。约瑟姆斯塔拉,作为新硬币的名称,简称为"塔拉",1600年之前,在英国成为"达拉(即dollar)"。因而,美元单位起源于约瑟姆斯塔尔的银子。

约瑟姆斯塔尔银矿,古老而又众多的矿洞用湿木材支撑着,还出产其他不寻常的矿石,包括一种黑色、粘稠、沉重、结核状的矿物,学名为沥青铀矿。一个德国药剂师兼自学成才的化学家,马丁·海因里希·克拉普罗特(Martin Heinrich Klaproth),在柏林大学于1810年成立时,他就成为这所大学最早的化学教授,他于1789年成功地从约瑟姆斯塔尔沥青铀矿样品中提取出一种浅灰色的金属材料。他为这种金属寻找一个合适的名称。8年前,德国出生的英国天文学家威廉·赫歇尔(William Herschel)爵士发现了一颗新行星,用希腊神话中最早的最高主宰神的名字命名为乌拉诺斯(Uranus),即天王星。这个希腊神话中的神,是大地女神盖亚(Gaea)的儿子和丈夫,是提坦(Titan)们和独眼巨人赛克罗波斯(Cyclopes)们的父亲,他的儿子克洛诺斯(Chronus)借助于盖亚的帮助将他阉割,伤口流出的血滴到地上,跳出三个复仇女神。为了对赫歇尔的发现表示敬意,克拉普罗特将他的新金属命名为铀(Uranium)。它被发现时是钠和重铀酸铵的形式,用作釉的上好着色剂,0.006%的比例给出黄色,而含较高的百分率时连续地得到桔红色、棕色、绿色和黑色。在约瑟姆斯塔尔,铀矿从一开始到现代一直普普通通地用于陶瓷业,正是从约瑟姆斯塔尔沥青铀矿残余物中,玛丽和皮埃尔·居里通过实验分离出他们命名为镭和钋的新元素的第一批样品。厄尔士山脉矿石的放射性因此也将其魅力放射到该地区的一些温泉,包括卡尔斯巴德温泉和玛丽恩巴德温泉,这些温泉现在能宣称,它们的水不仅是自然热水,而且还散发出有益于健康的放射性。

1921年夏天,一个富有的17岁美国学生,刚从纽约民族文化学校毕业,到约瑟姆斯塔尔作业余探矿旅行。第一次世界大战前,罗伯特·奥本海默还是一个小孩,他住在德国哈瑙市的祖父给了他一批寻访该地的不多的起始性收藏品,年轻的罗伯特就开始收集矿石了。从那时起,他立志于从事科学。"无疑,首先是收藏家的乐趣,"他在晚年告诉一位来访者,"但这也开启了一点点科学兴趣,我不在乎有关岩石和矿藏来龙去脉的历史问题,而真的是对晶体——它们的结构、双折射(从偏振光看到的)以及所有这些典型属性着迷了。"他的祖父是"一个不成功的商人,出生在一个茅舍内,真的,是在一个几乎是中世纪的德国小山村里,但怀着对学问的爱好。"奥本海默的父亲于1898年17岁时离开哈瑙到美国,凭努力挣得了一个属于自己的进口纺织品商号,当美国成衣业取代手工裁缝业时,一时间这个商号进口男式服装的生意昌盛兴隆。奥本海默一家——尤利乌斯(Julius);他美丽而又娇气的妻子埃拉(Ella),她来自巴尔的摩,曾受过艺术训练;罗伯特,出生于1904年4月22日;弗兰克(Frank),罗伯特的伙伴弟弟,比罗伯特小8岁——全家有能力去欧洲避暑,并且常常这样做。

尤利乌斯和埃拉这对夫妇是有尊严而又有些小心谨慎的人，是未受洗的犹太人。他们住在88街附近的沿河大道一座能俯瞰哈得孙河的宽敞公寓内，并在长岛的海滨地区拥有一座避暑别墅。他们穿着裁剪讲究、做工老练的衣服，以保护自己和他们的孩子免受真实的和假想的可能伤害。埃拉的右手天生残疾，总藏在掩饰性的手套里，甚至他们的朋友的孩子在背后也是忌讳谈及此事的。她可爱但又拘泥礼节：当她在场时，只有她丈夫才能提高嗓门。尤利乌斯·奥本海默，按罗伯特的一个朋友说，是一个伟大的健谈者和社会问题辩论者，按另一个朋友说，是个"极为亲切、易于相处"的人，而且本质善良。他属于哥伦比亚大学教育家费利克斯·阿德勒(Felix Adler)的民族文化社团，罗伯特的学校在这个社团范围内，这所学校声称："人必须对他的生命和命运的方向负责"：人，是与上帝对立的。罗伯特·奥本海默记得自己那时像"一个圆滑、冷淡的好小孩。"关于他的童年，他说，"我对世界充满悲惨和痛苦这样一个事实没有思想准备。它没有让我正常、健康地成长而不至于成为劣质品。"他是一个虚弱的孩子，经常生病。因为这个原因，或者因为他有一个弟弟出生不久就死了，他的母亲不让他跑到大街上去。他呆在家里，收集矿石，10岁时写诗，但仍然玩积木。

他早已接触科学。一台专业显微镜是他童年的玩具。他在小学三年级时做实验室实验，四年级时开始有一本科学笔记本，五年级时开始学习物理学，尽管有许多年，他更爱好化学。美国自然历史博物馆晶体部馆长认他作弟子。他12岁时，给纽约矿物学俱乐部先是惊讶随后欣喜的成员们开设讲座——从他相应的素质来看，俱乐部已将他当成了一名成年会员。

他14岁时，为了让他走出家门，也许是为了让他结交朋友，他的父母将他送去野营。他走科尼格营地的小径寻找岩石，并和他结识的名叫乔治·艾略特(George Eliot)的唯一的朋友交谈，并受到艾略特关于因果关系支配人间事务的信念所鼓励。他羞怯、笨拙、让人受不了的审慎和谦逊，他不会反击。他写信给他的父母，他在营地很高兴，因为他正在学到生活的真实。奥本海默的家人不断地来。当野营指导员制裁了下流笑话时，其他男孩，所有称罗伯特“美人儿”的孩子，对他跟踪审查，并将他拖到营地冰室，脱光了他，打他——“折磨他，”他的朋友说——将他的生殖器和臀部涂成绿色，并整晚将他赤身裸体地锁起来。他尽责地坚持到野营结束而不退缩。“仍然是一个小男孩，”另一个童年时的朋友，一个他暗恋过的女孩回忆他 15 岁时的情景说，“……非常虚弱，常常脸红，非常羞怯，学业非常棒。很快，所有人都承认，他和所有其他人都不同，非常出众。与学习有关的任何事他都做得很好……除了他在体格上——你也不能说是笨拙——是相当发育不成熟之外。这种不成熟与他的表现好坏无关，而是在他干活的方式上，在他走路的方式上，在他坐着的方式上。他有些古怪的孩子气。”

1921 年 2 月，他从民族文化学校毕业，并且是致告别辞的毕业生代表。4 月，他做了阑尾炎手术。康复后，他随全家到欧洲旅行，并独自离开去了约瑟姆斯塔尔。在途中某地，他“得了严重的、几乎是致命的战壕痢疾。”他预计在 9 月进入哈佛大学上学，但是，“实际上，当时我卧病在床——在欧洲。”痢疾发作后接踵而来的严重的结肠炎将他放倒了数月。他在纽约家中的公寓里度过了冬季。

为了使罗伯特完全康复，让身体结实起来，他的父亲请了民族文化学校一个受人喜爱的英语教师，领着他去西部度过夏天。他是一个温和、助人为乐的哈佛毕业生，名叫赫伯特·

史密斯(Herbert Smith)。奥本海默此时18岁,他的脸仍然充满孩子气,但因引人注目的蓝灰色眼睛显得沉稳。他身高超过一米八,身材极其瘦长;他一生中,体重从没超过57千克,在生病或压力过大时,曾消瘦到52千克。史密斯负责地领他去牧场、圣塔菲东北方向基督圣血山中的洛斯皮诺旅游,奥本海默狼吞虎咽地吃饭、劈木头、学习骑马和露天宿营。

夏日的一个亮点是背包旅行,从一个陡崖中间叫弗里约尔斯的村庄出发,这是一座普埃布洛施印第安人建立的村庄,全名叫加仑德洛斯弗里约尔斯,然后跨过由桑格雷德克里斯通山发源的格兰德河,登上峡谷和帕哈利多高原的平顶,直达3000米以上高度的宽阔的杰梅兹火山上的大峡谷。杰梅兹火山是一个火山坑,跨度近20公里,边缘以下有一个内径1000米的绿草盆地,这个盆地被山形熔岩堆分割成几个高地和山谷。它已有100万年历史了,并且是世界上最大的火山口,甚至在月球上也能看到。从加仑德洛斯弗里约尔斯出发向北6.5公里有一个平行的峡谷,名为洛斯阿拉莫斯,这是西班牙名,意为白杨,这种植物正遮盖着峡谷中的洼地。年轻的奥本海默于1922年夏天第一次到达这里。

在边境上的日子里,像美国东部的一个半残废人一样的奥本海默遇到一片荒野,将他从过度文明的限制中解脱出来,这次遭遇是决定性的,是一次信念的康复。通过一个生气勃勃的夏天经受风雨,他从一个体弱多病并且也许有忧郁症的男孩变成了一个体魄上充满自信的年轻男子。他带着晒黑的皮肤、至少是合格的体形来到哈佛大学。

在哈佛大学,他把自己想象成一个进入罗马的哥特人。"他像打劫一样地学习。"一个同班同学说。他按常规修了6门功课的学分——要求是修5门——外加4门旁听课程。这些都不是容易的课程。他主修化学,但是,一个典型的学年内他可以修4个学期的化学、2个学期的法国文学、2个学期的数学、1个学期的哲学和3个学期的物理学，这些还只是有学分的课程。他还自学，学习各种语言，偶尔在周末驾驶他父亲给他的8米多长的单桅帆船，或者和朋友一起通宵长途徒步旅行。当灵感到来时，他写短篇小说或写诗，但羞于参加课外活动或课外团体。他也没有约会；他仍然未完全成熟，只是敢远远地对年长的妇女表示尊敬。他后来评价说："尽管我很喜欢工作，但铺得太开，只能勉强涉险过关。"他的涉险过关的结果是成绩登记本上多数是A等、夹杂少数的B等。他用三年时间以优异成绩毕业了。

所有这种勤奋中带有某些狂热，不过被传统的哈佛式的沉闷掩饰了。然而，奥本海默还没有发现自我——这对于美国人比对于像齐拉或者特勒那样的欧洲人更为困难，后者的早年岁月就像是他们一生的写照——并且不想在哈佛这样做。他曾说，哈佛是"我一生中度过的最激动人心的时期。我真正拥有了一个学习的机会。我爱它。我几乎充满活力。"在学业上的兴奋后面，有着刻苦的努力。

他总是一个执著的人，甚至也是一个聪明、内向的人，但是，在晚年，他向一群知心朋友坦露自己，当然一定会回想起他的大学生活。"直到现在，"1963年，他告诉那群朋友，"尤其在我几乎无限延长的青春期的日子里，我几乎没有采取一次行动，没有做任何事或者没能做任何事，不管它是一篇物理学论文，或者一次演讲，或者我怎样读一本书，怎样找一个朋友谈话，怎样恋爱，这并没有激起我一种非常强烈的厌恶感和失落感。"他在哈佛大学的朋友很少看到这一面——一所美国大学毕竟是一个安全藏身处——但是，他在给赫伯特·史密斯的信中暗示了这一点：

> 你慷慨地问起我做的事情。除了上周讨厌的记录所显示的那些活动，我努力工作、写无数的论文、注解、诗歌、故事和废话；我去数学图书馆读书，去哲学图书馆，将我的时间用于读伯特兰·罗素（Bertrand Russell）先生的书和注视一个正在写一篇有关斯宾诺莎（Spinoza）的论文的非常美丽可爱的姑娘——可爱到令人啼笑皆非了，对此，你这样认为吗？我在三个不同的实验室施放臭气，听阿拉尔（Allard）有关拉辛（Racine）的杂谈，品茶，给一些失足者谈学问，离家度周末，将低级精力散发成笑声和疲惫，读希腊神话，讲失礼的话。在桌子里寻找我写的信，并且希望我死掉。瞧，就这样。

夸张的死亡愿望部分地是奥本海默有意让他的法律顾问关注自己，但也部分地是因为纯粹的痛苦——考虑它可能的份量，因而勇气不足，情绪颇为消沉。

奥本海默大学时的两个亲密朋友，弗朗西斯·弗格森（Francis Fergusson）和保罗·霍根（Paul Horgan），都认为他有变态式夸张的倾向，使得许多事情大大超出其真实程度。因为这种倾向最终会毁了他的生活，它应该被检查。奥本海默不再是一个胆小的男孩，但他仍然是一个心神不宁的年轻男人。他在信息、知识、年代、系统、语言、神秘的和合适的技巧之间，在心中通过尝试按尺寸规格进行归类整理。夸张行为表明，他知道你知道这些夸张有多笨拙（同时，自杀体现了这种笨拙性）。也许这就是它的社会功能。越博学就越糟糕。越博学就越自暴自弃，“一种非常强烈的厌恶感和失落感。”没有什么是他自己的，没有什么是独创的，他通过学习占有了的那些知识，他认为是偷来的，他自己是一个小偷：像一个劫掠罗马的哥特人。他爱劫掠但又蔑视劫掠者。他像莫塞莱在有关区分收藏者和创造者的遗愿中表现得一样清醒。同时，掌握知识,在他看来是他在他的生命的那个点上必需的,他几乎不能放弃它们。

他试着写作诗歌和短篇小说。他的大学学识更像一个文人而不是科学家。他保持他的文艺才能并很好地利用它们,但他获得这些知识首先是因为他认为它们可能打开通向自知之明的通道。同时,他希望写作会以某种方式陶冶他的性情。他读新近出版的《荒原》,认同它的悲观厌世,并且开始寻求印度哲学严肃的心灵安慰。他和艾尔弗雷德·诺思·怀特海(Alfred North Whitehead)本人一起完成伯特兰·罗素和怀特海的三卷《数学原理》的严格证明,怀特海最近刚来——仅仅作为另一个敢于参加讨论会的学生——奥本海默终身都为这项成就而骄傲。至关紧要的是,他开始发现物理学可以作为化学的基础,因为他发现了从岩石的复杂的历史演变中清晰地呈现出来的晶体:"我在化学中所喜爱的一些东西,非常接近物理学,这使我改变了立场;显然,如果你正在读物理化学,并且开始邂逅热力学和统计力学思想,你就会产生弄清楚它们的念头……这是一个非常奇特的图像,我从没学过物理学基础课程。"

他在珀西·布里奇曼(Percy Bridgman)的实验室工作,许多年后,布里奇曼取得诺贝尔奖桂冠,奥本海默说:"他是一个别人想当他学徒的人。"奥本海默学得了许多物理学,但很零乱随意。他毕业于化学专业,并莽撞到推测卢瑟福会在剑桥大学欢迎他,这位曼彻斯特物理学家已于1919年到剑桥从年老的汤姆孙那里接过了卡文迪什实验室主任之职。"但是,卢瑟福并没有打算接受我,"奥本海默后来告诉一位历史学家,"他对布里奇曼并没有太多印象,我的证书是古怪的,不能给人深刻印象,当然也没有给像具有卢瑟福这样资历的人深刻印象……我甚至不知道我为什么离开哈佛,但我总觉得（剑桥）更接近中心。"尽管布里奇曼的推荐信意思明确，但这封信并没有帮助卢瑟福更好地了解他。奥本海默有一种"十分巨大的同化能力，"这位哈佛大学物理学家在信中写道，"他令人不解之处在于在许多情况下展示了高度的处理创意和很强的数学能力。"但"他的弱点是在实验方面。他的思维类型是数学解析胜于物理，他对实验室操作并不得心应手"。布里奇曼真诚地说，他认为奥本海默"有一点儿投机"。然而，"如果他确实真的取得成功，我相信他将会取得极其不同寻常的成功。"在1921年夏天与保罗·霍根以及老朋友们在新墨西哥作另一次恢复健康的夏日旅游之后，奥本海默到剑桥进攻他认为的中心并如愿以偿。

J·J·汤姆孙还在卡文迪什实验室工作。他留下了奥本海默。"我正在过一种非常糟糕的日子，"奥本海默于11月1日写信给在牛津大学的弗朗西斯·弗格森说，"实验室工作是一件非常烦人的事情，我太笨手笨脚，完全没有正在学习一点东西的感觉……这些讲座毫无价值。"他更认为，"这里的学术水准会在一夜间把哈佛人吓退。"他在卡文迪什实验室的一个大地下室（人们称它为车库）的一角工作；汤姆孙在另一角。他痛苦吃力地为一个实验准备很薄的铍箔，这个实验他好像从来没有做完——詹姆斯·查德威克，从曼彻斯特来到这里，现在是卢瑟福的研究助理主任，后来将它们投入了使用。"实验室的事情真的充斥着弄虚作假，"奥本海默回忆说，"但它使我能进入实验室，听人讲话并发现人们感兴趣的许多事情。"

战后量子理论方面的工作此时才刚刚开始进行。这极大地激起了奥本海默的热情。他想加入这一研究行列。他担心自己可能太晚了。他所学的东西很容易就过时了。在剑桥，他碰了壁。

他碰的是一堵知识之壁，也许更严重的还是一堵情绪之壁。“就像受到冷落而不想再玩的小男孩的忧郁，”3年后他突破了困境时这样描述说。英国给了他和玻尔当年同样的沉默待遇，但他不像玻尔那样努力挣得自信。赫伯特·史密斯感觉到了这种灾难的逼近。“罗伯特干得怎样？”他写信给弗格森，“就你所知，英国地狱般的社会和气候都很冷酷吗？或者，他喜欢英国的异国情调吗？顺便说，我有一个想法，你向他展示的能力应该是非常老练的实践，而不是贵族般的挥霍。你们两年的开端和社会适应可能使他绝望。他不会掐你喉咙的……我想他只会认为他自己的人生不值得继续。”奥本海默于12月写信给史密斯说，他不忙于“为自己谋求发迹……我真的已经为使自己有一份职业而做了困难得多的事情。”事情比他信中写的更糟。事实上，正如他后来说的，他“正在自杀。这是慢性自杀。”圣诞节，他在巴黎见到了弗格森，并且讲了他对他的实验室工作感到绝望，以及爱情挫折。然后，与史密斯预见的相反，他掐住了弗格森的喉咙并试图掐死他。弗格森轻易地摆脱了。回到剑桥，奥本海默试着写了一封信解释。他写道，他打算寄给弗格森一首“过分渲染的”诗。“我终于没写，那里也许是快乐到来的地方，正像我在巴黎时做的那样，一个又妙又可怕的事实；但是，如你所知，我无力将两根铜导线焊在一起的事实使我发疯。”

幸好可怕的事实并没有继续困扰他。当他接近一个心理危机点时，他也努力鞭策自己竭尽全力，深信他的心智一定会使他渡过难关。他“正在做大量工作，”一个朋友说，“思考、阅读、讨论事情，但是显然，带着巨大的内心忧虑和警觉。”那一年，一个至关紧要的变化是他首次与玻尔见面。“当卢瑟福将我介绍给玻尔时，他问我正在做什么。我告诉了他。他说，‘进展怎样？’我说，‘我处境困难。’他说，‘是数学上的困难还是物理上的困难?’我说,‘我不知道。’他说,‘这太糟糕了。’”但是玻尔的某些特点——至少,他的长辈一样的和善,C·P·斯诺称之为他的朴素而又诚恳的善意,他那平和的“可爱”——使奥本海默放松下来并提出愿望:“此时,我忘记了铍和薄膜,决定试着要求改行做理论物理学家。”

究竟这一决定促成了还是开始缓解了危机,从记录上是无法了解清楚的。奥本海默到一个剑桥精神病医师处就诊。有人写信将他的问题告知他的父母,他们像好多年前着急赶往科尼格营地一样赶来。他们催促他们的儿子去看一个新的精神病医师。他在伦敦的哈利街找到了一个。几句对话后,这位医师诊断他是早发性痴呆,这是一个老术语,现在称为精神分裂症,其症状为早期的成人攻击、思维过程有缺陷、行为古怪、倾向于生活在内心世界、不能维持正常的人际关系,预后极其不良。知道了症状学的含糊不明和奥本海默的惊人智力以及深刻苦恼,就足以明白这个精神病医生的错误。一天,弗格森在哈利街遇到奥本海默,问他最近怎样。“他说……这家伙太迟钝,以至于不能领会他的话,并且,他比(医生)更了解他的麻烦,他说的可能是对的。”

在到哈利街求医之前,那个春天,他和两个美国朋友一起用10天时间访问科西嘉岛,转变就开始了。究竟是什么巧遇挽救了奥本海默是一个谜,但是,这个谜对他来说非常重要,他向他的一位感情更为细腻的传记作者尼埃尔·法尔·戴维斯(Nuel Pharr Davis)强调这一点,为了吊人胃口而故意说得扑朔迷离。奥本海默在访问科西嘉后,写信给他的兄弟弗兰克说,科西嘉“是一个美妙的地方,有着从葡萄酒到冰川、从龙虾到双桅帆船样样都美好的东西”。他在晚年对戴维斯强调说,尽管美国政府多年来积累起了有关他的几百页资料以至于有些人说他的一生都被记录在这里面,但事实上,这个记录几乎没有包含真正重要的事情。为了证实他的观点,他说,他会提到科西嘉。“那位(剑桥)精神病医生是我在科西嘉开始的事情的先导。你问起我是否会告诉你全部故事或者你定能将它挖掘出来。不过,很少有人知道,并且他们不会告诉你。你挖掘不到。你需要知道的事情就是,这不是一件纯粹的风流韵事,全然不是风流韵事,而是爱情。”他说,它是“我生命中最美妙的一件事,是生命中美妙而永恒的一部分。”

不管是风流韵事还是爱情,奥本海默那年在剑桥找到了自己的使命,这无疑起到了治愈作用。科学从情绪灾难中挽救了他,正如科学从社会灾难中挽救了特勒。哥廷根是德国中部下萨克逊的一座中世纪古镇,这里有一座由英国乔治二世建立的大学,奥本海默于1926年秋天魏玛政权的最后日子来到这里。玻恩领导的大学物理系最近搬进了本生街由洛克菲勒基金投资建成的学院大楼里。尤金·维格纳作为访问哥廷根的学者与玻恩共事,当时,还有海森伯、泡利,不失巧合的是,还有意大利人恩里科·费米(Enrico Fermi),他们后来都获得了诺贝尔奖。詹姆士·弗兰克,从威廉皇帝研究所哈伯的研究院来到这里,于1925年获得诺贝尔奖,现在指导实验课。数学家理查德·库朗(Richard Courant)、赫尔曼·外尔(Herman Weyl)和约翰·冯·诺伊曼在一起合作。爱德华·特勒后来将到这里当助教。

这座城镇是舒适惬意的,至少对来访的美国人是这样。他们能喝到15世纪施瓦兹贝恩黑熊啤酒厂的新鲜啤酒,在琼克市政厅(Junkernschänke)前朝赞助人奥托·冯·俾斯麦(Otto von Bismarck)的钢像下坐着,吃香脆可口的维也纳炸肉片。琼克市政厅已有400年历史,是赤脚街和犹太街转角的一座雕花半木结构的三层彩画玻璃楼房。奥本海默喜欢在这里用餐,他很喜欢它的氛围。当一个学生在哥廷根大学获得博士学位，他的同学就会要求他亲吻牧鹅少女，这是真人大小的少女铜像，她被安置在青铜制作的花木丛中，装饰着古老的市政厅门前广场上的喷泉。为了吻到牧鹅少女(Gänseliesel)的嘴唇，需要趟过或跳过喷泉池，这是这个传统仪式的要点，奥本海默必须接受这种专业荣誉的洗礼。

市民们仍然忍受着战争和通货膨胀带来的灾难。奥本海默和其他美国大学生寄居在一个哥廷根医师的有围墙的宅第内，这位医师已经失去了所有财产，被强制接纳寄宿学生。"尽管社会(这所大学)非常富有、温暖和对我有所帮助，"奥本海默说，"但它是处于德国人非常痛苦的情绪中……痛苦、郁闷，我要说，还有不满和愤怒以及具有所有这些因素的东西，以后，这些情绪会产生重大的灾难。我对此深有感触。"在哥廷根，他首先衡量了德国遭到破坏的程度。特勒后来从自己对战败及其后果的体验出发，对它作出了总结归纳："战争不仅造成了惊人的痛苦，而且，它们造成了延续几代人的深刻仇恨。"

奥本海默的两篇论文，"关于振动带的量子理论"和"关于二体问题的量子理论"，在他到达哥廷根时，已经被《剑桥哲学学会进展》接受发表，这有助于他铺平道路。当他走上他的命运之途时，论文成倍增加。他的工作不再是学徒式的，而是稳固地取得成功。他的特别贡献，适合他的头脑发挥的，是在量子理论狭窄的初始背景下推广量子理论。他的论文，"论连续光谱的量子理论"，发表在声望很高的德国《物理学杂志》(Zeitschrift für Physik)上。玻恩评论说它"非常优秀"——真正的高度赞扬。奥本海默和玻恩共同研究出了分子的量子理论，这是一项重要而不朽的贡献。算一下论文数量，奥本海默在1926年到1929年之间发表了16篇论文。因为它们，他赢得了作为一名理论物理学家的国际声誉。

他作为一个自信得多了的男子汉回家了。哈佛大学为他提供了一份工作;在帕萨迪纳新建的朝气蓬勃的加州理工学院也给他提供了一份工作。在伯克利的加州大学尤其使他感兴趣,因为按他后来的说法,它是"一个荒漠",意思是它还根本没有开理论物理课。他决定同时接受加州大学伯克利分校和加州理工学院两个职位,准备秋冬两季在海湾区这两个校园开课,而春季转移到帕萨迪纳。但是,他首先得以国家研究委员会研究员的身份回到欧洲,先是与莱顿的保罗·埃伦菲斯特一起,然后与当时在苏黎世的泡利一起加强他的数学功底,泡利甚至比奥本海默的思维更具解析性和更为严谨,物理学上的鉴赏力更为精到。在埃伦菲斯特这里结束时,奥本海默想去哥本哈根和玻尔一起工作。埃伦菲斯特不认为是这样:玻尔的"大而无当",用奥本海默的话说,不是一个合适的收敛。"我看到了(埃伦菲斯特)写给泡利的信的一个复印件。他显然是把我送到那里去调整的。"

在奥本海默离开美国去莱顿之前,他和弗兰克一起去了一次桑格雷德克里斯通。兄弟俩发现了一间小屋和一块他们喜爱的土地——"房子和约 2.5 公顷地,还有小溪,"罗伯特简洁的描述——高高地在山地草原上。房子是用粗制木头钉、绑而成的;它甚至连一间厕所都没有。当罗伯特在欧洲时,他的父亲办理了一个长期的住房租约,并为奥本海默留了300 美元,作为像奥本海默说的"恢复"之用。在山上的一个夏天,也是为了让这位著名的年轻理论家得以恢复。

1927 年夏末,贝尼托·墨索里尼(Bonito Mussolini)的法西斯政府在意大利北部湖区海湾状的科摩湖西南端的科摩召开了一个世界物理学大会。大会是为纪念亚历山德罗·伏打(Alessandro Volta)1827 年去世 100 周年,他是科摩出生的意大利物理学家,发明了电池,并且,电势标准单位"伏特"

(Volt)也以他的名字命名。除爱因斯坦外,其他人都去了科摩,爱因斯坦拒绝为法西斯涂脂抹粉。其他人去是因为量子理论遭到围攻,玻尔按会议日程将为捍卫量子理论发表演讲。

有争议的是一个以新的和更富挑战性的形式出现的老问题。爱因斯坦1905年关于光电效应的论文论证了光有时表现得好像不是由波而是由粒子组成的。与此相反,1926年初,一个发音清晰、有教养的维也纳理论物理学家欧文·薛定谔(Erwin Schrödinger)发表了物质的波动理论,论述了在原子尺度上的物质表现得好像是由波组成的。薛定谔的理论优雅精致,是可以理解和完全一致的。它的方程得出了玻尔原子的量子化能级,但是作为振动的物质的"波"的谐波而不是作为跃迁的电子。薛定谔不久后证明,他的"波动力学"与量子力学在数学上是等价的。"换句话说,"海森伯说,"……两者是同一结构的不同数学表述。"这使得量子力学家们高兴不已,因为它巩固了他们的观点,并且,薛定谔理论的更直截了当的数学表述形式简化了计算。

不过,薛定谔基于对古老的经典物理学的同情,认为他的波动力学有更为深远的意义。事实上,他声称,他的波动力学表示了原子内部的真实情况,在原子内部存在的不是粒子而是物质驻波,因此,原子被恢复为服从以连续过程和绝对决定论为标志的经典力学。在玻尔的原子模型中,在定态上的电子以量子跃迁方式飞跃导致光子的发射。取而代之的是,薛定谔提出了物质复合波,它通过称为结构干涉的过程(把波峰加在一起)产生光。"这个假说,"海森伯冷冰冰地说,"美妙得似乎难以置信。"因为有一件事——1900年的普朗克的量子化辐射公式,如今实验上已得到最充分的证明——与它矛盾。但是,许多从没有喜欢过量子力学的传统物理学家赞同薛定谔的工作,用海森伯的话说,"有一种解放了的感觉。"

稍后在这个夏季，因为想详尽地讨论这一问题，海森伯出现在薛定谔正在讲学的慕尼黑研讨会上。他提出他的异议。“威廉·维恩（Wilhelm Wien，一个诺贝尔桂冠学者），慕尼黑大学实验物理学主任，更为尖锐地回答说，人们真的该终止量子跃迁和整个原子的神秘性了，我提到的困难肯定不久会被薛定谔解决。”

玻尔邀请薛定谔到哥本哈根。辩论从火车站开始，从早到晚地持续着，海森伯说：

> 因为，尽管玻尔是一个非凡的考虑周到和乐于助人的人，但他能在这样一个涉及他认为至关重要的认识论问题的讨论上，狂热地坚持着，并且，整个争论过程，带着几乎可怕的求真的坚韧性。他不会放弃，甚至争论了数小时以后，（直到）薛定谔承认了（他的）解释不充分，甚至不能解释普朗克定律。薛定谔这一方为克服这一痛苦结果的每次努力都通过无比艰苦的讨论被逐项驳倒了。

薛定谔感冒了，卧床不起。不幸，他正暂住在玻尔家。“当玻尔夫人照料他并带进来茶点时，玻尔一直坐在床沿（和他）讲话：‘不过，你必须明确承认……’”薛定谔几近绝望。“如果谁非得继续用这些该死的量子跃迁，”薛定谔爆发似地说，“那么，我真为我着手进行过原子理论方面的工作感到遗憾。”玻尔，总是乐意参加加深理解的争论，用赞美词使他疲惫的客人平静下来：“但是我们其他人对你所做的是如此感激，因为你就此给原子物理学带来了一种决定性的进步。”薛定谔沮丧而不服气地回家了。

于是，玻尔和海森伯着手解决使原子理论的二元论相容这样一个问题。玻尔希望用公式表示某种方法，允许物质和光既以粒子存在，也以波存在；海森伯一贯赞成全然放弃各种模型，而坚持用数学表述。海森伯说，1927 年 2 月下旬，他俩"彻底疲惫和相当紧张，"玻尔外出到挪威滑雪。而年轻的巴伐利亚人试图应用量子力学方程计算某些像云室中电子的径迹这样貌似简单的问题，并认识到没有希望。面对这种困境，他改变了方向。"我开始怀疑我们是否一直在询问一种错误的问题。"

在玻尔研究所屋檐下海森伯的房间内，有一天，海森伯工作到午夜，他想起了一次与爱因斯坦对话时，爱因斯坦给他讲了一个关于科学工作中理论价值的悖论。爱因斯坦说："是理论决定我们能观察到什么。"这一记忆使得海森伯无法安宁，他下楼出了门——已经是下半夜了——走过研究所后面的大山毛榉树来到开着门的法埃勒德公园足球场。这是 3 月上旬，天气还寒冷，但海森伯是一个善于在室外思考的精力充沛的散步者。"这次星光下的散步，使我产生了一个明显的想法，人们应该假设，大自然只允许能够在量子力学（数学）体系框架中描述的实验情况出现。"这个直率的陈述听来极其武断；对它的检验将是它的一致的数学体系，以及最终它对实验的预见力。但它引导海森伯直接得到一个惊人的结论：在原子的极小尺度上，对于事件能否精确了解肯定存在一个固有的极限。如果你确定一个粒子的位置——比方像卢瑟福所做的那样，通过让它碰撞一块硫化锌屏幕——你就改变了它的速率，因而失去了那份信息。如果你测量它的速率——假定通过用它散射伽马射线——你的伽马光子就给它补充了能量并使它走上不同路径，你就不能精确确定它的位置。一种测量总是使得其他测量不确定。

海森伯回到他的房间，并且开始在数学上将他的想法公式化：位置和动量的测量值的不确定量的乘积不能小于普朗克常数。因此,h 再次出现在物理学的核心,被用来确定基本的、不可分辨的宇宙间隔尺寸。海森伯那个晚上考虑的问题后来被称为不确定性原理,它意味着物理学中严格决定论的终结:因为,如果原子事件是固有的模糊不清,而且不能得到单个粒子在时间和空间上定位的完整信息,那么,它们的未来行为的预见就只能是统计性的。18 世纪法国数学家和天文学家拉普拉斯侯爵(Marquis de Laplace)的梦想或者说是无稽之谈——如果他在一瞬间知道宇宙中每个微粒在时间和空间上的精确定位,他就能预言未来任何时刻的事情——就这样在哥本哈根一个公园的深夜里得到了答案:大自然将这神圣的特权抹去了。

玻尔按理应该喜欢海森伯的原子内部的民主化,但玻尔反而感到烦恼:他带着他自己的重要概念从他滑雪的旅游点回来了,这个概念强使他回到对双重性和歧义性的最初理解,回到保罗·马丁·默勒和瑟伦·克尔恺郭尔那里。他的巴伐利亚学生没有将他的不确定性原理建立在粒子和波之间的二元论之上,他对此特别不高兴。他用他以前对待薛定谔的"可怕的紧追不放"来磨练海森伯。奥斯卡·克莱因,那个时期玻尔的抄写助手,幸运地进行居中调停。但是,海森伯只有 26 岁却才华横溢。海森伯作出了让步,他同意不确定性原理只是玻尔设想的更普遍概念的一种特殊情形。作为让步,玻尔允许将海森伯写的论文发表。玻尔着手写他的科摩发言稿。

在科摩,舒适的 9 月,玻尔以有礼貌地谈到伏打的方式开始了发言:"我们聚集在这里纪念一位伟大的天才,"然后进入正题。他提议尝试发展"一个确定的普遍观点",它可能有助于"把不同科学家所持的明显矛盾的观点协调起来。"玻尔说,这一问题是,量子条件在原子尺度上起着支配作用,但我们测量这些条件的仪器——我们的感觉,归根结底——是用经典方法运作的。这个缺陷将必要的限制强加在我们能够了解的事物上。一个显示光以光子形式传播的实验在它的条件限制之内是有效的。一个显示光以波的形式传播的实验在它的限制之内同样是有效的。相同之处就是物质的粒子性和波动性都成立。能够接受两者都有效的原因是,"粒子"和"波"是措词,是抽象。我们知道的不是粒子和波,而是我们的实验设备以及那个设备在实验应用中怎样变化。设备是大的,而原子内部是小的,两者之间必须引入一个必要的和用以限制的对应关系。

玻尔继续说,解决方案是,平等有效地接受不同的和互相排斥的结果,将它们并列在一起建立一个原子领域的复合图像。唯有全面,方能清晰(Nur die Fülle führt zur Klarheit)。玻尔决不会对一种傲慢自大的还原论感兴趣。与此相反,他称为——在他的科摩演说中反复出现的词——"放弃",在涉及原子内部的固有尺度上对经典物理学的神圣决定论的放弃。他为这个"普遍观点"选择的名词是互补性(complementarity),这个词来源于拉丁文 *complementum*,"表示补充或者完善。"光作为粒子和光作为波、物质作为粒子和物质作为波,是相互排斥的抽象,这种抽象又是相互补充的。它们不能合并,也不能分解;它们必须以貌似自相矛盾的形式并存;但是,接受那种别扭的非亚里士多德条件,意味着物理学能够弄清的事情比用其他方式弄清的事情要多。而且,按照海森伯最新发表的、在有限语境内论证的不确定性原理,宇宙仿佛是以人类感官永远无法看到的方式安排的。

埃米利奥·塞格雷,1927 年作为年轻的工程学学生在科摩听了玻尔的演讲,在他退休后写的一部现代物理学史中简明扼要地解释了互补性:"两个量是互补的,是指它们中的一个量的测量会妨碍另一个量被同时精确地测量。类似地，两个概念是互补的，是指一个概念将某种限制施加于另一个上。”

然后，玻尔逐一仔细检查了经典物理学和量子物理学的冲突并且说明互补性是怎样澄清它们的。他在结论里简要地指出了互补性与哲学的联系。他说，物理学的情形，“具有一种与人类观念结构中的普遍困难深刻的类似，主体和客体之间的差异是固有的。”这就一路回溯到《一个丹麦学生的奇遇》中“科班出身”的两难问题，并作出解答：思考的我和行动的我是不同的，互相排斥，但又是自身的互补性抽象。

在接下来的几年中，玻尔将他“确定的普遍观点”的指南针远远地向世界延伸。它将使他不仅作为物理学问题的一个引路人，也作为政治才能方面最大问题的引路人。但是，它从没有像他所希望的那样成为支配物理学的核心。在科摩，一个由年长的物理学家组成的重要少数派铁定没有被说服。爱因斯坦听到了但不为所动。1926 年，他曾写过一封信给马克斯·玻恩，谈到量子理论的统计性质：“量子力学需要认真注意。但是，一个内在的声音告诉我，这不是真正的鼻祖圣雅各布。这个理论完成了许多事情，但它没有使我们更加接近《旧约》的秘密。无论如何，我相信，上帝不是在掷骰子。”另一个物理学会议，即由比利时工业化学家欧内斯特·索尔韦(Ernest Solvay)赞助的索尔韦年会，科摩会议一个月后在布鲁塞尔召开。爱因斯坦像玻尔、普朗克、居里夫人、亨德里克·洛仑兹(Hendriek Lorentz)、玻恩、埃伦菲斯特、薛定谔、泡利、海森伯以及其他一大批人一样，出席了会议。“我们都住在同一个旅馆里，”海森伯回忆说，“发生了最尖锐的争论，不是在会议厅，而是在旅馆用餐时。玻尔和爱因斯坦都处于最激烈的争论中。”

爱因斯坦拒绝接受在原子层次上决定论被禁戒、宇宙精细结构不可知、统计法则支配一切的观点。“‘上帝不是在掷骰子’，在这几次讨论中，我们常常从他嘴里听到这样一句话，”海森伯写道，“因此，他直截了当地拒绝接受不确定性原理，而试图设想出这一原理不成立的情形。”爱因斯坦会在早餐时提出一个挑战性的思想实验，争论一整天，“并且，作为常规，晚饭时尼尔斯·玻尔能给爱因斯坦证明他最新的思想实验无法动摇不确定性原理。爱因斯坦看上去有点闷闷不乐，但是，第二天早晨，他又准备了一个比上次更复杂的新的思想实验。”这样持续了好几天，直到埃伦菲斯特责备爱因斯坦——他们是交往最长的朋友——说他为爱因斯坦感到羞愧，爱因斯坦反对量子理论，正像他的反对者反对相对论一样缺乏理性。爱因斯坦始终固执己见（他对与量子理论有关的问题固执到生命终结）。

对玻尔来说，作为一个温顺的实用主义者和民主主义者，而决不是一个专制主义者，他也曾经常常听说爱因斯坦对神的赌博性的个人见解。他最终用爱因斯坦自己的话指责他的这位杰出的同行。上帝不掷骰子吗？“描述上帝应该怎样运转世界不是我们的份内事。”

第六章

机　　器

战后，在卢瑟福的领导下，卡文迪什实验室兴旺发达。奥本海默在这里忍受了很大的痛苦，因为他不是一个实验家，奥本海默认为剑桥大学完全是实验物理学家们的中心。C. P. 斯诺于20世纪30年代初，比奥本海默稍晚一点在这里接受过培训，在他的第一部发表于1934年的小说《探索》中，借一个虚构的年轻科学家的口来赞美这段经历：

> 我不会轻易忘记在卡文迪什实验室的那些个星期三例会。对我来说，它们是在科学方面全部个人激情的根基。它们是浪漫的，如果你愿意这样认为；而且它们不处在我不久会知道的（科学发现）的最高经验层面上。一周又一周，我都在阴冷的夜晚外出，街上灯火通明，从沼泽地吹来的东风沿着老街怒号着，心头漾溢着去看、去听、去接近那些世界上最伟大运动的带头人的热情。

实验室与以前相比更为拥挤，而且正呈现破败的迹象。马克·奥利芬特（Mark Oliphant）记得，他第一次站在卢瑟福办公室外面走廊里，注意到"没铺地毯的地板、暗黑的涂漆松木门、污损的水泥墙壁和透过肮脏的玻璃照射进来的昏黄的自然光。"奥利芬特也记得在20世纪20年代后期，当卢瑟福50多岁时，这位卡文迪什实验室主任的外貌："一个大个、面部红润、头发稀少而洁净、胡子浓密的人和善地接待了我，他强烈地使我想起我度过童年时光的阿德莱德市后面山坡上一个小山村里的综合店铺兼邮局的老板。卢瑟福使我立即感到受欢迎和自在。他说话时，微微有唾沫溅出，时不时用火柴点燃烟斗，像一座火山一样冒出烟和灰。”

借助于简单的实验设备，卢瑟福继续作出惊人的发现。除了发现原子核外，它们中最重要的成果是1919年他快离开曼彻斯特到剑桥时做出的，他于4月寄出这篇论文。后来，在卡文迪什实验室，他和查德威克继续做下去。1919年曼彻斯特的这篇文章实际上总结了卢瑟福在战时的4年中他在不多的空余时间里做出的一系列研究；当时，他一边为海军部做潜艇探测方面的研究，一边几乎是独自地支撑曼彻斯特实验室。文章以四个部分出现，前三部分为第四部分清除道路；“氮的一个反常效应”，这是革命性的成果。

欧内斯特·马斯登对α散射的检测使卢瑟福发现了原子核，他于1915年在曼彻斯特的常规实验研究过程中，发现了一件类似的、富有成果的怪事。马斯登用α粒子——氦核，原子量为4，从一根小的氡气玻璃管发出——轰击氢原子。他做实验时，将氡气管固定在密封的黄铜盒子里，盒子一端装上硫化锌闪烁屏，抽空盒子里的空气然后充以氢气。从氡气发出的α粒子像弹珠一样撞击氢原子（原子量大约为1），将能量转移给氢原子，并使一些氢原子朝闪烁屏方向运动；马斯登通过在闪烁屏后面插入吸收用的金属箔直到闪烁停止，以此来测量它们的运动距离。按预计，较小质量的氢原子与较重的α粒子碰撞，作为碰撞结果，反冲得比α粒子要远，大约是4倍远，卢瑟福说，正像在弹珠游戏中，较小的弹珠和较大的碰撞时的情况一样。

这是足够明白的。卢瑟福说：但马斯登当时注意到，当抽空盒子里的空气时，玻璃氡气管自身“产生许多像由氢产生的那样的闪烁”。他试着用石英做管子，同时用一块镀上镭化合物的镍板，结果发现了相同的亮光，像氢一样的闪烁。“马斯登得出结论，强有力的证据证明，氢从放射性物质自身中被产生出来了。”这个推测如果是对的，那么太令人震惊了，因为到目前为止，放射性原子，在衰变过程中被发现只放出氦核、β电子和γ射线，不过这不是唯一可能的推测。卢瑟福毕竟发现了三种基本辐射中的两种，并且在它们当中从未发现过氢，卢瑟福不想立即认可这个结果。马斯登于1915年回到新西兰讲学；卢瑟福继续追踪这一奇怪的反常现象。他有可以实施的好想法。“我偶尔找半天空闲尝试一些我自己的实验，”他于1917年12月9日写信给玻尔说，“并且得到了我认为将被最后证明是至关重要的结果。我希望你来这里详细讨论这些问题。我正在检测和计算被（α粒子）推动的较轻的原子……我也正在试图用这一方法打碎原子。”

他的设备类似于马斯登的设备，一只小黄铜盒子装有阀门，使得气体能进入盒子里面或者从盒内抽出来，盒子一头装有一块闪烁屏。他用一块镀有镭化合物的倾斜的黄铜圆盘作为α粒子源。整套实验装置是这样的：

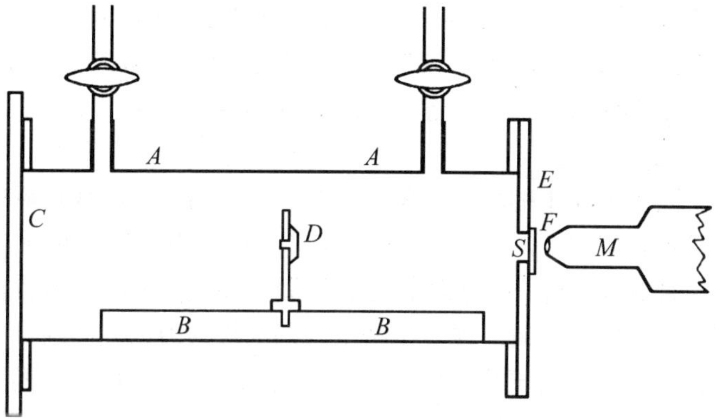

D，α粒子源。S，硫化锌闪烁屏。M，显微镜。

对马斯登的反常氢原子最可能的解释是含杂质；氢是轻的、化学性活泼的和无处不在的空气的微量组分。因此，卢瑟福的问题基本上是一个严格与外界隔绝的问题。他需要缩小盒子中可能的氢原子源，直到他能判定性地测定它们的发源点。他一开始就表明，它们并不单独来自放射性物质。他确定，它们与在马斯登实验中 α 粒子轰击氢气时被反冲的氢原子有相同的质量和预期的距离。他让干燥的氧气进入抽空的黄铜盒子里，然后是二氧化碳，在这两种情况下都发现，来自于放射性源的氢原子与这些气体原子碰撞而减速，很少在荧光闪烁屏上闪烁。

然后，他试着采用干燥空气。其结果令他吃惊。不是像氧和二氧化碳所表现的那样闪烁次数减少，干燥空气增加了闪烁次数——事实上增加了一倍。

这些新发现的闪烁"从视觉上说大约和氢闪烁的亮度相当，"卢瑟福在他论文的革命性的第四部分开篇处慎重地注解道。他追踪它们。如果它们是氢原子，它们仍然可能是杂质。他首先排除了这种可能性。他指出，它们不能只归因于水蒸气（H_2O）中的氢；彻底干燥的空气使它们的次数只产生微乎其微的变化。灰尘可能像危险的病菌一样藏匿氢原子：他用吸收棉做的长塞子过滤进入盒子的空气，但发现几乎没有变化。

因为氢原子的增加现象出现在空气中而不是出现在氧气或二氧化碳中，于是卢瑟福推断它"一定归因于氮气或大气中一种其他气体"。因为空气中含 78% 的氮，这种气体看来是最可能的候选者。他做了将空气的闪烁与纯氮气的闪烁相比较这样简单的试验。试验证实了他的直觉："用纯氮，其在相同条件下的长程闪烁次数比在空气中的大。"最后，卢瑟福提出，氢原子实际上来自于氮而不是仅仅来自于放射源。接着他令人震惊地用他英国科学有分寸的保守陈述方式宣布："从迄今为止所获得的结果看，难以避免这样的结论，(α)粒子与氮碰撞出现的长程原子不是氮原子而可能是氢原子……如果是这种情况，那么我们必须下结论说，氮原子破裂了。"报纸很快用较朴素的文字发表了这个发现：1919年响亮的头条标题新闻，卢瑟福爵士分裂了原子。

与其说它是分裂，不如说是嬗变，是有史以来的第一次人工嬗变。当一个原子量为4的α粒子与一个原子量为14的氮原子碰撞时，击出一个氢原子核(卢瑟福不久建议称为质子)，最终结果是一个新的氧同位素O17：4加14减1。O17少到不够用于呼吸；在穿过氮核周围电势垒的30万次碰撞中，大约只有1个α粒子在起这种炼金术作用。

但是，这个发现提供了一个研究原子核的新方法。迄今为止，物理学家们局限于原子核外部的跃迁辐射，或者测量放射性衰变过程中自然地从原子核发出的辐射。现在，他们也拥有了一个探测原子核内部的技术。卢瑟福和查德威克不久用其他轻原子来研究它们是否也能被破裂；结果表明，其中大部分——硼、氟、钠、铝、磷——能够被破裂。但是，进一步沿着周期表下去，一个势垒障碍便隐隐出现了。卢瑟福使用的天然放射性源放射相对低速的α粒子，这些α粒子没有足够的能量穿透重核越来越增长的、难以克服的电势垒。查德威克和卡文迪什实验室的其他人，开始谈论寻找将粒子加速到较高速率的方法。藐视复杂设备的卢瑟福表示反对。无论如何，加速粒子是难以做到的事情。一时间，新生的核物理科学停滞不前。

除了卢瑟福的那群"男孩子"之外，还有一些单个在卡文迪什实验室工作的研究者，他们都是汤姆孙的遗产受益人。有一个追求目标不同但有相关兴趣的人，这是一个身材颀长、举止潇洒、体格健壮、家境富有的实验家，名叫弗朗西斯·威廉·阿斯顿，他的母亲是伯明翰枪炮制造商的女儿，父亲是哈邦金属商。还是个孩子时，阿斯顿就用苏打水瓶作弹药筒制造苦味酸炸弹，设计并制造巨大的薄纸热气球；长大后，终身未娶，于1908年继承了他父亲的财富，他滑雪、造摩托车并参加摩托车比赛、拉大提琴、环绕世界做豪华旅行，于1909年32岁时逗留在火奴鲁鲁学习冲浪，他后来声称这是所有运动中最美妙的。阿斯顿是卢瑟福每个星期天在剑桥大学戈格斯高尔夫球场的伙伴之一。正是他在1913年英国学会会议上宣布，他用通过陶土管做费力的扩散的方法将氖分离成了两种同位素。

阿斯顿最初是学化学的；伦琴发现X射线使他转向物理学。1910年，汤姆孙接受他到卡文迪什实验室。因为汤姆孙似乎在阴极射线放电管内将氖分离成了两个组分，阿斯顿这才付出艰辛劳动试图用气体扩散法证实其差异。汤姆孙发现，他能通过对他的放电管加上平行的磁场和静电场分离各种原子束流。他的管子中产生的束流不是阴极射线；他正在处理的是被正电板（带正电的阳极）排斥的"射线"。这种射线是剥去电子的原子核流：电离化的离子。它们能由引入管子中的气体产生。或者，将固体材料镀到阳极板自身上，在这种情况下，当管子被抽成真空并且阳极被加载电压后，材料的离子化原子会"沸腾"而出。

以辐射束流方式发射的混合原子核，在通过磁场时会按它们的速率弯曲成分离的组分束，这给出一种测量它们质量的方法。组分束在静电场中做不同的弯曲取决于它们的电荷，这给出一种测量它们原子序数的方法。"用这种方法证明，"乔治·德海韦西写道，"在放电管中出现了好多种原子和原子群。"

战争期间,阿斯顿在伦敦西南方的范堡罗皇家飞机制造公司工作,研究开发质地坚韧的涂料和纤维织物作为飞机遮盖物;此时,他努力思考汤姆孙的放电管。他想明确证明氖是含同位素的——汤姆孙还没有信服——同时寻找其他元素的同位素分类的可能性。他认为正电射线管就是答案,但是,尽管它值得普遍调查,但它的不精确令人感到无望。

就在阿斯顿于1918年回到剑桥大学时,他在理论上解决了这个问题;他随后开始建造他设想过的精密仪器。让气体或镀层带电,直到材料电离成为作为组分的电子和原子核,并让原子核在发射后通过前后两个狭缝,产生一个刀锋宽度的粒子细束,像光谱仪中狭缝拦成的光束。此时,让粒子束通过一个强静电场,把不同的原子核按种类分开成分离的束流。分离后的束流继续向前通过一磁场;这一磁场进一步把原子核按它们的质量分离,产生出分离的同位素束流。最后,按类分离的束流击打在照相机的胶卷上,在有刻度的胶卷上标记出它们的精确位置。磁场将分离的束流弯曲的程度——粒子使胶卷变黑的位置——便高精度地决定了它们各组分原子核的质量。

阿斯顿称呼他的发明为质谱仪,因为它将元素及其同位素按质量分开,很像光谱仪按频率将光分开。质谱仪立即获得惊人的成功。玻尔说:“1920年1月和2月,卢瑟福在给我的几封信中,表达了他为阿斯顿的工作感到高兴,”这一工作“给出了卢瑟福原子模型一个令人信服的验证。”在281种天然存在的同位素中,阿斯顿在此后的20年间确定了212种。他发现,他测量的所有元素的原子量,只有氢是一个显著的例外,其余都是非常接近整数的,这是一个支持元素实质上是简单地由质子和电子组合而成(即由氢原子组合而成)的理论的强有力证据。对化学家们来说,天然元素之所以称量出的不是整数重量,是因为它们常常是不同整数重量的同位素的混合物。例如,阿斯顿证明,正如他稍后在一个演讲中解释的,“毫无疑问,氖是由同位素氖20和氖22组成的,它的原子量20.2是这些同位素以大约9比1的比例混合而成的结果。”甚至汤姆孙都对这一解释表示满意。

但是,为什么氢是一个例外?既然元素由氢原子组合而成,为什么作为基本砖块的氢原子本身,重量独自为1.008?当4个氢原子组合成氦时,为什么它缩向4而不是4.032?为什么氦并不正好是4而是4.002?或者,氧不恰好是16而是15.994?这些极小的、各不相同的与整数的差异意味着什么呢?

阿斯顿有充分理由相信,原子不会土崩瓦解。有某些东西强有力地将它们结合在一起。这个粘合剂现在称为结合能。为了获得它,氢原子在一个原子核中结合在一起时要献出它们质量的一点点。这个质量亏损是阿斯顿按他的整数法则将氢原子与其他元素的原子进行比较时发现的。另外,他说,原子核可以结合得或紧或松。它们结合的紧密程度需要大小不同的结合能,而这进而需要或多或少的质量:因此有小的变化。所测质量与整数之间的差异,他用一个系数来表示,即结合系数:粗略地说就是一个元素的质量与整数的偏差部分除以该整数。“高结合系数,”阿斯顿提出,“显示结合疏松,因此是低稳定性的;低结合系数则相反。”他在一张图表上描出结合系数,并证明在元素周期表广阔的中部区域的元素——比方,镍、铁、锡——具有最低的结合系数,因而最稳定,当元素处于周期表的极端位置时——比如,氢处于轻的一端,铀处于重的一端——具有高结合系数,并因此是最不稳定的。他说,被锁在所有元素,特别是那些具有高结合系数、稳定性最低的元素中的是可以转变成能量的质量。将氦和氢比较，几乎 1% 的氢的质量失去了（4/4.032 = 0.992 = 99.2%）。“如果我们能使（氢）转变成（氦），将会有 1% 的质量消失。根据现在实验上证明了的相对论质能关系（阿斯顿在这里引用了爱因斯坦的著名方程 $E = mc^2$），释放的能量将会是巨大的。因而，将一杯水中的氢变成氦，会释放足够的能量驱动‘玛丽皇后’号全速跨过大西洋再返回。”

阿斯顿在 1936 年发表的这个演讲中继续推测这个能量释放的社会后果。他说，用必需的知识武装起来，“我相信，正像普通化学家合成化合物一样，原子核化学家将能够合成元素，并且，可以肯定，在某些反应中，亚原子能量将会释放出来。”他并且继续说：

> 有一些人对我们说，这种研究应该依法停止，理由是人的破坏力已经够大。果真如此的话，无疑地，那我们的史前祖先、更古老的类人猿就应反对煮熟食物这一革新，并指出新的发明物——火的应用的严重危害性。我个人认为，亚原子能量无疑是能被我们所用的，并且，总有一天，有人会释放和控制它那几乎无穷的威力。我们不能阻止他这样做，只能希望他不要只把它用来炸飞他的隔壁邻居。

阿斯顿 1919 年发明的质谱仪不能将原子的结合能释放出来。但借助它，他确定出结合能并为这样一群有相当不稳定性的元素定位，如果适当处理，可能最有希望释放结合能。因为他的这项工作，1922 年他获得了诺贝尔化学奖。在与玻尔同届接受诺贝尔奖后——“斯德哥尔摩是我们一直梦想的城市，”常和他一起旅行的姐姐回忆说——他回到卡文迪什实验室建造更大、更精密的质谱仪，习惯性地在晚间操作它们，因为他“特别厌恶各种人类噪音，”他的姐姐说，他房间的墙甚至隔绝了谈话声。“他非常喜爱动物，尤其是猫和小动物，并且会不怕麻烦地去接近它们，但他不喜欢好汪汪叫的那种类型的狗。”尽管阿斯顿非常尊敬卢瑟福，但这位卡文迪什实验室主任的非凡成就对他总是一种考验。

美国在粒子加速器方面居于领导地位。美国人的机械传统，曾推进了工厂和多样化的兵工厂建设，如今也延伸到实验室建设。1914年，一个国会议员在一次拨款听证会上询问一个证人：“物理学家是什么？我在国会发言中被问到在通常意义上物理学家究竟是什么，我无法回答。”但是，战争使得物理学家是什么这样的问题变得明显，使得科学对技术尤其是军工技术发展的价值变得明显，政府支持和私人基金的支持立即来临。在1920年到1932年间的12年中，美国物理学家的数量在先前60年的基础上翻了一番。他们比他们年长的同行受到更好的训练，他们中至少有50人作为国家研究委员会或国际教育委员会或新的古根汉研究基金会成员在欧洲接受过训练。1932年，美国大约有2500名物理学家，3倍于1919年的。《物理评论》(Physical Review)，是美国物理学家发行的定期刊物，相当于德国人的《物理学杂志》(Zeitschrift für Physik)，20世纪20年代以前在欧洲它被认为是一种山沟沟里的出版物，如果不是开玩笑的话。在那10年间，它比原有规模增厚了一倍以上，于1929年扩版为双周刊，并在剑桥、哥本哈根、哥廷根和柏林，它一到就有读者热切地浏览它。

心理测验学家曾经近距离地问过美国这第一代现代科学家，好奇地想了解他们是哪一类男人——在他们当中很少有妇女——他们是从什么样的背景下涌现出来的。一项研究发现，中西部和太平洋海岸的小规模文理大学是当时科学家最多产之地(相比之下，在同一时期，新英格兰在培养律师方面表现杰出)。被研究的半数的实验物理学家和足足84%的理论家是专业人士的儿子，典型地是工程师、医师和教师的儿子，尽管有少数实验家是农夫的儿子。在最大规模的一次调研中，包括22位物理学家在内的64位科学家，他们的父亲没有一个是无需技能的体力劳动者，物理学家的父亲，几乎没有商人。几乎所有这些物理学家或是头胎生的儿子或是长子。在所有被研究的科学家当中，理论物理学家的平均语言智商最高，总体大约为170，几乎比实验家高出20%；理论家的平均空间智商也最高，实验家排名第二。

在《美国最杰出的科学家》中，对包括22名物理学家在内的64人的研究，产生了美国科学家青少年时代这样的一幅组合画像：

> 他可能曾是一名多病的孩子，或者早年就失去了双亲。他有非常高的智商并且在少年时代就开始了大量阅读。他倾向于孤独感和“异样”，并且倾向于腼腆和远离他的同学。他对女孩只有适度的兴趣，并且在上大学前都不会开始约会她们。他晚婚……有两个孩子并在家庭生活方面寻求安全；他的婚姻比平均情况要稳定。直到他在大学里的低年级或高年级课程确定后才决定以科学家为职业。对他起决定作用（几乎是一生不变地）的是一个大学工程项目，在这个项目中，他有机会做某些独立的研究——为自己找到某些东西。他一旦在这类工作中找到了乐趣，就决不回头。他完全以他选择的职业为满足……他努力地、一心一意地在他的实验室工作，常常一周7个工作日。他说他的工作就是他的生命，他几乎没有娱乐休闲……电影令他讨厌。他避开社会事务和政治活动，宗教在他生命或思考中不起任何作用。比起任何其他兴趣或活动，科学研究似乎更适合他本性的内在需要。

显然，这接近于奥本海默。像当时的美国物理学界一样，被研究的群体中大部分是新教徒，他们具有不成比例的犹太少数民族出身，而不是天主教徒。

在伯克利，采用罗夏（Rorschach）墨迹测验和主题类比测验以及访谈的方式，在一个总共40人的群组中进行的一次科学家心理测验，包括了6位物理学家和12位化学家。测验发现，科学家考虑问题的方式大致与艺术家相同。科学家和艺术家证明在个性方面比起在认知方面其相似性较小，但两个群体都同样地不同于生意人。引人注目地，在这个研究中，几乎半数的科学家自己报告说，还是孩子时身边就没有父亲，"他们的父亲或者死得早，或者工作远离家庭，或者保持疏远和不予扶养以至于他们的儿子几乎不了解他们。"那些成长过程中和父亲在一起的科学家描述他们父亲为"刚强、严厉、冷漠和情绪保守。"（先前被研究的一组艺术家缺乏父爱是类似的；一组生意人就不是这样。）

通常缺少父爱，并且"羞怯、孤僻，"心理测验学家刘易斯·特曼（Lewis M. Terman）写道，"在社交活动中不活跃，对接近个人来往、团体活动或者政治漠不关心。"这些非常聪明的年轻人通过在独立研究中通常所说的乐趣，尤其是个人发现，找到了他们进入科学的道路。引导那种研究工作的往往是一位父亲般的科学教师。学生心目中这位指导者应具备的品质，排在第一位的，不是教学能力，而是"权威性、温和和职业尊严"。一个对200名这样的良师的研究结果表明："显然，这些教师的成功主要依靠他们以父亲角色出现在他们的学生面前的能力。"缺少父爱的年轻男人找到一个权威的、温和而又尊严的代理父亲，认同他并且进而仿效他。在这一过程的以后阶段中，这个独立的科学家则转而为使自己成为一个名垂青史的指导者而工作。

1928 年,创立美国大机器物理学的人比奥本海默早一年来到了伯克利。欧内斯特·劳伦斯比这位年轻的理论家年长 3 岁,并且在许多方面与他相反,是复合型美国人的一个极端。他和奥本海默都是高个,而且都是蓝眼睛,都被寄予厚望。但是,劳伦斯是一个实验家,来自北美草原上的小镇南达科塔;他是挪威血统,父亲是地方教育官员和教师学院总裁;他在南达科塔、明尼苏达、芝加哥大学和耶鲁大学,按他的一个学生、后来的诺贝尔奖得主路易斯·阿尔瓦雷茨(Luis W. Alvarez)所说,是带着"对数学思维的一种几乎厌恶的心情",通过国内教育方式获得哲学博士学位的;他是一个孩子气的性格外向者,他最厉害的骂人话就是"该死!"和"哦,胡说八道!"他不费力地就立足于加利福尼亚波希米亚贵族园地的大企业集团建筑师当中;他是一个高明的推销员,通过学院自负盈亏地一个农场一个农场地叫卖铝制厨房用具;他具有发明精巧机器的天赋。劳伦斯和他的父母及作为同伴的弟弟一道乘"里约飞云"车从耶鲁来到伯克利,并被推荐进入教授俱乐部。按捺不住的雄心在燃烧——为物理学,为他自己——他每天从清晨工作到深夜。

早在 1922 年,在进入研究生院的第一年,劳伦斯就开始思考怎样产生高能量。他的一位精力旺盛的和父亲般的指导者鼓励着他。威廉·弗朗西斯·格雷·斯旺(William Francis Gray Swann),一个英国人,他通过哥伦比亚特区私营卡内基协会的地磁部门设法进入明尼苏达大学,他领着劳伦斯首先到芝加哥大学,然后为了他自己的学术升迁而转到耶鲁大学。在劳伦斯获得哲学博士学位和一定的声望后,斯旺说服耶鲁大学作出一个承诺,使劳伦斯跨越传统大学讲师的四年任期而就任物理学副教授。斯旺于 1926 年离开耶鲁大学是劳伦斯决定迁到西部的一个原因,在西部,加州大学伯克利分校为劳伦斯提供了一个副教授职位，一个好的实验室，许多研究生助手供他使用，年薪3300美元，这是耶鲁大学比不上的。

劳伦斯后来说，在伯克利，“有机会回顾我的研究计划，看看我是否可以顺利地进入原子核研究，因为卢瑟福的开创性工作和卢瑟福学派已经清楚地显示，对实验物理学家来说，下一个重大的前沿的确是原子核。”但是，正如阿尔瓦雷茨解释的，“卢瑟福的技术的单调乏味性……使许多有前途的核物理学家望而却步。简单计算证明，经一微安电力加速的轻核将比世界上镭的供应总量要有价值得多——如果核子具有百万电子伏特级的能量的话。”

α粒子，或者最好是质子，能通过在一个放电管中产生它们并接着对它们进行电排斥或电吸引来加速。但是，没有人知道，怎样才能在一段有用的时间内将其约束在某一位置，而不至于因火花或过热造成电击穿，而此时，为了穿透重原子核的电势垒，百万伏特的电压看来是必需的。问题实质上是机械上的和实验上的；毫不奇怪，它吸引了年轻一代的美国实验物理学家们，他们成长在小镇上，并在农场里用无线电做实验。1925年，劳伦斯少年时代的朋友和明尼苏达大学的同学默尔·图夫(Merle Tuve)，斯旺的另一个学生，现在安排在卡内基协会，并和其他三个物理学家一起工作，管理着简易但给人印象深刻的带有浸入油中的高压变压器的加速器；其他人，包括麻省理工学院的罗伯特·范·德格拉夫(Robert J. Van de Graaff)和加州理工学院的查尔斯·劳里森(Charles C. Lauritsen)，也在研究加速器的开发。

劳伦斯从事更有希望的研究，但心里总惦记着高能问题。1929年春天，就在奥本海默到来前4个月，劳伦斯有了基本的构思。“在伯克利他早期做单身汉的日子里，”阿尔瓦雷茨写道，“劳伦斯用许多个晚上，在图书馆里广泛阅读……尽管他为通过博士学位要求的法语和德语考试而日益消瘦，但结果是几乎对每种语言都不熟练，他一晚接着一晚切切实实地翻阅了过期的外文刊物。”这是劳伦斯强迫行为的延伸。终于有了回报。他在浏览德文的《电工学进展》(Arkiv für Elektrotechnik)时——这是物理学家们很少阅读的一种电气工程杂志——碰巧读到一篇由一个名叫罗尔夫·维德勒(Rolf Wideröe)的挪威工程师发表的报道：“关于产生高电压的一个新原理”(Über ein neues Prinzip zur Herstellung hoher Spannungen)。这个标题吸引了他。他研究了附加的照片和插图。它们阐明了足够多的内容，使劳伦斯能着手行动，并且使他不用烦心费力阅读整篇正文。

维德勒详细说明了1924年由瑞典物理学家提出的一个原理，找到了一个独创的方法来避开高电压问题。他将两个金属圆筒安装成一直线，将它们加上电压电源，并抽空它们里面的空气。电压电源提供25000伏特的高频交流电，这种电流快速地从正电势变化到负电势。这意味着它能用于推开和拉拢正离子。第一个圆筒加载负的25000伏特电压，将正离子注入一端，当正离子离开第一个圆筒向第二个圆筒运动时，它们将被加速到25000伏特。然后，交替改变加载的电压——使第一个圆筒为正电压而第二个圆筒为负电压——那些正离子将被第一个圆筒推开和第二个圆筒拉拢从而进一步加速。增加更多的圆筒，每一个比上一个长，就可以增加离子的速度，理论上，你能更进一步地加速它们，直到它们从中心位置向外散射到足够远并撞到圆筒筒壁。维德勒的重要创新是应用相对小的电压产生渐增的加速度。“这个新想法，”劳伦斯说，“作为现实的答案立即给我留下了印象，我为加速正离子的技术问题一直在寻找这个答案。没有更多地看这篇论文，我就在此时此地估计出了能将质子加速到百万(伏特)以上的能量范围的直线加速器的大体特征。"

劳伦斯的计算立刻使他气馁。这种加速器管子将"有好几米长,"他认为对实验室来说这太长了。(今天的直线加速器长度可超过3公里。)"因此,我问自己一个问题,不在一条直线上使用大量的圆筒形电极,而通过配置某种合适的磁场,让正电离子来来回回通过电极,从而反复不断地使用两个电极,是不是可能。"他构思的那种配置是一个螺旋形的。"这几乎立即打动了他,"阿尔瓦雷茨后来写道,"人们可以通过加上磁场,将直线加速器'卷起'成为回旋加速器。"因为在这样一个场中,磁力线给离子导向。给出一个适时的推动力,它们将会做螺旋状回转;粒子不断被加速,螺旋不断变大,因而变得难以限制在一定范围内。然后,通过为磁场效应作一个简单计算,劳伦斯揭示了回旋加速器一个意外的优势:在磁场中,慢速粒子完成它们较小的回环与快速粒子完成它们较大的回环所需的时间精确相等,这意味着它们都能借助每一个交替推动力一起被有效地加速。

兴高采烈的劳伦斯想将这一想法立即告诉世界。教授俱乐部的一个还没有睡着的天文学家被拉来验算他的数学。第二天,劳伦斯拿回旋加速器的数学像连珠炮似地询问他的一个研究生,而对他的论文实验没有任何兴趣,这令这位研究生大感吃惊。"哦,这个,"劳伦斯告诉这个困惑的学生,"嗯,你现在对这件事知道得和我一样多,你只管自己向前努力就是了。"第二天傍晚,一个教授的妻子走过校园时听到一声惊呼:"我就要出名了!"这是这位正在散步的年轻的实验家从她身边经过时发出的。

劳伦斯此时去东部参加美国物理学会的一个会议,并且发现,他的同事中同意的人不多。对于较少有灵感的机械师来说,散射问题看来不可克服。默尔·图夫也持怀疑态度。

一位耶鲁大学的同事和密友杰西·比姆斯(Jesse Beams)认为,如果它能运转起来就会是一个好主意。尽管劳伦斯有能人的声望——也许因为没有人鼓励他,也许因为这个主意虽在他头脑中稳固可靠,但放在实验室工作台上的机器可能并非如此——他继续推迟建造他的回旋粒子加速器。他不是雄心勃勃地发现自己登上辉煌未来最高点的第一个人。

奥本海默于1929年夏末的另一个假日与弗兰克一起,乘一辆破旧的灰色克莱斯勒汽车来到了桑格雷德克里斯通大农场——这个大农场现在名为佩罗考利恩特。"好极了,"当奥本海默了解到这些财产能被租借时,他这样欢呼。他被推荐到教授俱乐部,并且,他和劳伦斯这两个相反性格的人成为了密友。奥本海默在劳伦斯身上看到"难以置信的活力和对生活的热爱"。"整天工作,外出玩网球,继续工作到半夜。他的兴趣如此活跃和有效,而我却正好相反。"他们一起骑马,劳伦斯穿着马靴,使用美国西部的英国马鞍;奥本海默则愿意从农场出发去远行。当劳伦斯有空能外出时,他们便坐旅游大巴到约塞米蒂国家公园和死亡谷旅行。

一个来自汉堡大学的杰出实验家奥托·斯特恩(Otto Stern),布雷斯劳的一个哲学博士,时年41岁,在通向诺贝尔奖(尽管劳伦斯可能胜过他)的道路上给了劳伦斯必要的促进。在圣诞节假日后的某个时候,两个男人惬意地乘船摆渡横过没有桥的海湾,外出去旧金山就餐。劳伦斯再次复述了他关于粒子在约束磁场中旋转到无限能量的老套故事,但是,斯特恩没有像许多其他同事所做的那样斯文地咳嗽并改变话题,而是产生了劳伦斯初始热情的一个德国式的复制品,并且对劳伦斯大声嚷着要他立即离开餐馆去投入工作。劳伦斯庄重地等到早晨,逼着他的一个研究生,要他一完成哲学博士考试的研究就立即投入这一项目。

研究结果，这种机器的俯视图和侧视图就像这样：

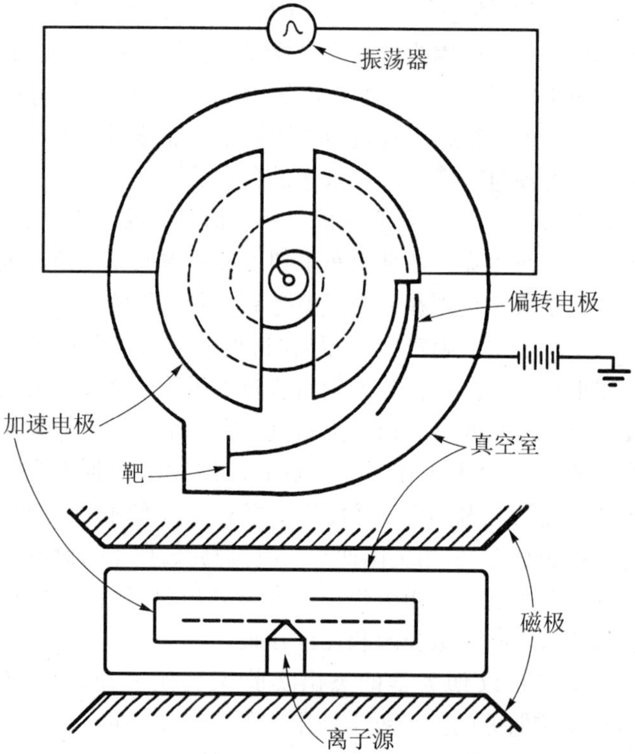

维德勒加速器的两个圆筒变成了两个黄铜电极，形状像圆柱形烧瓶被劈成两半。这些都全部装在一个真空罐中，而真空罐安装在大电磁铁圆形的、扁平的磁极之间。

在两个电极（它们后来被称为“D”形盒，因为它们的形状酷似字母“D”）之间的空间中，在中心点，一根加热的细丝和一个氢气的出口一同作用产生质子，这些质子喷入磁场。两个D形盒交替充电，当质子环绕着进入时，它们推开或拉拢这些质子。当这些粒子被加速通过了大约一百个螺旋环路时，它们成一束被引出，然后能准直地射向标靶。用一个12厘米的真空室和加在D形盒上小于1000伏特的电压，于1931年1月2日，劳伦斯和他的学生斯坦利·李文斯顿（M. Stanley Livingston）产生了80000伏特的质子。

当李文斯顿考虑移去精细的金属丝网格时，散射问题在低加速情况下自行解决了，这些网格安装在两个D形盒的间隙中以保持加速电场处于内部漂移空间之外。在D形盒边缘之间的电场突然开始像透镜一样起作用，通过将粒子转向返回到中间平面来聚焦回旋着的粒子。“然后，强度变成以前的100倍，”李文斯顿说。但这种效应太弱以至于不能限制较高速度的粒子。李文斯顿将他的注意力转向磁约束。他怀疑较高速度的粒子束没被聚焦，因为磁铁的极面不完全正确，极面的不均匀性导致磁场的不规则性。他冲动地将几片铁箔裁剪成“形状很像一个惊叹号”的小垫片，正如劳伦斯和他将在《物理评论》上写的，他插入这些垫片，在磁极面和真空室之间检测和纠正偏差。因而，调整磁场“增加了放大系数……大约从75增至300”——劳伦斯用斜体加上了这些带有成功喜悦的字。用电和磁的聚焦，于1932年2月，一个28厘米的机器产生了百万伏特的质子。此时，它有一个绰号，劳伦斯于1936年使它成为正式学名：回旋加速器。甚至在给1932年4月1日《物理评论》的正式科学报告中，他也掩饰不住他对新机器的可能性的热望：

> 当时设想500倍的电压放大率，而要产生出2500万伏特的质子（！）将需要施加波长为14米的5万伏特电压以穿越两个加速部件；因此，每个加速部件加载对地25000伏特电压。这事变得完全可以办到。

为此,磁铁得有8吨重,这比直到那时应用于物理学的任何机器都要重。此时,劳伦斯是一个正教授,已经在筹集资金了。

奥本海默在欧洲读研究生的时候,他告诉一个朋友,他梦想在美国建一所理论物理学高级学校——它最后出现在伯克利,仅次于新墨西哥的第二大沙漠,这是他所选择的移民区。劳伦斯看来梦想过建一个高级实验室。两人都以各自的方式渴望成功,但他们受到的驱动力各不相同。

奥本海默年轻时的过分讲究,在欧洲以及伯克利早期的那些年头成长为一种优雅气质,通常是令人钦佩的,但有时显得过于敏感。奥本海默为自己精心制作那种人格面具,至少部分地是由于讨厌粗俗,这可能起源于对他企业家父亲的反抗,并且有自我憎恨反犹主义的因素。顺着这条思路,他认为雄心和世界性成功是粗俗的,是靠每年达到一万美元程度的信托基金收益支撑的。因此,他混淆了自己的奋斗目标。美国实验物理学家拉比(I. I. Rabi)后来发问,为什么"奥本海默这样的天才没有发现任何值得发现的东西"。他的回答说出了一种可能的限制根源:

> 在我看来,在某些方面,奥本海默在一些领域受到了太多教育,这些领域是处于科学传统之外的,比如,他对宗教,特别对印度教的兴趣,这导致一种对宇宙的神秘感,这种神秘感几乎像雾一样围绕着他。他清晰地了解物理学,关注已经做过的事情,但是在边缘,他倾向于感到那里存在着比起实际情况更多的神秘和新颖……有些可以说是缺乏信念,但依我看来,它更是对艰深、粗糙的理论物理学方法感到厌恶,而转向宽泛直觉的神秘领域。

但是，奥本海默对他认为粗俗的东西、对拉比提到的那些“艰深、粗糙的方法”的反感，必定是另一种更直接的、受到惩罚的混淆，他精致的物理学，迄今为止，正如一个外行说的——他的科学论文，对非数学工作者来说，几乎无法读通，并且他有意如此——是一种赌博押宝式物理学。像足球运动员老在球场边缘和角落倒脚，明明整个球场可资利用，却缺少临门一脚。泡利和勤奋、刻板的剑桥理论家保罗·狄拉克（Paul A. M. Dirac）——尤金·维格纳的表哥，这两位有着强大独创力的数学家，是他的榜样。奥本海默首先描述了所谓的隧道效应，借助于这种效应，一个不确定性的局域粒子以一个微弱的几率流透过原子核周围的电势垒，以粒子方式存在，然后湮灭，并立即在另一端恢复存在。但是，乔治·伽莫夫（George Gamow），一个滑稽的俄罗斯人，在剑桥大学演讲，构思出供实验者使用的隧道效应方程。汉斯·贝特（Hans Bethe）在20世纪30年代末首先确定了恒星里燃烧着的碳循环热核反应机制，这一工作使他赢得诺贝尔奖。奥本海默窥视到不可见的宇宙界限的微妙之处，提出垂死的太阳的爆炸坍塌模型，理论上描述在以后30年到40年间都没能发现的恒星天体——中子星和黑洞——因为探测它们所要求的仪器，射电望远镜和X射线人造卫星，都还没有发明出来。（阿尔瓦雷茨相信，如果奥本海默能活到看到这些进展的时代，他会因为他的工作获得诺贝尔奖。）这一独创性遥遥领先于时代，甚至超出了框架。

某些心理的和创造性的思辩贯穿于一篇关于纪律的德行的随笔，这是1932年3月奥本海默不足28岁时，在一封给他弟弟弗兰克的信中写的。它值得全文引用；它展示了奥本海默期待用来净化他灵魂中任何粗鲁的污点的长期的、自我惩罚的忏悔：

你提出一个有关纪律的德行的难题。你说得对：我确实为了精通而重视它——并且我认为你也一样——而不是为了它的世俗结果。我想人们只能为这种评价给出一个形而上学的理由；但是，对你的问题作答的各种形而上学都是非常重要的，这些形而上学本身全然不同：《薄伽梵歌》，《传道书》，斯多葛哲学，《法律起源》，圣维克多修道院的笏哥（Hugo of St. Victor），圣多默（St. Thomas），圣十字若望（John of the Cross），斯宾诺莎（Spinoza）。

这种非常重要的不同暗示，律己有益于心灵的事实比任何为它的好处给出的理由都更基本。我相信通过律己，尽管不只是通过律己，我们能获得宁静，从肉体的偶然性中获得少量的、但弥足珍贵的自由，获得博爱以及与世无争的超然。我相信，通过律己，我们能学会在越来越不利的逆境中保持我们快乐的基础，并且简单地放弃其他的对我们而言似乎是不可补偿的东西；我们不带着极度扭曲的个人欲望稍微看一下世界，这样看使我们更容易接受我们的世俗贫困和它的世俗恐惧——但是，因为我相信律己的报偿比它的直接目标更为重大，我不会让你认为没有目标的律己是可能的：就其本性而言，律己包括灵魂服从于某个也许是微不足道的目的；如果律己不会成为虚伪的东西，那么目的一定是真实存在的。因此，我思考制定纪律的所有事情：研究，我们对民众对国家的职责，战争，个人艰辛，甚至生存的需要，我们应该带着深深的感激迎接它们，因为只有通过它们，我们才能获得最小的超然；并且只有这样，我们才能认识和平。

劳伦斯比起奥本海默来，表达能力就低了一个数量级，也受到猛烈的驱动；问题是，是什么驱动他。大约和奥本海默写随笔的同时，在他给他兄弟约翰的一封信中曾坦露过这样一段心迹:“有趣地听说你有一段时间情感压抑。我也常常会有——有时没有一样事情称心如意——但是,我现在不得不习惯它们。我预计到会有这种沮丧,并且忍受它们。当然,最好的缓解是工作,但是,有时难以在这样的状态下工作。”这种工作只是一种“缓解”,不是治愈,暗示这种压抑有多严重。劳伦斯是一个默默忍受者,有几分狂燥抑郁症:他保持活动以使自己不陷进去。

对于所有这些情感上的麻烦——奥本海默的和劳伦斯的,像玻尔和其他人以前的和以后的一样——科学提供了一个避风港:在发现中维护世界。在伯克利用罗夏测验和主题类比测验研究科学家们的心理学家发现,“对体验(通常是感官体验)罕见的敏感”——是科学上创造性发现的开始。“在思维时高敏感度会伴随着对问题的相对不重要或离题的方面的过分警觉。这使得(科学家)寻找和假定通常不会被单独挑出来的事物中的意义。这高度激励了个性化甚至自我中心的思想方法。”海森伯一方面考虑到卢瑟福使用他对 α 粒子反向散射的彻底不可靠的直觉,一方面记起爱因斯坦的一个晦涩的注解,得出结论,大自然只扮演与它的数学和谐一致的角色。劳伦斯不禁浏览了晦涩的外文杂志:

> 这种思维若不在科学工作框架内,它会被认为是患妄想症的。在科学工作中,创造性思维要求看到以前没看到过的事情,或者用以前没有设想过的方法去看;这需要跳出“正常”位置,并且冒脱离现实的危险。在妄想症患者和科学家的思维之间的差异,来自于后者有能力和愿望通过科学建立的检验和平衡的体系来考察他的幻想的或宏伟的概念化结果——并且放弃那些在这些科学检验基础上显得不正确的方案。这是明确的,因为科学提供这样一个规则框架以控制和限制妄想症思维,于是一

个科学家能对妄想症式的思维跳跃感到轻松自如。如果没有这种结构，这种不切实际的、不合理的、甚至奇异的思想，一般来说对总的思想和性格组合的威胁将过于重大，以至于不能允许科学家有这种幻想的自由。

站在科学前沿，站在真正新东西的门槛上，这种威胁常常几乎是压倒性的。因此，卢瑟福被回弹的α粒子所震撼："这是我一生中遇到的最难以置信的事件。"同样，当海森伯突然想到量子力学时，他"深为恐慌"，他透过"原子现象表面"看到"一种奇特美丽的内部"的幻觉使他感到晕眩。同样还有，1915年11月，当爱因斯坦认识到，他独自苦心研究发展的广义相对论解释了对天文学家来说是超过50年秘密的水星轨道反常时，他也有极端反应。理论物理学家亚伯拉罕·派斯，爱因斯坦的传记作者，下结论说："我相信，到目前为止，这种发现在爱因斯坦的科学生涯中，也许在他一生中，是最强烈的情感体验。大自然已经对他说过了。他肯定是对的。'几天来，我激动得得意忘形。'后来他告诉(一个朋友)，他的发现使他心悸。他告诉(另一个朋友)的更加意义深远：当他看到他的计算符合这一未曾得到解释的天文观测结果时，他有一种感觉，有某种东西实际上在他头脑中劈啪作响。"

这种情感风险的补偿作用可以是巨大的。对科学家来说，在发现的那一瞬间——最不稳定存在的瞬间——外部世界，大自然本身，深深地证实了他内心奇异的信念。在这个世界上突然抛下铁锚，邪恶的怪兽在他的锚钩上喘息，他通过对实在的最深刻断言而从极端精神混乱中解脱出来。

玻尔尤其懂得这个机制，并且有勇气去启动它，用它作为测试工具。奥托·弗里施记得有一次讨论，有人试图通过告诉玻尔它使他头晕来使讨论转向，对此，玻尔回答说："不过，如果有人说，他不头晕就能思考量子问题，那么只说明，他没有懂得它最初的东西。”很久之后，奥本海默曾告诉一个听众，玻尔曾正在听泡利谈论一个新理论，为这个新理论，泡利最近受到了攻击。“最后，玻尔问，‘这真的够疯狂吗？量子力学真的疯狂。’泡利说：‘我希望如此，但是，也许还不够。’”玻尔对发现必须有多么疯狂的理解，澄清了为什么奥本海默有时会发现他自己不能独自推进原始独创性工作的原因。做到这点，需要在性格深处的强毅——甚至是一种霸蛮——这个不同于玻尔和劳伦斯的人，已经被普遍承认，他不幸而缺乏这点。看来奥本海默适合担任其他工作：就目前而言，建造他梦想过的理论物理学校。

1920 年 6 月 3 日，在伦敦皇家学会开会前，卢瑟福发表了贝克尔演讲。这是他第二次应邀出席这一著名讲座。他利用这次机会概括地总结了“核结构”的目前理解，并且讨论了他在去年报道过的氮原子的成功嬗变，平常地简略回顾了这些正式公布的事例。但是，异乎寻常地和预见性地，他也推测了除电子和质子之外原子的第三种主要组分存在的可能性。他谈到“一个质量为 1 而核电量为 0 的原子存在的可能性。”他认为，这样一个原子结构似乎决非不可能。他猜想，它不会是一种新的基本粒子，而是已知粒子的一种组合，一个电子和一个质子密切结合，构成一个单一的中性粒子。

“这样一个原子，”卢瑟福继续用他惯常的敏锐说，“会有非常新奇的特性。它的外（电）场实际上是 0，因此，除非非常接近于原子核，它应该能自由穿过物质运动。它的存在性可能难以用分光仪探测出来，也许不可能将它装在一个密封的容器里。”这些可能是它的特性。这将要成为它的额外用途：“另一方面，它应该容易进入原子结构，并且，可能不是与原子核结合就是被原子核强烈的场所分裂。”如果存在这样一种中性粒子——中子——它可能是所有探测原子核的工具中最有效的。

卢瑟福的助手查德威克听了这次讲座，并且产生了不同看法。查德威克当时29岁。他在曼彻斯特接受过培训，并追随卢瑟福来到剑桥。他已经有了许多成就——他的两个同事写道，作为一个年轻人，他的成就“不亚于莫塞莱”——但他在一个德国战俘营被关到第一次世界大战结束，这损害了他的健康，也使他感到持久的厌倦，他渴望转移到核物理学方面的新工作上来。一个中性粒子会是一个奇迹，但查德威克认为，卢瑟福是从脆弱的证据中推断出它的。

那年冬天，查德威克发现了自己的错误。卢瑟福邀请他参加将氮嬗变结果推广到较重元素的工作。查德威克通过开发一台会聚更多光的显微镜和使过程变得更为紧凑而改进了闪烁计数法。他也懂化学，而且可能有助于排除氢这样一种可能的杂质，这是一个仍然困扰卢瑟福的问题，它对氮嬗变的结果是一个挑战。“但是，我也认为，”查德威克多年后在一次纪念性的演讲中说，“他想要有人陪伴他排遣在黑暗中计数的沉闷乏味——还要倾听他精神饱满地演唱《前进，圣斗士》。”

“在进行实验之前，”查德威克曾告诉一个记者，“在我们开始做实验观察之前，我们必须调节好我们的眼睛，使自己习惯于黑暗。我们在房子内有一个大包厢，当卢瑟福的个人助手和技师克罗（Crowe）准备仪器装置时，我们就在里面蹲着。就是说，他将放射性源从镭室取来，将它放在仪器中，抽空它，或者用什么填满它，然后将各种源放入，并且按我们的意图配置。我们就坐在这个黑暗的房间——暗箱里，经过大约半小时，当然，还聊天。”其中，他们谈论卢瑟福的贝克尔演讲。“当时我认识到，我所怀疑的这些观察是完全错误的，并且，稍后确也证明是错的，无论怎样都与他的中子建议没有关系，真的没有。他只是将这一建议与中子联系起来。因为中子已经在他头脑中停留了很长的时间。”

大多数物理学家满足于电子和质子这两种粒子表面上的完全对称现象，一个带负电，一个带正电。在原子外——例如，在通过一个放电管的剥离的离子化物质束流中——两种基本的原子组分可能就足够了。但是，卢瑟福考虑每个元素是怎样组合而成的。“他问自己，”查德威克继续说，“而且不断问自己，原子是怎样组合而成的，你究竟怎样去弄清这点——当时的一般想法是，质子和电子都是原子核的组分……你究竟怎样才能用一个大的正电荷构造一个大的原子核？而答案就是存在一种中性粒子。”

从周期表中那一端最轻的元素氢到最重的元素，原子序数——核电荷数，也就是它的质子数——与原子量有差异。氦的原子序数为2，但它的原子量是4；氮的原子序数是7，但它的原子量是14；一直向前，这种差异在增加：银的原子序数和原子量分别是47和107；钡的是56和137；镭的是88和226；铀的是92和235或238。当时的理论提出，这种差异是由额外的核内质子与核电子紧密结合中和而造成的。但是，实验很好地证实了，核有确定的最大尺寸，并且，随着原子序数和原子量的增加，在元素的核内容纳全部额外电子的空间似乎越来越小。这个问题由于20世纪20年代量子理论的发展而变得严重，量子理论表明，将电子这样轻的粒子如此紧密约束需要巨大的能量，当原子核被扰动时，这些能量应该显露出来，但从没显露过。原子核中存在电子的唯一证据是它的β粒子——高能电子的偶然喷射。这是一个依据，但存在无法将电子装进原子核中的其他困难。

“因此，”查德威克下结论说，“就是这些交谈使我确信中子一定存在。唯一的问题是，要得到它存在的证据是何等的困难……这是在我能够作为兼职开始做这些实验后不久的事情。（卡文迪什实验室的）工作很忙，我几乎没有空闲时间，卢瑟福偶尔有兴趣，但仅仅是偶尔而已。”查德威克将在卢瑟福的祝福中寻找中子，但是，实验工作的挫折往往由他一个人承担。

他的性格适合于挑战发现一种粒子，该粒子通过物质时可能很少留下踪迹；他是个腼腆、宁静、克尽职守和踏实的人，他本身就有些像中子。卢瑟福甚至觉得有必要责备他，因为他给卡文迪什实验室的男孩子们太多关心，而查德威克将关照和教育他们当成他的主要职责。马克·奥利芬特回忆说："正是查德威克，他关注研究生们用他储存的非常有限的材料和资金获得他们需要的设备。"如果他起初好像"不苟言笑"，随着时间推移，他变成了"温和、助人为乐和慷慨大方的人"，奥托·弗里施说，查德威克往往是这样，"将他的善意隐藏在生硬的外表后面。"

这一外表是保护性的。查德威克高个、瘦长、深肤色、前额高耸、薄嘴唇、鹰勾鼻。和他合作的传记作者兼同事说："他有着低沉的嗓音和带着标志性的暗自微笑的冷幽默感。"他 1891 年出生在柴郡的曼彻斯特以南一个叫伯灵顿的村子里。当他还是一个小孩的时候，他的父亲就离开农村的家到曼彻斯特开了一家洗衣店，看来查德威克是祖母领大的。他 16 岁时报考并赢得曼彻斯特大学的两份奖学金，他保留一份并进入这所大学上学，甚至在英国教育系统内，这个年龄都是较小的。

他打算学数学。入学面试在一个宽大而拥挤的大厅里公开进行。查德威克排错了队。当他意识到他被问到一个物理学课程的问题时，他已经开始回答讲师的问题了。因为他太胆怯而没能为自己排错队做解释，所以，他打算让物理讲师对他有好感，决定就学物理学。上大学的头一年，他感到遗憾，他的传记作者报道说："物理班很大而且吵闹。"第二年，他听了卢瑟福关于他早年在新西兰的实验的演讲，便改变了想法。第三年，卢瑟福给了他一个研究课题。他的腼腆再次使他惶恐，这次对他的事业几乎是致命的：他在卢瑟福介绍给他的程序中发现了一个漏洞，但没有勇气将它指出来。卢瑟福认为他遗漏了它。男子汉和男孩子终于消除了误会，查德威克于1911年以一流的优异成绩从曼彻斯特大学毕业了。

他继续留下来攻读他的硕士学位，和A·S·罗素一起工作，并且接着做盖革、马斯登、德海韦西、莫塞莱、G·达尔文和玻尔在那些多产的年月里的研究工作。1913年，他获得科学硕士学位，他赢得了一项重要的研究奖学金，这要求他改变实验室以拓宽他的训练。那时盖革已经回到柏林，查德威克跟着也去了。后来的事情就令人愉快了——盖革把查德威克介绍给周围的人，因而查德威克与爱因斯坦、哈恩和迈特纳以及在柏林的其他人都熟悉了——然而，战争中断了这一切。

盖革较早就被作为一个预备军官征召走了。他离开时，留给查德威克一张200马克的个人支票。这个年轻的英国人的许多德国朋友劝查德威克马上离开这个国家，但其他人说服他等一等，避免沿途遇到军用运输列车的危险。8月2日，查德威克试图在柏林初检办事处买一张途经荷兰回家的车票。初检办事处建议他改道瑞士。查德威克的朋友们觉得还有风险。他再次接受了他们的劝告住下来等待。

此时，一切都晚了。查德威克和一个德国朋友一起，因为据说作了颠覆性谈话而被逮捕了——在歇斯底里的民族主义的头几周内，仅仅说几句英语就算是参与了颠覆性活动——在盖革实验室的同事们设法使他获释之前，他已经在柏林的监狱里焦虑地呆了10天。一出狱,他就返回实验室,直到混乱过去、秩序再度恢复、德皇的政府伺机命令所有在德国的英国人在战争期间都要被收容。

收容地是在鲁赫本的一个赛马场——鲁赫本的含义是"宁静的生活"——在史班德附近。查德威克和另外5个人共住在一间为两匹马而设计的马厩里,此时他一定想起了大人国里的格列佛。冬天,他必须不断跺脚,直到将近中午它们暖和过来为止。他和其他被拘留者组成了一个小科学协会,甚至设法进行实验。查德威克在鲁赫本的寒冷、饥饿而又宁静的生活持续了漫长的4年。他日后说,这段时间他充分利用了,他真正成长起来了。停战后,他回到曼彻斯特,此时,他已经患上了严重的消化道疾病,口袋里还剩11英镑。至少,不像可怜的莫塞莱,他还活着。卢瑟福接纳了他。

20世纪20年代,查德威克在卡文迪什实验室所做的一些寻找中子的实验,按他的话说,"是如此令人绝望,如此遥不可及,以至于就像炼金术时期所做的事情。"他和卢瑟福都在思考,正像卢瑟福在贝克尔演讲中想象过的那样,中子像是质子和电子的一种紧密结合。因此,他们脑海中显现了各种折腾氢的方法——放电引爆它,找出宇宙射线对它产生的效应——希望从宇宙早期就一直稳定的氢原子会在他们手中不知何故愿意坍缩成中性粒子。

中性粒子抗拒他们的哄诱,原子核抗拒轰击。查德威克记得,实验室"经历了一段相对平静的时期。许多有趣的和重要的工作都被做过,但这些只是巩固性的而不是发现性的;尽管做了各种尝试,但仍没能找到通往新领域的途径。"他补充说,"原子核的新结构的问题可能真要留给下一代人了,正如卢瑟福曾说过以及许多物理学家一直认为的那样。"卢瑟福"有一点儿失望,因为要找到任何真正重要的东西实在是太难了。”当原子核研究遇到阻碍时，量子理论蓬勃发展起来了。卢瑟福在1923年的英国学会年度会议上有理由乐观地呼喊：“我们正生活在物理学的英雄时代！”1927年，在一篇关于原子核的论文中，他有一点缺乏自信。他写道：“甚至对最轻的、大概也是最不复杂的原子的结构，我们还没能做比猜测更多的事情。”尽管如此，他还是提出了一种结构，在核内有电子绕着原子核的质子做轨道运动，即原子中的原子。

他们有其他工作。事后看来，这是必要的准备工作。探测辐射的闪烁法已经达到了它的极限效率：当计数率大于每分钟150次或小于大约每分钟3次时，它就不可靠了，而在原子核研究中，这两个范围都出现了。卡文迪什实验室和维也纳镭研究所之间的不一致甚至使卢瑟福都确信有改变的必要了。维也纳镭研究所重复了卡文迪什实验室的轻元素蜕变实验，并且发表了完全不同的结果。更糟糕的是，维也纳的物理学家们将这一差异归咎于卡文迪什实验室的劣质设备。查德威克勤劳地重新启动实验，特别用硫化锌直接镀在显微镜的目镜上，这样极大地亮化了视场。这些实验结果证实了卡文迪什实验室起初的计数结果。查德威克随即去了维也纳。他的传记作者写道：“他发现，闪烁计数是由三个年轻妇女完成的——人们认为女人不仅眼力比男人的好，而且在计数时很少分心！”查德威克观察了这几个年轻妇女的工作，认识到，因为她们明白实验期待的是什么，于是就做出期望的结果，无意中计算了并不存在的闪烁。为了测试这几个女性技师，他不加解释地给她们一个不熟悉的实验，这次，她们的计数符合他自己的结果。维也纳镭研究所只得道歉。

盖革等人又重新使用了1908年他和卢瑟福一起发明的电计数器并改进了它。改进后的盖革计数器实质上是一根悬挂在充气管中的带电导线，充气管有一个薄薄的覆盖窗，以便带电粒子进入管内。在管内，一旦带电粒子使气体原子电离，由此从气体原子中剥离的电子就被吸引到带正电的导线上来，从而改变了导线中的电流值，这个变化当即以电脉冲的形式流过放大器，转换为一种声音——以“咔哒”为其特征——或者在示波器的类似电视的屏幕上显示为以光束掠过的一个跳跃。电计数器能连续操作，能在凝视闪烁屏时易出错的物理学家所受限制之上或之下进行计数。但是，早期的计数器有一个显著的缺点：它们对 γ 辐射非常敏感，比硫化锌更为敏感，而卡文迪什实验室用作 α 粒子源的镭化合物释放出大量的 γ 射线。钋是玛丽·居里于1898年发现的放射性元素，并以她的祖国波兰命名，它能成为一个极好的替代物。它是一种好的 α 粒子源，并且其 γ 射线本底强度比镭小了10万倍，它使电计数器超载的可能性非常小。不幸的是，钋很难获取。1吨铀矿石仅含大约0.1克钋，作为商业性分离，这样的含量太少了。它只是作为镭的放射性衰变的一种副产品来获取，而镭也很稀少。

在那些年，人们有时间从战争的凄凉感中恢复过来，并且在个人生活上有所进展。1925年，查德威克与艾琳·斯图尔特-布朗(Aileen Stewart-Brown)结婚，她出身于利物浦老字号商业家庭。他住在冈维尔与凯斯学院里，现在他计划建造一座永久住宅。一年后，在建房的中途，当卢瑟福要求他和另一个卡文迪什实验室的职员参加修订卢瑟福关于放射性的旧教科书的工作时，他在晚间投入这份工作，裹紧外套，将写字桌移近一只临时租用的通风良好的壁炉。当火焰快要烧尽时，他甚至戴上手套继续工作。

在这个十年的末尾，卢瑟福夫妇遭遇到一场家庭灾祸。他们的女儿艾琳(Eileen)，29岁，已经是3个孩子的母亲，她的丈夫理论物理学家福勒(R. H. Fowler)此时仍在卡文迪什实验室工作。这一年,艾琳生第 4 个孩子,1 周后,即 12 月 23 日,她被致命的血栓夺去了生命。A. S. 伊芙写道:“卢瑟福珍爱的独生女的死,使卢瑟福一下子看上去苍老了许多,背也弓了许多。他带着勇气继续活着和工作着,他生命中的乐趣之一就是他那一群 4 个外孙。当他说起他们时,脸上总是显得快乐。”

在 1931 年的新年荣誉榜上,卢瑟福升为男爵,这一年,他步入 60 岁。他的徽章上装饰着一只几维鸟;代表赫尔墨斯·特利斯墨吉斯忒斯(Hermes Trismegistus)的图案在右边、一个手持棍棒的毛利人图案在左边映衬着它,特利斯墨吉斯忒斯据说是写了一本炼金术书籍的埃及智慧之神;两条将他的盾形徽章分成四个区域的交叉曲线,相应地描绘出放射性的产生和衰变,并给出每种放射性元素及其同位素的半衰期特征。

大约在 1928 年,一个德国物理学家,名叫瓦尔特·博特(Walther Bothe),在塞格雷看来,他是“物理学家中的一个真正的物理学家”。博特的学生赫伯特·贝克尔(Herbert Becker)开始研究由 α 粒子轰击轻元素激发的 γ 辐射。他们全面研究从锂到氧以及镁、铝和银这些元素。因为他们专心于从靶激发的 γ 辐射,所以,他们希望 γ 射线的本底最小,因而采用了钋放射源。“我不知道(博特)是怎样弄到他的钋辐射源的,”查德威克迷惑不解,“但他确实弄到了。”迈特纳从威廉皇帝研究所慷慨地给查德威克寄来钋,但这些太少,不能让查德威克做像博特那样的工作。

德国人发现了正如他们或多或少期望的由硼、镁和铝产生的 γ 激发,因为 α 粒子轰开了这些元素;但他们也出乎意料地发现了锂和铍的 γ 激发,而在这些反应中,α 粒子没有轰开这些元素。“实际上,”查德威克在卡文迪什实验室的一个同事诺曼·费瑟(Norman Feather)写道,“采用铍,辐射……

的强度几乎是任何其他被研究的元素的 10 倍。”这太奇怪了；同样奇怪的是这样一件怪事，铍在 α 粒子轰击下产生这种强辐射时却没有放出质子。1930 年 8 月，博特和贝克尔简要报道了他们的结果，然后在 12 月作了更全面的报道。他们从铍激发的辐射比轰击用的 α 粒子具有更多的能量。能量守恒定律要求有一个额外的能量来源；他们提出，尽管没有质子出现，那额外的能量还是来自于原子核裂变。

查德威克让他的一个名叫韦伯斯特（H. C. Webster）的澳大利亚籍研究生着手研究这些反常结果。稍后，一个法国小组开始用更好的放射源进行相同的研究：居里夫人那忧郁而富有才干的女儿伊蕾娜·居里（Irène Curie），当时 33 岁，以及她丈夫弗雷德里克·约里奥（Frédéric Joliot），他比她小两岁，是一个潇洒、热情的人，原先接受的是工程师培训，他的魅力使塞格雷想起法国歌唱家莫里斯·舍瓦利耶（Maurice Chevalier）。

位于拉丁广场皮埃尔·居里大街东头的玛丽·居里的镭研究所，刚好在战争开始前用法国政府的经费和巴斯德基金建立起来了，在需要钋的任何研究中都具有优势。氡气随时间只会衰变成三种放射性不太强的同位素：铅 210、铋 210 和钋 210，因而很便于化学分离。当时，全世界的医生应用密封在玻璃安瓿中的氡气（称为“种子”）治疗癌症。氡经过几天衰变后，这种“种子”就不再起作用。许多医师将它们作为礼物送到巴黎给发现镭的那位女性。它们积累成了世界上最大的钋源。

约里奥-居里夫妇从他们 1927 年结婚起各自独立地工作了两年；1929 年他们决定合作。他们首先开发出分离钋的新化学技术，到 1931 年，他们提纯了大量的这种元素，几乎比任何其他现有的钋源要强 10 倍。借助于他们强有力的新钋源,他们将注意力转向探索铍的秘密。

查德威克的学生韦伯斯特也在此时,即1931年晚春,在重演发现之外取得了进展:查德威克说,他发现"铍朝……α粒子相同方向发出的辐射比起朝反向发出的辐射更具穿透力"。γ辐射是光的一种高能形式,从像原子核这样的一个点源辐射,应该在每个方向都相同,就像可见光从一只灯泡的灯丝辐射一样。另一方面,一个粒子通常会被一个入射的α粒子撞击向前。"当然,"查德威克补充说,"这是一个使我真正感到激动万分的时刻,因为我认为,'这里存在中子。'"

查德威克现在已经是一对双胞胎女儿的父亲,他变成了一个生活有规律的居家男人。最神圣的事情之一是他一年一度的6月份家庭度假。发现他寻找多时的中子的可能性不足以改变他的度假计划。或许它能改变他的计划,但他认为他下一步的研究需要一个云室,而在卡文迪什实验室他能直接使用的一个不能正常运转。他从别处找到了一个云室,它的主人同意,当他自己用完它时,就让韦伯斯特使用它。查德威克仍然假设,中子是一个电子-质子偶,具有足够的剩余电荷使气体电离,至少是弱电离。查德威克要求韦伯斯特让铍辐射瞄准云室,看看他是否能够拍下它的离子化轨迹照片。他让他的学生继续工作,而自己度假去了。

"当然,"查德威克在回想他正在寻找的中子时说,在云室中,"他们应该不会看到任何东西",他们确实没有看到。"他们写信告诉我所发生的事情,他们什么也没找到,这使我非常失望。"当韦伯斯特转到布里斯托尔大学时,查德威克决定自己接管对铍的研究。

首先,他必须将他的实验室移到卡文迪什大楼的另一个地方,这使他延误了一些时日;然后,他必须准备一个强钋源。在钋这件事上,他是幸运的。诺曼·费瑟在巴尔的摩的约翰斯·霍普金斯大学物理系度过了1929—1930年学年，在这里，他和一个在巴尔的摩凯利医院管理镭供给的英国医生交上了朋友。这位医生贮藏了数百个用过了的氡种子；费瑟回忆说："将它们收集起来，它们几乎含有与居里和约里奥在巴黎使用的一样多的钋。"医院将它们捐赠给卡文迪什实验室，费瑟将它们带回来了。那年秋天，查德威克完成了危险的化学分离。

1931年12月28日，伊蕾娜·约里奥-居里向法国科学院报告了她的首次结果。她发现，铍辐射甚至比博特和贝克尔报道的更具穿透性。她将她的测量进行了标准化，并将辐射能量定位于轰击用的α粒子能量的3倍。

约里奥-居里打算接着看看铍辐射是否会像α粒子那样将质子敲出物质。"他们将他们的电离室装上一个薄窗，"费瑟解释说，"然后将各种物质放置在靠近辐射路径上的窗口边。除了像石蜡和赛璐珞这样的物质外，他们都没有发现什么，而这两种物质在化学组分中已经包含了氢。当这些物质的薄层靠近窗口时，电离室中的电流比平常大。通过一连串简洁而精妙的实验测试，他们获得了令人信服的证据，这个剩余的电离作用起因于从含氢物质射出的质子。"约里奥-居里当时认为，他们看到的是弹性碰撞——像台球或玻璃球的碰撞——发生在铍辐射和氢原子核之间。

但是，他们仍然将这些现象与先前的信念联系在一起，认为从铍产生的穿透力强的辐射是γ辐射。他们没有考虑中性粒子的可能性。他们没有读过卢瑟福的贝克尔演讲，因为在他们的经验中，这样的演讲一成不变地只是对先前报道过的工作的复述。只有卢瑟福和查德威克在严肃地思考中子。

1932年1月18日，约里奥-居里向科学院报告了他们的发现，当用铍辐射轰击石蜡时，石蜡放出高速质子。但是，那不是他们所写论文的标题和论点。他们给论文加的标题是"用穿透力强的γ射线辐照的含氢物质中高速质子的发射"。这似乎不太可能。γ射线能偏转电子，这个现象被用它的发现者美国实验物理学家阿瑟·霍利·康普顿(Arthur Holly Compton)的名字命名为康普顿效应，但是，质子的重量是电子的1836倍，没那么容易被移动。

2月上旬，在卡文迪什实验室，查德威克在他的早晨邮件中发现一份法国物理学杂志《报道》(Comptes Rendus)，看到了约里奥-居里的论文，他的眼睛睁大了：

> 没过几分钟，费瑟到我房间告诉我这一报道，他像我一样非常惊讶。在那天早晨晚些时候，我告诉了卢瑟福。我有一个由来已久的习惯，要在上午11点去找他，告诉他一些有趣的新闻，讨论实验室工作的进展。当我告诉他居里-约里奥的观察以及他们对此的观点时，我看到他越来越惊愕；最后，他突然大喊："我不相信它。"这样一个不耐烦的评论是完全与他的性格不符的，我在与他长期的合作中，想不起还有过类似的情况。我讲述这一些是为了要强调居里-约里奥报道的震撼效应。当然，卢瑟福认为，人们必须相信这些观察；至于对这些观察的解释就完全是另一回事了。

没有别的事情妨碍查德威克和他的命运。1932年2月7日，一个星期日，他热忱地投入工作："碰巧(当他读到约里奥-居里发表的发现时)我正准备开始实验……我以开放的心态开始，尽管我的想法自然地是在中子上。我相当有把握地肯定，约里奥-居里的观察结果不能归于一种康普顿效应，因为我不止一次地为它寻找过证据。我相信，存在某种完全新奇的东西。”

他的简单设备由一个辐射源与一个电离室组成，电离室与一个真空管放大器连接在一起，并随即与一个示波器相连。辐射源是一个抽空的金属壳电子管，绑在一块锯得很粗糙的松木块上，包含一个（直径）1 厘米的镀有钋的银盘，很靠近地装在一块（直径）2 厘米的纯铍盘的后面。铍是一种银灰色金属，密度是铝的 2/3。从钋发出的 α 粒子击打铍原子核，敲击出穿透性强的铍辐射，查德威克立即发现，铍辐射基本上不受阻碍地穿过厚达 2 厘米的铅板。

从辐射源通向小电离室的 1.3 厘米窗上覆盖着铝箔，这个小电离室面对辐射源。在这个很浅的电离室内，处于 1 个大气压的常压下，一块小带电板收集由进入的辐射电离出来的电子，并将它们产生的脉冲送到放大器和示波器。“就目前的目标而言，”费瑟解释说，“这样的安排是理想的。如果放大器被精心设计，那么，确保示波器上的偏转量正比于电离室中产生的电离总数就是可能的……产生电离的反冲原子的能量因而能够根据示波器记录的偏转的大小直接算出来。”

查德威克将一片 2 毫米厚的石蜡薄片安放在电离室内铝箔窗前面；他在他的最终实验报告中写道，立刻，“示波器记录的偏转量明显增加。”这表示从石蜡射出的粒子正在进入电离室。然后，他开始在石蜡和电离室窗之间逐张插入铝箔片，直到在示波器上不再出现跳动；通过把铝吸收折算成空气吸收，他计算出粒子相当于在空气中的自由程刚好超过 40 厘米；这个自由程意味着“这种粒子显然是质子。”

从而，重复约里奥－居里的工作就为新的途径作好了铺垫。现在，查德威克闯入了新领域。他撤去了石蜡片，试图研究铍辐射直接轰击其他元素会发生什么现象。他将固态元素物质安放在电离室窗前,"这样,锂、铍、硼、碳和氮,像石蜡一样,被一一试验过。"至于气态元素,他简单地将它们泵入电离室以取代周围环境中的空气:"用这种方法检验过氢、氦、氮、氧和氩。"在每一种情况下,示波器上的跳动都增加;强大的铍辐射将质子从查德威克试验的所有元素中敲击出来。它从每种元素敲击出大约相同数量的质子。并且,对他的结论来说最重要的是,反冲质子的能量比起假如铍辐射是由 γ 射线所组成而可能具有的能量要显著地大很多。"一般来说,"查德威克写道,"实验结果表明,如果反冲原子被解释为与一个(γ 射线光子)的碰撞,当碰撞原子的质量增加时,我们必须假定,(光子)有越来越高的能量。"然后,在这篇论文中,事实上查德威克平静地对约里奥 - 居里的论文进行了彻底的批评,其中使用了物理学基本法则——由一个事件产生的能量或动量不会比进入的能量或动量更多:"显然,我们不得不在这些碰撞中不是放弃能量或动量守恒定律,就是关于该辐射的性质要采取另外的假说。"当约里奥 - 居里夫妇读到这段句子时,理所当然地懊恼不已。

查德威克所提议采用的假说应该是不会令人吃惊的:"如果我们设想,辐射不是 γ 辐射,而是由质量非常接近于质子的粒子组成的,那么所有与这种碰撞有关的困难都消失了,无论是关于它们的频率还是关于向不同物质的能量转移。为了解释该辐射的强大穿透力,我们必须进一步假设这种粒子没有净电荷……我们可以设想它(就是)1920 年卢瑟福在贝克尔演讲中讨论过的'中子'。"

查德威克随即做了大量工作,以证明他的假说对于解释这一实验事实来说是正确的。

"这是一段紧张工作的时期,"他后来说。在他履行他在卡文迪什实验室的职责之外,这项工作前前后后花了他 10 天时间。他平均每晚也许只睡 3 个小时，2 月 13 日至 14 日的周末也在勤奋工作，大概在 17 日星期三完成了工作，这天，查德威克寄出一个初步的简要报道给《自然》杂志，以取得发现的优先权。报道以给编辑的一封信的名义发表，他给报道加的标题是“中子可能存在”。“不过，无论如何，我认为是确凿无疑的，不然我就不会写这封信。”

“出于(查德威克)巨大的信用，”塞格雷在颂词中写道，“当(早期的实验中)中子没有出现时，他没有探测到它，当中子最终存在时，他立即清晰、自信地察觉到了它。这些都是一个伟大的实验物理学家的标志。”

一个年轻的俄罗斯人彼得·卡皮察于 1921 年来到剑桥大学卡文迪什实验室工作。他稳健、专注、有魅力和技术上善于创造发明，在卢瑟福的所有男孩子中，甚至包括能说服节俭的主任拿出大笔钱来购置设备的查德威克，唯有卡皮察很快得到了卢瑟福的青睐。1936 年，卢瑟福竟会愤怒地指责查德威克鼓动在卡文迪什实验室建造回旋加速器；但在 1932 年，卡皮察在卡文迪什院子内一座优雅的新的砖石建筑里已经有了一个单独的实验室，用大功率磁场做他昂贵的实验。当卡皮察刚转到剑桥大学时，他注意到，英国物理学学生对他们的学长有一种过分的和没有意义的顺从。因此，他建立了一个俱乐部，取名卡皮察俱乐部，致力于开放式和平等地讨论。会员名额有限，想加入的人很多。其成员在大学校园内集会，卡皮察经常与故意大声叫喊的人们展开讨论，因此，甚至年龄最小的成员也会大声纠正他的发言，放松了加在他们脖子上的传统束缚。

那个星期三，卡皮察用酒菜款待疲惫不堪的查德威克，使之进入被奥利芬特称为的“一种非常温馨的情境”中，然后领他参加卡皮察俱乐部集会。“卡文迪什实验室的所有人，包括卢瑟福在内群情激奋,"奥利芬特回忆说,"情况已经不同寻常,因为我们听到了有关查德威克的结果的传闻。"奥利芬特说,查德威克透彻而有说服力地讲述时没有忘记提及博特、贝克尔、韦伯斯特和约里奥－居里的贡献,"他给我们每个人上了一堂课。"当时也在场的C·P·斯诺,回忆当时查德威克的表现是"对最重要的发现作了最简短的发言。"当高大且长着鹰勾鼻的查德威克结束讲话时,他扫视了一下全场,突然宣布,"现在,我想要麻醉自己并睡上两星期。"

他是可以休息了。他发现了一种新的基本粒子,物质的第三种基本组分:正是这种中性的质量,在不增加电荷的情况下复合成了元素的重量。2个质子和2个中子构成了一个氦核;7个质子和7个中子构成氮;47个质子和60个中子构成银;56个质子和81个中子构成钡;92个质子和146(或者143)个中子构成铀。

而且,因为中子与质子相比质量一样大且不带电荷,它几乎不受围绕原子核的电子壳层影响;原子核的电势垒本身无法阻碍它的运动。所以,它将充当一种具有非凡穿透力的原子核的新探针。"一束热中子,"美国理论物理学家菲利普·莫里森(Philip Morrison)写道,"以大约声音的速度运动,它对应大约只有1/40电子伏特的动能,比起一束数百万伏特能量、运动速度快数千倍的质子在许多材料中更容易产生核反应。"在查德威克作出他的决定性发现的同一个月,劳伦斯的回旋加速器首次将质子加速到百万伏特能量,幸运地证明了可用来产生中子。比起任何其他发展,查德威克的中子使对原子核的细节检测变得切实可行。汉斯·贝特曾经提到,他把1932年以前每件事归入"原子核物理学的史前史,而从1932年起,才归入原子核物理学的历史。"他说,其差异就是因为发现了中子。

哥本哈根正在排练一台业余戏剧，这是一台歌德的《浮士德》的滑稽模仿剧，用以庆祝玻尔的理论物理研究所建成10周年。此时，关于查德威克发现的文字材料送到了哥本哈根。博士后剧作家给这一新粒子写了一段最新台词。他们让泡利演一个角色，泡利是一个肥胖男人，有着一张光滑圆溜的脸，眼睛突出，眼皮厚重，很像演员彼得·洛(Peter Lorre)，于是让他扮演魔鬼靡菲斯特(Mephistopheles)，玻尔扮演上帝。折中地，他们让查德威克缺席扮演瓦格纳(Wagner)的角色，一个匿名的画家将他画成一幅图，按导演的意图命名为"完美实验家的化身"，在他的指尖上平衡放置着一个大大夸张了的中子：

在哥本哈根，正像之前在剑桥，查德威克简洁明了地报告了他的发现：

中子走进物理，
带有质量标记，
永与电荷无缘，
泡利你可同意？

泡利走上前表演他以魔鬼角色祝福的台词：

这是实验发现的秘密，
可和理论没一点关系，
理论不过是心智游戏，
实验才真正可靠无比……

滑稽的合唱队上场，他们是友好的物理学家，玻尔有才气的年轻员工。他们跳着舞出来，唱着终曲，徐徐落幕：

往昔只是一场梦，
如今活在现实中。
多么卓越的认知，
优雅与精确贯通！
满怀热忱地欢呼，
无比自豪地歌颂。
上帝永恒的中庸，
引导我们向前冲！

他们中许多人多年后将会知道，这是最后的和平时日。

第七章

出　走

“这里的反犹主义气氛浓烈，政治冲击强烈。”爱因斯坦于1919年12月从柏林写信给保罗·埃伦菲斯特说。这封信与爱因斯坦刚获得国际声誉时在大众出版物上发表他的发现的时间相合。“世界历史上的新人物，”《柏林画报》(Beyliner Illustrirte Zeitung)在12月14日的他的封面照片下方介绍他说，“……他的研究给我们的自然观带来了全面变更，他具有等同于一个哥白尼、一个开普勒、一个牛顿的洞察力。”此时，反犹分子和法西斯分子立即着手收拾他。

43岁时，爱因斯坦已经在一流的理论物理学家中享有很高声誉。他从1910年以来，除两年外，每年都被提名为诺贝尔奖获得者，1917年后，支持者人数增加；马克斯·普朗克，这个不惯于夸张的人，于1919年写信给诺贝尔奖颁奖委员会，声称爱因斯坦“迈出了超越牛顿的第一步。”这份早就该来的奖赏(延迟到1921年，1922年的诺贝尔奖授给了玻尔)相对说来很少有唱反调的。

爱因斯坦晚年在美国是一位祖父般的名人，体态上却不悦人。他的胡子仍然是黑色的，他浓黑的头发开始花白。C·P·斯诺会看到“一个厚实的身躯，非常结实的肌肉。”这位斯瓦比亚出生的物理学家朋友认为他的高声大笑带有孩子气，而他的对手认为这很粗鲁。“一种强有力的放荡感，”斯诺怀疑地说，他也认为爱因斯坦应将放荡感作为“应该去掉的个性的一个环节。”然而他尚不知道，用心理分析学家埃里克·

埃里克森(Erik Erikson)的话说,“浏览相片犹如同自己影像的未来目击者的眼光相遇一样。”在过去的一年里,爱因斯坦忍受着胃溃疡、黄疸病和离婚带来的痛苦;他消瘦了,又一度恢复了25千克;他的母亲死于癌症:疲劳使他的面容失去光泽。利奥波德·因费尔德(Leopold Infeld),一个年轻的波兰物理学家,战后在柏林敲开他的家门希望能取得一封推荐信,发现他“穿着晨衣和少了一颗重要钮扣的条纹布裤子”。因费尔德从杂志和新闻影片中认识了爱因斯坦的面孔。“但是,照片无法重现他那明亮有神的眼睛。”它们大而且呈深棕色,这位缺乏自信的来访者只是众多来访者之一——齐拉是另一位——在那些寒冷的日子里,在爱因斯坦眼神中透出的诚恳热情中得到了安慰。

一个世界关注的直接机会是一次日食。1915年11月25日,爱因斯坦向柏林的普鲁士科学院递交了一篇论文,题为“引力场方程”,在这篇论文里,他愉快地报告说:“广义相对论最终作为一种逻辑结构完成了。”这篇论文是他的广义相对论最初的完整陈述。它是能被验证的理论。它解释了水星轨道的神秘反常——这一肯定性的预言是使爱因斯坦感到有某些东西在他头脑中“噼啪”作响的成果之一。广义相对论也预言了恒星发出的光线在经过像太阳这样的大质量物体旁边时会发生一个两倍于牛顿理论预言值的角度偏转。第一次世界大战延误了爱因斯坦预言值的实验测量。1919年5月29日预期会发生一次日全食(这将遮住太阳的光芒从而使太阳后面的恒星变得可见),这提供了战后的第一个机会。是英国人而不是德国人,进行了全程跟踪。剑桥大学天文学家阿瑟·斯坦利·爱丁顿(Arthur Stanley Eddington)带领一支远征队来到西非海岸附近的普林西比岛;格林尼治天文台派出另一支远征队到达巴西北部海岸附近的内陆索布拉尔。11

月6日英国皇家学会和皇家天文学会在伯灵顿宫牛顿的肖像前召开了一次联席会议,确认了令人震惊的结论:爱因斯坦的值,而不是牛顿的值是正确的。“这是人类思想史上的一个最伟大的进步,”J·J·汤姆孙告诉集合在一起的名流们,“这不是发现了一个边远的岛屿,而是发现了新科学思想的整个大陆。”

这是重大新闻。《泰晤士报》以大字标题“科学的革命”报道了这件事情,这篇文章广泛传播开来。从那天起,爱因斯坦迅速成为举世瞩目的人。

世界的目光转向了一个犹太人,这个犹太人在最血腥的国家主义战争期间表明过自己的和平主义立场,并且现在正在为国际主义大声疾呼,这激怒了德国的沙文主义者,包括右派学生和一些物理学家。当爱因斯坦准备在柏林大学最大的演讲厅做一系列通俗讲演时——那年冬天,人人都在斥责相对论——学生们抱怨煤和电太贵。学生会主席向爱因斯坦挑战性地索要他自己有权使用的大厅的租金。他不理睬这种侮辱性行为而按日程在大学演讲厅演讲,但是,在2月份,他至少有一个演讲被中断了。

在紧接而来的8月,他遇到了一个自称为“保护纯学术的德国科学委员会”的非常严峻的挑战,这是一个领导背景不明、凑合而成的组织,靠秘密筹措资金维持但铺张浪费。1905年的诺贝尔奖得主菲利普·勒纳(Philipp Lenard)看到相对论引发了阵阵喝彩,爱因斯坦声名鹊起,于是站到了报复性的反犹主义一边,并用自己的声誉支持这个委员会,让它攻击相对论是一个犹太人的讹误,而爱因斯坦是一个乏味的自我吹捧者。这个组织于8月20日在柏林交响乐大厅举行了一次人数众多的公共集会。爱因斯坦也前去听了——正如利奥波德·因费尔德回忆的,一个发言者说,“鼓吹相对论是对德国精神的敌视”,爱因斯坦留在会场,用哈哈大笑和讽刺性的鼓掌对这样的一派胡言表示轻蔑。

批评仍然强烈。爱因斯坦错误地认为他的大多数德国同事赞成相对论。他轻率地做了一次平常的防卫性声明。交响乐大厅集会后第三天,他的防卫性声明文章出现在《柏林日报》(Berliner Tageblatt)上。“我对反相对论有限公司的回答,”这使得他的朋友们感到震惊,但它预见性地分辨出这个委员会攻击的更深层的问题,“我有充分的理由相信,他们这个公司的根本动机不是想要探求真理,而实际上是他们的一种冒险行为。”爱因斯坦这样写道。并且,在括号内,用省略号保留了他的未尽之意:“(若我属于德国,无论有无纳粹十字徽饰都是,而不管是不是一名具有国际倾向的自由主义的犹太人……)。”一个月后,他恢复了往日的幽默感,他请求马克斯·玻恩不要使他太难堪:“每个人都不得不时常成为愚蠢祭坛上的牺牲品……而我是用我的文章这样做的。”但是,在这以前,他严肃地考虑过了离开德国。

这并不是第一次。爱因斯坦在16岁时的特殊年纪,就放弃了德国国籍并曾一度离开过这个国家,那次早期的抵制,20年后又旧戏重演。在魏玛政权后的间歇期,当希特勒逐步取得权力时,爱因斯坦准备最后一次离开这个国家。

1879年3月14日,爱因斯坦出生在乌尔姆,此时德国在皇权下统一刚8年。他说话较迟,但并不像传言所说的在读书方面也迟钝;他在上中学和大学预科班时,数学和拉丁文的考试分数始终如一地是最高分或接近最高分。四五岁的时候,他父亲向他展示的一个罗盘仪的“奇迹”深深地吸引了他,他记得他因此“颤抖并且发冷”。当时这对他来说,“一定有某种东西深藏在物体的背后。”他要寻找被物体掩藏起来了的那些东西,然而他的特殊天赋会使他发现并没有什么东西藏在它们后面;物体,作为物质和作为能量,是它的全部;甚至时间和空间也不是物质世界不可见的载体,而是物质世界的属性。1921 年在纽约,他告诉一群请他对相对论做一简短解释的闹哄哄的记者说:"如果你并不想获得太严格的答案,并且只是将它看成一种玩笑,那么,我就能够这样解释它:人们以前相信,即使所有物质的东西都从宇宙里消失了,时间和空间仍然会存在。可是根据相对论,时间和空间会和事物一同消失。"

这个安静的孩子变成了一个反叛的青少年。当大学预科班不断用死记硬背冲击他时,他我行我素地学习康德和达尔文的学说以及数学。他转而脱离宗教——犹太教——并且回归了痛苦的觉醒:"通过阅读科普书籍,我立刻获得了这样的信念,《圣经》里的许多故事可能都不是真的……结果就必然是一种狂热的自由思想加上青年人正被故意的谎言说教所欺骗这样一种印象;这是一种压倒性的印象。对每一种权威的怀疑就源于这种经历,这是一种对充斥于任何特定社会环境的信念的怀疑态度。"

他的父亲不止一次地在生意上失败。这个家庭翻过阿尔卑斯山移居到米兰重振家业,但是,阿尔伯特仍然留在寄宿公寓完成他的大学预科班的功课。在他快要结束预科班的学习之前,他大概是被预科班除名了。他拿到医生的一纸证明,声称他神经错乱。他所看不起的不仅是德国学校的专制作风。"从政治上说,"他后来写道,"我从青年时代起就憎恨德国。"当他家还在慕尼黑时,作为一个 15 岁的反叛少年,他就想过放弃他的德国国籍。这引起了一个长时间的家庭辩论。在他从米兰转到苏黎世试图再次完成他的学业后,他获得了成功;他的父亲替他写信给德国管理部门。1896 年 1 月 28 日,爱因斯坦正式放弃了他的德国国籍。1901 年,他定居瑞士。他喜爱他们坚强的民主主义并准备在他们的民兵中服役，但体检不合格（因为平足和静脉曲张）；而他离开德国的一个原因却是逃避普鲁士的兵役义务（Kadavergehorsamkeit），逃避僵尸般的绝对服从。

从少年时期到青年时期，爱因斯坦为了保护他的"好胜的童心"而反叛，埃里克·埃里克森对爱因斯坦的这种情况作出了解释，这种具有毫无约束的创造力的童心保持到他成年。爱因斯坦在给詹姆斯·弗兰克的信中提到了这一点：

> 我有时问自己，我为什么会成为发展相对论的人。我认为，原因是一个正常的成年人决不会停下来思考时间和空间的问题。这是一些他在孩提时代就思考过的事情。但由于我的智力发展迟缓，因而我在已经长大后才开始对时间和空间感到惊奇。

"相对论"是一个误称。爱因斯坦致力于用一致性和比旧物理学更大的客观性这种方法建立一种新物理学。如果光速是一个常数，那么，一定另有某种东西在两个做相对运动的系统之间伸缩——即使那种东西是时间。如果一个物体释放出一定的能量 E，那么它的质量就会有微小减少。但是，如果能量拥有质量，那么它们的质量就一定拥有能量；两者一定是等价的：$E = mc^2$，$E/c^2 = m$。（即，一定焦耳的能量 E 等于一定千克的质量 m 乘以光速 c 的平方，光速的平方是一个巨大的数，为 3×10^8 米/秒乘以 3×10^8 米/秒 $= 9 \times 10^{16}$ 或 90000000000000000 焦耳/千克。E 被 c^2 除表示有多么大的一份能量包含在甚至是一份小小的质量中。）

1907 年，在一篇发表在《放射性和电子学年鉴》（Jahrbuch der Radioaktivität und Elektronik）上的长篇论文中，爱因

斯坦提出了美妙而又恼人的质能等价关系。他写道:“这种放射性过程可能会被人认识到,在这些过程中,原始原子的质量转换成各种辐射能,其百分比与镭的辐射情况相比要大得多。”像索迪和卢瑟福早期在英国一样,他看了有关镭的资料,物质中贮存有巨大的能量,尽管他完全不能肯定这能量是否能够哪怕用实验方法来释放。“思路有趣而迷人,”当时,他向一个朋友透露,“但是,我奇怪亲爱的上帝是否会讥笑这一思路并在牵着我的鼻子走。”他后来在苏黎世大学获得哲学博士学位,马克斯·普朗克开始和他通信,但他没有离开他在1902年到1909年间当技术专家的专利局,这几年,他的论文首次出现伟大爆发,包括有关布朗运动的、光电效应的和狭义相对论的。

1908年,爱因斯坦在伯尔尼大学取得无薪教师资格,但为安全起见,他将专利局的工作保留到第二年。最终,于1909年10月,在他获得第一个荣誉博士学位之后,他才转到苏黎世大学当副教授。受一个全职教授之职的诱惑,他到了与世隔绝的布拉格——如今他早已结婚,要养活妻子和两个儿子——但一年后,苏黎世工艺学校提供一份合适的收入使他愉快地调了回来。学术界在衡量他的工作从根本上说有多新颖这一点上显得犹豫。直到1913年,在马克斯·普朗克之前,弗里茨·哈伯和一群德国名人,认识到这一人才浪费,为他在柏林提供了三个职务:一个在普鲁士科学院的研究职位,一个大学教授职位和一个计划中的威廉皇帝物理学研究所的领导职位。在这些德国人离开后,爱因斯坦开玩笑地对他的助手奥托·斯特恩说,他们“好像是一群寻找一枚稀罕邮票的人。”

1914年4月,爱因斯坦到达柏林。在战争年月,他离开他的第一个妻子并独居,完成了广义相对论。对马克斯·玻恩来说，这一“伟大的艺术作品”是“人类思考自然的最伟大壮举，是哲学穿透力、物理直觉和数学技能最令人惊异的结合”，即使“它与经验的联系是微弱的”。爱因斯坦无与伦比的成就使他能从容面对普遍的战争疯狂：

> 我开始在当今疯狂的动荡中感到舒适，意识上与疯狂的社会所专注的所有事情脱离开来。为什么一个人不能像一名疯人院工作人员一样安心地生活？毕竟，我们可以把疯子当作这样一种人，我们生活的建筑物是为他们存在的。在某种程度上，你能自己选择行为习惯——尽管它们之间的差异比你在更年轻时所想的要小。

1921 年四五月间，爱因斯坦和哈伊姆·魏茨曼一起首次出访美国，为在巴勒斯坦建一所希伯来人大学的犹太复国主义事业筹措资金。他看到大群东部的犹太人随着战争和革命而误入柏林，注意到德国人的反犹煽动，他决定和他们站到一边。他的犹太复国主义思想的引导者是善辩的社会活动家和组织者库尔特·布卢门菲尔德(Kurt Blumenfeld)，此人也以同样的身份对年轻的汉娜·阿伦特(Hannah Arendt)做工作。正是布卢门菲尔德说服了爱因斯坦陪同魏茨曼到了美国——关于自己和能言善辩而又专心致志的魏茨曼的关系，爱因斯坦曾告诉亚伯拉罕·派斯，“像弗洛伊德所说的，是既爱又恨。”他在纽约市的哥伦比亚大学和普林斯顿大学作有关相对论的演讲，会见菲奥雷洛·拉瓜尔迪亚(Fiorello La Guardia)和沃伦·哈定(Warren G. Harding)总统，在美国国家科学院的年度宴会上构思“一种新的永恒的理论”直到所有正式演讲结束并向热情的美国犹太人群发表讲话。

回家后他写道，他在美国“第一次发现了犹太民族。在柏林或德国其他地方，我看到过许多犹太人，但是我从未遇到过犹太民族。我在美国发现的这个犹太民族一般来自俄罗斯、波兰和东欧。这些男人和女人仍然保留着一种健全的民族情感，这种情感尚未被同化和散居的过程所破坏。"这一陈述含蓄地批评了德国的犹太人，爱因斯坦在另一个场合下写道，他们的"有失尊严的社会同化主张的渴望和努力，总是使他烦恼……"布卢门菲尔德提出一种根本的、后同化的犹太复国主义使他深受教益。10年后，汉娜·阿伦特写道："在一个总的来说敌视犹太人的社会里……同化可能只是同化为同样的反犹主义。"爱因斯坦擅长从假设导出逻辑结论，他显然对"犹太问题"有类似的理解。

如今，他不仅是世界上最著名的科学家，而且是一名犹太人事业的著名代言人。1922年6月24日在柏林，右翼极端分子枪杀了魏玛共和国的第一任外交部长瓦尔特·拉特瑙(Walther Rathenau)，他是一名物理化学家，是爱因斯坦的实业家朋友，也是一名声誉很高的犹太人。看来，爱因斯坦会是下一个暗杀目标。"我想我属于某些人计划暗杀的那群人，"他在写给马克斯·普朗克的信中说，"有个认真的人悄悄地告诉过我，在不久的将来，我呆在柏林将会是危险的，就此事而论，在德国任何一个公共场合都会这样。"他隐居到10月份，然后和他的第二任妻子埃尔莎(Elsa)一起离开德国，到远东和日本作一次长途旅行，途中接到诺贝尔奖获奖通知。他在返程途中在巴勒斯坦度过了12天，并中途在西班牙停留。当他回到柏林时，德国人对政治的关注暂时退却到对达达主义式的马克的关注后面，当时，它的汇率已经下跌为54000马克对1美元。爱因斯坦继续从事他的工作，包括在爱因斯坦－齐拉电冰箱压缩机方面的工作和他朝着统一场论的初步努力，不过，他开始经常出国。

1919 年 12 月，爱因斯坦在柏林强烈感觉到的反犹主义疯狂蔓延到慕尼黑。苍白、消瘦、30 岁年纪的阿道夫·希特勒在那个月坐在德国工人党的狭窄的办公室里唯一的一张破桌子旁撰写他的党纲，这个办公室从前是一间酒吧。一块奇怪的木头雕刻充当了有鼓动性的物件。它将伴随它的主人进入历史；一个旅行的澳大利亚学者于 1936 年再一次意外遇见了它。

> 我在慕尼黑（纳粹党）著名纪念物的一个收藏处参观。博物馆馆长是一个温和的老人，曾是原德国研究院班的一名学生。在让我看了所有这些东西后，他几乎屏气凝神地领着我参观了他的主要藏品。他出示一个小的具有刻纹的木制绞刑架，其上悬挂着一个摇摆着的犹太人的残酷而逼真的木头人像。他说，17 年前，这块毫无幽默感的极为残暴的物件作为装饰品放在希特勒建立纳粹党的那张桌子上。

希特勒暗淡的蓝眼睛发着光。第二年 2 月，在慕尼黑霍夫布罗馆的费斯特萨尔大厅，他面对大约 2000 名听众——这是小小的德国工人党那时能吸引的最大群体了——宣读他的 25 条党纲。“我们的这些条文，”他趾高气扬地呼喊着他那天完成起草的那些内容，“将与维滕堡门上张贴的马丁·路德（Martin Luther）的公告媲美！”其中 6 条的全部或部分内容是针对犹太人的：犹太人不是“德国血统”的同胞，因此不能成为德国公民；只有德国公民才能拥有公共办公室或出版德文报纸；非德国人不能再迁居到这个国家，所有从第一次世界大战开始后被接纳的非德国人应该被驱逐。这 25 条从没有被正式宣布为德国国家社会主义工人党（由德国工人党发展而成的纳粹党）的党纲，但是人们感觉到了它们的威力。

1923年11月8日的啤酒馆暴动使希特勒被捕并关进了兰德斯堡监狱内一间舒适的、有阳光的囚室。在这里,他向他的忸怩的助手鲁道夫·赫斯(Rudolf Hess)口授他的个人政治自白。《我的奋斗》用大量篇幅讲到犹太人。在两卷本的将近700页中,除了马克思主义这一主题外,他比任何其他主题都更频繁地提到犹太民族——希特勒认为马克思主义是一种犹太人的发明,并且是犹太人的一种"武器"。这个未来的德国元首在《我的奋斗》中对犹太人极尽诋毁和谩骂。

太阳照进了兰德斯堡监狱内希特勒囚室宽敞的窗户。希特勒穿着皮短裤,显得有点孩子气,他记得在叶普斯曾被芥子气造成一度失明。他在战争期间写过一首诗,一首来自梦想的诗,写于叶普斯战役前的索姆战役中大腿中弹之前:

我常常挨过夜晚的苦痛,
走向宁静的沃旦橡树林中。
借助黑夜的威力编织一个联盟——
月亮用其魔法拼写出古老字符,
以及白天所有的莽汉,
魔法规则使他们变得无足轻重!
……

希特勒的自白差不多完成了。他苍白的面孔显得浮肿,他口述道:

> 如果在战争之初和在战争期间,有12000名或者15000名堕落的希伯来人被拘禁在毒气之下,就像我们数十万的优秀德国工人在战场上遇到的那样,那么,在前线数百万亡灵就没有白死。

犹太民族从巴勒斯坦到世界各地的散居——离散的犹太

人——开始于公元前16世纪。当时巴比伦征服了南巴勒斯坦犹大王国，毁坏了所罗门的神殿，将大批犹太人囚禁起来。公元之初，在罗马帝国的强权之下，犹太人在埃及、希腊、地中海周围和黑海沿岸建立了一个个社区，在莱茵河区有犹太奴隶随罗马军团在一起。公元4世纪，随着康斯坦丁大帝信仰的改变，基督教成为帝国的国教，犹太人的处境更加恶化；基督教和犹太教，为了相同的圣地和相同的圣经，形成了达尔文意义上的竞争。在有组织的迫害之下，只有一小部分残余的犹太人留在朱迪亚。在这个时代，当基督教以传教士的方式取得统治地位时，犹太人与魔鬼的手足关系的幻想就被炮制出来了。

在欧洲中世纪的混乱中，犹太人甚至失去了他们残留的罗马帝国的公民身份。那些寻找保护的人从像查理曼大帝的儿子路易斯（派乌斯王）这样的统治者处获得了保护，路易斯了解他们作为商人和技工的价值，但是，保护的代价就是他们成为统治者的财产。因而，他们的权利不再归他们固有而需要主人特许。针对这种威胁，缺乏安全感的犹太人能够计算出他们的司法自治的好处：在犹太人的社区内，他们有权实行他们自己的法律。在西班牙部分地区，这些法律甚至具有生杀予夺的效力。

中世纪的教会，受到伊斯兰文化和军事扩张的挑战，为了筑起对抗异端的防线，日甚一日地对犹太人恶意施压。1179年和1215年的拉特兰大教堂宗教会议引起了恶性冲突，会议提出，拒绝犹太人管理基督徒的权力，拒绝他们做基督徒的仆人，通过禁止基督徒放债让放债权归属于犹太人，禁止基督徒进入并停留在犹太人住处，因而正式地认可建立犹太人定居区，最带有法律强制性的是，要求每一个犹太人佩带一种区别性的徽章——经常地，由地方当局所规定的是黄色大卫王之星(六角星)。后来,纳粹给那些从犹太人定居区冒险出来的犹太人的区别性的徽章是一只彩色的鸟的图案,把他们暴露在攻击之下。

在中世纪,犹太人与魔鬼有手足情谊的幻想迅速发展成为一种不折不扣的鬼神学。犹太人的弥赛亚成了基督的敌人。犹太人成了撒旦的巫师,向一口口井中投毒;糟蹋圣餐面包;谋杀基督徒的孩子,收集他们的血液进行残酷的仪式。当黑死病在14世纪肆虐人间时,一种想象出来的给井内投毒的恶魔般的种族就明显地成为怀疑对象:他们只需要渗入某些更为烈性的毒药到供水系统就够了。有四分之一的欧洲人死于瘟疫。在那个可怕的年代,好几万犹太人被烧死、溺死、吊死或被报复性地活埋。大屠杀成为区域性的行为;仅在德国土地上就有350个社区的犹太人遭到大规模杀戮。

英国率先彻底驱逐犹太人。英国的犹太人隶属于王室政府,王室通过一个特别的财政机构有组织地榨取犹太人的财富。到1290年前后,他们被榨干了。爱德华一世因此没收犹太人所剩无几的财产并将他们赶了出去。他们渡海到达法国,但是1392年后紧接着在法国遭驱逐;1492年在西班牙,宗教裁判所要求对他们进行审查;1497年在葡萄牙又如此。因为德国是一个多君主统治的地区,所以,德国的犹太人没有遭到普遍驱逐。但即便如此,从12世纪起,他们在德国还是遭受残酷迫害,逃往东方。

从西欧被驱逐出来的犹太人逃到波兰,这是一个幅员辽阔而又人口稀少的移民王国,这里被选定的一代代君主以慷慨的特许欢迎他们。这些中世纪移居阿什肯内齐默的德国犹太人发展出了依地语;他们建立了村庄和城镇;他们上上下下地散居在波兰漫长的东部边境,并相对平静地生活了200年之久。

犹太人从 15 世纪末的 25000 人到 17 世纪中叶至少增加了 10 倍。后来，在与俄罗斯和瑞典的激烈战争中，波兰开始分裂。哥萨克人与他们同盟的农民杀害了大批犹太人，洗劫了他们数百个社区。乌克兰一分为二。波兰将它北方的一半土地割让给了俄罗斯。战争和混乱持续发展到 18 世纪，普鲁士、奥地利和土耳其相继参加的战争。当俄罗斯于 1768 年入侵波兰时，普鲁士提出有奥地利参加的三分的方法，以防俄罗斯独吞。这导致了 1772 年波兰被部分瓜分。1795 年，在俄罗斯又一次入侵后，这个国家被完全瓜分并不复存在了。(后来，这个国家通过 1814 年的维也纳大会复活为议会制的波兰，通过承认沙皇对波兰的君权而加盟俄国。)到那时，俄罗斯的犹太移民增加到超过 100 万人口。普鲁士大约已有 15 万以上犹太人，但迅速将他们向东驱赶。奥地利大约已有 25 万犹太人。不久，俄罗斯控制了四分之三以上的波兰领土，因而也就控制了大部分东部犹太人的命运。但是，波兰欢迎他们，俄罗斯却鄙视他们。俄罗斯的经济太原始，以至于不需要他们的商业技能，且又憎恨他们的宗教信仰。对女沙皇凯瑟琳大帝来说，她的百万新臣民乃是首要的“基督的敌人。”

基督的敌人变成了俄罗斯的“犹太人问题”。在俄罗斯黑暗的不容异说的国策中，只能拟定两种解决途径：要么同化(通过改信基督教)，要么驱逐。作为过渡，它实施隔离。1791 年的一个法令限定犹太人居住到从前的波兰领土上和黑海上游无人居住的草原，这是一个跨过中欧向北绵延 74 万平方公里直达波罗的海地区的栅栏区。阿什肯内齐默的犹太人占栅栏区人口的九分之一，并且也许使那里获得了繁荣，但他们背负着更深一层的约束。赋税很重，他们不能像他们的祖辈们一样世世代代生活在村子里，他们不能拥有乡村旅馆或向农民们出售酒。他们传统的地方政府克海罗特(Kehillot)被剥夺了合法权力,但必需负责向犹太人征税。更可怕的是,1825年以后,在尼古拉一世的统治下,克海罗特要负责征募12岁的犹太儿童到俄罗斯军队里终身强制服役——6年残酷"教育"后,紧接着是当25年的兵——在1856年这一要求放松之前,这就是降临在4万到5万犹太男儿身上的命运。这种残酷的记忆将会永久不忘:爱德华·特勒曾经对一个朋友回忆说,他的祖父对他小时候的顽皮作出的反应是,警告他要么做一个好孩子,要么就让俄罗斯人抓走。

就在东部的犹太人用辛勤劳动在俄罗斯故土幸存下来的时候,西部的犹太人正在获得解放。一些小的犹太人社区自行重建,这些社区一部分由那些从西班牙和葡萄牙逃到荷兰、英国和美国的少数基督教皈依者组成,一部分是从东方返回的人员。奥地利皇帝约瑟夫二世于1782年发布过一个宽恕敕令。

对犹太民族的政治前景而言,皇帝的敕令比不上以这个民族的宗教怀疑论和对不言而喻的人权的信仰为标志的启蒙运动思潮来得重要。当没有单一的群体或阶层像以前的贵族那样有权支配所有其他群体或阶层的时候,欧洲政体演化的时代到来了。民族国家通过把权力授予国家本身,逐步演化而部分地消除这种僵局。这一机制使得犹太人和基督徒之间不再存在差别。借助于这场革命以及《权利和自由法案》,美国的犹太人因此自然而然地成为美国公民。

法国人,回想起犹太人栅栏区和驱逐犹太人这两件事时,发现法国的犹太人的解放要困难得多。"犹太人作为一个民族在每件事情上应该被拒绝,"克莱蒙-托内尔(Clermont-Tonnerre)伯爵在法国国家集会上辩论说,"但是,作为个人的每一件事情都应该被允许……(他们)要在这个国家成为一个单独的政治群落或阶层,这是无法容忍的。他们的每一个人必须以个人方式成为公民。”当犹太人社区将它的忠诚交给一位君主以换得他的保护时，它所做的只是中世纪其他阶层和团体所做过的那些事情。但是，这个民族国家是非宗教的，它在非宗教意义下考虑了居住在它边界内的自治的犹太神权政体。在非宗教意义下，公民将其首要的忠诚给予一个独立的政体，不管这个政体是不是神权的，都是一个潜在的对手和天然的威胁。许多怪异会从这种具体观念派生出来。同时，自由、平等和博爱盛行，法国的犹太人于 1791 年 9 月的一个星期二成了法国公民。

犹太人在没有发生革命的国家取得的解放包括：1795 年，荷兰、比利时；1848 年，瑞典；1849 年，丹麦和希腊；1866 年，英国彻底解放犹太人；1867 年奥地利；1868 年西班牙取消了它 1492 年的驱逐令；1871 年，新的德国皇帝解放了犹太人。但是，这些解放与犹太人数的总体比例不相称，西欧解放了的犹太人只是散居国外的犹太人的一个很小的部分，他们中有很多人直接被同化。犹太人的主体人数，1850 年增加到 250 万，1900 年增加到 500 万，在犹太人栅栏区日益恶化的悲惨境遇下挣扎。

沙皇亚历山大二世在 1856 年的加冕典礼上对天下的赦免中，废除了犹太儿童的特别兵役义务。其他接踵而来的缓和政策，都是旨在鼓励犹太人的同化。“有用的”犹太人——富商、大学毕业生、技工和医学助理——被允许定居在俄罗斯内地犹太人栅栏区以外的地方。大学恢复了自治，允许犹太人进入大学上学。在犹太人栅栏区，犹太人得到了有限的公民权，成了地方机构的合格人选。但是，从农奴制度解放了 3 千万农民的沙皇沮丧地发现，在如此多个世纪的压制后的变革可能没有赢得感激之辞，却招来了革命性的兴奋和暴动，正像 1863 年发生在议会制的波兰的事件一样；俄罗斯人生活的自由化停顿了。

革命党人——一个自称为“人民的意志”的微不足道的团体——于1881年3月13日谋杀了亚历山大，当亚历山大检阅完皇家卫队驾车返回时，他们大白天在圣彼得堡的主要街道上将小型炸弹冰雹般地投向他敞开的马车里。“人民的意志”中一个没有投弹的成员是犹太人；在弑君的混乱中，这是一个指责犹太人参与暗杀的很好的借口。一波对犹太人的集体迫害（pogrom）——这是一个古怪的俄罗斯字眼，用来表示一群人对另一群人的暴行——的浪潮从此开始，持续到1884年结束。“犹太人的骚乱，”武断的新沙皇亚历山大三世这样称呼发生在遍布于栅栏区的犹太人住所的一群醉酒的暴徒的杀人抢劫行为。暴徒们是自发参与或者得到了官方的默许，从而爆发了这些杀人抢劫事件。超过200个犹太人社区遭到攻击。第一波集体迫害——在往后的几十年里将会更多——造成2万名犹太人无家可归以及10万人破产。妇女被强奸，家庭成员遭凶杀。政府谴责这种暴行是无政府主义行为，并着手驱赶犹太人甚至包括“有用的”犹太人返回犹太人栅栏区。

由于集体迫害，产生了1882年5月的法律，修改或废止了作为以前改革成果的内容，强加了悲剧性的新限制。在1881年到1900年间，超过100万犹太人从俄罗斯和中欧迁居到美国，在1900年到1920年间，另有150万犹太人从这些地方迁居到美国。有很少一部分犹太人，像哈伊姆·魏茨曼，选择了西欧和英国。大多数到这些地方的人不如他们在美国的同胞那样幸运，遭遇的是充满更多敌意的反犹主义。

第一次世界大战后的岁月里，德国反犹主义的重要根源之一是一部名为《锡安长老议定书》的奇怪的伪造品，诬称犹太人有征服全球的企图。希特勒将这本《议定书》作为教材，认为国家社会主义支配世界也需要这样一本教材。“我读过《锡安长老议定书》,”希特勒告诉一个效忠他的人说,“它简直让我感到惊骇。这是敌人的秘密行动,而且随处可见！我立刻明白,我们必须翻印它——当然,用我们自己的方法。”党卫军头子海因里希·希姆莱(Heinrich Himmler)肯定了那种关系,说:“我们把这种政治艺术归功于犹太人。”他的意思是,对于《议定书》,“元首心领神会。”

《议定书》是一本俄文著作。它们将俄国的犹太人的经历和德国的犹太人的经历连接在一起,在德国,实际生活在这里的犹太人现在如此之少——1933 年只有大约 50 万犹太人,少于德国人口的百分之一。如果说俄罗斯对犹太人的敌意在某种程度上起源于宗教冲突,那么相比之下,德国的反犹主义则需要一个非宗教的神话。一个像希特勒这样的一知半解的自修的叛教者尤其需要某些结构,他的反犹主义变态就是挂在这些结构上。德国的反犹主义有大量的德国先辈——理查德·瓦格纳的追随者高居希特勒的榜首——而《议定书》正好在这样一个合适的时间出现了,并且恰到好处地迅速获得了一个显著的地位。在 20 世纪 20 年代和 30 年代,数百万本各种译文和版本的复印件销往全世界。

该书是以讲演形式编纂的,开始于插话提问。它的场景游移不定,好像是被它的作恶者的罪恶之手撕得七零八落一样。为了补充遗漏的背景,编者们常常夹进解释性材料。一个流行的引子是取自小说《比亚里兹》中的一个章节,这本小说是一个德国邮政官员的二流的作品,引子被冠以标题“在布拉格的犹太人公墓里”。编者们提供这种耸人听闻的虚构,像《议定书》本身所作的虚构一样,都被当成了事实。历史学家诺曼·科恩(Norman Cohn)这样概括它的情节:

11 点钟，墓地的大门轻轻地吱吱作响，能够听到长大衣的瑟瑟声，就像它碰擦石头和灌木时所发出的声音。一个模糊的幽灵般白影通过公墓一直到达一个墓碑；在这儿，这个白影跪了下来，前额在墓碑上叩了三下，然后小声祈祷。另一个人影走近过来；这是一个老头，驼背而跛足；当他走动时，一边咳嗽一边叹息。这个人影紧挨着前一个白影，并且也跪下来小声祈祷……这一个过程重复了 13 次。当第 13 个也就是最后一个人影出现时，夜半钟声敲响了。从墓地里发出尖锐的金属声音。出现了一团蓝色的火焰，照亮了 13 个跪着的人影。一个低沉的声音（第 13 个人影）说："我向你们致意，以色列 12 个部落的首领们。"这是魔鬼的声音，其他人影忠实地回答道："我们向你致意，被诅咒者的儿子。"

紧接着就是《议定书》的正文。它们总共有 24 章——大约为书中的 80 页。"然后，我想要阐明的是，"在第一部《议定书》的开始，讲演人解释说，"我们的体系来自两种观点，一种是我们自己的，一种是异教徒的。"阐述这个体系的更多的内容是语无伦次的，但是，《议定书》精心炮制了三个主题：对自由主义的猛烈攻击、犹太人世界性阴谋的政治手段和长老们期待立即建立的世界政府的轮廓。

如果《议定书》没有找到过如此恶意的用途，那么，对自由主义的攻击就是滑稽可笑的。自由主义"产生了立宪国家……和一部宪法，如你们所知，自由主义就是一个除了骚乱、误解、怨言、争论、没有效果的党派鼓动、党派幻想之外一无所有的流派……我们用政府的滑稽可笑的代表者来取代统治者——这种代表者就是总统，产生于暴民，产生于我们的傀儡造物，产生于我们的奴隶。"对俄罗斯旧秩序的动人的忠诚一次次表现出来，并且一定会使欧洲的读者们踌躇：

> 统治稳定的主要保证是确定权力的光环，这种光环只由权力的庄严的坚定性来获得，且永远保持作为神秘事业的神圣象征的面孔——这种神秘事业就是来自神的选择。也就是说，直到如今，在这个世界上，如果不考虑罗马教皇，俄罗斯的独裁政府就是我们唯一劲敌。

总之，长老们对现代世界的现代观念的发明和传播作了舞台监督。每件事物都比沙皇的俄罗斯皇权体系更为现代，拥有土地的贵族阶层和农奴是这个体系恶魔般运转的组成部分。这有助于解释20世纪20年代像物理学那样晦涩的一个学科传入德国时怎么会被认为是犹太人阴谋的一部分。

长老们致力于建立一个由"家长制"监护人来统治的世界独裁政府。自由主义将被根除，群众不问政治，审查制度严密，出版自由被废除。三分之一的人口将被征募为业余间谍("因此，成为间谍和告密者将不是丢脸的事情，而值得表彰。")，将有大量的秘密警察维持秩序。所有这些都是纳粹的策略，并且，《议定书》对希特勒的影响在《我的奋斗》中是证据确凿而且是公开承认的。

俄罗斯对德国反犹主义的这一贡献是剽窃了一本政治讽刺著作，书名为《孟德斯鸠(Montesquieu)和马基雅维利(Machiavelli)在地狱里的对话》，作者是一个名叫莫里斯·乔利(Maurice Joly)的法国律师，该书于1864年首次在布鲁塞尔出版。孟德斯鸠站在自由主义一方说话，马基雅维利站在专制制度一方说话。炮制《议定书》的人可能是俄罗斯境外拥护沙皇独裁政权的秘密警察组织巴黎基地办事处的头目，名叫彼得·伊万诺维奇·拉奇科夫斯基(Pyotr Ivanovich Rachkovsky)。拉奇科夫斯基借用和意释马基雅维利的讲话，甚至对这些话的次序都不加改动地套用到一个秘密的犹太人委员会,试图将它作为犹太人的密谋披露出来从而使俄罗斯的自由主义名誉扫地。1903 年,圣彼得堡的一家报纸连载了《议定书》最早的版本。它是沙皇皇后亚历山德拉·费奥多罗芙娜(Alexandra Feodorovna)收藏的三本书之一——另外两本是《圣经》和《战争与和平》——1918 年 7 月 17 日共产主义革命者将沙皇皇室全部处决之后,在叶卡捷琳堡的皇后遗物中发现了它们。

《议定书》碰巧返回到了西方。费罗多·温贝格,这个于 1920 年在柏林安排翻译和出版《议定书》的人,曾是沙皇卫队的一名上校。沙皇皇后当过他这个团的名誉团长,他崇拜过她。他在第一次世界大战结束时逃到了德国,并确信杀害她的人是犹太人。以后,对犹太人的报复行动就成了他生命中的核心内容。他是希特勒的顾问们,尤其是纳粹党的"哲学家"、俄罗斯出生的阿尔弗雷德·罗森贝格(Alfred Rosenberg)的朋友。罗森贝格于 1923 年发表过一篇有关《议定书》的研究论文。

捏造犹太人的世界阴谋对纳粹党有实际的价值。20 世纪 20 年代,在柏林当学生的汉娜·阿伦特看到这一情景后写道,正如它为早期的反犹主义党派所做的那样,它"为他们的国内计划提供了便利,环境条件使人们必须进入社会斗争的竞技场去挣得政治权力。他们能假装成完全像工人正在和资产阶级斗争一样地与犹太人斗争。他们得到的好处是,通过攻击被人们认为是在政府幕后的秘密势力的犹太人,能公开地攻击这个国家本身。"

这种捏造也起着宣传的作用,能使德国人民恢复信心:如果犹太人能主宰世界,那么雅利安人也能。阿伦特继续说:"因此,《议定书》使得征服世界成了一种实际可能,这暗示全部事情只是一个鼓舞士气或操作技巧的问题,并且,除了一个显然弱小的民族——犹太人外,没有谁能妨碍德国战胜全世界,而犹太人并不采取暴力手段做这些事情——因此,他们的秘密一旦被发觉以及他们的方法被大规模仿效,这些犹太人乃是一些容易对付的对手。”

但是,《我的奋斗》语言卑劣粗俗,它对语无伦次的证据并没有作合适的处理,而是猛烈地发泄私欲,表明希特勒病态地畏惧和仇恨犹太人。他用邪恶的妄自尊大将自己伪装成一个智慧的、勤勉的和被他自己的恐怖行动的扭曲特征困扰不已的人。而事实并非如此。

1931 年,一名德国记者鲁莽地问希特勒,如果希特勒得到了这个国家,他将会到哪儿去寻找管理这个国家的智囊。希特勒不假思索地回答,他就是这个智囊,但他会继续傲慢地谋取那些仍然阻止纳粹获得权力的德国阶层的支持:

> 你也许认为,在我党发起的这场成功革命的事件中,我们不能不断地获得智慧?你相信德国的中产阶级这样的知识分子精英会拒绝为我们服务,会拒绝将他们的才智交由我们支配?德国的中产阶级会站在众所周知的既成事实的立场上;我们愿意与中产阶级一起做我们想做的事情。

但是,犹太人又怎么样?这位记者继续问——那些多才多艺的人群,英雄出自他们当中,爱因斯坦出自他们当中。“他们创造的一切都是窃取了我们的,”希特勒告诫说,“他们所了解的一切都会用来对付我们。他们只会到其他人群中挑起动乱。我不需要他们。”

1933 年 1 月 30 日中午,43 岁的阿道夫·希特勒,愉快地接受了任命,成为德国元首。借助于国会大厦纵火案以及相继而来的宪法自由的终止,借助于国会自愿向希特勒内阁交权的《3 月 23 日的授权法案》,纳粹开始巩固它们对德国政治的控制。他们立即着手使反犹主义合法化和废止德国犹太人的民权。希特勒在他的家乡贝希特斯加登这一隐蔽之处会见现在是他的宣传部长的约瑟夫·戈培尔,希特勒决定将联合抵制犹太人的商业作为一个开场白。全国性的抵制开始于 4 月 1 日,星期六。在先前的一周里,在普鲁士和巴伐利亚,犹太人法官和律师已经从职位上被清除。现在,各大报纸根据情况需要公布一些商行地址,纳粹党冲锋队员镇守店面指挥暴徒们。被绑着的犹太人在警察的旁观下被毒打。这场联合抵制是一场全国性的德国式集体迫害,残暴一直持续了整个周末。

一个月前,在国会大厦纵火案的夜晚,沃尔夫冈·泡利顺便访问了一个包括爱德华·特勒在内的哥廷根团体。这个团体讨论了德国的政治形势,泡利郑重表示,关于德国专政的想法是胡说八道,他偏向于不考虑这些垃圾、废话和胡说。"我在俄罗斯看到过专政,"他告诉他们,"在德国,它恰好不会发生。"在汉堡,奥托·弗里施像许多德国人一样持类似的乐观主义。"起初,我根本没有把希特勒当回事,"弗里施后来告诉一个来访者说,"我的感觉是,'哦,一个个元首来了又走了,他不会比其他的元首更坏。'随后,事情开始变糟。"第三帝国于 4 月 7 日发布了它的第一个反犹主义法令。《内政职务恢复法》,是纳粹发布的大约 400 部反犹主义法律和法令的前奏,决定性地永远改变了特勒、泡利、弗里施以及他们的同事们的人生。这部法令公开宣称,"非雅利安血统的人的内政职务必须被撤除。"4 月 11 日,随后一部法令定义"非雅利安血统"为:所有"非雅利安人的,尤其指犹太人以及父母或祖父母是犹太人的血统。"大学是国家公共机构,它们的教员职务因此是内政职务。新法律突然剥夺了四分之一的包括11名已经成为或者即将成为诺贝尔奖获奖者在内的德国物理学家的大学教员的职务和生计。它立即影响到大约总共1600名学者。被帝国解职的大学教员没有谁可能找到其他工作。为了生存,他们将不得不移民。

一些人已经离开了,在他们当中有爱因斯坦和那些年长的匈牙利人。爱因斯坦准确地辨认出了这些征兆,因为他是爱因斯坦,也因为他从第一次世界大战一结束就首当其冲地遭到攻击;而这些匈牙利人如今则成了辨别新法西斯主义的行家。

特奥多尔·冯·卡门首先从亚琛启程移民。他是航空物理学的先驱;加州理工学院当时正全力以赴地树立它未来的声望,想在它的课程总表里设置这一专业。航空慈善家丹尼尔·古根海姆(Daniel Guggenhein)有效地进行了捐献。拥有3米风洞隧道的古根海姆航空实验室于1930年在冯·卡门的领导下开始运作。

加州理工学院也在设法争取爱因斯坦。牛津大学和哥伦比亚大学也在这样做,但他被加州理工学院研究生院院长的宇宙论工作所吸引,这位院长是马萨诸塞州出生的具有贵格会信徒背景的物理学家,名叫理查德·蔡斯·托尔曼(Richard Chace Tolman)。帕萨迪纳上方的威尔逊山天文台继续进行的观测可能证实广义相对论的三个最初预言中的最后一个,即高密度恒星发出的光线的引力红移。托尔曼派代表团到柏林;爱因斯坦同意于1931年作为一名研究合作者访问帕萨迪纳。

他去了两次,中间返回了柏林。访问期间,他与查理·卓别林(Charlie Chaplin)在南加州一同进餐;与恐怖片制片人厄普顿·辛克莱(Upton Sinclair)一起观看谢尔盖·艾森施泰因

(Sergei Eisenstein)的恐怖片《墨西哥万岁!》的毛片。12 月，当爱因斯坦的第二次访问临近时，他已经准备好再次为自己的未来作打算:“我今天决定，”他在日记中写道，“我将根本放弃我在柏林的职务，我将在往后的人生中像候鸟一样漂泊不定。”

这只漂泊不定的候鸟没有在帕萨迪纳筑窝。美国教育家亚伯拉罕·弗莱克斯纳(Abraham Flexner)在加州理工学院找到了爱因斯坦。弗莱克斯纳正在创建一所新的高等研究院，但还没有确定地点和名称，在 1930 年被特许了 500 万美元的捐赠款。他俩在爱因斯坦下榻的俱乐部各大厅里来来回回作了大约一个小时的散步。5 月，他们在牛津大学再次会面，6 月，再一次在柏林郊外卡普斯的爱因斯坦的避暑别墅会面。“我们当时坐在阳台上聊到晚上，”弗莱克斯纳回忆说，“爱因斯坦邀请我吃晚饭。吃过晚饭，我们差不多聊到夜里 11 点钟。此时，已经完全清楚了，爱因斯坦和他的妻子准备移民美国。”他们一起走到公共汽车站。爱因斯坦在将他的客人送上公共汽车时对客人说:“我的热情为此而燃烧。”(Ich bin Feuer und Flamme dafür.)高等研究院将在新泽西州的普林斯顿建立起来。爱因斯坦是它争取到的第一个伟人。爱因斯坦提出年薪 3000 美元，而他的妻子和弗莱克斯纳商定了一份更可观的 15000 美元的年薪。这是加州理工学院一直准备提供的待遇。可是在加州理工学院，正如以前在苏黎世大学一样，爱因斯坦会被要求授课。而在高等研究院，他唯一的职责就是思考。

爱因斯坦全家于 1932 年 12 月离开卡普斯，预计在新的一年将分别在普林斯顿和柏林度过。爱因斯坦深知这一点。“转个身，”当他们出门时，他告诉妻子，“你将永远也不会再看到它了。”她认为他的悲观主义有点傻。

在3月中旬,纳粹救世军在这所空房里搜寻隐藏的武器。此时,爱因斯坦公然大声说反对希特勒,并且正在回到欧洲准备迁居。他和他的妻子、两个继女、秘书、助手和两个比利时保镖临时居住在比利时的一座海滨名城拉考苏梅,因为受到暗杀的威胁,所以请了保镖。在柏林,他的女婿设法为他安排了家具包装托运。这个法国人热情地用外交邮袋将他的个人论文发送到巴黎。1933年3月底,这位20世纪最具独创性的物理学家再一次放弃了他的德国国籍。

在尤金·维格纳的俏皮的回忆录中,普林斯顿大学于1930年作为一揽子交易已经争取到了约翰尼·冯·诺伊曼和维格纳。这所大学向保罗·埃伦菲斯特征求改进它的科研体系的建议,埃伦菲斯特"向他们建议不要邀请单个的个人,而至少要两人……他们已经彼此了解,不至于感到突然被放置在一座孤岛上而与任何人都没有亲密交流。当然,在当时,约翰尼的名字举世闻名,所以,他们决定邀请约翰尼·冯·诺伊曼。他们留意:谁和约翰尼·冯·诺伊曼一起写论文?他们发现:是维格纳先生。因此,他们也就发了一份电报给我。"事实上,维格纳已经在一个深奥的物理学领域即通常所说的群论方面赢得了很高声望,1931年他出版了一本有关群论的书。他接受了普林斯顿大学的邀请,并察看了这所大学,并且可能也察看了美国。"在每个人的头脑中已经毫无疑问,外国人,尤其是具有犹太血统的,(在德国)的顺心日子已经屈指可数了……这是如此明白,无须费力理解……它就像是'啊,12月份天气会更冷'一样明白。是的,它将会这样。我们很了解这点。"

利奥·齐拉于1932年10月8日在柏林写给尤金·维格纳的一封沉思的信中探讨了自己的未来。他显然仍然试图组织他的同盟:这一想法已经深入到了他的骨子里,此刻他有比科学更要紧的事情要做,他写道——遗憾的是,它不能再一次被提炼出来。他知道他没法抱怨这样的工作在世界上没有实施的空间。他正在考虑在印度谋求一个实验物理学方面的教授职位,因为这基本上只是一个教学职位,因而他能将他的创造力转移到其他方面。只有老天会知道,在像欧洲或者美国沿华盛顿和波士顿之间的海岸这样一些他看中的地方他会得到什么,因而他不得已可能去印度。无论如何,直到他找到了一个职位,他才会至少无憾地随意进行科学研究。

齐拉约定,当他有了一个"实际计划"时,再给维格纳写信。然而他并不知道,他的实际计划将会是组织令人绝望的救援。他将行李放在达勒姆的哈纳克旅馆里,并坐下来和莉泽·迈特纳谈论威廉皇帝研究所的原子核物理学研究。她有哈恩做她的搭档,哈恩是一流人物,但他是一名化学家。她愿意使用一个像齐拉这样的万事通,但作为合作者就不行。事情变化得太快了。齐拉乘坐了从柏林出发的火车,这列火车证明他即使不比大多数人更为聪明,至少比别人早到了一天。这已经"接近 1933 年 4 月 1 日"。

在苏黎世安全地处于后方的泡利,如果说之前对一些事情理解错了的话,那么,一旦新法令宣布,他就完全明白了。瓦尔特·埃尔萨塞(Walter Elsasser)第一批离开德国,选择了中立国瑞士,乘火车到苏黎世,并在苏黎世工艺学校的物理大楼住了下来。"这座大楼的正门入口,正对着一条宽阔而又笔直的楼梯,它直接通向第二层楼。在我抬步上楼时,在楼梯的顶端出现了沃尔夫冈·泡利的圆脸,他向下喊道:'埃尔萨塞,'他接着说,'你是第一个登上这些楼梯的,我将会在未来数月中看到许多许多的人怎样从这里上楼。'"关于德国专政的想法不再是胡说八道。

学院任命中持续的反犹主义歧视使得依内政职务法的减

员向自然科学倾斜，这样一些研究领域最近发生了比人文科学的老学科更大的演变，德国学术界将自然科学轻蔑地称为“唯物论”并且因此证明犹太人更容易侵入。医药学解除了423个职位，物理学解除了106个，数学解除了60个——在不包括医药学的医学和生物科学方面，总共解除了406个科学家的职位。柏林大学和法兰克福大学分别减少了三分之一的教员。

前程远大的年轻理论物理学家汉斯·贝特当时在蒂宾根大学，他最初从他的一个学生那里得知自己被解除了职位，这个学生写信告诉他，自己在报纸上读到这条消息，并且不知所措。贝特认为这一问题不可思议——是他被解职，而不是这个学生——并且要了一份这条新闻的复制件。汉斯·盖革当时是蒂宾根大学的一名实验物理学教授，是从柏林转到这里来的。1932年11月，当贝特作为一名理论物理学家成为这所大学的教员时，“盖革向我解释他的实验，并在其他方面也给了我很多关照，因此，在个人关系上，似乎一切都不错。”当时，贝特理所当然地写信给正在度假的盖革求助，“他回了一封完全冷淡的信说，鉴于变化了的情况，有必要免去我往后的职务——任期。没有安慰的话，没有歉意——什么也没有。”没过几天，就接到了官方的通知。

27岁的贝特身体强健、不知疲倦，是一名滑雪和登山爱好者，在物理学方面特别自信，尽管在社会方面有点羞怯。他的眼睛是蓝色的，具有日尔曼人的容貌特征；他的头发稀少，呈深棕色，剪得很短，像刷子一样竖立在他的头上。他迎难而上的习惯使他赢得了“战舰”的名声，只是这艘特别稳定的船舶常常发出哈哈大笑的“轰鸣”声。他已经发表了重要的著作。

贝特于1906年7月2日出生于斯特拉斯堡，在童年时代迁居基尔，然后，当他在大学当生理学家的父亲取得越来越多的学术成就时，他们迁居到法兰克福。他不认为自己是犹太人："我不是犹太人。我的母亲是犹太人，但在希特勒上台前，不管怎样都没有差异。"他的父亲的背景是新教徒和普鲁士人；他的母亲是斯特拉斯堡一名医药教授的女儿。他有两位犹太人的外祖父母，这就足以让蒂宾根大学解除他的职务。

贝特于1924年在法兰克福开始大学学习。两年后，他的指导老师认识到他在理论物理学方面的天赋，便将他送到在慕尼黑的阿诺尔德·索末菲那里。索末菲培养了德语世界里近三分之一的理论物理学教授；他的门徒包括马克斯·冯·劳厄、沃尔夫冈·泡利和沃纳·海森伯。当贝特在这里时，美国化学家莱纳斯·鲍林(Linus Pauling)像德国人鲁道夫·派尔斯(Rudolf Peierls)、美国人爱德华·康登(Edward U. Condon)和拉比一样，来到这里和索末菲一起工作。爱德华·特勒于1928年从卡尔斯鲁厄来到这里，但是，就在两个年轻人之间的关系发展成朋友关系之前，特勒在一次电车事故中受了伤，他的右脚正好在踝关节以上伤势严重。就在截肢手术后痊愈时，索末菲在外做60岁生日的环球旅行，贝特留在家里，他正在通过他的博士学位考试，并寻找一份自己的工作；由于索末菲不在，特勒选择转到莱比锡与海森伯一起进行研究。贝特到卡文迪什实验室出任洛克菲勒教席，然后到罗马，再后来在蒂宾根接受了一个职位。

因为盖革拒绝帮助他解决被蒂宾根大学解职的困难，贝特便向慕尼黑请求帮助。"索末菲立即作了答复，'这里很欢迎你。我将再次给你一个研究员职位，赶紧回来。'"在慕尼黑呆了一段时间后，贝特应邀到曼彻斯特，然后到哥本哈根与玻尔一起工作。于1934年夏天，康奈尔大学为他提供了一个副教授职位。他以前的一个学生，现在是伊萨卡学院物理学系教员，给他推荐了这个职位。他接受了这个职位并乘船去美国，于1935年2月上旬到达。

1930年，特勒于莱比锡在海森伯的指导下获得了哲学博士学位，作为一名研究合作者留下来工作到第二年，然后转到哥廷根市在哥廷根物理化学学院工作。“他早期的那些论文，”尤金·维格纳写道，“完全具有时代精神：量子力学的应用的推广领域。”特勒探索了物理学能进一步发展的部分——化学和分子物理学——具有强烈的独创性，在1930年到1936年之间，大约产生了30篇论文，其中大部分是和合作者一同写的，因为他计算马虎并且对通篇精雕细琢缺乏耐心。

“我不得不离开，这是预料中的结局，”特勒回忆说，“毕竟，我不只是一名犹太人，甚至我还不是一名德国公民。我想成为一名科学家；留在德国当一名科学家并且取得任何继续工作的机会的可能性随着希特勒的上台而消失了。正如别的许多人所做的那样，我必须尽快离开。”这个学院的主任阿诺尔德·奥伊肯(Arnold Eucken)是“一名老牌的德国国家主义者”。就在特勒和他一起于1933年3月乘坐同一列往南的火车离开学校度春假时，他证实了特勒的结论。“我真的想让你留下来，”特勒回忆奥伊肯当时这样含糊其词地说，“但是，在这一新局势下，不存在你留下来的理由。我愿意帮助你，但你在德国没有前途。”然后，问题就是何去何从。特勒紧张地面对他在布达佩斯的父母——他们想要他呆在匈牙利，回到哥廷根后，特勒坐下来申请了一份洛克菲勒研究基金到哥本哈根与玻尔一起工作。

在汉堡，奥托·弗里施决定，他终究必须认真对待希特勒。弗里施是一名英俊的年轻实验家，具有精巧发明的天赋，为奥托·斯特恩工作。斯特恩是一个长得像水桶一样的加利西亚人，他曾在爱因斯坦的指导下学习，4年前，就是他对劳伦斯大声嚷嚷着催他赶紧着手回旋加速器方面的工作。弗里施写道,斯特恩"十分震惊地发现,我是有犹太血统的,正像他自己和他的四名合作者中的另外两人一样。他将不得不离开,并且我们中的三个人也必须离开",尽管"汉堡这座城市具有自由汉莎的传统,它的大学很不情愿这么一种种族法令生效,从而,在其他大学听从法令已经好几个月后,我都还没有被解雇"。

在纳粹公布《内政职务恢复法》之前,弗里施已经申请过并获得了一份去罗马与恩里科·费米一起工作的洛克菲勒研究基金。这一基金项目是为有希望的年轻科学家离开他们现有的职位免费出国从事一年的研究工作而设置的,期望他们一年后能够返回复职。在危机到来时,基金会就不幸地选择了吝啬地实施它的规则。弗里施说:"不久(基金会)告诉我,因希特勒的那些法令而使情况发生了变化,我回来后不再有工作可做,所以他们必须撤消(他们)对我应允的资助。得知这一消息,我非常失望,甚至感到厌恶。"

同时,玻尔来到了汉堡。他正在全德国旅行以确定谁需要帮助。"对我来说,这是一个伟大的经历,"弗里施写道,"突然间就面对着尼尔斯·玻尔——这样一个在我看来几乎是传奇中的人物——并且看到他像一位慈父一样对着我微笑;他捏着我的马甲上的钮扣并且说:'我希望你能来和我们一起工作一段时间,我们喜欢能进行"思想实验"的人!'"(弗里施最近证实了量子理论的预言,即当一个原子放出一个光子时,它要被反冲,这个运动以前被认为太微小以至于不能测量出来。)"那天晚上,我写信回家给我的母亲……并告诉她不要担忧:那位仁慈的主亲自捏着我的马甲上的钮扣并对我微笑,这就是我确切的感觉。"

斯特恩,以一份独立的财富和国际声誉作为个人保障,着手为他的人寻找落脚点。“斯特恩说，他打算去旅行，”弗里施继续说，“并且看看是否能推销掉他的犹太人合作者——我的意思是说，为他们找到安身之处。他说，他打算试试将我推销给居里夫人。因此，我说，‘哦，尽你所能吧。我会非常感激你为我所做的任何事情。只要将我推销给任何想接受我的人就行。’当我（从国外访问实验室）返回时，他说，居里夫人没有接受我，但布莱克特接受了我。”帕特里克·梅纳德·斯图尔特·布莱克特（Patrick Maynard Stuart Blackett），出生于伦敦，高个，参加过海军，有着一张精瘦而精力旺盛的面孔，他是卢瑟福的门徒之一和未来的桂冠学者。在经历了一次有关卡文迪什实验室教学负担过重的激烈争论后，他刚刚离开卡文迪什实验室转到了伦敦的一所劳工学院——伯克贝克学院。“如果物理学实验室非得独裁地运作，”布莱克特面色苍白地从卢瑟福的办公室出来，发誓说，“我宁愿当我自己的独裁者。”伯克贝克学院是一所夜校，实验家能够在白天平静地工作，除非当布莱克特的自动化云室被一束经过的宇宙射线触发，这在他们当中就像炮弹爆炸一样。这是一个临时性工作，弗里施接受了这份工作。当第二年职务到期时，他横渡北海到哥本哈根和仁慈的主一道工作。

他了解到他的姨妈很快就安全了，心里感到宽慰。莉泽·迈特纳在紧接着的那个9月份在柏林大学作演讲遭到禁止，但是，因为她的国籍是奥地利而不是德国，所以她被允许继续在威廉皇帝研究所工作。可是，她承认耍了个花招。那年春天，哈恩在康奈尔大学作完有关放射化学的演讲，当他仓促地返回以救援留下来的遭难的研究所职员时，迈特纳找到了他。她的外甥解释说：

莉泽·迈特纳总是对她的犹太人身份保持平静。她从不认为她与犹太人传统有任何关系。尽管从种族上来说她是一个地道的犹太人，但她是在婴儿时期受洗的，她只认为自己是一名恰好有犹太祖先的新教徒。并且，当所有这些(反犹主义)麻烦开始时，也许一方面是为了不给自己惹麻烦，另一方面是不想为难她的朋友们，她感到应该平静对待。当希特勒将这一切变成公开时，可以说情况变得相当麻烦，她只好到哈恩那里将情况告诉他："你知道，我真的是一名犹太人，并且我会给你带来麻烦。"

在哥廷根，诺贝尔奖桂冠学者詹姆斯·弗兰克，一名物理化学家，跟尼尔斯·玻尔有过一段谈话。尽管弗兰克是一名犹太人，但他没有受到内政职务法的影响，因为第一次世界大战期间他在前线参过战。他义愤填膺。问题是决定该怎么做。他听取过许多人的意见，但他隔了较长一段时间后告诉一位朋友，是玻尔说服了他：玻尔坚持认为个人对他们的社会的政治行动确实负有责任。弗兰克是哥廷根第二物理研究所的主任，他于4月17日辞职以示抗议，并登报声明。

马克斯·玻恩赞同弗兰克的信念，并且称赞他的勇气，但不愿意公开对抗。他从4月25日起就被置于一个性质模糊的"休假"状态，但从校方听说，学校的安排可能最终使他恢复原位，玻恩不领情地回答说，他不想要特别的待遇。"我们打算立即离开德国，"他写道。玻恩全家已经在阿尔卑斯山山谷城镇租得一套公寓用于避暑；他们向前推移了使用日期并提前到达。"因此，我们在5月上旬启程去了南部的蒂罗尔。"经过莱顿时，他将这一消息发给了爱因斯坦。此时，牛津大学正在争取爱因斯坦。"埃伦菲斯特将你的信转给了我，"爱因斯坦于5月30日从牛津大学回信说，"我高兴地得知你辞去了你的职位(你和弗兰克)。谢天谢地，你们总算脱离了危险。但一想到那些年轻人，我的心就感到发痛。"

那些年轻人——那些刚刚开始起步的科学家和学者，至今还没有发表过成果，因而还没有国际声誉——他们需要比非正式安置更多的东西。他们需要有组织的支持。

利奥·齐拉搭乘早班火车到了维也纳，在这里，他住进了女王饭店。有关《内政职务恢复法》的新闻传到了他这里，可能是在门廊里，他读到第一批被解职人员的名单。那些暴行使他走上街头散心。他偶然遇到一个从柏林来的老朋友，这位朋友的名字叫雅各布·马沙克（Jacob Marshack），是一位计量经济学家。齐拉坚持认为他们应该做一些救援工作。他们一同去看望戈特弗雷德·库恩瓦尔德（Gottfried Kuhnwald）——"基督教社会党的一个年迈、驼背的犹太人顾问，"齐拉的一个仰慕者解释说，"库恩瓦尔德是一个神秘而又精明的人，是地道的奥地利人，像弗朗茨·约瑟夫一样蓄着络腮胡子。他立即认同将会大规模排斥犹太人这样一种看法。他说，到时候法国人会为那些受害者祈祷，英国人会组织他们的救援，而美国人会为此而支付费用。"

库恩瓦尔德将这两个"阴谋家"送到一名当时访问维也纳的德国经济学家那里。这位德国经济学家接着向他们建议，伦敦经济学院的主任威廉·贝弗里奇（William Beveridge）爵士当时也正在访问维也纳，他从事价格史的研究，已经在女王饭店登记了房间。齐拉在他的房间里公然挑战这位英国人，并且发现，他只是略施慈悲安排一名被解雇的经济学家到他的学校里来，此外并未作更进一步的考虑。这种响应对于齐拉的口味来说至少差了 3 个数量级，他准备用事实打动威廉爵士。

库恩瓦尔德、贝弗里奇和齐拉坐到一起喝茶，齐拉给他们读了德国各院校解雇的名单。齐拉的仰慕者写道，贝弗里奇当即同意，"他一回到英国并做完他议事日程中最重要的事情,就设法组织一个委员会为纳粹主义的学术界受害人寻找职位;他建议齐拉应该去伦敦并不时地督促他。如果督促时间够长而且够频繁,他也许能做一些事情。"

这位忙碌的经济学家并不怎么需要督促。齐拉随他一起到伦敦,并且,5 月的一个周末在剑桥大学,贝弗里奇说服欧内斯特·卢瑟福来领导一个学术援助委员会。这个委员会于 5 月 22 日宣布,它打算"提供一个情报交换所和信息中心"并且"寻求资金的筹集。"在这个宣言上签名的著名学者,除了贝弗里奇和卢瑟福之外,还有 J·S·霍尔丹(J. S. Haldane)、吉尔伯特·默里(Gilbert Murray)、A·E·豪斯曼(A. E. Housman)、J·J·汤姆孙、G·M·特里维廉(G. M. Trevelyan)和约翰·梅纳德·凯因斯(John Maynard Keynes)。

大约与此同时,在美国,正在产生类似的响应。约翰·杜威(John Dewey)在哥伦比亚大学帮助建立了一个学院研究基金。还有一些直接的对个人的救援,像康奈尔大学就聘用了汉斯·贝特。美国主要的努力成果,即被解雇德国学者紧急救援委员会,是在国际教育学院的主持下组织起来的。

那年夏天,齐拉四处物色人选。他并不觉得他能合适地代表学术援助委员会(尽管他作为一名不拿报酬的志愿者 8 月份在它的办公室里干了一个月),因此,他奔走致力于安置现有的人群并开始接待新人。5 月上旬和哈伊姆·魏茨曼的一次"长时间而又令人满意的会见",使他从英国的犹太人那里赢得了支持。爱因斯坦考虑过创建一所"流亡大学";齐拉正在对莱昂·罗森菲尔德做工作,说服他将他的声望转而投入到公共事务中来。在瑞士,他提醒国际学生服务机构和全国联合会的知识分子合作部注意。在荷兰,他提醒神经质而又无组织的埃伦菲斯特注意,埃伦菲斯特拥有一个用于支持来访的理论物理学家的小规模基金。比利时的大学校长们表示"同情",齐拉返回后向贝弗里奇汇报说,但是,"战争记忆使得在比利时建立任何援助德国科学家的组织都会很难。"

玻尔全家竭尽全力配合齐拉的行动。玻尔在哥本哈根召集他的夏季例会,但这一次,奥托·弗里施写道:"他提议将(这次例会)用来进行一种劳务交换。"弗里施发现,这是"一件乱糟糟的事,人这么多,而用来把他们梳理清楚的时间又这么少"。

当爱德华·特勒在哥廷根申请一份洛克菲勒研究基金时,正是因为玻尔的帮助,他才有了工作的希望。基金会拒绝将这一份经费给他,基于与取消奥托·弗里施经费一样的理由:因为特勒到时候将无法返回复职。詹姆斯·弗兰克和马克斯·玻恩代表特勒与英国方面联系,很快,英国方面提供的不是一个而是两个临时职位。特勒接受了在伦敦的大学学院的一个物理学助教职位。1934 年初,在伦敦,带着给他以保障的洛克菲勒研究基金,他转到了哥本哈根。

齐拉从一个美国人那里获得了帮助,这是一位哥伦比亚大学的物理学家,名叫本杰明·利博维茨(Benjamin Liebowitz),他发明了一种新型的衬衫衣领并自己建了一家衬衫厂。利博维茨时年 42 岁,比齐拉大 7 岁。1932 年年初,当齐拉对美国作简短访问时,两个人见过面,随后在柏林,他们又一次见面并加深了友谊。像齐拉一样,利博维茨也在做无偿的救援工作。两人意气相投,这位纽约人为齐拉提供了有用的与美国人的联系方法。利博维茨在 5 月上旬回到纽约后在一封信中将这位德国人的境遇作了一番生动的特征化描述:

> 要描述在德国所有阶层的犹太人的完全绝望是做不到的。他们被从他们的职业中赶出来并终止事业的彻底性是令人震惊的。除非从外部获得帮助,对于数千人也

许是数万人来说前途渺茫,除非饿死或(自杀)。这是一场规模巨大的"冷酷的集体迫害",这不只是针对犹太人的;当然共产主义者也包括其中,但这不是按人种而进行的迫害;社会民主主义者和自由主义者已经或者正在遭到查禁,尤其是当他们在最小限度内进行反纳粹运动的抗议时……

利奥·齐拉博士……被证明是最好的预言家——他能够比我所知道的任何其他人更好地预见事情的发展。在这场风暴到来前的几周,他就开始明确表述对德国科学家和学者提供救援的计划。

齐拉为自己还没有落脚点而感到紧张不安。8月份,他写信给另一位朋友说,他没有"打消去印度的念头,当然这一念头也没有变得更强烈。"他不反对去美国,但他更愿意住在英国。尽管他"很累,"但觉得"在英国很快乐。"当他展望未来时,他的快乐立刻就暗淡下来:"完全有可能,德国人将重整军备,而我不相信在往后几年里其他力量的介入会阻止得了它。因此,可以预期,要不了几年,欧洲会形成两个庞大的相互对立的武装集团,而后果将是我们自动地卷入战争,这或许违反任何一个派别的愿望。"

当他在南安普顿大街的路边步行并开始思考梦魇般的未来时,这一切使他对9月里寒冷、潮湿、阴暗的日子有所准备。

9月9日,爱因斯坦最后一次横渡海峡,在海军航空兵司令神气体面的保护下来到英国,这位司令名叫奥利弗·斯底林弗利特·洛克-兰普森(Oliver Stillingfleet Locker-Lampson),具有律师和下院议员的身份。当他在俄罗斯的尼古拉大公那里当差时,曾因具有特别的声望被邀请刺杀操控皇权的魔僧拉斯普京(Rasputin),这个非同寻常的邀请导致了他失势。第二天早晨,洛克-兰普森将这位著名的物理学家送到英格兰东海岸沼泽地上一所孤立的度假房子里。爱因斯坦是在他妻子的坚持下离开比利时的:她担心他会有生命危险。当她组织全家移民时,他已经住进了诺顿希思,走到沼泽地“找山羊谈话,”他说。在那里,他了解到他交往最久且关系最密切的朋友之一保罗·埃伦菲斯特自杀的消息,9 月 25 日,埃伦菲斯特试图杀死他最小的儿子而弄瞎了儿子的眼睛,然后自杀了。

救援的最大公开事件是在皇家艾伯特大厅举行的一次群众性集会,这个大厅是在伦敦下肯辛顿花园中的一个大圆形礼堂。爱因斯坦是特邀演讲者,因此大厅里 1 万个座位全都坐得满满的,走廊上也挤满了人。卢瑟福从剑桥大学来到这里主持集会。会后,爱因斯坦收拾好了他的行李袋,和他的妻子一同,于 10 月 7 日乘坐从安特卫普出发到纽约而中途在南安普敦停靠的“西部乐园”号去了美国。

这次群众性集会原打算募集资金,但是募集得很少。剑桥大学物理学家穆恩(P. B. Moon)这样回忆卢瑟福这次受到的挫折:

> 他为从希特勒的德国逃亡出来的难民做了很多事情,在他的实验室里安置他们中的一些人,为维持他们和他们的家庭过日子而凑钱,直到他们找到可靠的职位。他告诉我,这些人中有一个找到他说发现了这种或那种东西。我立即打住他并且说“很多人都知道这个”,“但是,穆恩你要知道,这些家伙正生活在一种非常艰难尴尬的环境里。他们必须挣扎出来。”

事实上,戈特弗里德·库恩瓦尔德的精明预言,除了“法国人会为受害者祈祷”落了空,都在救援努力的头两年得以实现:英国一国在临时安置方面接近于全世界其他所有国家,而美国的贡献,主要来自于像洛克菲勒这样的基金会,其美元额与其他国家的总数相当。因而,当美国的经济萧条开始缓解而英国学术系统感到拮据时,移民开始向美国方面增加。在官方应急委员会的资助下,1933 年有 30 名科学家和学者到达美国,1934 年 32 名,1935 年仅为 15 名,但在 1938 年有 43 名到达,1939 年为 97 名,1940 年 59 名,1941 年 50 名。这并不是物理学家的大多数:借助于物理学家们的国际伙伴关系和熟人网络,他们能够更好地相互提供帮助。在 1933 年到 1941 年间,大约有 100 名逃难的物理学家迁居到美国。

爱因斯坦向他的朋友比利时女王伊丽莎白报告说,普林斯顿"是一个奇妙的小地方,一个略具半神半人式夸张的古雅而又讲究礼仪的村庄。然而,忽略他们的某些社会习俗的话,我已经能够为自己创造一个有利于研究和摆脱烦恼的环境条件。"维格纳注意到,冯·诺伊曼"第一天就和美国结下了不解之缘。他认为:这是一群公正的人们,他们不会按照那些毫无意义的传统方式谈话。一定程度上美国唯物主义要比欧洲更为强盛,这一点也吸引了他。"当斯坦尼斯拉夫·乌拉姆于 1935 年到达普林斯顿时,他发现,冯·诺伊曼舒适地住在一所"宽大而且令人羡慕的房子里。一个黑人仆人将我迎了进去。"冯·诺伊曼每星期举行两到三次聚会。"这并非完全无忧无虑,"乌拉姆特别提到,"未来世界前景的阴影弥漫于社会环境中。"一些年后,当乌拉姆在哈佛大学当一名初级研究员时,他明确表达了他本人对美国的热情,不过用对美国极端恶劣的天气的批评加以缓和:"我常常告诉我的朋友们,美国像神话故事中的一个小孩,在他出生时,所有善良的精灵们都带着礼物前来祝贺,只有一个没有来。这就是带来好天气的那个精灵。"

利奥波德·因费尔德乘坐火车从纽约出发经过新泽西到达普林斯顿，“对这么多的木质房屋感到惊讶；在欧洲，它们被贬为不值钱的代用品，因为它们不像砖瓦结构那样能抵御长时间的侵蚀。”他在旅途中不免注意到：“满眼是废弃的旧汽车，成堆的废铁。”普林斯顿大学校园空空如也。他找到一家旅馆并询问学生们都去了什么地方。办事员回答说，也许是看圣母玛丽亚去了。“我疯了吗？”因费尔德问自己，“圣母玛丽亚在巴黎，这是街道空寂的普林斯顿。这都意味着什么？”他很快就恍然大悟，“突然，整个气氛变了。它在一瞬间以一个跳跃的方式发生了变化。一辆辆小车开始跑起来了，人群潮水般通过街道，喧闹的学生们喊着唱着。”因费尔德于星期六到达普林斯顿，每逢星期六，普林斯顿都举行圣母玛丽亚橄榄球赛。

就在新世界的第一夜，汉斯·贝特走遍了整个纽约。

一名化学家，名叫库尔特·门德尔松（Kurt Mendelssohn），生动地回忆起他逃出来后的那个早晨：“当我醒来时，太阳正照在我的脸上。我睡得很深，睡得很香，时间又长——这是好几周来第一次睡得这么好了。（昨晚）我到达伦敦，我在没有恐惧的情况下上床睡觉，凌晨3点一辆坐着两个男性救世军的小车开过来并将我带走了。”

在自由成为科学和事业之前，在自由成为生计之前，甚至在自由成为家庭和爱情之前，自由就是睡一个安稳觉，就是平安地得见朝阳的升起。

第八章

轰动与发掘

1933 年 10 月下旬在布鲁塞尔举行的第七届索尔韦会议，成了乔治·伽莫夫逃离苏联的通行证。他因持现代观念而受到理论物理学家的冷淡。去年夏天，这位高个、长着金发、身体强健的敖德萨人和他的也是物理学家的妻子罗（Rho）一起，试图驾驶一艘帆船逃离苏联。他们驾驶的是一艘可折叠的橡皮艇，在没有气象报告方面帮助的情况下横渡黑海，从克里米亚出发逃向南面 270 公里的土耳其海岸。他们带了一只袖珍式罗盘仪，小心储藏的煮熟了的鸡蛋、做好的巧克力、两瓶白兰地酒和一大袋新鲜的草莓，在早晨假装外出旅行就出发了。他们用力划了一整天的船直到深夜。他们所带的唯一的文件是伽莫夫的丹麦文摩托车驾驶证，这是 1930 年冬天他在卡文迪什实验室与卢瑟福一起工作结束后去哥本哈根工作期间的纪念物。伽莫夫打算向土耳其出示这个文件，用丹麦语声明自己是一个丹麦人，前往最近的丹麦领事馆，并远距离地请求玻尔伸出援手。但是，黑海是以它的风暴著称的。狂风阻碍了伽莫夫的外逃，在阴沉的海面上，他们弄得全身湿透、精疲力竭，经历了一个寒冷的黑夜后最终被大风刮回了苏联这面的海岸。

回到列宁格勒的第二年，伽莫夫接到政府方面发给他作为正式代表参加索尔韦会议的通知。“我简直不能相信自己的眼睛，”他在自传中这样写道。这是一次逃离这个国家的便利机会——只是罗不能一同前往。伽莫夫决定要么争取到第二份护照，要么就对抗性地呆在家里。通过他所认识的布尔什维克经济学家尼古拉·布哈林(Nikolai Bukharin)，安排了一次在克里姆林宫和党的主席维亚切斯拉夫·莫洛托夫(Vyacheslav Molotov)的会面。莫洛托夫感到奇怪，这个理论物理学家离开妻子两个星期就没法活。伽莫夫编造了一个同志感情的故事：

> “你知道，”我说，“为了说明我提出这一请求的动机，我应该告诉你，我妻子是一名物理学家，通常充当我的科学秘书，整理我的论文、笔记，等等。因此，没有她的帮助，我无法参加这样的大型会议。但是，这不完全是真的。关键是她从没出过国，并且，在布鲁塞尔参加会议完毕，我想领着她去巴黎参观卢浮宫、疯狂牧羊女夜总会等，然后就是外出购物。”

莫洛托夫明白了。“我想这一安排不会有什么困难，”他告诉伽莫夫。

当领取护照的时间到来时，伽莫夫发现，莫洛托夫改变了他的想法，他不愿意开这样一个会惹麻烦的先例。伽莫夫固执地拒绝合作。护照办事处叫他领取护照叫了三次，他坚持了三次，非要等到获得两份护照为止。第四次，“电话里的声音通知我，两份护照准备好了。真的是两份！”(在索尔韦大会后，这个年轻的叛逃者乘船去了美国。伽莫夫在密执安大学舒适的安阿伯分校教暑期班，然后在这里接受了位于华盛顿哥伦比亚特区的乔治·华盛顿大学的教授职位。)

这一次索尔韦会议，首次致力于原子核物理学，吸引了两代第一流的男人和女人：在老一代物理学家中，有玛丽·居里、卢瑟福、玻尔、莉泽·迈特纳；在年轻的物理学家中，有海森伯、泡利、恩里科·费米、查德威克、伽莫夫、伊蕾娜和弗雷德里克·约里奥-居里、帕特里克·布莱克特、鲁道夫·派尔斯(其中有8人来自于剑桥大学而没有一人来自灾难中的哥廷根)。那一年,欧内斯特·劳伦斯和他的回旋加速器代表了美国。

他们辩论着质子的结构。当时他们所讨论的其他主题可能更为意义深远。不过没有人会证明这一点。1932年8月2日,加州理工学院一位名叫卡尔·安德森(Carl Anderson)的美国实验物理学家,借助于精心准备好的云室,在一簇宇宙射线中发现了一种新的粒子。这种粒子是一种带正电而不是带负电的电子,是一种"正电子。"这首次表明,宇宙不仅由物质组成而且也由反物质组成。(这一发现使安德森获得1936年度诺贝尔奖。)世界各地的物理学家们立即审查他们的云室照片上的径迹资料并且辨认他们在此之前漏掉的正电子径迹(约里奥-居里曾错过了发现中子,这次他们也错过了发现正电子)。这种新粒子使人们想到,带正电荷的质子可能实质上是一种复合物,可能不是一种单一的粒子,而是由一个中子和一个正电子结合而成的。(事实不是这样,在原子核中,已证明没有可以容纳无论是带正电的电子还是带负电的电子的空间。)

约里奥-居里夫妇在鉴定了他们在这之前错过了的正电子后,他们重新启用他们的云室,并且用其他实验安排寻找这种新粒子。他们发现,如果他们用从钋中发射的α粒子轰击中等重量的元素,靶元素便会喷射出质子。当时他们注意到,较轻的元素,特别是铝和硼,有时会喷射一个中子和一个正电子,而不是一个质子。这似乎是说明质子是复合物的一个证据。他们满怀激情地将他们的这一证据在索尔韦会议上作了报告。

莉泽·迈特纳对约里奥－居里夫妇的报告提出了批评。她在威廉皇帝研究所进行了类似的实验，她对她的工作的谨慎的精确度有较高的置信度。她强调说，在她的实验中，"没能发现一个单个的中子。"会议上的意见倾向于迈特纳。"最后，绝大多数出席会议的物理学家不相信我们的实验的精确度，"约里奥说，"会后，我们感到很沮丧。"幸好理论物理学家介入了。"但是，就在此时，尼尔斯·玻尔将我们拉到一边……告诉我们他认为我们的结果非常重要。不一会，泡利也给了我们同样的鼓励。"约里奥－居里夫妇回到巴黎后决定彻底澄清这一问题。

这对夫妇，当时丈夫33岁，妻子36岁，与一个小女儿在家里。夏天，他们一起划船和游泳；冬天一起滑雪。他们在拉丁广场皮埃尔·居里大街上的实验室里一起卓有成效地工作。伊蕾娜于1932年接替她的母亲成为镭研究所的主任，玛丽·居里这位长期寡居的先驱者因为太多的年头暴露在辐射下工作而患上了致命的白血病。

出现中子和正电子而不出现质子，这似乎很有可能是依赖于轰击靶元素的α粒子的能量。约里奥－居里夫妇能够通过将钋源移到离靶元素较远的距离上，从而让α粒子在空气中通过较长距离而使其速度变慢的办法来检测这一可能性。约里奥着手工作。无疑，他看到了中子。于是他将钋移得远离铝箔靶，"当α粒子达到一个最小速度时，中子的发射完全停止。"但是，随后发生了某些让他惊奇的事情。在停止发射中子后，正电子的发射还在继续——并不是突然停止而是逐渐减少，"只是经历一个时间周期……就像是从一种天然放射性元素中发出的放射一样。"接下来的是什么？约里奥用一个云室观察了这种粒子，在云室的过饱和汽雾中捕获它们的离子化径迹。现在，他换上一台盖革计数器并把伊蕾娜叫来。正如他第二天向一个同事解释说的:"我用从钋源发出的 α 射线辐照这种靶,能够听到盖革计数器中的噼啪声。我将钋源移得远些,噼啪声应该要停止,但事实上,它还在继续。"大约过了 3 分钟,这一奇怪的活性下降到它原来强度的一半。他们几乎不敢认为这一时间周期就是一个半衰期。这可能只是说明盖革计数器的性能不稳定。

一个年轻的德国物理学家,名叫沃尔夫冈·根特纳(Wolfgang Gentner),他是研究盖革计数器的专家,那年正在这个研究所工作。约里奥请他检查这些实验仪器。约里奥-居里夫妇外出参加一个社交会,他们找不出借口回避这次晚会。"第二天早晨,"约里奥把那天的事情告诉一个同事,这位同事写道,"约里奥-居里夫妇在他们的桌子上发现根特纳手写的一张便条,告诉他们那台盖革计数器一切正常。"

因而,他们几乎确定,他们发现了怎样用人工方法制造出放射性物质。

他们对这种可能的反应进行了计算。一个铝原子核有 13 个质子和 14 个中子,俘获一个拥有 2 个质子和 2 个中子的 α 粒子,并且立即发射 1 个中子,于是铝原子核肯定转变成为一个拥有 15 个质子和 15 个中子(13+2=15 个质子,14+2-1=15 个中子)的不稳定的同位素磷。然后,磷可能衰变成硅(14 个质子和 16 个中子)。3 分钟的时间段是这种衰变的半衰期。

他们无法用化学方法找出这极微量的硅来。约里奥-居里夫妇因为这一发现而于 1935 年获得诺贝尔化学奖。获奖时,约里奥解释了其中的原因:"这些转换的产物很少,形成的各元素的量……不足 10^{-15}(克),至多代表几百万个原子"——太少,以至于很难单独用化学反应的方法来找出它们。但是,他们能够用一台盖革计数器跟踪磷的放射性。如果这确实标志着某些铝元素向磷元素发生了人工嬗变,那么,他们应该能够用化学方法分离出两种不同的元素。放射性将会伴随新产生的磷而继续下去,并留下没被转变的铝。但是,他们需要一个限定在3分钟之内完成的分离过程,也就是说,这一分离过程要在越来越微弱的放射性减弱到盖革计数器的阈值以下之前完成。

这一要求使附近实验室的一位化学家感到为难——“从来没有用这种观点设想过化学,”约里奥说——但是,他设计了必要的程序。约里奥-居里将一块铝箔经过辐照后投入到盛有盐酸的容器中然后盖上容器。盐酸溶解了铝箔,反应生成了氢气,氢气应该将磷一同带出溶液。他们用倒置的试管收集这些气体。溶解了的铝变得安静了,而气体却使得盖革计数器响个不停:不管怎样,放射性已经使人相信了。另一个化学测试证明,放射性物质是磷。约里奥像一个孩子一样地又蹦又跳。

这一发现可以作为伊蕾娜献给病中的母亲的一份礼物,这位母亲使自己的女儿有了今日,也对女婿给予过帮助:

> 当我和伊蕾娜将这装在一支小玻璃管中的有史以来的第一种人工放射性元素出示给玛丽·居里看时,她理解了我们的研究工作,我决不会忘记她充满强烈喜悦的表情。我仍然记得她将她的手指(已经被镭烧伤)放进这盛有放射性化合物的小玻璃管中——不过在这个试管中放射性非常微弱。为了核实我们告诉她的事情,她将小玻璃管放在一台盖革-米勒计数器旁边并且她能听到大量的“噼啪”声给出的计数率。无疑,这是她生命中最后的重大满足。

约里奥-居里将他们的工作作了报道——“本世纪最重

要的发现之一，"埃米利奥·塞格雷在他的《现代物理学史》中这样说——这篇文章发表在1934年1月15日的法文刊物《报道》上以及给4天后出版的《自然》杂志的一封信中。"这些实验给出了人工嬗变的第一个化学证明，"他们自豪地作出了这样的结论。卢瑟福不出两星期就写信给他们："祝贺你俩做了一件精美的工作，我敢肯定这终将被证明是非常重要的。"他自己也试着做过大量的这种实验，他说，"但是没有取得成功"——这是出自实验大师的高度赞扬。

他们证明了，不仅像卢瑟福所做的那样，将原子核击成碎片是可能的，而且人为地迫使它以放射性衰变的方式释放一些能量也是可能的。约里奥在共同获得诺贝尔奖演说的自己那一半中预见到这种轰击的潜在后果。他说，随着科学的进步，"我们有权思考，科学家们能够随意合成元素或者击碎元素，将有可能带来一种爆炸型的转化……如果这种转化得以成功地推向各种物质，那么能够想象，有用的能量将能够大量被释放。"但他也看到了灾难的可能性，"如果这种传染病蔓延到我们这颗星球上的所有元素的话"：

> 天文学家有时观察到，一颗中等大小的恒星在尺寸上突然增加；一颗用肉眼看不见的恒星可能变得非常明亮以至于不需要望远镜就能看到——这就是一颗新星的出现。恒星的这一突然爆发也许应归因于一种爆炸性的物质转化，这种物质转化是我们一直在想象而现在才认识到了的——研究者们无疑将试图实现这种转化过程，我们希望采取必要的防范措施。

利奥·齐拉没有接到参加索尔韦会议的邀请信。到了1933年10月，他还没有完成任何原子核物理学方面的工作，不过，在他的头脑中孕育了成熟的实验。8月份，他写过一封信给一位朋友说，他"目前正在花很多钱四处走动，当然也没有挣到钱，而且不可能坚持很长时间。"原子核的链式反应的想法"变成了他的一种固执的信念。"当他于1月份听到约里奥-居里夫妇的发现时，他的固执的信念顿时如鲜花般绽放："我突然认识到，探索这样一种链式反应的工具已经被找到了。"

他转到一家比较便宜的旅馆，在特拉法尔加广场附近的斯庄特宫殿宾馆，并安定下来进行思考。他毕竟有"一点点存款"，"也许足以维持一年我已经习惯了的生活，因此，我也就不特别着急找一份工作"——因而，新想法的兴奋缓解了他在8月份的紧迫感。浴室在大厅的下面。"我记得，我走进我的浴室……大约在早晨9点钟左右。没有什么地方比躺在浴缸里更适合思考。我只是浸泡在水中并思考问题，大约在12点钟，女仆敲门问：'先生，你怎么样了？'然后，我通常是走出浴室，写下一些笔记，处理一些备忘录。"

这些"备忘录"中的一个采取专利申请的形式，与原子能有关，于1934年3月12日申报。这是那一年以及第二年间几个同类文件中的第一个，所有这些同类文件最终归并成一份完整的说明书："化学元素的嬗变或相关方面的改进。"（同一天，齐拉申请了一个专利，但从没发布过，只是提出用缩微胶卷登记备案。）齐拉已经认识到——在9月份有关诱导链式反应的种种方法的议论中——在轰击原子核方面，中子比α粒子更为有效。他现在用这一见解提出产生人工放射性的另一种方法：

> 根据现有的发明，放射性物体能通过用中子轰击合适的元素产生出来……这种不带电荷的核子甚至能穿透

包括重元素在内的物质而不受离子化损耗，从而导致放射性物质的形成。

这是第一步。它是一篇雷声大、雨点小的作品。对于相信中子可能诱发出人工放射性，齐拉只有理论依据，他没有做过必要的实验。迄今为止，只有约里奥－居里夫妇利用 α 粒子做过了这种实验。齐拉正在追寻比人工放射性更多的事情。他在追寻链式反应、能量产生和原子弹。他尚未使课题研究成熟到可申请专利的地步。他尚不清楚哪种元素或哪些元素每俘获一个中子可以放出两个或更多的中子。他后来说，他在某些方面决定，"所要做的合理的事情应该是系统地研究所有的元素。已知的元素达 92 种。不过，当然这是相当烦人的工作，所以我想，我应该弄到一些钱，建造一些设备，然后雇用一些人，他们只需坐下来对这些元素逐一进行研究。"

这种工作并不怎么烦人。事实上是齐拉缺乏做这种工作的资源——有进入一个实验室的机会，有一班专注工作的人，有足够的财政支持。"没有一个物理学家对这种链式反应的想法有热情，"他后来回忆说。卢瑟福把他请出了门。布莱克特告诉他："你看看，在英国，你的这种古怪的想法是不会侥幸成功的。也许在俄罗斯还行。如果俄罗斯物理学家跑到政府那里（说）：'我们必须产生一个链式反应，'他们就会为他提供他需要的所有资金和设备。但在英国你无法得到。"齐拉泡在浴缸里以抵抗伦敦的寒冷，然后回过头来构思未来。用中子轰击各种元素而系统地研究它们的千载难逢的机会从他身边溜走了。

这个机会却落到了罗马的恩里科·费米和他的年轻同事们组成的小组的头上。费米做好了准备。他手头有齐拉所缺少的一切。他几乎和齐拉同时认识到，中子比起 α 粒子来，能够更好地轰击原子核。这一点并非显而易见。人们用 α 粒子产生中子(正如约里奥－居里夫妇为获取正电子所采用的方法那样)。因为不是所有的 α 粒子都能击中靶元素,所以,中性粒子相对来说就会珍贵得多。正如奥托·弗里施后来写道:“我记得我做过的实验以及可能是费米做过的许多其他实验实在是一些笨拙的实验,因为中子比 α 粒子要稀少得多。当然,这一简单论点忽视了这些实验非常有效。”

费米之所以有所准备,是因为他用了超过 4 年的时间创立了他的实验室,用来对原子核物理学进行重大的研究。如果意大利已经是物理学研究的活跃的中心之一,那么,他就可能会太专注于已有的工作以至于不能像他此时这样精心地作进一步规划。但是,在费米刚起步时,意大利的物理学像早已遭火山毁坏的庞贝城一样荒凉。他别无选择地只得清扫瓦砾,从头做起。

费米的两位传记作者——他的妻子劳拉以及他的学生也是他的获得诺贝尔奖的同事埃米利奥·塞格雷——都将费米立志献身于物理学研究的时间确定在 1915 年冬天,那时他 14 岁,他的哥哥朱利奥死了,给他带来了心理上的创伤。他和他的哥哥只相差一岁,小时候,这两个孩子的关系亲密无间。朱利奥死于咽喉脓肿的不太大的外科手术,这使得恩里科突然陷入失去亲人的悲痛之中。

同一年冬天的一个集市日,年轻的恩里科在罗马的鲜花广场的各个货摊间徜徉。这个广场上耸立着一尊塑像,纪念思想家布鲁诺(Giordano Bruno),他是一名哥白尼学说的捍卫者,于 1600 年被宗教裁判所绑在火刑柱上烧死了。费米在货摊上发现了用拉丁文写成的两卷本旧书,《物理数学原理》(Elementorum physicae mathematicae),这是 1840 年出版的一名耶稣会物理学家的著作。这个孤独的孩子用他的零用钱买下了这两本物理学教科书并带回了家。这两本书激发了他极大的兴趣，他通读了它们的内容。当他读完时，他告诉他的姐姐玛丽亚（Maria）说，他甚至没有在意过它们是用拉丁文写成的。“费米一定很彻底地研读了这些专著，”塞格雷许多年后看过这陈旧的书卷时断定，“因为它包含有旁注，对错误作出的更正，以及用费米笔迹写的一些注解性的纸片。”

从那一次起，费米成为物理学家的过程迅速而且平稳，这成为唯一的显著特例。他的父亲的一个朋友，名叫阿道夫·阿米得（Adolfo Amidei），是一名工程师，对费米青少年时期的数学和物理学的学习给予了指导。1914 年到 1917 年间，阿米得借给他代数、三角、解析几何、微积分学和理论力学方面的课本。当恩里科跳过他的第三个学年提前从里奇欧（中学）毕业时，阿米得问他是否更喜欢将数学或物理学作为一种事业，并且把这一点郑重其事地写下来时，这个年轻人明确回答说：“我带着热情学习数学，因为我认为这对于学习物理学是必要的，而我希望心无旁骛地献身于物理学事业……我已经读过了所有有名的物理学书籍。”

然后，阿米得建议费米不要去上罗马的大学而要去上比萨的大学，因为在比萨他能竞争成为一名加盟具有国际声誉的比萨高等师范学院的研究员，这所学院能提供他的食宿。他的建议的其他动机之一，阿米得告诉塞格雷，是他想让费米离开家，这个家“充满了朱利奥死去之后的压抑气氛……”

当师范学院的主考官看过费米的指定标题为“声音的特征”的竞争论文时，他被震惊了。塞格雷报告说，这篇论文提出“振动棒的偏微分方程，费米用付里叶分析方法求解，找到了它的本征值和本征频率……还有什么更适合作为博士考试的论文呢？”主考官将这位 17 岁的里奇欧毕业生叫了过来，告诉他，他是非常出色的，并预言他会成为一名重要的科学家。到了1920年，费米在给朋友的一封信中能够说，他达到了在比萨教他的教师的程度："在物理系，我正在慢慢地成为最具影响力的权威。事实上，总有一天，我会（在一些要人面前）举行一次量子理论方面的讲演，我一直是这方面的一名重要传播者。"当他还是在比萨的一名学生时，就研究出了他的第一个具有永久性价值的理论，一个在广义相对论方面的预言性推论。

1923年冬天，他意外地遇到了迅速进步的机遇。费米获得了一份去哥廷根在马克斯·玻恩指导下从事研究的博士后奖学金。当时，沃尔夫冈·泡利在那里，沃纳·海森伯和风华正茂的年轻理论物理学家帕斯库尔·约尔丹也在那里。但是，不知何故，费米的突出能力变得不那么显眼了，他感到自己被忽视了。按塞格雷的说法就是，因为他"腼腆、骄傲，并且习惯于孤独，"他可能自暴自弃过。也可能是这些德国人因意大利物理学水平较低而对他怀有偏见。也许，更加可能的是，费米内心深处对哲学的厌恶一度使他说话结巴：他"无法深入理解海森伯在量子力学方面的早期论文，不是因为存在数学方面的困难，而是因为物理学概念对他来说太陌生并且似乎有些模糊不清。"并且，他在哥廷根写论文，"也可以在罗马写论文。"塞格雷下结论说，"在费米的记忆中，在哥廷根的那段时间是失败的。他在这里呆了几个月。他坐在他的桌边做他的工作。他没有取得进展。他们没有认可他。"第二年，保罗·埃伦菲斯特通过一个以往的学生捎话称赞费米，埃伦菲斯特的这个学生在罗马拜访过费米。然后，一份3个月的奖学金使得这个年轻的意大利人来到莱顿接受埃伦菲斯特向来排得满满当当的训练。这以后，费米对自己的价值有了把握。

他对哲学化的物理学总是反感；一种严格的简单性，一种对具体性的坚持,变成了他研究风格的特点。塞格雷认为他倾向于“通过直接的实验证实具体问题”。维格纳注意到,费米“讨厌复杂的理论,并且尽可能地回避它们”。贝特谈到过费米的“启发性的简明性”。少有雅量、说话尖酸的泡利称他为“量子工程师”;尽管维克托·韦斯科普夫(Victor Weisskopf)是费米的一名仰慕者,他还是觉得泡利说的风凉话有些道理,认为费米的工作就风格上而言与玻尔他们的更为哲学化的原始工作有差异。“他不是一名哲学家,”奥本海默曾经描绘费米说,“热衷于清晰性。他简直无法容忍事物模糊不清。由于事物总是这样不够清晰,这就使得他相当活跃。”一位曾经与中年时的费米共事过的美国物理学家认为他“冷静而清晰……在决定任何问题时在直接指向事实的方法上也许还表现得有点冷酷,倾向于鄙弃和忽视人类本性中的一些含糊法则。”

费米对清晰性的爱好也是一种对量化的爱好。他似乎已经试图对他所能触及的每一件事情都进行量化,好像只有当各种现象和它们之间的相互关系能够被分类或者加以编号时,他才会感到舒服一样。“费米的大拇指就是他随身携带的尺子,”劳拉·费米写道,“通过将它靠近他的左眼并且闭上他的右眼,他便会测出一条山脉的距离、一颗树的高度、甚至一只飞鸟的速度。”他的分类爱好“是天生的,”劳拉这样断定,“我听说过他按照人们的身高、面容、财富、或者甚至性感程度来‘编排人们’。”

费米于1901年9月29日出生于罗马,这个家庭在19世纪从波河流域的农民成功地转型为意大利国家铁路的文职人员。他的父亲是铁路部门的一名部门管理人员,职称相当于军队中的准将军衔。按照当时普通意大利人的习俗,婴儿时的恩里科被送到乡下和奶娘一起生活。他的哥哥朱利奥也是如此,但因恩里科的身体虚弱,他一直长到两岁半才回到他的父母身边。当时,面对满屋自称是他家人的陌生人,并且“也许,”劳拉写道,“他思念起了奶娘那粗笨的唠叨”,他开始哭起来:

> 他母亲用坚定的声音责备他,要他立即停止啼哭;在这个家里,不听话的孩子是不能容忍的。立刻,这个孩子听话了,擦干了眼泪,不再哭闹了。然后,在他童年时代往后的日子里,他都采取不与权威对抗的态度。如果他们想要他表现得怎样,好,他就表现得怎样;听从他们比对抗他们更为容易。

1926 年,当费米 25 岁时,他在意大利竞争系统(即国家竞争系统)中胜出,成为罗马大学理论物理学教授。一名有影响的支持者负责设置了新职位,这是一位西西里岛人,名叫奥尔索·马里奥·科宾诺(Orso Mario Corbino),他是一个矮个、深肤色、快活的男人。当费米于 1921 年找到他时,他 46 岁,任罗马大学物理学院的主任,是一位卓越的物理学家,并且是意大利王国的一名参议员。因为意大利物理学家的老保守派对费米的快速晋升表示不满,所以,费米对科宾诺的支持带来的保护作用尤其欢迎。科宾诺为了他在改进意大利物理学方面的努力而向圆脑袋、记者出身的贝尼托·墨索里尼的法西斯政府寻求支持,尽管这位参议员本人还不是一名纳粹党员。

20 世纪 20 年代晚期,科宾诺和他的年轻教授一致认为,他们在罗马建立一个小组来拓展物理学前沿新领域的时机已经成熟。他们选择了原子核物理学作为他们的新领域,那时他们找到了量子力学的描述,但尚未进行实验分解。1927 年年初，费米的高个、博学的比萨同学佛朗哥·拉塞蒂(Franco Rasetti)作为科宾诺的第一助手加盟其中。拉塞蒂和费米一同将塞格雷弄到科摩会议上，向他解释与会名人的成就，从而召募到了塞格雷，此时，塞格雷正在研究工程学。塞格雷发现，泡利和海森伯认识到了费米的才能，并将他当成了朋友。塞格雷是一家生意兴隆的造纸厂老板的儿子，他以出众的智力、高雅的仪态对小组作出了贡献。

科宾诺对这所工程学校进行了真诚直率的人才搜索，将爱德华多·阿玛尔迪(Edoardo Amaldi)收进了小组，这是帕多瓦大学一名数学教授的儿子。这个小组很快给费米取了一个绰号，叫"教皇"，因为他的量子论具有绝对可靠性；科宾诺，像卡文迪什实验室的卢瑟福在剑桥所做的那样，将他们都称为"男孩子"。拉塞蒂到加州理工学院、塞格雷到阿姆斯特丹去取经。在20世纪30年代初期，在决定深入研究原子核物理学之后，费米再一次将他们送了出去：塞格雷去汉堡与奥托·斯特恩一起工作，阿玛尔迪去莱比锡到物理化学家彼得·德拜(Peter Debye)的实验室工作，拉塞蒂到威廉皇帝研究所和莉泽·迈特纳一起工作。到了1933年，小组能取得每年2000美元的部门经费预算，这是意大利许多物理系的预算的10倍，拥有一台制作精良的云室和一个随时可用的镭源，以及在各种盖革计数器方面的威廉皇帝研究所式的训练。小组即将开始运作了。

与此同时，在索尔韦会议两个月后，费米完成了他一生中主要的理论工作——一篇关于β衰变的基础性论文。所谓β衰变，就是在发生放射性变化时，由原子核产生和发射高能电子的过程，这一过程需要一个详细的量子化理论来描述，费米提供了这样一个完整的理论。他引进了一种新类型的力，即"弱相互作用"，完善了自然界中已知的四种基本作用力：引力和电磁力，它们在长程上起作用；以及强作用力和费米的弱作用力，它们在原子核尺度内起作用。他引进一个新的基本常数，现在称为费米常数，可由已有的实验数据确定。“一篇美妙无比的论文，”韦斯科普夫后来称赞道，“……是费米的直觉的重要标志。”在伦敦，《自然》杂志的一个编辑拒绝接受它，因为它离物理事实太远，对此，费米感到恼火但又好笑；他将它发表在意大利研究委员会不怎么有名的周刊《科学探索》(Ricerca Scientifica)上，阿玛尔迪的妻子吉内斯特拉(Ginestra)在那里工作，随后，又发表在德国《物理学杂志》上。只需做较小的调整修改，费米的 β 衰变理论就成了一直是权威性的理论。

报道了约里奥－居里夫妇发现人工放射性的法文刊物《报道》，在费米于 1934 年 1 月从阿尔卑斯山滑雪回来后立刻送到了罗马。“我们尚未找到任何(原子核物理学)问题来着手研究，”阿玛尔迪回忆说，“……然后就出现了约里奥的论文，费米立刻开始探究放射性。”像齐拉一样，费米看到了应用中子的优势。拉比在一次讲演中列举了这些优势：

> 因为中子不带电荷，所以不存在强大的电排斥阻止它进入原子核内。事实上，使核子保持在一起的吸引力可能还拖曳着中子进入原子核。当一个中子进入一个原子核时，其效果大约就像月球撞击地球一样造成剧烈的变化。原子核在这一打击下猛烈振荡着，在碰撞导致中子被俘获的情况下尤其如此。大量的能量增益产生了，并且一定会耗散掉，这种情况可能会形式多样地发生，所有这些都很有趣。

费米开始进行他的中子轰击实验时的年纪是 33 岁，他是矮个，蓄着胡子，深色皮肤，有着浓密的黑发，长着狭小的鼻子和好奇的蓝灰色眼睛。他的嗓音低沉并且容易露齿而笑。娇小美丽的劳拉·卡蓬(Laura Capon)是一位意大利海军中的犹太军官的女儿,他与劳拉的婚姻,促使他养成了有条不紊的习性:他先在家里做几个小时的家务,9 点钟到达物理学院,工作到 12 点 30 分回家吃午饭,4 点钟回到学院继续工作到晚上 8 点钟,然后回到家中吃晚饭。结婚以后,他的体重也增加了。

他和他领导下的年轻同事们组成的小组占据着学院二楼的南侧,与科宾诺和罗马公共卫生部的首席物理学家共用这部分空间。罗马公共卫生部的健康部门的这位慷慨的核心人物名叫特拉巴奇(G. C. Trabacchi),他将一些设备借给科宾诺的男孩子们,并且提供他们做实验所需的物资(作为回报,他们爱戴他,给他取的绰号是"神的眷顾")。安东尼诺·洛索尔多(Antonino Lo Sordo)是一名失意的老派守旧的物理学家,他的办公室在这层楼的北端,避开了这个"侵犯的群落"。科宾诺和他家住在这上面,这个住处后面俯瞰着一个私家花园,在这个花园的中央有一个金鱼池。一楼供学生用;地下室放着发电机和公共卫生部门装镭用的铅封的保险箱,这些镭价值 670000 里拉——约合 34000 美元——当时正值镭的最有历史性使用价值的年份。在保险箱的一个壁上,有一些玻璃管从里面通到外面,用以导出由镭衰变形成的氡气,通向气密的萃取装置,这是一个普通的有许多玻璃管柱子的精密设备,用于对放射性气体提纯和干燥。学院住宅的上楼层位于较长的下楼层之上,因为在一头有一个拱顶的圆形小厅占去了空间,所以缩短了一些,上面就是盖瓦的屋顶。"这座靠近罗马中心的一个山坡上的小公园里的建筑既方便又美观,"塞格雷回忆说,"花园,是一道有着棕榈树和竹林的风景,总是保持着寂静(除了黄昏时分,此时麻雀成群地回到公园树丛的巢穴中)，使得学院成为一个非常宁静和有魅力的研究中心。”一条在罗马金色阳光下发出白色亮光的砾石路面直通帕尼斯佩纳路。

通常，费米坚持亲手进行中子实验。2月份和3月上旬，他剪掉药瓶底以得到铝圆筒，并亲手把它组装成粗糙的盖革计数器。接上电线，充上气体，把它们的端部封起来，并且贴上铅片，这些计数器比起薄荷糖卷稍微小些，比起现代商业品来说，其效果差了上百倍，但是，在费米的操作下，它们能管用。在费米制作盖革计数器时，他要求拉塞蒂准备一个钋为原料的中子源，让它蒸发到铍靶上。因为钋放出相对低能的α粒子，铍靶每秒钟会放出相对来说很少的几个中子，费米和拉塞蒂辐照了几种样品，都没有成功。

就在这个时候，拉塞蒂令人吃惊地表现出对历史性实验缺乏热情，离开罗马到摩洛哥度复活节假期去了。费米探索了一些方法以获取较强的中子源。早先在巴黎、剑桥和柏林以及罗马之所以要用钋的道理是，像氡这样的强α辐射源也放出很强的β辐射和γ辐射，这会给仪器带来干扰，从而妨碍测量。费米突然意识到，由于他正在试图观察一种延迟效应，不管怎样，他只是在移去中子源之后才进行测量——因而，任何β辐射和γ辐射都不成问题，他能够使用氡。特拉巴奇有备用的氡并且欣然答应给他们一些；氡有着仅仅3.82天的半衰期，无论如何它都会很快衰变殆尽；这时，他的发着光的镭“绿豆”不断地放出新鲜的氡气。

3月中旬，费米身穿灰色的实验外套，走向帕尼斯佩纳路的物理学院的地下室，他随身携带着一支不比小手指的第一节粗的玻璃管。玻璃管的一端用火焰焊封好，并且部分地填充了粉末状的铍。他将这一玻璃管密封的一端放入装有液态空气的容器。氡气直接从萃取装置的出口处被导入到玻璃管内，在摄氏零下 200 度下冷却凝聚在玻璃管的壁上。然后，在氡气蒸发并逸出之前，费米尝试在不弄破玻璃管壁的情况下快速加热、抽回玻璃管并封住另一端。尝试几次后成功了。他将中子源放到一根粗一些的 0.6 米长的玻璃管中，并且将它封在远端，从而能够在远处操作它，以避免暴露在它的 γ 射线之下而保证安全，这样就完成了中子源的准备过程。与冗长的准备过程相比，中子源的使用寿命是短暂的。

起初，费米是独自一人工作。他终于打算辐照周期表中的大多数元素，并井井有条地从最轻的元素开始。他计算过他的中子源每秒钟为他提供的中子数超过 100000 个。“小圆柱形容器填充上被测物质，”在他的第一份报告中他解释说，“受到来自这个中子源的从数分钟到数小时不等的时间的辐射作用。”费米首先辐照水——同时测试氢和氧——然后测试锂、铍、硼和碳，都没有诱导出它们的放射性。劳拉说，他随后动摇了，因为老没结果而气馁，但是，费米在家很少讲本职工作，劳拉的怀疑未必可靠：他从约里奥－居里夫妇的工作中了解到铝和 α 粒子的反应，铝在周期表中的位置又稍微远一些，而中子应该更为有效地与它起反应。

不管怎样，他在又一次尝试时取得了成功，使用的是氟：“氟化钙被中子源辐照几分钟，并且迅速放到计数器附近，在最初片刻，脉冲增强了；其效应随之迅速减弱，大约 10 秒钟时间达到一半的值。”

很快，他在铝中发现了一种具有 12 分钟的半衰期的辐射，与约里奥－居里夫妇的发现结果不同。他第一次用铝把他的工作与约里奥－居里夫妇的工作联系在一起，在 1934 年 3 月 25 日的《科学探索》(Ricerca Scientifica)上以快报方式报告了他的发现。

在“由中子轰击引发的放射性”这一课题方面的第一次

报告，用罗马数字"Ⅰ"标记。这种研究仍在继续进行。随着工作向前推进，费米召回了阿玛尔迪和塞格雷，并发电报给还在摩洛哥的拉塞蒂赶快赶回家。塞格雷写道：

> 我们这样安排我们的活动：费米负责实验以及理论计算的主要部分；阿玛尔迪负责照看我们现在所称的电子仪器；我保管被辐照的物质和中子源等等。当然，实验室的这种分工并不严格，我们都参与所有阶段的工作，但是，我们按照工作流程进行了一定的职责划分，工作非常快地向前推进着。我们需要我们所能获得的一切帮助，我们甚至征募一个学生的弟弟（大概 12 岁）来帮忙，给他讲他做的事很有趣而且很重要，就是准备一些干净的纸筒，我们能用这些纸筒装被辐照的材料。

投到《科学探索》上的第二篇快报（并且以摘要形式投到《自然》上）报告了对铁、硅、磷、氯、钒、铜、砷、银、碲、碘、铬、钡、钠、镁、钛、锌、硒、锑、溴和镧这些元素的人工诱导放射性。到此时，他们已经建立了一个常规程序：他们在二楼的一头辐照物质，而在另一头用盖革计数器进行测试。这样就为计数器屏蔽了中子源的杂散辐射。但是，这也带来问题，每当诱导的放射性的半衰期很短时，就要有人跑着通过走廊。"阿玛尔迪和费米总以自己是最快的奔跑者而自豪，"劳拉解释说，"他们是要在物质极短的寿命内从走廊的一头跑到另一头。他们总是在赛跑，恩里科声称自己能够比爱德华跑得快。但是，他不是一个输得起的人。"有一天，来了一个有声望的西班牙人向费米称呼"费米阁下"，而这位年轻的罗马理论物理学教授奔跑时脏兮兮的实验室外套在身后飘了起来，差点将这位来访者撞倒在地。

终于轮到对铀进行实验了。他们对观察到的效应大致进行了分类。轻元素通常通过喷射出一个质子或一个 α 粒子蜕变成更轻的元素。但是,原子核周围的电势垒对核子离开或进入核都起着阻碍作用,并且,随着原子序数增加,势垒强度也在增加。所以,重元素变得较重而不是较轻:它们俘获轰击用的中子,通过放出 γ 辐射释放出它的结合能,因而增加了一个中子的质量,而没有增加或减少电量,变成它们本身的一个较重的同位素。这种同位素然后通过延迟发射一束带负电的 β 射线,衰变成一种原子序数大一号的元素。铀就是这样变化的,它延迟发射一个 β 电子。费米认识到,这意味着,用中子轰击铀会首先产生一个较重的同位素铀 239,然后变成一个新的人造超铀元素,原子序数为 93,这是地球上以前从未出现过的物质。

他们有必要提纯那些其自然衰变产物发出暗淡的 β 射线的铀样品(硝酸铀溶液是一种淡黄色的液体)。(铀通过一连串有 14 个复杂步骤的自然衰变,在周期表中降到钍、镤、镭、氡、钋和铋再到铅。)慷慨的特拉巴奇此时甚至将一名年轻的化学家借给这个小组,这个人名叫奥斯卡·德阿戈斯蒂洛(Oscar D'Agostino),是一名在皮埃尔·居里大街接受过放射化学训练的新人;德阿戈斯蒂洛于 5 月上旬完成了艰巨的提纯工作。他们现在使用更强的中子源,强度达到 800 毫居里的氡,大约每秒产生 100 万个中子。辐照硝酸铀产生"有多种(半衰期)的非常强的效应:一种半衰期大约为 1 分钟,另一种为 13 分钟,此外,更长的半衰期尚未准确测出。"——他们在 5 月 10 日的报告中这样写道。

这几种诱导的放射性都放出 β 射线。β 辐射使得正在发出这种辐射的不管哪个原子增加一个原子序数。然后,似乎随之而来的是,它们沿周期表向上转变到周期表上没标出的人造元素的新区域。为了确认这一令人震惊的可能性,费米需要用化学分离法证明，中子轰击并没有莫名其妙地产生出比铀轻的元素。1分钟的半衰期对于研究工作来说时间太短，所以，他将目光放在半衰期为13分钟的那种物质上。德阿戈斯蒂洛用50%的硝酸稀释被辐照的硝酸铀，在酸里溶进少量的锰盐，并将溶液煮沸。通过加入氯化钠到煮沸的溶液中，他沉淀出了二氧化锰结晶。当他从溶液中过滤出结晶时，放射性就伴随锰一起产生，很像约里奥-居里夫妇在铝中用氢气诱导出的放射性。如果放射性能够连同锰载体一起从铀溶液中沉淀出来，那么它一定不再是铀了。

通过加入其他载体和沉淀其他化合物，德阿戈斯蒂洛证明了，13分钟物质不是镤（91号）、钍（90号）、锕（89号）、镭（88号）、铋（83号），也不是铅（82号）。这种物质其表现也把87号元素（后来称为钫）和86号元素（氡）排除在外。85号元素还是未知的。也许因为半衰期不同，所以费米不打算检测钋（84号元素）。但是，他觉得他已经十分彻底了。“有关13分钟放射性物质有别于大量重元素的特性的这一否定性证据，”他在6月份的《自然》上慎重地报告说，“暗示了一种可能性，这种元素的原子序数可能大于92。”

科宾诺迫不及待地在学年结束的年度集会上宣布发现了“一种新的元素”，意大利国王也出席了这次集会，这使得新闻界一阵狂呼，也使得费米度过了几个不眠之夜。因为如此出色地完成了齐拉的“相当烦人的工作”，这位疲惫不堪的物理学家在那次集会后，携妻子和小女儿内拉到阿根廷、乌拉圭和巴西，去作由意大利政府发起的夏季巡回演讲旅游。

1934年的那个春天，利奥·齐拉从他的浴缸里出来，继续开始他喜爱的事业，这就是释放出原子核能并且拯救世界，但还没有加入那个行列。在4月下旬的一个谴责日本近来占领满洲的备忘录中，他似乎朝前看得更远：“科学家的发现，”

他写道，“为人类提供了武器，如果我们不能成功地避免进一步的战争，那么这些武器可能毁掉我们现今的文明。”他大概是指军用飞机；战略轰炸的恐怖以及为平衡恐怖而造成的潜在威慑在三十年代中期被广为散播。但是，他差不多也在确确实实地思考原子弹。

几周前，为了寻找一个赞助人，他将《世界解放》的第一章的复制件寄给了英国通用电器公司的创始人雨果·赫斯特(Hugo Hirst)爵士。“当然，”他带着一点苦涩地写信给雨果爵士，仍然念念不忘卢瑟福的预言，“这完全是镜花水月，但我有理由相信，当考虑到物理学方面的最新发现的工业应用时，该书作者的预言可能会被证明比科学家的预言更为准确。物理学家们对于我们为什么不能在目前产生工业规模上应用的新能源持有决定性的论点；我不敢断定他们是否还记得这一点。”

齐拉在“工业用途的能量”之外还看到了战争武器的可能性，这在他的注册日期为 1934 年 6 月 28 日和 7 月 4 日的两项专利修正稿中明显体现出来了。以前，他描述过“化学元素的嬗变”，现在，他加上了“通过原子核嬗变在动力生产和其他用途方面的原子核能的释放”。他首次提出“一种链式反应；在这种反应中，不带正电而质量近似等于质子质量的粒子或这种粒子(也就是中子)的一个倍数构成链式反应的一个环节。”他描述了后来称为“临界质量”的概念的基本特征——“临界质量”就是实现链式反应自我维持所需要的链式反应物质的量。他明白，用“一些廉价的重金属，比方铅”将发生链式反应的物质球团团包围起来，能够减小临界质量的大小，因为这种金属物质会将中子反射回物质球中，这就是后来称为“反射层”的基本概念(根据将泥土填入钻孔以限制通常的炸药爆炸来类比，英文上称反射层为“tamper”，有填塞物的含义)。并且,他懂得,如果他使能发生链式反应的物质达到临界质量,将会有什么情况发生;他在申请的第4页上简明地写出了它的结果:

> 如果厚度超过临界值……我能产生出一次爆炸。

好像在某种遥远的宿命账簿中标记了一个时代的终结和另一个时代的开端一样,玛丽·斯克洛多夫斯卡·居里,1867年11月7日生于波兰的华沙,就在齐拉进行文件归档的那一天,即1934年7月4日,在萨瓦去世了。爱因斯坦致以最好的悼词:“玛丽·居里,”他说,“在所有的伟人中,唯有她的声名永垂不朽。”

在档案记录中,没有任何记录显示齐拉考虑过铀。他在6月份的那份专利修正稿中描述了使用轻的、银色的铍元素产生链式反应的可能性,铍在元素周期表中排在第4位。

为了研究那种金属,齐拉需要进入一个实验室并且需要有一个辐射源。铍核内部的束缚很松,他猜测他不仅能用α粒子或中子,甚至能用γ射线或高能X射线,将核内的中子打击出来,镭发出γ射线,并且在最靠近的大医院里能方便地得到镭。所以,齐拉这位不同寻常的务实的空想家,顺便拜访了圣巴塞洛缪医院医学院的物理系主任。他能使用圣巴塞的镭做实验吗?镭的药用价值已广为人知。但“在夏季镭用得不是很多。”这位系主任认为,如果他与本系的某个职员合作的话,他就能够使用。“有一个很不错的年轻英国人,却尔曼斯(T. A. Chalmers)先生,他有胆量,所以,我们开始合作并在随后而来的两个月里做实验。”

他们的第一个实验演示了用中子轰击碘化合物从而分离碘的同位素的一种卓越的简单的方法。然后,他们在第二次实验——用从镭发出的γ射线将中子从铍中敲击出来——中，应用这种非常灵敏的齐拉－却尔曼斯效应（这是后来的叫法）作为测量中子产生的工具。"这些实验，"齐拉平静地回忆说，"使我成了一名原子核物理学家，不是在剑桥人的心目中，而是在牛津人的心目中。（实际上，齐拉在那年春天向卢瑟福请求到卡文迪什实验室工作，而卢瑟福拒绝了他。）我在此之前从没在原子核物理学方面做过工作，但是，牛津大学将我当成一位专家。……剑桥……决不会犯这个错误。对他们来说，我只是一个可以做所有种类的观察的暴发户，但是，这些观察，在他们在剑桥能够重复并加以确认之前，不能视为新发现。"

如果说齐拉在夏天的工作使他在牛津人的心目中树立起了声望，那么它也使他感到失望：铍被证明是链式反应的一种不能令人满意的候选物。在1935年以前，这个问题都没能解决，原因在于氦的质量的测量值。铍的一种稳定的同位素是由两个氦原子核通过一个中子松散地约束而组成的。它的明显偏大的质量——可以由弗朗西斯·阿斯顿测量出的氦的质量计算出来——似乎表明它应该是不稳定的。但是，质谱仪是一种稳定性差的仪器，甚至由发明者本人来操作也是这样，并且，正如贝特、卢瑟福和其他人将要证实的，阿斯顿的测量是不精确的：他将氦的质量测得太大了。这一错误的后果是使人将铍作为链式反应的候选物，也将它当成原子核能和原子弹的候选物。

埃米利奥·塞格雷和爱德华·阿玛尔迪于7月上旬去剑桥朝圣，在英国呆的时间不长，但将他们有关在罗马进行的中子轰击探究的一篇综合报告随身带上了。他们见到了查德威克、卡皮察和卡文迪什实验室的其他正式职员；看到了退休的正在散步的汤姆孙；阿玛尔迪天真地说，著名的阿斯顿"正在继续改进他的原子质量的测量精度”;他们和卢瑟福进行了一次难忘的会晤,他的“坚强的个性支配着整个实验室”。

这两位年轻的物理学家想到了与卢瑟福的两个男孩子进行实验比对。在中子的研究工作中有一个悬而未决的问题,这一问题使得已有的原子核理论变得可疑。他们随身带来的发表在《自然》上的论文坦率地讨论了这一困难。它涉及所谓的“辐射俘获”,即重元素对中子轰击的典型反应:一个原子核俘获一个中子,放出一个 γ 辐射光子而使它本身在能量方面变得稳定,因而变成了质量增加了一个单位的同位素。

当时,理论将原子核当成一个大的粒子来处理。因而,它有一个确定的直径,这个直径大小是适度的,恰好使一个快速中子能在大约 10^{-21} 秒内通过原子核,从它的一面进入而从另一面出来,即在小于一万亿分之一秒内通过 10 亿次。任何俘获过程都会要求在这样一个短暂的时间间隔内完成。不然,中子就会跑掉了。俘获一个中子意味着使它停留在一个原子核中。这样,原子核就必须吸收中子的运动能量。而原子核也必须接着放出多余的能量。这就是它所做的:放出一个 γ 光子。

但是,费米领导的小组测出的 γ 辐射的次数,与理论上预言的值不同。罗马研究小组得出放出 γ 辐射至少要用 10^{-16} 秒——是理论预言值的 10 万倍,而且无法作出解释。

辐射俘获的确证对理论是一个严峻的挑战。这无疑需要用实验来验证,在这个实验中,当一个重原子核俘获一个中子时,一种更重的同位素真的会产生出来。塞格雷和阿玛尔迪于 1934 年夏天拜访过的卡文迪什实验室研究小组在他们在场的情况下使用钠完成了实验证明的第一部分。随后,他们回到罗马,征得德阿戈斯蒂洛的帮助来进行化学方面的确证。在罗马 8 月份的炎热天气里,他们寻找另外的清晰实例,而且赢得了双份奖赏:"我们也发现了第二种能够'证明'辐射俘获的情况,"阿玛尔迪写道,"它基于(铝)的一种新的放射性同位素的发现,这种同位素具有大约3分钟的寿命。"

费米从南美洲返回的途中,打算中途在伦敦停留参加一个国际物理学大会。他的年轻的同事们捎话告诉他有关他们对铝作出的发现。他向大会报告了在中子方面的工作(齐拉也出席了大会,高兴地听到对他夏季实验工作的称赞,并且在牛津大学获得一份研究基金继续进行实验。)费米说,他的小组迄今为止已经研究了60种元素,并且在40种元素中诱导出了放射性。为了论述辐射俘获问题,他引用了卡文迪什实验室的结果"以及塞格雷和阿玛尔迪在铝方面的实验结果,"他说,两者"都被认为特别重要。"塞格雷描述了暴风雨般的后事:

> 稍后不久,我得了感冒,并且有好几天不能去实验室。阿玛尔迪试图重复我们的实验,并且对被辐照过的铝发现了一个不同的(半衰期),它表明我们所谓的(n,γ)反应(也就是中子进而γ光子出的反应)没有出现。这事被仓促地转告了费米,费米对告诉他一个现在看来是错误的结果感到很不满。他严厉地责备我们,并且毫不掩饰他的不快。整个事情变得非常棘手,因为我们用各种给出矛盾结果的实验都不能找出任何过错。

受到责备的年轻的小组成员必须为自己排定工作。当他们着手对他们最初的粗糙工作进行修正时,一位新的成员加入了进来,这是一个高个、宽肩膀、潇洒的网球冠军,来自比萨,名叫布鲁诺·庞特科沃(Bruno Pontecorvo)。中子轰击激活某些元素的放射性比起激活其他元素的放射性更为强烈。他们以前只是一般性地按强、中、弱这样的强度对放射性激活进行过分类。现在,他们打算建立一个放射性激活的定量标准。他们需要一些标准强度,用来作为测量其他的激活强度。他们选择了方便的2.3分钟半衰期,这是中子在轰击银时诱导出来的。

阿玛尔迪和庞特科沃被分派了工作。他们立即惊讶地发现,在实验室的不同位置,他们的银圆柱体被激活的情况也不同。"特别是,"阿玛尔迪写道,"在黑暗的房子里靠近分光镜有一些木质桌子,它们具有奇妙的特性,因为在这些桌子上辐照过的银比起在同一间房子里的一张大理石桌子上辐照过的银获得了更强的放射性。"

这是神秘的,值得探究。10月18日,他们开始进行系统的研究,在铅室内和铅室外做了一系列的测量。10月22日,他们准备测量当只有一块铅板做成的楔将中子源和它的靶隔开时,可能发生什么事情。但是,那天上午,实验家们必须安排学生们进行考试,于是费米决定自己单独先做实验。他晚年向一位好奇的同事描述他人生中这一历史性时刻所作出的物理学发现的过程:

> 我要告诉你我怎么会作出这一发现;这一发现,我认为是我所做过的最重要的一件事情。我们当时正在非常勤勉地做有关中子诱导放射性的工作,并且我们获得的那些结果没有意义。一天,当我进入实验室时,我想到我应该检测在入射的中子前插入一块铅板产生的效应。与我平常的习惯不同,我花费不少心力准备好了一块加工精细的铅板。我明显地对某些事情感到不满意:我试想过每一种暂时不将铅板插入它的位置的理由。最后,在我非常勉强地将要插上铅板时,我对自己说:"不,我不想让这里是一块铅板;我想让这里是一块石蜡。"事情就是这样,没有预感,没有预先有意识的推理。我立刻随便

拿了几块石蜡，将它放在原来放铅板的地方。

用石蜡取代一种像铅这样的重元素，非同寻常的结果乃是放射性激活强度戏剧性地增加。“大约在中午，”塞格雷回忆说，“所有人都被召来观看用石蜡过滤带来的神奇效应。首先，我认为是计数器出了问题，因为这样强的放射性以前从没有出现过，但是我们立即证明了强放射性来自石蜡对产生放射性的辐射的过滤作用。”劳拉说：“物理学大楼的走廊里回响起大声的惊呼：‘奇妙！不可思议！简直是巫术！’”

即使是他最重要的发现也不能阻止费米回家去吃午饭。他现在是孤单一人，他的妻子和女儿去乡下探访亲友了，要到次日上午才会回来。他独自沉思默想，也许在考虑木桌子和大理石桌子之间的差异，以及石蜡和铅之间的差异。当他在下午三点多钟返回时，他设想了一个答案：中子与石蜡和木头中的氢原子核发生了碰撞，这使得中子的速度慢了下来。所有人都假定快中子更适合轰击原子核，因为快质子和快 α 粒子总是更宜于此。但是，这一类比忽略了中子的与众不同的电中性。带电的粒子需要较高能量克服原子核的电势垒，而中子不需要。将中子速度减慢使它有更多时间处于原子核附近，这也就使它有了更多被俘获的机会。

检验费米理论的简单方法是用石蜡之外包含氢的其他一些材料进行实验（其他轻原子核也会起使中子速度减慢的作用，但是，氢起到的作用最好：它的核是质子，大约与中子有相同的大小和相同的质量，因而，它们最难发生反弹，每碰撞一次都吸收大部分能量）。下到一楼从后门出来，携带着他们的银圆柱体和放置在长玻璃管中的中子源，走到科宾诺的花园的水池边。拉塞蒂曾在这里做过饲养蝾螈的实验，有一个夏天他们都在这里赶时尚地玩过用蜡烛作动力的玩具小船，这里一棵杏树的深色、弯曲的叶片和坚韧、灰暗的果实掩映着池内活泼的金鱼。

水(以及金鱼)中的氢也能起到石蜡的作用。回到实验室,他们很快辐照他们能够得到的任何物质来进行测试,这些物质有:硅、锌、磷,它们似乎并不受慢中子的影响;而铜、碘、铝则受影响。他们在不用铍的情况下测试氡,以确定石蜡影响中子而不影响 γ 射线。他们用一种氧化物代替石蜡,发现在诱导放射性方面增加得就很少。

他们回到家里吃饭,然后在阿玛尔迪家会面。阿玛尔迪的妻子有一台打字机,他们用来准备一份最初的报告。“费米口授,我写,”塞格雷回忆说,“他站在我身边,拉塞蒂、阿玛尔迪和庞特科沃兴奋地在房间里踱步,同时,所有人都提出自己的意见。”劳拉再现了当时的场面:“他们大声地喊出自己的意见,他们热烈地争辩着要写些什么和怎么写,他们用这种振耳欲聋的激动在地板上踱着步,他们将阿玛尔迪家弄得如此热闹,以至于在他们走后阿玛尔迪家的女佣胆怯地询问这些客人是否都喝醉了。”

第二天上午,阿玛尔迪将这份打好的论文交给了《科学探索》编辑部的主任,论文标题为“含氢物质对由中子产生的放射性的影响-Ⅰ”。这篇具有历史性意义的论文包含了对有关铝实验的混淆作出的平静的论证:“铝的情况是值得关注的。在水中,它获得了显示出比 3 分钟稍短的时间周期的放射性……在正常状态下,这一放射性是如此微弱,以至于与同一元素产生的其他放射性相比,它几乎消失了。”

阿玛尔迪和塞格雷关于铝的实验并没有错。他们简单地在不同的桌子上对不同元素的样品进行了辐照。木桌子里面的氢元素减慢了一些中子的速度,而增强了差不多 3 分钟的那种放射性。汉斯·贝特曾经风趣地解释说,减慢中子速度的有效性"可能永远也不会被发现，如果意大利并不盛产大理石的话……一张大理石桌子给出与木桌子不同的结果。如果这个实验是（在美国）做的，那么，全都会在木桌子上做，人们就决不会发现这种有效性。"

慢中子放射性的发现意味着费米他们的小组必须再次将这一方法应用到各种元素上去，以寻找不同的、放射性增强的半衰期——也就是说，寻找不同的同位素和衰变产物。

正当工作向前推进时，在《物理评论》上出现了一篇论文，批评费米小组对铀的早期研究工作。论文的主要作者是阿里斯蒂德斯·冯·格罗塞（Aristide von Grosse），他曾在威廉皇帝研究所当过哈恩的助手，曾提纯过镤的第一批物质样品，镤是哈恩和迈特纳于1917年发现的。冯·格罗塞认为，当费米辐照铀时，他产生出了镤，其原子序数为91，而不是产生了一种新的超铀元素。罗马研究小组将这篇论文当成是进一步实验要考虑的一种挑战。与此同时，哈恩和迈特纳以首创者的身份决定重复费米先前对铀的研究工作。"这是一个合乎逻辑的决定，"哈恩在他的科学自传中解释说，"作为镤的发现者，我们了解它的化学性质。"当柏林和巴黎的研究者们辐照铀时，越来越多的不同的半衰期数目令人费解，哈恩得体地觉得自己比世界上任何其他人都有资格完成这一需要将所有物质拣选出来的精细的放射性化学工作。

1935年1月和2月，在做其他项目的间歇时间，阿玛尔迪着手寻找除了他们这个小组原先已经发现的铀的β反应外的α辐射反应。如果铀在俘获中子后放出α粒子，那么它嬗变的元素在周期表中的位置就会下降而不会上升，沿着这一途径，可能真的会产生镤。阿玛尔迪选择使用一台连着一台线性放大器的电离室来捕获和测量这种辐射。"我开始辐照一些铀箔，"他写道，"……辐照后将它们立即放在薄窗电离室的前面。”什么情况也没有发生。可以设想为，相对于从辐照区跑过走廊到达电离室这段时间来说，这些半衰期太短。阿玛尔迪决定试试直接在电离室前辐照他的样品。这需要屏蔽掉多余的辐射。从他的中子源发出的 γ 射线对电离室起到干扰作用，他通过在中子源和电离室之间放置一块铅板挡掉这些 γ 射线：而铅板对于所希望的中子将不会有阻碍。

他也想滤掉铀的天然 α 辐射本底。做这件事情时，他运用了放射性的一条基本原理，即半衰期越短，辐射的能量越高。天然铀的半衰期大约为45 亿年，它放出的 α 粒子也相应和缓，用一层铝箔就足以将它们挡住。另一方面，如果在这个实验中确实存在一个如此短的半衰期，以至于他非得直接在电离室前面辐照才能使电离室俘获到它们，那么放出的 α 粒子应该有足够高的能量，以至于能够容易地穿透铝和电离室的窗口，进入到电离室被计数。因此，阿玛尔迪用铝箔包裹好他的铀样品。他没有想到他的屏蔽也会将其他反应产物屏蔽掉。1935 年那时候，人们只知道 α 辐射、β 辐射和 γ 辐射是核反应产物。“这些实验，”阿玛尔迪得出结论，“给出了否定的结果。”他没有从铀中发现人工诱导的 α 粒子。

这几个意大利人因此认为，通过辐照铀，他们更有可能制造出新的人造元素。哈恩和迈特纳报告说，他们也这样认为。费米的研究小组将自己的工作整理成一篇论文发表在《英国皇家学会学报》上，这篇论文是 2 月 15 日经过卢瑟福的赞许递给这一刊物的：

> 通过这些实验，铀的 13 分钟诱导放射性和 100 分钟诱导放射性归因于超铀元素这样一个假说似乎得到了进一步的支持。与已知事实相一致的最简单的解释是假定 15 秒、13 分钟和 100 分钟放射性是链式产物（也就是说，

一种衰变接着下一种衰变)，很可能分别具有原子序数92、93和94并且原子量为239。

然而,事实是人们对铀的认识是混乱的,并没有人了解它。

除铍之外其他可选的元素是什么呢?齐拉在伦敦问自己。铍看来值得怀疑。哪一种别的元素会发生链式反应?他在于1935年4月9日提交的一份专利修正说明书中作出了回答:“俘获一个中子能够放出多个中子的其他元素的实例是铀和溴。”他只能猜测,因为没有研究资金,他无法进行实验。与他谈过话的物理学家们对他的想法仍深感疑虑。“所以我想,毕竟在化学上存在某些被称为‘链式反应’的情况。它不像原子核的链式反应,但它仍然是一种链式反应。所以,我想去对化学家说这件事。”齐拉想与之谈话的化学家是某个比他本人更精于募集资金的人:哈伊姆·魏茨曼,他现在就生活和工作在伦敦。魏茨曼接待了齐拉并且“理解我给他讲的东西。”他问齐拉需要多少钱。齐拉说2000英镑——约相当于10000美元。尽管魏茨曼本人确实被资金短缺逼得团团转,但他说他会留心他能做点什么。齐拉回忆说:

> 数星期来我没有从他那儿听到消息,但是,后来我偶然遇到了迈克尔·波拉尼,当时,他到了曼彻斯特大学并在那里当上了化学系的负责人。波拉尼告诉我,魏茨曼前来告诉过他有关我的链式反应的可能性的想法,他想就他是否应该向我提供这笔钱征求波拉尼的建议。波拉尼认为应该做这个实验。

齐拉和魏茨曼的再次见面,是在10年以后了,这是一条历史的鸿沟。魏茨曼后来在1945年年底抱歉地解释说,他并没有忘记齐拉的那个请求,只是在募集这笔资金方面没有成功。

在英国进行救援工作开始以后，齐拉就偶尔和物理学家弗雷德里克·亚历山大·林德曼(Frederick Alexander Lindemann)有联系。林德曼是牛津大学的实验哲学教授，同时是这里的克拉伦顿实验室的主任。就是这个林德曼，不仅富有而且有优越的社会关系，他为齐拉安排了一份研究基金，部分地是出于他要武装破旧的牛津科学实验室，以便与光辉灿烂的剑桥对手抗衡的持久战略。林德曼在这一战役中有效地使用了被纳粹排挤出来的犹太学者，但是有付出才有所得：刚一听到《内政职务恢复法》，他就立即赶到大英帝国化学工业公司，说服它的主管们制定一个拨款计划，并且争辩说，这一投资将会被证明不是慈善施舍而是值得投入的钱。帝国化学工业公司于1933年5月1日已经开始付出了它的第一笔援助款，当时，贝弗里奇和齐拉仍然在实施援救计划。这样一份帝国化学工业公司的援助款，齐拉在随后而来的8月份错过了赢得它的机会，也许因为他尚未完成他夏季在圣巴塞所做的给人印象深刻的实验，不过，林德曼现在正在密切关注。

林德曼是一个高个、潇洒的英国人，1935年49岁，出生于德国的巴顿-巴顿，因为他的母亲决定不让快足月的妊娠妨碍游览这一时髦的温泉区。他的英国父母为了给他们的儿子提供一种卓越的教育，将他送到了达姆施塔特上大学预科班。在第一次世界大战前，他在达姆施塔特工业大学上学，在这所学校，他是化学家瓦尔特·能斯特(Walther Nernst)(1920年度诺贝尔化学奖得主)的学生，他享受过这样一种特殊的家庭关系带来的乐趣，他发觉自己时常在和德皇或者沙皇玩网球。战争不可避免地使得这一个个金色的下午变得可疑。1915年，林德曼委屈而义气愤地发现，英国军队注意到他的德国出生证明书和德语发音的名字，不愿延长他的任命。

军队的这一决定深深伤害了他并且可能改变了他的人生。他在1911年的索尔韦会议上担任副秘书，自豪地与能斯特、卢瑟福、普朗克、爱因斯坦和居里夫人站在一起，但是，甚至在那次成为青年典范之前，能斯特就预言过困难："如果你的父亲不是那么有钱，"这位直率的德国人说，"你会成为一名伟大的物理学家。"一位逃亡而来的同事说，当军队怀疑林德曼的爱国心时，"他变得性格内向以避免自己受到藐视和羞辱。他私人生活的隐秘性发展成了一种癖好，他用一种冷眼来阻止人们的亲近，这容易被人误认为他是傲慢自大。"林德曼从原有的工作上撤了下来而成了一名有才干的管理者，"这位教授，"是一位"坚强的维多利亚女王时代的绅士，"戴着礼帽，夏天穿灰色衣服，冬天穿黑色衣服，随身带一把可收起的伞，外穿深色的长外套，总是显得完美无瑕。如果他不能赢取一身制服，他就会选定一身自己的服装。

大战期间，他在位于范堡罗的皇家飞机制造公司为他的国家工作，从事现在称为航空电子学的那种设计，并从事航空学研究。在1916年的空战中，尾旋是一种被公认的操纵技巧，这是一种摆脱攻击者的好方法。林德曼首先科学地研究了它们。为此，他开设了飞行课程——只在飞机旁边的跑道上才将便服换成飞行服——然后冷静地一圈又一圈地飞行，当他垂直下落时，将仪表读数记在心里，在他恢复了水平飞行后将这些读数写下来。

战后，林德曼接受了仍然装模作样蔑视科学的牛津大学的一个职位。他的同事说，他从这种进一步的屈尊逃向"优裕的生活"，带着那些非名门出身的牛津先生们不可能有的高雅享受着周末的乐趣。当时，劳斯莱斯车是他尊贵地位的部分象征。1921年6月的一个周末，在威斯敏斯特公爵及夫人的乡间庄园里，林德曼见到了比他年长12岁的温斯顿·丘吉尔。“两个人的背景和性格如此的不同,彼此却立即感到相见恨晚,他们的相识很快变成了亲密的友谊。”丘吉尔回忆说,他在20世纪30年代“非常了解弗雷德里克·林德曼。”“林德曼已经是我的一位老朋友……我们从1932年以来就变得非常亲密,并且,他经常从牛津驾车来到查德威和我呆在一起。在这里,我们多次谈到好像就集结在我们头顶上的危险,一直聊到深更半夜。林德曼……成为我在现代战争中科学方面的主要顾问。”

齐拉作为一名每天吃掉很多橄榄油和波特沙露奶酪的素食者,于1935年夏初向这样一位声名显赫的人士论述“不论怎样,释放原子能的问题……在不久的将来是能够实现的。”如果“双倍中子”能够被产生出来,齐拉于6月3日写信给林德曼说,“那么,期待在不远的将来取得成功比起相信不成功来肯定是不那么鲁莽的。”齐拉认为,如果德国首先完成了一个链式反应的话,这意味着会有麻烦,并且,他赞成“一种尝试,不论是多小的成功机会,它可以……时间尽可能长地控制这种发展。”保守秘密是实现这种控制的手段:首先,通过赢得科学家们的同意,包括限制论文的发表,其次,采取不申报专利。

波拉尼于1934年底警告过齐拉“存在一个与你的取得专利的宣称相反的态度”。英国排斥专利的科学传统认为,那些将成果归档取得专利的人,是为唯利是图的目的而这样做的;齐拉向林德曼解释他取得的专利来为自己开释。

> 去年3月上旬,正视这种可能性似乎是明智的……大量的能量的释放……可能迫在眉睫。能量释放到怎样一个程度取决于“双倍中子”,所以我按照这一思路申请了一项专利……显然,在这个领域将专利当成私有财产

并且为私人目的着眼于商业开发去研究它们将会是一种错位。当时机成熟时，必须创立某些合适的团体以保证它们的合理应用。

当时，齐拉打算在牛津大学着手探寻他的"双倍中子"的工作，也许另外"从私人处"募集到1000英镑的钱，于是他就能够雇一个或两个助手。为了激发林德曼重振克拉伦顿实验室的雄心，他在结论处争辩说："这种类型的工作能够大大地加速牛津大学原子核物理学的建设。"说真的，要是它向前进了，也许它就建成了。

也许是从林德曼处，齐拉了解到，他要想保守他的专利秘密，只有将它们提供给英国政府的某个适当的代理处，他首先将它们提供给了战争部。炮兵主管库姆斯(J. Coombes)解释说："至于战争部，迄今为止好像不存在保守这份专利说明书的秘密的理由。"于10月8日驳回了它们。如果林德曼听到了这一拒绝，那么，他一定会想起1915年他自己被军队所拒绝的情景。随后的1936年2月，他代表齐拉与丘吉尔以前任职的海军部斡旋，颇有心机地写信给科学研究和发展部的长官：

> 我猜想你还记得我给你的电话里提到过的一个在我这儿工作的人，他有一项专利，他认为应该保守这一秘密。我将他写的一封有关你提议的课题的信一并附上。我对这一前景很自然地没有发明者本人那么乐观，但他是一个很不错的物理学家，并且即使机会只有百分之一，在我看来，保守这件事的秘密应该是值得的，因为它不会让政府付出任何代价。

这份专利，齐拉在林德曼附上的信中解释说，"包含能够用来制造爆炸物体的信息……这种爆炸物体的威力比平常的炸弹要大好几千倍。”这使他关心“某些可能进攻这个国家的势力集团使用这种炸弹而造成的灾难”。精明的海军部不费一分一厘接受了这份专利，将它妥善保管起来。

爱德华·特勒对哥本哈根的8个月感到满意。在前一年秋天的索尔韦会议后，伽莫夫最后一次访问了哥本哈根，特勒在这里和这位敖德萨人见了面；他们两人乘坐伽莫夫的摩托车横越丹麦并在复活节期间返回，他们一起研究量子力学方面的一个问题。洛克菲勒基金不赞成在任研究职位期间结婚，但是，詹姆斯·弗兰克为特勒说情，特勒得以于2月26日在布达佩斯和他的童年时代的恋人米奇·豪尔卡尼（Mici Harkanyi）结婚。同时，他也完成了一篇重要的论文。他于1934年夏天带着他日益增高的声望和米奇一起返回伦敦并且再次在大学里获得讲师职位。特勒一家计划在伦敦定居下来，所以在圣诞节之前就签好了一份舒适的三室套间的9年期租约。

1月份，特勒取得了两份可供选择的职位，其中一份使他改变了主意。第一份来自普林斯顿，是一个讲师职位。第二份来自伽莫夫，这是一份乔治·华盛顿大学的全职教授职位。乔治·华盛顿大学想加强它的物理系；而伽莫夫想找一个伙伴，并且喜欢特勒的活力。

特勒当时26岁并且新婚燕尔。他对于在美国生活没有太大把握，但是，一个全职教授的职位不是他能理性地加以拒绝的。他的妻子找到了转租房屋的人。美国国务院拒绝非配额的移民签证，因为特勒只教过一年书——在哥本哈根的时间只能算合作研究关系——而要求教过两年书才行。可是，他没有试过与匈牙利移民配额相关的签证，因为他认为这种配额已经满员了。事实上还有空缺。特勒一家于1935年8

月随伽莫夫横渡大西洋。

10 月 7 日,尼尔斯·玻尔庆祝他的 50 岁生日。“那些日子里,玻尔似乎处于他的能力、体力和智力的顶点,”奥托·弗里施注意到,“当他一步两级地弄出打雷一样的声音登上(研究所里)较为陡峻的楼梯时,我们这些年轻人很少能跟上他的步伐。图书馆的宁静常常被活跃的乒乓球赛所打破,而我从没在那种比赛中战胜过玻尔。”为了对这位丹麦首席物理学家表示尊敬,乔治·德海韦西组织了一次筹集资金的活动;丹麦人民捐献了 100000 克郎为玻尔的生日买了 0.6 克镭。德海韦西将液体溶液中的镭分成 6 等份,将每一份和铍粉混合并且让它们变干,制成了 6 个有效的中子源。他将它们分别固定在一支长杆的一端并放在研究所的地下室里的旱井中,最初挖掘这口旱井是为一台光谱仪提供一个无震动的空间。

研究所的年度圣诞集会连年都是在这间井屋内举行,斯特凡·罗森塔尔回忆说:“井盖充当一张桌子,一颗圣诞树立在中央,而全体人员,从领导下至车间里最年轻的学徒,聚集在一起,吃一顿普通的有香肠和啤酒的膳食。集会时,玻尔通常要发表演说,对过去的一年作一番回顾总结。”在香肠下方,中子源安全地粘在装有二硫化碳的加仑瓶中,静静地将硫转变成放射性磷,以供德海韦西进行生物学放射性同位素的研究。

玻尔因为他的工作而赢得了民族声望,并且,因为他给予的帮助而赢得了避难者们永远的感激之情。他也面临过个人痛苦。1932 年,丹麦科学院把丹麦光荣之家供他终身免费居住,丹麦光荣之家是一座庞贝风格的富丽堂皇的庄园,最初是为嘉士伯啤酒厂的创始人而建的,随后供丹麦最有名望的人使用[克努兹·拉斯穆森(Knud Rasmussen),极地探险家,曾经是它的居住者]。在这之前，玻尔和他五个英俊的儿子一直住在研究所里，研究所的建筑包括一套不大的主任住房。于是，他们搬到啤酒厂旁边的庄园里，这里在丹麦是王宫之外最好的住所。

两年后，一次意外事故夺去了玻尔长子、19岁的克里斯蒂安的生命。玻尔、他儿子和两个朋友正在厄勒海峡休闲航行，厄勒海峡是丹麦和瑞典之间的一条海洋通道，狂风刮起来了。克里斯蒂安“从一艘单桅帆船（甲板）上跌入风大浪急的海里淹死了，”奥本海默报告说，“玻尔一圈又一圈地寻找他，直到天完全黑了下来。”但是，厄勒海峡是冷酷的。玻尔曾一度陷入悲痛之中。他已经筋疲力尽，是难民潮帮助了他。

研究所的每个人都着迷地跟随费米做有关中子的研究工作。弗里施是在场唯一懂意大利语的物理学家，当每一期《科学探索》送到时，他就被拉来大声翻译一篇篇论文。慢中子比起其他中子更强烈地影响某些元素，这使得哥本哈根研究小组的成员感到迷惑不解；甚至对原子核的单粒子模型来说，慢中子本该几乎总是完全射穿原子核而不会被俘获。

在康奈尔大学，汉斯·贝特发表了一篇计算中子俘获的微小几率的论文。这些计算值正好与实验观察值相矛盾。弗里施记得，1935年在哥本哈根开的一次讨论会上，当有人报告贝特的论文时：

> 这时，玻尔打断报告者的话。我感到不解，也有几分烦恼，他为什么不让说话者讲完呢？然后，一句话没有讲完，玻尔突然停下并坐了下来，面部完全没有了表情。我们看了他数秒钟，感到担忧。他是不是生病了？但是，随后他突然站起来带着歉意的微笑说：“现在我懂了。”

玻尔所懂得了的有关原子核的东西,在他 1936 年 1 月 27 日向丹麦科学院所作的一次里程碑性的演讲中作了具体表述,随后发表在《自然》上。“中子俘获和原子核结构”一文利用中子俘获现象提出了一种新的原子核模型;再一次,正像他曾支持卢瑟福的原子行星模型一样,玻尔立足于坚固的实验基础之上,支持根本的理论变革。

他形象化地将原子核看作是由中子和质子密集地堆积在一起组成的——一种如今熟知的模型——而不是一个单一的粒子。(原子核粒子被统称为核子。)一个进入如此拥挤的核子堆中的中子将不会穿行而过;它将会与最靠近的核子发生碰撞,交出它的动能(正像一个母球射入桌球群中所出现的那种情况一样)并且被将核子结合在一起的强力所俘获。中子带进来的能量会搅动邻近的核子;它们会依次与远处的其他核子发生碰撞;其净效果将是一个更为广泛的被搅动的“热”核子群而不是单个核子,在核内,没有单个的组分能快速地获得足够的能量来克服电势垒而逃逸。如果核子随后通过放射出一个 γ 光子辐射它的多余能量,那么就会“冷却下来”,没有一个核子会自然地增生出能够逃逸的能量。费米的实验已经证实,其结果将是产生出一个比被轰击的初始元素较重的同位素。

玻尔认为,对核子群的更猛烈的冲击仍然会使它们的能量向俘获它们后所产生的复合核内扩散。随后,能量的再集中可能允许核子放射一些带电的或不带电的粒子。玻尔并不认为他的原子核的复合模型对于利用原子核能来说是一个好兆头:

> 对于用大约上十亿伏特能量的粒子进行的更为猛烈的碰撞,我们甚至必须对它可能引起整个原子核爆炸作

好思想准备。当然，不仅这样的能量目前是实验远远所不能达到的，而且，无需强调，这种效应对目前讨论较多的关于为实用目的释放原子能的问题不会向我们给出任何切近的答案。实际上，我们对原子核反应的知识越向前，这一目标似乎变得越遥远。

因此，到20世纪30年代中期，三位富有独创性的活跃的物理学家各自谈到了利用原子核能的问题。卢瑟福将它说成是镜花水月；爱因斯坦将它与在黑暗中射击稀稀落落的几只鸟来比较；玻尔认为它离人们的距离与人们对它的理解成正比。如果说他们的怀疑态度似乎比齐拉少了几分洞察力，那么，他们对未来的可能性也有较好的把握。基本的前景总是不可预料的。他们有足够的经验不去渴求它。

玻尔在他的演说中，宁愿只陈述普遍原理，而不是去追踪"一般论证的发展结果"，他头脑中有一个明确的数学模型。他于下一年即1937年发表文章讨论了这种模型，证明了将原子核作为一个液滴来处理的有效性，这个模型可以一路回溯到他的关于液体的表面张力的博士论文。*

分子粘连在一起的倾向使液体的"皮肤"具有表面张力。因此，一滴下落过程中的雨点将自身围成一个完美的小球。但是作用在一颗液滴上的任意的力使它发生形变（想象一只充满水的气球被扔到空中又被接住时的颤动）。表面张力和形变力彼此以复杂的方式相互产生抵抗作用；液体的分子颠簸碰撞；液滴颤动而且变形。最后，附加的能量以热的形式耗

* 乔治·伽莫夫于1928年在哥本哈根提出过这样一个模型。1933年10月，在索尔韦会议上，玻尔和海森伯都将它归功于伽莫夫。玻尔和他的学生弗里兹·考卡（Fritz Kalkar）随后发展了这一模型，物理学家们习惯上将这归功于玻尔。

散掉，而液滴重新稳定下来。

玻尔提出，原子核也像这样。将核子粘连在一起的力是原子核的强作用力。抵消这种强作用力的是原子核内带正电的质子之间的普通电排斥力。在两种基本作用力之间的精致平衡使得原子核显得类似液滴。通过粒子轰击从外部加进的能量使它发生形变；它像液滴一样颤动，复杂地振荡，就像玻尔在他的博士学位论文中研究过的辫状水流那样振荡。这意味着他能够将瑞利用于液体表面张力的经典公式来理解复杂的原子核能级以及费米的工作所揭示的能量交换。"1937年的这篇论文不得不接受许多没有澄清的论点。"美国理论物理学家约翰·阿奇博尔德·惠勒(John Archibald Wheeler)这样写道，惠勒后来替玻尔澄清了许多这样的论点。可是，液滴模型被证明是有用的，除其他人外，哥本哈根的弗里施和柏林的迈特纳尤其对它深信不疑。

1937年10月一个晴朗的星期四，欧内斯特·卢瑟福，这位精力旺盛的66岁科学家走进他位于绿色剑桥后园的房子的花园里去修剪一棵树。他狠狠地摔了一跤。此后他一整天都感到"不适"，玛丽·卢瑟福说——恶心和消化不良——她为他安排了一名男按摩师。那天晚上，卢瑟福老是呕吐。次日早上，他叫来了他的家庭医生。他忍受着轻微的腹疝带来的痛苦，他用一个疝带限定它；他的医生发现了绞扼的可能性，于是向一个专家请教，并将卢瑟福一家引领到伊夫林疗养院为卢瑟福做急诊外科手术。一路上，卢瑟福告诉他的妻子，他的事业和财务全部状况良好。她说他的病情不严重，叫他不要担心。

那天晚上的外科手术证实了一种局部的绞扼，并且释放了小肠的锁闭部分，恢复了它的循环畅通。星期六，卢瑟福好像正在康复，但是，星期天他开始再次呕吐，并且出现感染症候，在抗生素出现之前，这是致命的。星期一，他的病情恶化；他的医生请教外科医生，这位外科医生是一个墨尔本人，他因为病人的年纪和症状而反对做第二次手术。借助于星期二的3000毫升静脉盐水注射和一支胃管，卢瑟福感到舒服了。10月19日星期二上午，他感到情况稍微改善了些，尽管他的妻子认为他是"一个令人惊奇的病人，他很能忍受病痛"，并且相信她已经看到了"一线希望"，但那天下午，他开始变得衰弱。那天稍晚时候他决定提出一份遗赠，他在弥留之际，怀着感激的心情回顾人生。"我想给纳尔逊学院留下100英镑，"他告诉玛丽·卢瑟福，"你能照料好它。"并且，过了一小会后再一次大声说："记住，给纳尔逊学院100英镑。"那天晚上他去世了。因为大面积感染，"心脏和循环停止了，"他的医生写道，"（他）平静地离开了人世。"

这一周，在博洛尼亚举行了一次国际性的物理学家集会，纪念卢奇·伽伐尼（Luigi Galvani）诞辰200周年；剑桥大学将卢瑟福去世的消息于10月20日早晨拍电报告知。玻尔正在场，并且难过地接受在大会上宣布这一噩耗的委托。"那天上午，当会议按日程开始时，"马克·奥利芬特说，"玻尔走到台前，带着哽咽的话音含着眼泪向大会告知了所发生的事情。"大家被这一突如其来的噩耗惊呆了。几星期前玻尔去剑桥看望过卢瑟福；只在几天前卡文迪什实验室的人们都看到他们的领导者状态良好。

玻尔"发自内心地说，"奥利芬特回忆道，"科学对如此伟大的一个人物欠下太多，人们特别地称呼他为大师和朋友。"对奥利芬特来说，这是"我一生中最令人感动的经历之一。"玻尔在12月20日给奥本海默的一封信中回忆卢瑟福，互补性地使希望和失落得以平衡："没有了他，人生是贫乏的；但是，每当想起了他，仍然会得到持久的鼓励。"1958年，在一次纪念演讲中,玻尔直白地说,“对我来说,他几乎就是我的第二位父亲。”

威斯敏斯特的行政副官立即批准将卢瑟福的骨灰葬在威斯敏斯特修道院的中央广场,紧挨着牛顿的陵墓西面,与开尔文的陵墓成一直线排列。次年1月,在加尔各答的一次大会上,詹姆斯·琼斯称颂卢瑟福,明确了他在科学史上的地位:

> 伏尔泰曾经说,牛顿比起任何其他科学家更幸运,因为发现主宰宇宙的法则的使命只落到他一个人身上。倘若伏尔泰生活在以后的年代,他可能会针对卢瑟福和无限小王国说类似的话,因为卢瑟福是原子物理学的牛顿。

在那最后的10月的第一天,欧内斯特·卢瑟福从他的乡村别墅写给A.S.伊芙的信中,不自觉地写下了他自己更具个性的墓志铭。他谈到了他曾抛洒过许多辛勤汗水的花园,这正是对他勤勉工作过的物理学园的写照:“我对黑莓地做了进一步的清理,现在景色变得相当迷人。”

1934年9月,紧跟在费米发表在6月份的《自然》上的论文“原子序数高于92的元素有可能产生”之后,一篇古怪的论文出现在一种物理学家们很少阅读的出版物《应用化学杂志》(Zeitschrift für Angewandte Chemie)上。它的作者是一个有名望的德国化学家,名叫伊达·诺达克(Ida Noddack),曾和她的丈夫一起(于1925年)发现了原子序数为75的铼,这是一种坚硬的、像铂一样亮的金属元素。她的这篇论文被简单地冠以“论93号元素”的标题,对费米的工作提出了激烈的批评。费米的“证明方法”是“没有根据的,”诺达克坦率地写道。他证明了“他的新β发射体”不是镤并且将它与逐一下降至周期表中的铅的其他若干个元素进行比较辨别,但是人们“并不清楚为什么他选择到铅为止。”诺达克写道，认为放射性元素构成一个由铀开始到铅终止的连续系列的旧观点恰好是被约里奥－居里夫妇对人工放射性的发现所否定了的。“因此，费米应该将他的新的放射性元素与所有已知的元素进行比较。”

诺达克继续说，事实上，许多元素能够与锰一起从硝酸铀中沉淀出来。“人们能够同样很好地假设，当中子被用于产生原子核蜕变时，一些以前从来没有观察到的、截然不同的、新的原子核反应发生了”，而不是假设产生一种新的超铀元素。过去，元素只转变成它最邻近的元素。但是，“当重原子核被中子轰击时，可以设想，原子核分裂为几个大的碎片，当然，这些碎片是已知元素的同位素，但不会是邻近的元素。”它们会是在周期表中比铅的位置下降得更多的轻得多的元素。

塞格雷回想起阅读诺达克论文的情况。他知道，哈恩在柏林读过它，约里奥在巴黎读过它，因为他问过他们。它没有给任何人留下多少感觉。“我认为无论哪一位化学家读到它，”弗里施回忆说，“都可能认为这是完全没有意义的、吹毛求疵的批评，而当物理学家读到它时，可能更是这样，因为他们会说，‘如果你不给出批评的某些合理理由，批评能站住脚吗？’从没有人发现过原子核蜕变产生出在周期表中远离初始元素的元素。”这一点诺达克曾经谨慎地提到过，但它明显地是论文被忽视的一个理由。阿玛尔迪和塞格雷于1934年仲夏投递给卢瑟福的、关于人工放射性的、发表在《自然》杂志上的总结报告使得这一假设明明白白：“有理由假设放射性激活的元素的原子序数应该接近于被轰击元素……的原子序数。”

但是，费米很少给假设留有余地，而是给出其合理性。他肯定不会把这个争论点留给假设，因为科宾诺作的那番不合时宜的讲话（科宾诺提到“在报纸上登载的报道”，说诺达克在费米的伤口上撒了一把盐），使他对这个问题早已异常敏感。他坐下来进行必要的演算。后来他至少告诉了特勒、塞格雷和他的美国学生利昂娜·伍兹（Leona Woods）他这样做了。特勒非常肯定他知道这些计算是怎么一回事：

> 费米拒绝相信（诺达克）……他知道如何计算铀是否能够裂成两份……他对诺达克夫人建议的计算进行了演算，并且发现概率非常小。他断定，诺达克夫人的建议不可能是正确的。所以他就把它给忘了。他的理论是正确的……但是……它是基于……错误的实验资料。

在这里，特勒指责阿斯顿对氦的质量的测量值（该测量值曾误导齐拉选择了铍）“为原子核质量和能量的计算引入了一个系统错误”。

塞格雷认为这个故事的特勒版本是可能的，但没有说服力。氦的质量数问题并不会必然地排除击碎铀原子核的可能性。“你知道，费米偶尔会告诉你一些事情，于是你问他，‘但怎么会是真的？请告诉我。’然后，他会说：‘哦，喂，我知道这一点是因为 c. i. f. ’他在说意大利语。‘c. i. f. ’意思是‘con intuito formidable’，即‘借助强大的直觉’。他是怎样做的，我不得而知。另一方面，费米做了大量计算，他对此保密。”

利昂娜·伍兹讲的版本为特勒讲的版本作了明白的注解：

> 诺达克博士的提议为什么被忽略？原因是，她太超前了。玻尔的原子核的液滴模型尚未得到阐述，因此，手头没有公认的方法用来计算分裂成几块大碎片在能量方

面是否允许。

即使诺达克的物理学是超前的，她的化学还是可靠的。但到了1938年，她的论文仍尘封在后面的架子上。不过，玻尔发表了原子核的液滴模型；混乱的铀化学日益引起莉泽·迈特纳和奥托·哈恩的关注。

第九章

大爆裂

“我相信所有的年轻人都考虑过他们的人生道路该怎样走，”莉泽·迈特纳在晚年回顾往事时这样写道，“当我作这种考虑时，我终于得出这样的结论，生活无需安逸，只要不空虚就行。而我的这一愿望得到了满足。”1938 年她 60 岁时，这位奥地利物理学家用她的勤勉和细心的工作赢得了广泛的尊敬。沃尔夫冈·泡利试图提出一种难以捉摸的、几乎没有质量的中性粒子用来解释在 β 衰变中似乎丢失了的能量——这种粒子后来称为中微子——他写信给莉泽·迈特纳和汉斯·盖革提出了他的设想。詹姆斯·查德威克“深信，如果在她头脑中形成了对中子的坚定信念，就是说，如果她像我一样，具有多年生活在卡文迪什实验室的优势，那么，找到中子的就会是她。”“身材瘦小而生性腼腆，”她的外甥奥托·弗里施这样描述她，尽管如此，她仍然是令人敬畏的。

第一次世界大战期间，她志愿随奥地利军队当一名 X 射线方面的技术人员；“在奥地利军队里，”弗里施说，“她必须应付像潮水一样涌来的波兰伤兵，她听不懂他们的语言，她还必须应付那些不懂 X 射线而又干预她工作的医疗部门上司。”她决定离开军队与哈恩会合，并且急忙赶到达勒姆的威廉皇帝化学研究所与哈恩一起工作；这一段时间，他们确认了周期表中紧排在铀前面的元素，他们将这一元素称为镤。战后，她独立地从事物理学研究，直到 1934 年。因为受到费米的工作的挑战，她“说服奥托·哈恩恢复我们的直接合作”以探求用中子轰击铀的结果。当时,迈特纳领导着研究所的物理学部,而哈恩已经成了这个研究所的所长。她已经步入中年,哈恩深情地谈论道,她“不仅具有德国教授的尊严,而且具有众所周知的特征,心不在焉。”在一次科学集会上,“一个男同事向她致意说:‘我们以前见过面。’因为想不起那次见面,她十分严肃地回答说:‘你也许将我错认为哈恩教授了。’”哈恩认为她是想起了他们一起发表过的许多论文。

弗里施说,她用强大的自我克制将她的羞怯隐藏起来,“她在朋友中能够表现得活泼并使人感到愉快,而且是一名杰出的讲故事的人。”她的外甥认为她“全然没有虚荣心。”她留着一头浓黑的头发,如今已经灰白了,拉向脑后挽起一个发髻。而她年轻时的美丽则无言地表现在明亮而黑黑的大眼睛、薄薄的嘴唇和凸出的鼻子上。她吃饭很少但喝大量的浓咖啡。她热爱音乐,她追逐音乐就像其他人追逐新潮和艺术时尚一样(这是一种家庭教养——她的姐姐,也就是弗里施的母亲,是一名钢琴音乐家)。她看望她的会音乐的外甥时便和外甥一起合奏钢琴二重奏,“尽管几乎没有其他人知道她会弹钢琴。”她住在威廉皇帝研究所的一所公寓里,一有空她就作远距离的散步,每天 16 公里或者更远:“这样使我保持年轻和敏捷。”弗里施认为,她最神圣的志愿、她一生“从不放弃的梦想”是“为终极真理而奋斗的物理学事业。”

她在 20 世纪 30 年代后期一直在为之奋斗的真理隐藏在铀的复杂性的后面。她和哈恩,以及始于 1935 年的一个名叫弗里兹·施特拉斯曼(Fritz Strassmann)的年轻德国化学家一起,着手对这一最重的天然元素在中子的轰击下转变成的所有物质进行分离归类。到 1938 年初,他们鉴定了多达 10 种不同半衰期的放射性物质,比费米在他的开创性研究中所演示的还多些。他们设想,这些物质必定是铀的同位素或者是某种超铀元素。"对哈恩来说,"弗里施说,"新元素的出现就像小时候你摇动苹果树时苹果掉下来一样;(但是),莉泽·迈特纳发现(产生这样的一些新元素所需的高能反应)是意外的,而且越来越难以解释。"

与此同时,伊蕾娜·居里开始和一名来访的南斯拉夫人鲍威尔·撒维茨(Pavel Savitch)一同对铀进行了研究观察。他们描述了一种3.5小时的放射性,这是德国人没有报道过的,并且提出这可能是钍,原子序数为90。对钍,伊蕾娜·居里已经打过几年的交道。如果这真是钍,居里-撒维茨的提议将意味着一个慢中子以某种方式获得了能量,从铀核中敲出了高能α粒子。威廉皇帝研究所的三人小组对此嗤之以鼻,他们寻找3.5小时的放射性,没有找到,就写信给镭研究所建议作一个公开撤销的声明。法国小组再次鉴定了这种放射性,并且发现他们能够用镧(镧是57号元素,是一种稀土元素)做化学载体将它从铀中分离出来。因此,他们提出,它要么是89号元素锕,其化学性质类似于镧,但比认为它是钍还要难以解释,要么是其他某种新的尚不清楚的元素。

无论是哪种情形,他们的发现表明威廉皇帝研究所的研究工作值得怀疑。5月在罗马召开的一次化学大会上,哈恩遇到约里奥,诚恳而直率地告诉这位法国人,他对伊蕾娜·居里的发现持怀疑态度,并且打算重复她的实验并找出她的错误。此时,正如约里奥确切所知,他的妻子已经筹集了资金,试图从"锕"的镧载体中分离出"锕"来,并且发现分离不出来。没有谁能设想这种物质实际上就是镧:一个慢中子怎么能将铀转变成一种在周期表中下降34个位置的轻很多的稀土元素呢?"似乎,"居里和撒维茨那年5月在法文刊物《报道》上报告说,"这种物质只可能是一种超铀元素,与其他已知的超铀元素具有非常不同的性质,这样一种假说对它的解释带来了极大的困难。”

在这种异乎寻常的辩论期间，迈特纳的境遇发生了变化。阿道夫·希特勒威逼年轻的奥地利总理参加2月中旬德国独裁者在巴伐利亚的贝希特斯加登休养地举行的会谈。“有谁知道，”希特勒恐吓他道，“也许我将在一夜之间突然攻占维也纳：像春季的一场风暴一样。”于3月14日，他耀武扬威地举行阅兵游行；在这之前，随着新成立的德国国防军占领了奥地利的首都，奥地利宣布自己作为第三帝国的一个省，奥地利人的这个极其臭名昭著的儿子高兴得流下了眼泪。德奥联盟——合并——使得迈特纳成了一名德国公民，而自从1933年以来纳粹所宣布的所有丑恶的反犹法令都适用她。“在希特勒政权下的那些年头……自然是非常压抑的，”在她生命的最后日子里她这样写道，“然而，工作是个好朋友，我常常想也常常说，这多美妙，通过工作，一个人能够长时间地忘掉沉闷的政治环境并从中解脱出来。”在德奥合并的春季风暴后，她的满足被突然抑制了。

马克斯·冯·劳厄随后找到她。他听到了纳粹党卫军的首领兼德国警察头子海因里希·希姆莱发布的一项命令，禁止再有学者移民。迈特纳担心她可能被清除出威廉皇帝研究所，失业，流落街头。她与包括迪尔克·科斯特在内的荷兰同事们联系。科斯特是一名物理学家，1922年他在哥本哈根和乔治·德海韦西一起工作过，并发现了元素铪。这位荷兰人说服他们的政府接纳迈特纳持一份没有签证的护照进入荷兰，这份护照此时只是作为一份悲哀的纪念物而没有其他任何意义。

科斯特于6月16日星期五傍晚到达柏林，并直奔达勒姆的威廉皇帝研究所。德文刊物《自然科学》的编辑保罗·罗斯鲍德(Paul Rosbaud)是他的一位老朋友，给他带路，他们与哈恩一起用了一个晚上的时间帮助迈特纳打包。"我送给了她一枚漂亮的钻石戒指,"哈恩回忆说,"它是我从我母亲那里继承来的,我自己从未戴过,总是珍藏着;我想给她作应急之用。"

迈特纳和科斯特一起于星期六早晨乘火车离开了柏林。9年后,她回忆那一段严酷的经历,仿佛是她在独自旅行:

> 我找借口乘了一列到荷兰的列车,说是我想去度一个星期的假期。在荷兰边境,我受到了我一生中的一次大惊吓,此时,一支有5个人的纳粹军队巡逻队通过车厢拿起我的奥地利护照检查,这份护照早已过期。我非常害怕,我的心几乎都停止了跳动。我知道,纳粹刚刚宣布逮捕犹太人的日期,而搜捕仍在继续。我坐在那儿等了10分钟,这10分钟似乎就像是好几个小时。一个纳粹官员回来,没有说什么就将护照交还给我。两分钟后,我在荷兰境内下了车,在这里,我见到了我的一些荷兰同行。

然后,她安全了。她转到哥本哈根与玻尔一家在光荣之家休息以恢复情绪。玻尔为她在瑞典斯德哥尔摩郊外的科学院物理研究所找到了一个职位,这是由卡尔·曼·耶奥里·西格巴恩(Karl Manne Georg Siegbahn)领导的一个繁荣兴旺的实验室的职位。西格巴恩因为X射线光谱学方面的工作而获得1924年诺贝尔物理学奖。诺贝尔基金会提供了一份职位。她向北流亡,去一个她语言不通又举目无亲的国家,好像就是去蹲监狱一样。

利奥·齐拉正在寻找赞助人。弗雷德里克·林德曼为他在牛津大学安排了一份开始于1935年的帝国化学工业公司的研究基金,并且,齐拉暂时在牛津大学工作。但是,欧洲爆发战争的可能性使他不得安宁。他于1936年3月下旬从牛津大学写了一封信给在维也纳的格特鲁德·魏斯(Gertrud Weiss),说她应该考虑移民到美国;他好像将自己的推理也用到了他自己的情形。齐拉是在柏林的那些年月里遇到了魏斯,经过深思熟虑后平静地向她求爱。当时,她已经从医科学校毕业了。在他的邀请下,她来到牛津大学来看望他。他们在乡间一起散步;她为他拍摄站在路旁的照片,在他的身后是一根风化了的横倒的原木,周长近1米但并不圆,身后还有一颗发芽的小树起着装饰的作用。"他告诉我,如果有人能够在维也纳工作两年,他会对此感到惊讶。他说,希特勒会出现在那里,而且"——德奥合并——"他说得几乎一天也不差。"

齐拉在他的信中写过,英国是"一个非常可爱的国家,但是,如果你去美国,那么,无疑会更为潇洒……在美国,你会成为一个自由人,并且,很快甚至不会再是一个'外国人'"。(魏斯去了美国,并且成为公共医疗卫生方面的一名卓越的专家,后来,在他们漂泊的年月,成了齐拉的妻子。)在同一时期,齐拉写信给迈克尔·波拉尼,说自己会"在英国呆到战争到来的前一年,到时候,我打算迁居纽约城"。齐拉饶有兴致地回忆说,这封信引起了议论,它"非常有趣,因为有谁能说他在战争到来前一年将要干什么呢?"当他的预言被证实时,只相差了4个月:他于1938年1月2日到达美国。

在这以前,齐拉在这里找到了一个可能的担保人,这是一个有弗吉尼亚背景的犹太金融家,名叫刘易斯·利希滕施泰因·施特劳斯(Lewis Lichtenstein Strauss),他的第一个和中间的名字标志着对他的东普鲁士外祖父的敬意,他的姓按南方的风尚柔化为straws(麦杆,比喻无价值的东西)。1938年刘易斯·施特劳斯42岁,是纽约城的库恩－罗卜投资银行机构的一名完全的股东,也是一名自力更生的百万富翁,更是一名适应性强、聪明、敏感而又自负的男子汉。

施特劳斯还是一个孩子的时候就梦想成为一名物理学家。1913 年到 1914 年的经济衰退动摇了他的家庭的查蒙德商号——这是一个鞋子批发商号——他的父亲在他 17 岁时要他在四个州进行巡回推销。他经营得不错，到 1917 年，他赚下了 20000 美元，并且一度再次准备从事物理学事业。这时，第一次世界大战来干扰了。童年时期的一次事故使得施特劳斯的一只眼睛只有微弱的视力。他的母亲溺爱他。她让他的弟弟作为志愿兵到军队服役，但为她宠爱的儿子寻找某些危险性小的事做。在大战期间，当伍德罗 · 威尔逊（Woodrow Wilson）任命著名的采矿工程师和比利时救济行政官员赫伯特 · 胡佛（Herbert Hoover）为粮食管理行政官员管理美国的供给部门时，这种机会出现了。这位富有的胡佛正在华盛顿不拿报酬地效劳，并且组织一个兴旺的、不领报酬的年轻职员机构，领取罗德斯奖学金的学者们成为首选。罗莎 · 利希滕施泰因 · 施特劳斯（Rosa Lichtenstein Strauss）就将她的孩子送了进去。

当时他 21 岁，知道如何去迎合别人，也知道该如何工作。未必是与罗德斯奖学金学者圈出现对立，不到一个月，胡佛就指定这位高中毕业的鞋子批发商为他的私人秘书。年轻的施特劳斯在停战纪念日与胡佛一起转到巴黎，在一个教师会议上的整个午餐时间挑选法国人，并且协助组织了 2700 万吨食物的配给用来提供给 23 个国家。另外，他协助犹太人联合分配委员会，缓解因为战乱而从东欧逃出的成千上万犹太难民的痛苦。

施特劳斯相信上帝安排好了他的人生，这使他获得了极大的自信。1919 年，当他 23 岁时，上帝让他在库恩 - 罗卜投资银行机构获得了一个职位，库恩 - 罗卜投资银行机构是一个著名的机构,它的客户中拥有很多条主要的铁路线。4 年后,他与艾丽丝·哈诺尔(Alice Hanauer)结婚,哈诺尔是该机构一个股东的女儿。1926 年,他的薪水和投资红利一年为 75000 美元,次年便上升到 120000 美元。1929 年,他自己成为一名股东,跻身于富有的上流社会。

20 世纪 30 年代,他遭受到了痛苦和悲伤。1933 年在伦敦召开的一次犹太人大会上,他拒绝了哈伊姆·魏茨曼让他皈依犹太复国主义的企图,之后,魏茨曼告诉他:"我的孩子,你真固执,我们将不得不磨掉你的傲气"——他回到美国,发现他的母亲处于癌症晚期。他的母亲死于 1935 年年初;这种疾病也于 1937 年盛夏夺去了他父亲的生命。施特劳斯在寻找一样合适的纪念物。"我弄明白了,"他在他的回忆录中报告说,"在美国医院里缺少足够的治疗癌症用的镭。"他建立了刘易斯和罗莎·施特劳斯纪念基金,并且找到了一名从柏林避难来的名叫阿尔诺·布拉施(Arno Brasch)的年轻的物理学家。布拉施为产生高能 X 射线脉冲设计了一种电容驱动放电管,即"浪涌脉冲发电机"。当利奥·齐拉于 1934 年夏天和却尔曼斯一起正在圣巴塞做实验研究工作时,他安排了布拉施和他在柏林的同事们用硬 X 射线击碎铍核;这个实验成功了,而且布拉施和另外 4 名有贡献的成员连同却尔曼斯和齐拉一同在《自然》杂志的报道上署了名。如果 X 射线能够击碎铍核,那么,他们至少有可能用其他元素诱导放射性。"由此产生的一种钴的同位素,"施特劳斯写道,"会是放射性的,并且放射出类似于镭辐射那样的 γ 射线……放射性钴……以几美元 1 克的价格……就能够得到。当时,镭的价钱大约为每克 50000 美元……我预见到产生大量同位素,并且送给医院作为对我双亲纪念的可能性。"

利奥·齐拉加入进来了,他当时还在伦敦:

1937年8月30日

亲爱的施特劳斯先生：

我了解到你对开发一种浪涌脉冲发电机有兴趣，想用它产生人工放射性元素……

目前……我没有到可以提供这项专利下的制造权的地步。可是，稍迟几天……我将在这项专利方面取得充分的行动自由还是可能的。如果果真如此，我将让你拥有一份共享的许可证书，拥有一份特许的自由，但是，只限于用浪涌脉冲发电机产生高电压来产生放射性元素。

你非常真诚的

利奥·齐拉

布拉施和齐拉考虑共同拥有这项专利。齐拉在信中提议将他的利益分给施特劳斯共享，这是对一位富翁所表示的审慎的欢迎态度。但即使是齐拉也不能靠喝西北风过日子，而且，正如施特劳斯在他的回忆录中清楚地表述的那样，两位年轻的物理学家最终"找我给他们提供经费来建造一台'浪涌脉冲发电机'。"另一方面，齐拉照往常一样像是没有从以上项目中获得个人财政收益，也许连基本的支持也没有找到。这时，他能够从观察欧洲正在蔓延着的灾难中省出一些时间，显然用于了促进可以进一步探究链式反应可能性的设备的建设。

他于9月下旬跨越大西洋作实地勘察。他的一位朋友记得，在那一段时间里他与齐拉讨论过制造原子弹的实际可能性。"在同一次的交谈中，他谈到将桃子保存在锡罐里的想法，用这种方法，他们能够保持新鲜水果的质地和味道。"当律师们为浪涌脉冲发电机的商谈辩论陷入僵局时，善于随机应变的齐拉用利用辐射来保存和保护农场和农田的天然产品的想法来分散施特劳斯的心事。比方，用这种办法可以消灭烟草害虫。不过，辐照会损害烟草吗？在齐拉现存的文件中，有一封发黄了的信件，这封信是蒙特菲奥特慢性病医院的伦次(M. Lenz)博士写给他的，信中讲到了这一决定性的实验：

> 1938年4月14日下午2:30，你的6支雪茄烟受到了100千伏的辐照，一台过滤器在20厘米的距离上聚焦。对每支雪茄从前面辐照10分钟，转到后面再辐照10分钟。这样，从前面给每支雪茄烟的辐照剂量为1000拉德而从后面其辐照剂量为1500拉德。
>
> 我希望你的朋友发现雪茄烟的味道没有变。

齐拉也从阿姆斯特丹大街的肉类市场买回猪肉，保存好了收据，并且安排对猪肉进行辐照，看看X射线是否可以杀死寄生的旋毛虫。他甚至给他的兄弟贝洛发了一份电报要他到芝加哥与斯韦夫特公司探讨这一问题，斯韦夫特公司报道说，事实上它自己已做过类似的实验。

整整一年齐拉都在搞浪涌脉冲发电机项目，顺便使施特劳斯获得了与欧内斯特·劳伦斯见面的机会，劳伦斯顺便来访是为了调整他正在建造的新的1.5米回旋加速器——磁极片的跨度为1.5米，但是磁铁几乎重达200吨。劳伦斯和他的当医生的兄弟约翰用加速器辐照遏制了他们的母亲的癌症，并且打算使用更大的回旋加速器作进一步研究。施特劳斯仍然醉心于浪涌脉冲发电机。

塞格雷于那年夏天在纽约城遇到了施特劳斯的匈牙利奇才齐拉。文雅的意大利人塞格雷此时是巴勒莫大学的物理学教授，他与一位逃离布雷斯劳以逃避纳粹迫害的德国妇女结了婚，有一个年幼的儿子：

我持一张双程票离开了巴勒莫大学到达纽约。我遇到了齐拉。"啊，你在这里干什么?"他是我的一位好朋友。我很了解他。"你在这里干什么？出什么事了?"

我说:"我要去伯克利了解43号元素的短寿命同位素，"这是我的计划，"今年夏天我将留在那里工作，然后我再回到巴勒莫。"

他说:"你不要再回巴勒莫了。今年秋天，天知道会发生什么事！你不能回去。"

我说:"喂，我持有一张双程票哩。让我们从最好的方面着想吧。"

但是，我在离开之前，为我的妻子和我的儿子取得了一份护照，因为我感觉到形势危急。这样，我在纽约的中央车站搭乘列车。我在芝加哥买了份报纸。我还记得它，我终身都会记得它。我打开这张报纸，看到墨索里尼已经开始了反犹主义运动并且解除了每个犹太人的职位。于是我就留在了这里，然后买了车票去伯克利。我着手做锝的短寿命同位素方面的工作，同时，我设法获得了一份职业。然后将我的妻子接到了这里。

种族主义的黑雾笼罩了整个意大利。

至少从20世纪30年代中期起，位于帕尼斯佩纳路的物理学院的物理学家们就对意大利的黑暗前景有所警觉。塞格雷记得，1935年春天他问费米，研究小组成员的心境为什么看起来总是闷闷不乐的。费米建议他在学院阅览室中央的大桌子上寻找答案。塞格雷这样做了，并且在那里找到一本世界地图册。他将它拿起来，它恰好自动打开到一张埃塞俄比亚的地图，在这张地图上，意大利以一种法西斯主义的虚张声势的方式表示将要入侵这个国家。到此时，入侵已全面开始了，但是，除了阿玛尔迪，其他所有人都还在权衡他们的几种选择。

费米乘飞机去了位于安阿伯的密歇根大学暑期班执教，重新激起1930年夏与劳拉第一次来美国时开始的归宿问题。他喜爱美国。“他被吸引住了，”塞格雷留神注意费米在美国和意大利之间的优先选择，“他被装备精良的实验室所吸引，被他在新一代美国物理学家身上感受到的热情所吸引，以及被他在学术圈内所享受到的热忱接待所吸引。美国在机械方面的熟练和实用技艺的精良在某种程度可以与意大利的美丽相抗衡。美国人的政治生活和政治理想与法西斯主义相比是无比优越的。”费米在密歇根寒冷的湖水中游泳，还学着享受美国人的烹饪。不过，意大利的情形还没有恶化到极点，对劳拉来说，罗马好得深入到了她的骨子里，很难让她离开这座生长着许多法国梧桐、还有许多古典遗迹的她出生的城市。在意大利，尚未出现反犹主义出版物——墨索里尼甚至宣布过他不打算发布这样的东西。

众人星流云散。1935年，拉塞蒂在哥伦比亚大学过夏天，并且决定留下来。塞格雷回到了巴勒莫大学，但开始为到伯克利做准备。庞特科沃去了巴黎。德阿戈斯蒂诺前去为意大利国家研究委员会工作。阿玛尔迪和费米独自努力向前推进。阿玛尔迪记得，费米甚至为了专心做实验而放弃每天的日常事务：

> 我们怀着难以置信的执著工作着。我们从早晨8点开始测量（他们正在检测不同元素对中子的无法解释的不同吸收），几乎不间歇地直到傍晚6点或者7点，常常更晚。根据需要，每3分钟或4分钟，测量就重复一遍……几小时又几小时，连续不断的许许多多个日子，直到得出一个特定问题的答案。解决了一个问题，我们立即对另一个问题发起进攻……意大利的总体情形变得越来越暗淡，首先是因为入侵埃塞俄比亚的战役，然后是

因为意大利介入了西班牙内战,在这种情况下,“物理学就是我们的麻醉剂”,这是我们对正在进行的工作的形容。

1936年,正当持续3年的西班牙内战开始之时,费米在哥伦比亚大学的暑期班上执教热力学方面的课程。他为百万生灵呼吁,并果断地将墨索里尼归到希特勒一边。次年1月,科宾诺因为肺炎而意外去世,终年61岁;物理学院二楼北端带有敌意的居住者安东尼诺·洛索尔多是一名死心塌地的法西斯分子,他被任命继承科宾诺的职位。“这是一个信号,表明费米在意大利的命运正在变得糟糕,”塞格雷解释说,“而美国,”他推断,在那些压抑的年月,“看来是大有前途的地方,一个大洋把它与不幸、荒唐和罪恶的欧洲隔开了。”

如果说德奥合并是希特勒对自己的实力的一个测试,那么,它也是对墨索里尼积极地默许合谋犯罪的测试。他摆出一副奥地利保护者的姿势;在1938年3月入侵奥地利的那个夜晚,希特勒在柏林的总理府近乎歇斯底里地等待罗马的答复,他已经给墨索里尼发了一封信以辩解自己的行为。到晚间10点25分,电话来了,这个元首一把抓起话筒。“我刚从威尼斯宫回来,”墨索里尼的代表报告说,“领袖以非常友好的方式接受全部的内容。他向你表示问候……墨索里尼说,奥地利对他来说无关紧要。”希特勒回答说:“那么,请告诉墨索里尼,我决不会忘记他为此所做的一切!决不会,决不会,决不会!不管发生了什么情况……奥地利的事情一解决,我就准备与他患难与共——无论在什么情况下!”5月,元首耀武扬威地访问罗马,列队进入领袖为了掩盖衰败而下令仓促粉刷过的街区。费米的小组不断地口头传诵着下面的诗句,这首诗是一位愤怒的罗马诗人用来迎接纳粹独裁者的:

钙华壮美的罗马古都，
纸板和石膏将它修补。
欢迎小个子房屋漆匠，
来做她的下一任丈夫。

费米痛苦地告诉塞格雷，只有墨索里尼发疯，并且四脚趴地，意大利才会被保全。

1938年夏天，7月14日，意大利出台了一个反犹主义的《种族宣言》，这就是塞格雷从纽约到伯克利的途中在芝加哥报纸上读到的内容。这个宣言宣称，意大利人是雅利安人。但是，"犹太人不属于意大利人种。"在德国，这种邪恶的区别早已是老生常谈；在意大利，它令人震惊。意大利的犹太人，只占千分之一，很大程度上被同化了。费米有两个孩子，朱利奥是他的儿子，在1936年就出生了——因为他们的父亲是一位名义上的天主教徒，所以，他们是天主教徒出身的。但是，劳拉是一名犹太人。她正和孩子们一起在道罗麦特斯消夏，这个南方的蒂罗尔行政区因为含镁石灰岩而得名，这种含镁石灰岩环绕着一个平坦的、具有意大利人称为"铁铲"的尖锐外形的宽阔的盆地牧场。恩里科于8月份专程来到圣马丁诺迪卡斯特罗扎牧场委婉地把坏消息告诉他的妻子。当墨索里尼在9月上旬促成第一部反犹主义法律时，费米全家决定，只要他们将他们的事务安排妥当了就移民。费米给美国的4所大学写了信，并且，为了避免猜疑，他每邮寄一封信都用不同的蒂罗尔城镇作为发信地址。有3所学校很快回复了邀请函。出于信任，他接受了哥伦比亚大学的一个教授职位，并启程去哥本哈根参加玻尔的同事年度聚会。

上个月，人类学和人种学科学国际大会在赫尔辛甫的一次特别会议邀请玻尔给大会致辞，赫尔辛甫就是莎士比亚戏剧中的埃尔西诺,位于哥本哈根北面的西兰岛海滨。在文艺复兴式的城堡内,丹麦这位最杰出的公民利用这个机会在世人面前公开向纳粹党的种族主义挑战。这是一个勇敢男子的一个勇敢陈述。玻尔懂得,当希特勒最终将目光转向丹麦的时候,主要的西方民主主义力量不可能集中起来来保卫他的弱小的国家。

乔治·普拉切克(George Placzek)是一个波希米亚理论物理学家,当时正在哥本哈根工作,他的说话方式像泡利一样尖锐,他已经概述了这个残酷的事实。“为什么希特勒要占领丹麦呢?”有一天普拉切克不无讥讽地对弗里施说,“他只要打电话就行了,不是吗?”

为了反对德国“鲜血和土地”的残忍的浪漫主义,玻尔对互补性进行了微妙的矫正。他谈及“众所周知的对人道主义的威胁,来自从自己的立场出发来判断其他社会内部发展起来的文化”。他提出,互补性提供了一种克服混乱的方法。在文化比较中,就像在物理学和心理学中一样,主体和客体相互作用而使彼此难分难解,“我们真的可以说,不同的人类文化是相互补充的。事实上,每种文化代表了一种传统习俗的和谐平衡,依靠这些传统习俗,人类生活的潜在可能性能够以在我们面前展示其无限丰富多样的新面貌的方式,把自己呈现出来。”

德国代表退出会场。玻尔继续说,所有科学的共同目标是“逐步消除偏见”。这对于旨在探究无可辩驳的真理的科学所具有的通常的、虔诚的品格来说是一剂互补性的良药。在比20世纪其他所有科学家更伟大的程度上,玻尔感觉到他终身致力的科学体制在这个世界上将是一种深刻的政治力量。他相信,科学的目的是让人类自由。在汉娜·阿伦特的强有力的比喻中,极权主义趋向于“破坏人们之间所有的空间，迫使人们相互攻击。”在一个危险日益增加的时代用个人的、丰富的互补性判断力公开反对这种趋向，这种做法与玻尔的性格是完全相称的。

与玻尔性格完全相称的还有，当费米来到哥本哈根时，玻尔竟把他领到一旁，握住他的马甲上的纽扣小声告诉他，他获得了诺贝尔奖提名，按惯例这是一个不能事先透露的秘密。费米愿意在意大利目前这种政治形势以及缺钱的条件下将名字暂时撤回，还是愿意选择向前发展呢？这就等于告诉费米，如果他愿意获得诺贝尔奖并且乐意用它来逃出如今已经危险的祖国，他就能在1938年那年获得诺贝尔奖，尽管他获得这一声望会夺去他的妻子的意大利国籍。

利奥·齐拉的剑桥合作者莫里斯·戈德哈伯(Maurice Goldhaber)于1938年夏末移民到美国并且作为伊利诺斯大学的物理学副教授而定居下来。齐拉于9月出现在戈德哈伯在坎佩恩的新公寓里来完成他们在英国一起开始了的工作，并且留下来注视慕尼黑危机，为了这一目的，他的房主曾外出买了一台收音机。像8月底温斯顿·丘吉尔认识到并告诉他的委托人那样，齐拉也认识到，“欧洲和世界的总体形势正在不断向高潮发展，不会再有长时间耽搁。”齐拉后来说，在决定留在英国还是去美国之前，“我只认为我要等待和观望。”

苏台德是隆起的边境山区，喀尔巴阡山脉连着厄尔士山脉横跨捷克斯洛伐克，可那时它拥有一个说德语的工业化城市，人口大约为230万，约占西捷克斯洛伐克即以前的波希米亚人口的三分之一。纳粹的煽动最早开始于苏台德地区；1935年，一个代理纳粹组织在捷克斯洛伐克共和国成为最大的政党。希特勒想把捷克斯洛伐克变成继奥地利之后下一个实现他的德国扩张梦想的国家，成为附属生存空间，并且在战时拒绝为苏联提供飞机场和提供支持，这是他早就计划好了的。苏台德地区是他的关键。捷克斯洛伐克横跨苏台德山脉建起了防御工事以抵抗德国的入侵;1933 年后,捷克斯洛伐克对苏台德地区的德国人施加约束,试图防止来自侧翼的颠覆。希特勒甚至在德奥合并之前就展开了他的捷克斯洛伐克攻势,声称保护苏台德地区的日耳曼人是第三帝国的职责。1938 年整个夏季,当西方民主国家战略性地回避正面冲突时,德国对捷克斯洛伐克施加的压力增大了。

此时,齐拉开始收听戈德哈伯留下的新收音机,捷克政府在苏台德地区建立了全套军事管制法,还给这个地区提供了超过苏台德德国党所要求的自治权。这些进展促使英国首相内维尔·张伯伦(Neville Chamberlain)提议与希特勒进行一次会谈。希特勒很高兴。他邀请这位首相到贝希特斯加登。他希望的最终结果是就捷克斯洛伐克问题达成协议。他示意苏台德的纳粹分子们提高他们的要求。9 月 16 日,当张伯伦从慕尼黑乘火车外出时,他在收音机里听到极端主义者的宣言:呼吁立即将苏台德地区合并到德意志帝国。9 月 17 日回到伦敦,他介绍了合并。他说,希特勒"正处于好斗状态"。

"此时,英国和法国的内阁组成的阵线,"丘吉尔写道,"就像两只挤在一起的熟透甜瓜;而所需要的是钢铁的寒光。在一件事情上,他们却都意见一致:不需要与捷克人商量。这将要面对捷克的保护人的决定。无助的羔羊也没有比这更坏的境遇了。"两个政府,引证"对安全必不可少的条件,"判定捷克斯洛伐克应该向德国放弃所有日耳曼人超过人口百分之五十的地区。法国对捷克斯洛伐克曾有一个义务条约,但是选择不去兑现它们。面对这样的孤立状态,这个弱小的共和国于 9 月 21 日屈服了。

这个英法提案援引了他们所定义的说德语地区的"自决"。当希特勒于 9 月 16 日见到张伯伦时,后者同意了这种自决。现在,首相再次与元首见面,这一次是在波恩城外莱茵河上的伯德古德斯堡,在莱玛根大桥附近。希特勒的要求逐步升级。“他告诉我,”张伯伦不久后向下院汇报说,“他从没有一刻认为我应该回来说(自决的)原则被认可了。”希特勒希望捷克在9月28日之前不经自决就予以默认,不然他就要入侵。可是,张伯伦却不相信,他告知下院,希特勒在故意欺骗他。这个纳粹头目还告诉首相:“这是他在欧洲的最后的领土野心,并且,他不希望让德意志帝国的人民包含有日耳曼民族之外的种族。”

捷克动员了150万人,法国也动员了他们的一部分军队。英国舰队积极投入。同时,在希特勒和德国总参谋部之间可能正在发生一场秘密的斗争,德国总参谋部反对更进一步地投入战争。其结果有可能成为和局,但是,张伯伦再次作出让步。“绥靖”在当时是一个流行词而不是一个轻蔑语。

“多么可怕、荒谬和不可思议,”首相在9月27日即希特勒的最后期限前的那个晚上,通过无线电台告诫英国人民,“因为在一个遥远的国家,在我们对其一无所知的人民之间的一个争吵,我们此时会要挖掘战壕并且尝试着戴上防毒面具!”他主动提出“甚至掏腰包第三次访问德国。”他说,他是“一个和平植根于灵魂深处的人。”与此同时,他直接通过信件作出访问希特勒的提议;第二天下午,元首就这一问题接受了他的提议。张伯伦、法国总理爱德华·达拉第(Edouard Daladier)、墨索里尼和希特勒于9月29日傍晚在慕尼黑会面,到第二天凌晨2点钟,4个首脑达成了一致意见,从10月1日开始,10天之内在不经自决的情况下捷克撤离苏台德地区。按张伯伦的提议,他和希特勒随后进行了私人会晤并进一步同意“尊重昨晚签订的协议……作为我们两国人民决不彼此再走向战争的愿望的象征。”元首在离开慕尼黑之前与墨索里尼进行了密谈，讨论了意大利将参与对英伦群岛的最后入侵。

张伯伦乘飞机回到英国。他向集合在机场欢迎的人们宣读联合宣言。回到伦敦，他从首相官邸的上部窗户挥舞这个宣言。“这是第二次把光荣的和平从德国带回了唐宁街，”他告诉下面的群众，“我相信我们这个时代会是和平的。”

第二天早晨，当弗雷德里克·林德曼驱车赶到时，一群逃亡的科学家聚集在牛津大学的克拉伦顿实验室的外面讨论慕尼黑协议。丘吉尔已经将对捷克斯洛伐克的瓜分描述为实际上是“西方民主主义对纳粹武力威胁的全面投降”。林德曼作为丘吉尔的亲密顾问，同样地表示厌恶。一个流亡者问他，他是否认为张伯伦在袖管里还留着一手，“没有，”这位教授立即回答，“要有也尿到裤管里去了。”

同时，一份电报发给了林德曼：

由于充满了巨大遗憾的国际形势无限期延误了我乘船的行期，如果你能将缺席当成无薪假期的话，我将十分感谢。不再赘述。将我的真诚的美好祝愿传达给正处于紧要关头的所有人。

齐拉

齐拉和戈德哈伯在危机期间找时间详细描写了一系列用铟所做的实验，这些实验是他们于1937年在英国开始做的，戈德哈伯在出发到美国之前与一个澳大利亚学生希尔(R. D. Hill)把它完成了。齐拉曾经认为，铟可能是链式反应的候选元素，但是，实验结果显示，齐拉一度看好的铟的放射性是由一种新型的反应过程引起的，这种反应过程是没有中子俘获或丢失的非弹性中子散射。齐拉感到沮丧。“当我的原子核物理学知识增加时，”他后来说，“我对链式反应的可能性的信心逐步减少了。”如果其他类型的辐射也能在铟里诱发不产生中子的放射性，那么，他将不再有中子倍增的候选元素，他就不得不放弃他对他仍然冠以“镜花水月”绰号的这一过程的信念。这一决定性的实验将由位于纽约州北部地区的罗彻斯特大学的朋友们进行，12 月上旬他将去那里。

奥托·哈恩打开 1938 年 9 月的《报道》，深感震惊。居里－撒维茨对铀的难以捉摸的 3.5 小时放射性的研究的第二部分发表在这一期上；在许多推测当中，他的更大胆的结论是，“总而言之，$R_{3.5h}$的属性与镧一致，因此，除了分馏法*，用其他方法对它进行分离是不可能的。”

居里和撒维茨相信，他们的 $R_{3.5h}$放射性至少能够部分地与镧分离开。对他们来说，下面的情况显然没有出现：正在从溶液中结晶出来的物质可能是另一种具有类似的半衰期的放射性，而将 3.5 小时的镧放射性存留了下来。他们仍然不能相信——其他人也不能相信——铀轰击可能产生出在周期表中下降 35 位的一种元素。当时访问达勒姆的一名加拿大放射化学家记录了他们的德国批评家的反应：“你能容易地想象出哈恩的惊讶表情……他的反应是，这只可能是不对的，而居里和撒维茨把事情搞得一团糟。”

尽管哈恩在 5 月份对约里奥提出了警告，但是，他尚未重复过居里－撒维茨的实验工作。现在，他将《报道》递给弗里兹·施特拉斯曼。施特拉斯曼曾经研究过这篇法文论文，并且推测，造成这种混乱情况的可能是一种物理原因——两种

---

* 分馏法——分级结晶法——是一种由玛丽·居里在提纯钋和镭的过程中首创的化学分析方法。多数物质在高温下比在低温下更加容易溶解。产生物质的一种沸腾的浓溶液——比如，对于冰糖，让糖溶解在水中——再冷却溶液，在某些温度下，物质将会从溶液中析出而形成纯净的晶体。分级结晶法进一步利用不同物质在不同温度下的结晶趋势，来分离出相同溶液中几种不同的、化学性质相似的物质，较轻的元素先结晶。

类似的放射性混合在同一种溶液里。他告诉哈恩。哈恩笑了，这一结论似乎不可能。进一步考虑后，又觉得它是值得检验的。当捷克斯洛伐克危机震动整个欧洲时，两个男人在平静的达勒姆做着轰击铀的实验。他们使用镧载体沉淀像锕（如果有的话）这样的稀土元素，用钡载体沉淀像镭（如果有的话）这样的碱土元素。（载体化学物质使得从母体溶液中分离出由中子轰击产生的子体物质的几千个原子成为可能。一种化学性质类似的子体物质，可根据它独特的半衰期来追踪。当规则的固体结晶通过化学沉淀从溶液中形成时，这种子体物质将进入并固定在载体物质结晶的空缺位置，从而被载体物质带走。实现了携带的载体物质给出未知的子体物质属于周期表的哪部分的线索。然后，这变成一个更进一步地通过分级结晶从载体中分离出子体物质的事情，接下来就如前所述再跟踪它的特有的放射性。）

通过一个星期的艰苦工作，哈恩和斯特拉斯曼成功地识别了多达 16 种不同的放射性。他们的钡分离给出了最令他们吃惊的结果：三种先前未知的同位素，他们认为这会是镭。他们于 11 月在《自然科学》上报道了他们的发现。他们指出，从铀产生出 88 号元素镭，"必须归因于连续发射了两个 α 粒子。"

如果物理学家们曾经认为，慢中子轰击可能产生钍（90 号元素）或者锕（89 号元素）是难以置信的，那么，他们发现它可能产生镭就尤其难以置信了。莉泽·迈特纳从斯德哥尔摩写信以警告的口吻尖锐指出，两位化学家要反复检查他们的实验结果。玻尔邀请哈恩到哥本哈根就这一奇怪发现作演讲报告，并且试图提出一个足够疯狂的理论解释：

> 玻尔不相信，问我这是否可能……我不得不回答说，

没有其他解释，因为我们的人造镭只有用可称量的钡作为载体物质才能分离。因此，除了镭之外，只有钡出现，并且，它毫无疑问除了是镭不可能是其他任何物质。玻尔猜测，也许我们的这些镭的新同位素可能最终被证明是奇怪的超铀元素。

因此，对于他们在中子轰击铀实验中所鉴别的16种放射性，哈恩和施特拉斯曼现在将他们的全部注意力集中到3种由钡带出溶液的有争议的放射性上。

11月10日清晨，劳拉·费米被电话铃声闹醒了。接线员告诉她，电话来自斯德哥尔摩。费米教授可以在晚上6点接那边电话。

费米立刻明白了他妻子告诉他的消息，他估计有百分之九十的可能性，这个电话是通知他已获得诺贝尔奖。费米一直抱有保守的想法，不对这份奖赏寄予希望。费米全家准备好了明年年初就离开意大利去美国。表面上，费米是到哥伦比亚大学作为期7个月的讲座，然后返回。因为在美国滞留时间超过6个月就必须移民而不能持旅游签证，并且，因为费米是学者，他和他的家庭能够在意大利配额表之外领到这样一份签证。系列讲座的计策，是为了躲避一种严厉的处罚：永久离开意大利的公民只能带相当于50美元的钱离开这个国家。但是，这个计划需要慎重。费米一家不能冒着被发现的风险变卖他们的家庭用品或者全部取空他们的存款。因此，诺贝尔奖金就是一份天赐之财。

同时，他们秘密地投资于费米所谓的“难民的嫁妆”。劳拉的新外套是海狸皮的，在接到斯德哥尔摩的电话的那天，他们为购买名贵的手表而使自己晕头转向。钻石是需要注册的，他们选择了不冒这种风险。

大约6点，电话铃响了。是吉内斯特拉·阿玛尔迪打来的，她不知道他们是否听到了。她报告说，全家人都聚集在家中等待广播信号。费米全家打开了6点的新闻。劳拉·费米长时间地记得这条新闻：

> 播音员用坚硬、强调、无情的声音宣读第二套种族法令。那天发布的这些法令限制犹太人的行动和公民地位。他们的孩子从公共学校里被除名。犹太人教师被解职。犹太人律师、医师和其他专业人员只能针对犹太人客户开业。许多犹太人的商号被取缔。"雅利安人"佣人不允许给犹太人干活或者住在犹太人的房内。犹太人将被剥夺全部的公民权利，他们的护照将被吊销。

犹太人的护照已经被打上了记号。费米设法让他妻子的护照不被打上标记。

他们大概也听到了来自德国的新闻：昨夜的一场大规模的集体迫害——水晶之夜(Kristallnacht)。11月7日，一名17岁的波兰犹太学生试图刺杀德国驻巴黎大使馆的三等秘书欧内斯特·冯·拉特(Ernst von Rath)，以此报复波兰对该学生父母的虐待。冯·拉特于11月9日死亡了，这次刺杀成为了普遍的反犹太人的暴乱的借口。暴徒们用火炬点燃犹太教会堂，砸毁商场和店铺，将犹太人从他们的家里拖出来并当街暴打。至少造成100人死亡。那天晚上整个第三帝国大量的平板玻璃被砸碎，其数量等于它的原产地比利时的年产量的一半。纳粹党卫军逮捕了大约3万名犹太人——"尤其是有钱的犹太人，"其命令指定这样做——并且将他们塞进位于布痕瓦尔德、达乔和萨克森豪森的集中营，在这些地方，他们只能以立即倾家荡产、沦为赤贫的移民为代价获释。

费米接到了斯德哥尔摩打来的电话。他独自获得这一年度的诺贝尔物理学奖，因为"你对属于所有种类的元素的新放射性物质的发现以及因为你在对慢中子的选择能力的研究工作中所作出的发现"。费米能够安全地远离这疯狂之地了。

莉泽·迈特纳写了一封信给奥托·哈恩，谈到费米到来之前的一些日子里的担心。"很多时候，我感觉像是一个拧紧发条自动奔跑的玩偶，"她告诉她的老朋友，"脸上挂着快乐的笑容而现实生活却感到空虚。你能够由此作出自己的判断，我正在努力做的工作是怎样的多产。而最后，我仍然对此保持感激之情，因为它使我保持思想集中，要做到这点并不总那么容易。"她对哈恩的风湿病复发表示遗憾，并且担心他不能细心地照顾好自己。她用他们私下里所使用的哈恩－迈特纳式的昵称问候普朗克和冯·劳厄，称他们为马克斯老先生和马克斯少先生；她问候哈恩的妻子埃迪特(Edith)，也关心他为他的儿子做了什么样的圣诞计划。他的铀研究工作"真的是非常有趣"。她希望他会立即再给她写信。

她正住在一间旅馆的小房间内——几乎没有空间打开包裹——而且睡觉也有麻烦。人们告诉她说她太瘦了。更糟糕的是，物理研究所的条件不像她所期望的那样。一位瑞典朋友，名叫伊娃·冯·贝尔－贝尔尤斯(Eva von Bahr-Bergius)，是一名她从柏林了解到的物理学家，现在是乌普萨拉大学的一名讲师，帮助她安排妥当，并且逐步把坏消息委婉地告诉她。曼·西格巴恩不想接纳迈特纳。西格巴恩抱怨说，他没有经费给她；他能够为她提供一个工作的职位但不能提供更多。冯·贝尔－贝尔尤斯向诺贝尔奖基金会请求帮助。但是基金会在设备和辅件方面什么也没有提供。迈特纳骂自己："这当然是我的过错；我应该在我离开时做更好和更早的准备，至少应该拥有(她需要的)最重要的设备的图样。"

她是一个坚强的女人，却可怜而又孤独。哈恩报以同情。在该月中旬，她对他的“宝贵的来信”表示感谢，然后改变语气并责备他的漠不关心：“谈到我自己，我有时怀疑你并不理解我的思路……就在此刻，我真的根本不知道是否有人关心我的事情，或者，它们是否曾经被人关心过。”

哈恩正在像对待自己的事情一样地对待迈特纳的事情。随身带着她的抱怨的信件，他对着税务署大发雷霆。在允许免税之前，税务署负有盘点清查她的那些家具和其他财产的责任。他并且说大闹税务署这事“还真有点使我‘着迷’”。之后，“问题稍微有些好转。”他于 12 月 19 日星期一晚上从威廉皇帝研究所写信给迈特纳告诉了她那些消息。紧接着，他给她讲了他尚未离开实验室的原因：

> 尽我所能做好我正在做的所有事情，并且，施特拉斯曼还在不知疲倦地做着有关铀的活度方面的工作……现在差不多是晚间 11 点；施特拉斯曼将在 11∶30 回来，然后，我才能考虑回家。事实是，某些与“镭同位素”有关的事情是如此奇怪，因而我们暂时只向你提及它。这 3 种同位素的半衰期被相当精确地确定了；它们能够从除钡之外的所有元素中分离出来；所有的过程都和谐一致。只有一种过程不是——否则就一致得极不正常了：分馏法不能起作用。我们的镭同位素表现得像钡。

哈恩和施特拉斯曼在威廉皇帝化学研究所的第一层楼的 3 间房子里工作，这所建筑具有德式头盔形状的圆形屋顶：哈恩个人的大化学实验室位于远离主大厅的北面，测量室在侧楼靠近的一端处的大厅的对面，侧楼沿着法拉第路向西北方向伸展，而放射室位于侧楼的远处的末端。他们把辐照、测量和化学处理这三种功能分在三处以避免辐照对其余的产生污染。所有的工作室都配备有未加雕琢的原木工作台，这些工作台是由一位细心的木匠大致劈出的，这位木匠不辞劳苦地将每条桌腿雕成上粗下细。辐照室内的桌子上放着蜂蜡颜色的石蜡圆筒，像一块钻了许多孔的蛋糕，孔中放着中子源，这些中子源是镭盐与铍粉混合而成的。在测量室里，手工制作的盖革计数器固定在用铰链接合的凹形铅块屏蔽的桌子上，通过细线圈连接到手提式电子实验线路板放大器上，放大器的主要工作元件是镀银的真空管，这些真空管很像倒转的发芽瓶。这种放大器通过其隆起部分上面的成角度的小型窗口显示黑暗的次数，从而使闪烁的黄铜钟表计数器进行计数。在桌子底下，塞满一个架子的系统由有硬纸外壳的90伏特的帕特里克斯干电池供电。哈恩的实验台上放着支架、烧杯、烧瓶、漏斗和放射化学用的过滤器。这两人按照由他们所研究的半衰期长短决定的有规则的进程从一间房子到另一间房子不停地忙活着。空气中已经有了硝酸盐的刺激性气味，与哈恩非抽不可的雪茄烟的芳香混合在一起。

59岁的哈恩，背微微有些驼，但看上去比他的真实年纪要年轻。他头上的发缘线已经后退了，他的眉毛也长得浓密了；他将他有青春气息的上过蜡的普鲁士式胡须修剪到了他的上嘴唇的上方；他的棕色眼睛依然闪烁着温和的光。到如今，他无疑是全世界最有能力的放射化学家。他要用他40年的工作经验来解开铀这个谜。

12月上旬，他和施特拉斯曼通过尝试从铀中进行更纯净的分离来开始再次对3种“镭”同位素进行检验。施特拉斯曼建议用氯化钡当作载体物质而不使用通常的硫酸钡，哈恩解释说，因为氯化物“形成美丽的小结晶”，它们特别纯净。他们想要肯定，它们的分离是不受来自其他具有类似半衰期的轰击产物的污染影响的，这一困难曾使得居里和撒维茨困惑不已。他们正在研究的 86 分钟活性过程,他们称为"镭III",要求他们将大约 15 克纯净的铀辐照 12 小时,先得到更强的 14 分钟"镭II",等待数小时,让"镭II"通过衰变退出前面的状态,然后加上氯化钡作为载体并完成分离。镭III虽然和钡一同从铀溶液中析出,但是,在随后的分馏过程中,当钡结晶析出时,它拒绝存留下来,而是与钡一起结晶。

"用这种方法从钡中分离我们的人造'镭同位素'的尝试是不成功的,"哈恩以后在他的诺贝尔奖演说中解释说,"没有获得足够的'镭'。之所以不成功,这自然地归因于我们配制的制剂的强度特别低。这始终是一个只有几千个原子的问题,它们只能由盖革 - 米勒计数器作为单个粒子检测出来。这样一个小数目的原子能够被大量过剩的非活性的钡在没有任何可察觉得到的增加或减少的情况下携带出来。"为了检测这一可能性,他们重新找出他们储存的、常常用于研究工作的一种已知的镭同位素,他们称这种同位素为"新钍"。他们将这种同位素稀释,使之与他们的仅数千个镭III原子的弱放射性相当,然后对它进行钡沉淀和分馏。它被干净地从钡分离出来。他们的技术没有毛病。

12 月 17 日星期六,也就是哈恩为了迈特纳的家具而在税务署大发雷霆的第二天,他和施特拉斯曼进行了一次更进一步的需要决心加耐心的实验检验。他们将镭III和稀释的新钍混合,并且对两种物质一起进行沉淀和分馏。随后,化学现象很明确,不管在物理上可能意味着什么:当钡载体结晶出来时,镭III和钡一同析出,而新钍仍存留在溶液里。而镭III均匀地、密不可分地分布于这种小的纯净结晶体中。哈恩在他的袖珍记事本中写下一段热情的笔记以记录这一天:"激动人心的镭/钡/新钍分馏。"

这似乎意味着他们的"镭"同位素一定是 56 号元素钡,

比铀的重量的一半稍重，而具有正好超过它的一半的电量。哈恩和施特拉斯曼简直不能相信这一点。他们设想一种更有说服力的实验。如果他们的“镭”真的是镭，那么，通过β衰变它应该将自身向上提一级转变为周期表中的上一位锕(89号元素)。另一方面，如果它是钡(56号元素)，那么，通过β衰变它应该向上提一级将自身转变为镧(57号元素)。而镧能够用分馏与锕分离开。他们在12月19日星期一的深夜，完成了这一有决定性意义的方案，当时，哈恩将这一消息发给了迈特纳。

“也许，你能提出某些奇怪的解释，”他写道，“我们明白，它确实不能分裂成钡……所以尽力考虑某些其他的可能性。是否有原子量比137大得多的钡同位素？你能不能考虑一下是否有可以发表的想法，这项工作毕竟是我们3人一起做的。我们不相信这是荒唐的，也不相信是污染捉弄了我们。”

他最后祝愿他的朋友度过一个“多少过得去”的圣诞节。弗里兹·施特拉斯曼最后在信中捎上一句话：“致以热情的问候和最美好的祝愿。”哈恩在深夜回家的路上将这封投往斯德哥尔摩的信发出去了。

第二天，这两位男人从他们的读数据的时间中抽出部分时间来参加威廉皇帝研究所的圣诞聚会，尽管哈恩因迈特纳的离去而有些郁郁寡欢。甚至在他们整理镭－钡发现时，他们仍继续做着锕－镧实验。在聚会后，研究所将会关门过圣诞节；他们让一名打字员忙碌地工作到聚会结束，还是没能完成他们的报道。哈恩给《自然科学》杂志的保罗·罗斯鲍德打了电话，告诉他这一消息，并且请求他在下一期的《自然科学》上为此留出版面。罗斯鲍德愿意从杂志上撤掉一篇不太急迫的论文，但也提醒说，稿件必须不迟于12月23日星期五交出来。星期四，哈恩安排一名实验室助手当打字员。与此同时,他和施特拉斯曼将继续研究。

12 月 21 日星期三,迈特纳在斯德哥尔摩收到哈恩于星期一晚上发出的信件。真让人感到吃惊;如果实验结果成立,那么,她认为这意味着铀核一定发生了碎裂,她立刻给他写了回信:

> 你的镭实验结果非常令人吃惊。这是一个用慢中子发生作用,而且产生了钡的过程!……目前对我来说,这样一种大爆裂的假说似乎很难接受,但是,我们在原子核物理学方面经历了如此多的意外之事,以至于对于任何一件事谁都不能毫不犹豫地说:"那不可能。"

她告诉哈恩,星期五她会去瑞典西部的康盖坞村度假一周,"如果你在这个时间给我写信,请写那里的地址。"她向他和他的家人致以"最温馨的问候……并献上我深深的爱和最美好的新年祝福"。

这一日,哈恩和施特拉斯曼完成了锕-镧实验——并且确认了从钡衰变产生的镧。深夜,在他们关掉计数器后,哈恩再次给他的流亡中的同事写信。论文尚未完成;信中的用语在论文定稿时将重新修改成更为谨慎的语言:"我们有关镭的证据使我们相信,作为化学家,我们必须得出这样的结论,谨慎地研究过的 3 种同位素,以化学家的观点看,它们不是镭而是钡。"

哈恩希望迈特纳能够尽快为他的史无前例的化学现象找到某些物理学解释。这种解释会巩固他的结论,也能将迈特纳的名字写到论文中来,这是可能的最好的圣诞礼物。借助于手头的对镧的确认,他不能再拖延。事实上,他一直不向他自己这个研究所的工作人员中的物理学家以及附近的新的物理研究所公布这一消息。其他某些人——比如居里和撒维茨——也完全可能作出了相同的发现。不管怎样的解释，这一发现显然是非常重要的，这是一个与已经发现的任何其他反应不同的反应。“我们不能压下这些实验结果，”哈恩给迈特纳的信中写道，“虽然它们在物理意义上可能是荒谬的。你能明白，如果你找到了其他替代（解释），你将是在做一件大好事。就在明天或后天我们完成了论文的时候，我将给你寄一份原稿的复制件……整件事情并不很适合在《自然科学》上发表。但是他们愿意很快就发表它。”

哈恩将这封信投到了斯德哥尔摩。他还不知道迈特纳去康盖坞村度假了。

利奥·齐拉在罗彻斯特大学的工作证实，铟受到辐照时，没有中子放出。12月21日，当哈恩和迈特纳心情激动地书来信往时，齐拉写了一封信给英国海军部提出忠告：

> 进一步的实验……明确澄清了我在1936年观察到的反常情况……考虑到这一新的工作，保持（我的）专利现在看来并非必要……放弃这项专利的秘密将不会对任何有用的目的有所帮助。我请求完全撤消这项专利。

齐拉对链式反应的可能性的信念，正如他后来说的，“几乎丧失殆尽。”

哈恩和斯特拉斯曼独特地将他们的论文加上标题“关于铀经中子轰击产生的镭同位素以及它们的行为”。借助于他们的新数据，他们认识到，“镭”不能再被认为是镭。他们考虑在整篇论文中将“镭”改成“钡”。但是，在镧实验使他们的信念变得坚定之前，就已经写完了论文的很大一部分。他们将不得不从头到尾重写，“特别是，”哈恩回顾往事时说，“由于考虑到这一结果,其主要部分不再具有特别的意义。”圣诞节和杂志的截止时间迫在眉睫,而他们没有时间。他们决定用手头的资料临时应急。这个结果不会因为论文不够精致而降低效果。他们用一个含糊的措词“碱土金属”取代标题中的“镭同位素”——钡和镭两者都是碱土金属,还有铍、镁、钙和锶也都是。他们在整篇文稿中将他们许多提及镭和锕的地方加上意义双关的引号。然后,他们在结尾处附上7个注解性的段落。

“现在,我们仍然不得不讨论某些更加新的实验,”这最后一节是如此开头的,“我们相当犹豫地发表这些实验,因为这些实验的结果奇特。”然后,他们总结了他们的这一系列实验:

> 我们想要确定无疑地鉴别与钡分离开来的放射性系列的母体成员的化学性质,这个系列一直被标示为“镭同位素。”我们进行了分级结晶和分级沉淀,这是在钡盐溶液中浓缩(或稀释)镭的一种众所周知的方法……
>
> 当我们对不含任何后来衰变产物的放射性钡的样品作适当的测试时,结果总是否定的。这种活性均匀地分布于钡的各部分中……我们得出结论,我们的“镭同位素”具有钡的性质。作为化学家,我们应该明确地说,新的产物不是镭,而是钡本身。除了镭或者钡以外的其他元素均与问题无关。

他们然后讨论锕,将他们的工作与居里和撒维茨的工作进行鉴别,并且指出,对所有所谓的超铀元素将不得不重新检验。不准备完全侵占物理学家们的特权,他们以一个试探性的注解结束:

作为化学家，我们实在应该对以上给出的衰变图式加以修正，并且插入符号 Ba、La、Ce（铈），以代替 Ra、Ac、Th（钍）。可是，作为"原子核化学家"，虽然工作非常接近于物理学领域，我们仍然不能使自己迈出这样迅猛的一大步，这一步将会违背所有先前的原子核物理学定律。也许，可能是一系列不寻常的偶然巧合给了我们错误的指示。

为了进行更深入的实验，他们准备将他们的消息向全世界公布。哈恩将论文投了出去，随后又感到所有事情是如此的不可思议，"从而，我希望我能够将我的论文从邮筒里取回来"，也可能是，保罗·罗斯鲍德在同一天晚上特地来到威廉皇帝研究所索取论文。这两个故事在哈恩后来的回忆录中都有记载。因为罗斯鲍德知道这篇论文的重要性并且将它的收到日期注明为 1938 年 12 月 22 日，他很可能去索取它。但是，那天晚上哈恩还光顾邮筒将论文的一份副本寄给了在斯德哥尔摩的莉泽·迈特纳。发表论文时不署迈特纳的名字所体现的他的忧虑——或者是他朦胧地感觉到由于他的发现而将引起的重大后果——可能说明了他的记忆中的恐惧。

瑞典的康盖坞村——这个名字的意思是国王之河——位于重要的西部港口城市哥德堡市上游约 16 公里、卡特加特海峡向内陆近 10 公里的地方。这条河现在称为诺斯河，起源于维纳恩湖，这是西欧最大的淡水湖；在康盖坞村，诺斯河切开一座朝南的陡峭的花岗岩悬崖——高百余米的方廷崖。在悬崖和河流之间狭窄的山麓上有一条鹅卵石小道，这个近代的村庄就沿着这条小道建立，背对着那堵峭壁。

这个村庄曾经是挪威的康伽海拉村，大约于公元 800 年建在下游一个较开阔的地带。不过，在康盖坞，河中间升起一座山样的小岛,这个小岛因此而有天然的"护城河"保卫着,形成一个由方廷崖加固的防御形地形。1308年,为了在这里标记出挪威和瑞典之间的国界,挪威人开始在这座山样小岛上建一个巨大的花岗岩要塞,名叫博胡斯王要塞(Bohus' Fäste),长满青草的砖墙向内向上收拢,形成一座具有锥形顶的厚石圆柱塔,这座塔雄视整个海滨村庄。3扇深凹进塔里的窗户参差不齐地分布——两扇在上方分列两边,一扇在下方居于中央——看上去就像是一张长着黑洞一样的两只眼睛的面孔凝视着方廷崖。为了使这张冷酷的面孔变得柔和一些,村子里的人们将塔命名为"父亲的帽子"(Fars Hatt),让人感觉就像是一个戴着帽子的工匠。在400年的占领期间,要塞被围困过14次,山谷中的民居被付之一炬,岛上坚硬的砖墙下布满了坟地。

1612年,这个村庄被命令沿河向上迁移到这座岛上。从15世纪到19世纪早期,丹麦人统治着挪威;1658年,根据罗斯基尔德条约,他们将康盖坞地区、博胡斯兰交给了瑞典。1676年,一场大火烧毁了岛上的村庄,岛上的居民为安全起见移居到了狭窄的河边。他们铺出了一条小道,而房屋带就从鹅卵石铺的市场向东西两面延伸,他们加宽坡面以扩大空间。尽管有要塞,康盖坞村还是平静的,尤其是在冬天,河面结了冰,地上积了较深的白雪。温暖的木屋被涂上了柔和的色彩,房内周边用船用箱子和中国式橱柜以及布带帘惬意地围起来,屋角装饰着花砖的壁炉给室内加温,室内弥漫着咖啡和烘烤食品的香味。埃娃·冯·贝尔-贝尔尤斯和她的丈夫尼卡拉斯(Niklas)于1927年在这里建了一所房子,比康盖坞村的大多数房子都要大,但是建筑风格一样。1938年,莉泽·迈特纳独自在斯德哥尔摩。奥托·弗里施独自在哥本哈根,他的母亲,也就是迈特纳的姐姐,远在维也纳,他的父亲作为水晶之夜的受害者被关在达乔。因此，贝尔尤斯全家体贴地邀请迈特纳和弗里施这对姨甥一起到康盖坞村参加他们的圣诞宴席。

星期五，也就是圣诞节前两天，迈特纳一早就离开了斯德哥尔摩。弗里施搭乘火车轮渡从丹麦出发渡海而来。他的姨妈在他之前到达并且在西街的瓦斯特拉花园附近的一家安静的小客栈里登记了房间，她和她的外甥将在这里住下。这是一座风格上很像它的朴实邻居的淡绿色的建筑，但是在底楼有一间咖啡馆。朝北跨过小径，它面对着一条郁郁葱葱的花园带；在花园中的矮树丛上方就是暗黑色的峭壁。在小客栈后面，是平坦的、白雪覆盖的漫水河滩草地，另有一条路一直延伸到开阔的森林。贝尔尤斯家的房子向东有一条短的步行街通到市场和白色的教堂。因为旅途疲劳，当弗里施到来时，他和迈特纳只在傍晚作了短暂的会面。

那年冬天，在哥本哈根，弗里施研究了中子的磁特性。为了进一步开展他的研究工作，他需要一个强的均匀磁场，并且，在他到康盖坞村的旅途中，他草拟出了一块大磁铁的图样，他打算设计并制造出这块磁铁来。圣诞节前一天的早晨，他来到楼下，想让他的姨妈对他的计划产生兴趣。迈特纳已经在吃早餐，不想讨论磁铁：她将哈恩于 12 月 19 日给她的信带到楼下并且坚持要弗里施看。他看了。“钡，”他对她说，“我不相信。其中肯定有错。”他试图将话题转到他的磁铁；而她却要将话题转回到钡。“终于，”迈特纳说，“……我俩还是被我提出的问题所吸引。”他们决定出去散步，看看能琢磨出点什么。

弗里施带来了越野雪橇想滑雪。他想他的姨妈会跟不上他。她告诉他，在平地上，她能够走得和他滑雪一样快。她能够而且确实能够。他拿出雪橇，他们来到外面，大概去东面的康盖坞村的市场，从那里通向漫水的河滩草地，然后跨过结冰的河面进入远处的开阔的森林区。

“但是，这不可能，”弗里施记起他们共同努力探究时说过的那些话，“你不能从原子核一下敲出100个粒子。你甚至不能将它劈成两半。如果你试想估算一下核力，那么你将不得不同时扯断所有这些约束力——这多荒谬。要原子核做到这点是完全不可能的。”30年后，弗里施用规范的术语总结了他们的想法：

> 但是，钡怎么可能是铀变成的呢？还没有比质子或氦原子核（α粒子）更大的碎片从原子核中被击出过，大量质子或α粒子一下子被击出的想法可以排除；没有足够的能量可以做到这一点。铀核能够被当中劈开也是不可能的。实际上，一个原子核不像一个能够被劈开或裂开的脆性固体；玻尔强调过一个原子核更像一颗液滴。

液滴模型使得原子核的分裂似乎可能。他们在一根圆木上坐下。迈特纳在她的小皮包里找出一张纸片和一支铅笔。她画了一个圆。“它不能是这种东西吗？”

弗里施后来说：“喏，她一直就缺乏在三维空间上将事物形象化的能力，然而，我有很好的空间想象力。事实上，我已经明确地产生了同样的想法，我画了一个像圆在两个相对的点上被挤塌了的图形。”

“对了，就是这样，”迈特纳说，“这正是我的意思。”她打算画的而弗里施已经画出的，是拉长得像一只哑铃的液滴，不过他当时将它画成了从一端（往另一端看）的形状，在一个较大的实线圆内用一个较小的虚线圆标志哑铃的腰部。

弗里施后来说：“我记得，我在那一刻立即想到这样一个事实，是电荷削弱了表面张力。”液滴靠表面张力拉在一起，而核子由类似的强作用力拉在一起。但是，在核子中的质子的电排斥力起到反抗强作用力的作用，并且，元素越重，排斥力越强。弗里施继续说：

> 因此，我立即开始计算原子核的表面张力将会减少多少。我不知道哪里才能获得所有我们需要的数据，但是，我想我一定对结合能有了某种了解，并且能对表面张力作出一个估计。当然，我们很清楚地知道它们的电荷和大小。因此，从数量级上考虑，其结果是，当电荷（也就是原子序数）大约为100时，原子核的表面张力消失；因此，原子序数为92的铀一定非常接近这种不稳定性。

他们发现了世界上不存在超过铀的天然元素的原因：在原子核内，这两种力相互抗衡而最终彼此抵消了。

他们把铀原子核设想成一颗由于约束力松弛而不断晃动的液滴，并设想它甚至仅仅被一颗有能量的慢中子击中的情况。这颗中子将它的能量附加给原子核的总能量，使得原子核发生振荡。在它的许多随机的振荡模式之一中，它可能被拉长。因为强作用力只在极短的距离上起作用，所以，一个被拉长的液滴中的两个泡泡之间相互排斥的电作用力将会获得优势。两个泡泡将会被推开得更远。在它们之间就会形成一个细的腰部。在两个泡泡各自的内部，强作用力会开始重新获得优势。这将会像表面张力将它们拉成球状体一样。电排斥力将同时起作用，从而将两个分离的球状体更进一步地分离开。

最后，这个腰部会断开。原来大原子核的地方会出现两个较小的原子核，例如钡和氪，就像下面这样：

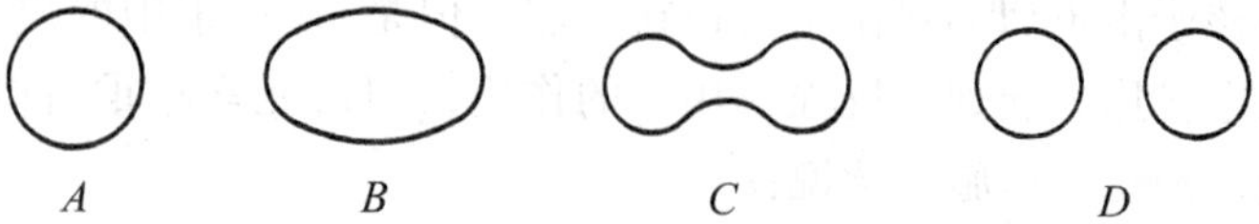

“这时，”弗里施回忆说，“莉泽·迈特纳正在说，如果真的形成两个这样的碎片，它们会以很大的能量互相排斥。”它们会被一团质子间的相互排斥力以光速的三十分之一的速度所推开。迈特纳或弗里施计算出，能量将是大约200兆电子伏特。1电子伏特是将一个电子通过一个1伏特的电势差加速时所需要的能量。200兆电子伏特虽不是很大的能量，但出自一个原子，那就是一个非常大的能量了。绝大多数富有活性的化学反应大约每个原子释放5电子伏特的能量。欧内斯特·劳伦斯在那一年用几乎重200吨的磁铁建造一台回旋加速器，他希望用它将粒子加速到25兆电子伏特。弗里施在后来会作出计算，从每个爆裂的铀核释放的能量将足以使一颗看得清的沙粒作出看得清的跳跃。在仅仅一克的铀中，存在大约2.5×10^{21}个原子，这简直是一个有悖常理的大数字，25后面接20个“0”：2500000000000000000000。

他们问自己，所有这些能量的来源会是什么呢？这是问题的症结，也是以前无人相信其可能性的原因。以前观察到的中子俘获只涉及释放小很多的能量的情况。

1909年，当迈特纳31岁时，她在萨尔茨堡举行的一次科学大会上首次遇到阿尔伯特·爱因斯坦。他“作了一个我们关于辐射的观点发展的演讲。在当时，我的确还没有认识到他的相对论的完整含意”。她热切地听了这个报告。在演讲过程中，爱因斯坦用相对论推导他的方程$E=mc^2$，迈特纳当时对此并不熟悉。因此，爱因斯坦演示怎样计算质量向能量的转换。“这两个事实，”她在 1964 年回忆说，“是如此无与伦比的新奇，直到如今，我仍能很好地回忆起这次演讲。”

她在 1938 年圣诞节的前一天记起了这次演讲的内容。她也“了解结合系数”，弗里施说——她记得弗朗西斯·阿斯顿的有关原子核质量亏损的数据。如果大的铀原子核分裂成两个较小的原子核，那么，较小的原子核的总重量会比它们共同的母体原子核的重量要小。小多少？她能容易地计算出来：大约小了一个质子质量的五分之一。通过利用方程 $E = mc^2$，对质子质量的五分之一进行计算。“质子质量的五分之一，”弗里施惊叫道，“正好相当于 200 兆电子伏特。因而，这就是那份能量的来源，全都符合了！”

他们并没有完全迅速地更换观念。他们可能很兴奋，但是，迈特纳至少保持着深刻的谨慎态度。这一新的研究工作使得她与哈恩和施特拉斯曼在过去 4 年间的工作变得可疑；如果她在这一件工作上是对的，那么在另一件上就会是错的，而这一切是在她从德国逃到无关紧要的流亡世界的这一小段时间里发生的，她需要非常顾及她的声誉。“莉泽·迈特纳总在说，‘我们没能看到它，这总的来说太出乎意外了。哈恩是一个优秀的化学家，他说它们对应什么元素，我就相信所对应元素的物质组成和化学性质。谁能想到它会是这样轻得多的东西呢？’”

贝尔尤斯家的圣诞节宴会很快结束了。弗里施滑雪而迈特纳步行。回到旅馆，时钟在嘀嗒声中走到了 19 点 38 分。在这个小村庄度过的一周时间里，他们一定参观过要塞，从要塞的壁垒上俯瞰过积雪的村庄，俯瞰过数世纪来因暴力而生的众多的坟墓。尽管现在他们从能量上理解了实验结果，但是，这一发现对他们来说仍然只是一种唯象的物理学，他们尚未想象出链式反应。

哈恩于12月21日发出的关于确认镧的信件,斯德哥尔摩方面仍然没有回音,发表在《科学探索》上的论文副本,斯德哥尔摩方面也没有回音。哈恩渴望得到迈特纳的支持,在圣诞节后的星期三直接给康盖坞村写信求助于她。小心翼翼地避免看起来像是篡夺了她的位置,他称这一发现为他的"钡幻想",并且以谦卑的化学家自居,除了存在钡而不存在锕这样的事实外,他都征求她的建议。"当然,我会非常愿意听到你的坦诚的意见。也许,你能计算和发表某些东西。"他一直保持不告诉其他物理学家,尽管他渴望他的化学结果得到物理学上的证实。这仿佛就是,当巫师们考虑如何引雷电取火时,一名斧头的制造者通过敲打燧石而发现了火。他可能难以相信他的运气,因而急切地寻求鉴定,尽管他知道烫伤他的手的物质是客观真实的。

星期四,信件寄到了康盖坞村,那天,迈特纳在回信中回答,这个镭-钡发现是"非常激动人心的。弗里施和我已经对它进行了冥思苦想"。但是,她没有透露出这一难题的答案,并且,她问起镧的实验结果。

星期五,她给哈恩寄了一张明信片:"今天收到了手稿。"缺少了重要的一页,但整篇都"非常惊人"。没有说更多的话;哈恩必定很不满意地咬住了嘴唇。

在达勒姆,罗斯鲍德将初校样寄给了哈恩,哈恩现在更确信他的发现。手稿曾说过,钡的结果"违背所有先前的原子核物理学定律",他在校样中将措词改得缓和一些,变为"违背所有先前的经验"。

但是,在康盖坞村,尽管拿到了副本,后来终于又拿到了缺失的一页和12月21日的来信,迈特纳仍然犹豫地按兵不动。1月1日,在向哈恩致以新年的问候后,她写道:"我们很彻底地读过了你的研究论文,并且认为这样一种重核爆裂从能量方面看也许终究是可能的。”她转而对他们误认为的超铀元素表示担忧，“对我的新起点不是一个好的参考。”弗里施附上了他自己的新年祝福和一个更为亲切的预祝：“如果你的新发现确实正确，它一定会成为最伟大的事件，并且，我对进一步的实验结果会很感兴趣。”

那天稍后，迈特纳回到斯德哥尔摩，弗里施回到哥本哈根。他“渴望将我们的推测告诉玻尔——当时还的确只是一种推测”。在他们给哈恩的信中，这一犹豫不决的口气暗示，他们寻求过玻尔的权威性支持。弗里施于1月3日看到他：“我刚开始告诉他，他就用手敲着前额并且说：‘啊，我们一直都是怎样的傻瓜！这真是太妙了！肯定就是这样！’”他们的交谈只持续了几分钟。那天，弗里施给他姨妈写信说：“因为玻尔立即在所有方面同意我们的意见……这天晚上，(他)还想要进行定量的思考，并且明天再和我交谈这个问题。”

那天，迈特纳在斯德哥尔摩收到了哈恩的修订清样。他们有主见地消除了她的疑虑。她给哈恩的信中强调：“我现在几乎可以肯定你确实使核碎裂而得到了钡，我认为这是一个奇妙的结果，为此我向你和施特拉斯曼表示热烈的祝贺……现在，在你面前，出现了一个广阔而又美妙的研究领域。请相信我，即使我此刻两手空空站在这儿，我仍然为这些令人惊奇的发现而感到高兴。”

现在，这些发现需要获得理论解释。姨妈和外甥通过长途电话将一篇理论论文的轮廓勾画了出来。1月6日星期五，弗里施起了草稿，那天晚间乘电车到光荣之家与玻尔一起讨论它，玻尔第二天早晨就要去美国到高等研究院工作一段时间。到了第二天早上，还只打印出部分草稿；弗里施在火车站将两页论文交给玻尔，玻尔在这里和他的19岁的儿子艾里克一起乘火车去哥德堡海港。因为考虑到弗里施会立即将论文投向《自然》杂志，玻尔承诺，在弗里施告诉他这篇论文被接受而且出版之前，不会向他们的美国同行提及它。弗里施为这最后一次讨论带来了好几个注解，其中他提出了一个用物理方法来证实达勒姆的化学结果的实验。

1 月 6 日，哈恩和施特拉斯曼的论文在柏林发表了。当第二天它被送到哥本哈根时，弗里施想与乔治·普拉切克一同重温全部的内容。普拉切克以特有的方式表示怀疑并且以特有的语言调侃它。弗里施记得他嘲讽地认为，铀已经承受着 α 衰变，铀还能够被击碎，这件事“就像对一个被一块下落的砖头砸死的人进行解剖后却发现他已经死于癌症”。普拉切克建议弗里施用一个云室来寻找能证明原子核裂开了的高能碎片。弗里施认识到，研究所的基于镭的中子源会因为 γ 辐射而使云室照片变得模糊。但是，用一个简单的电离室即可达到目的。“人们会期望获得快速运动的原子核，其原子序数为 40 ~ 50，而原子量为 100 ~ 150，带着高达 100 兆电子伏特的能量从用中子轰击的铀层中释放出来，”他在一篇随后的报告中解释他的实验说，“尽管它们具有很高的能量，这些核在空气中仍然应该只有几毫米的自由程，因为它们具有大的有效电荷……这意味着会产生浓度很大的电离化。”在它们通过较短距离的途中，它们的高带电的原子核碎片会从空气的原子核外剥离大约 300 万个电子。找到它们应该比较容易。

他的电离室“由一个大约 1 厘米高的玻璃环分隔的两块金属板”组成。充电板将收集空气离子，它连接一个简单的放大器，而放大器又连接一台示波器。他将一片镀铀的箔片贴在底板上。他将这一实验放在研究所的地下室里进行，并且从用盖子封好的井里找来 3 个中子源。他将中子源靠近箔片，并且寻找期待中的原子核的出现。因为它们是高能量的和强电离化的，因此，它们能够产生出快速、尖锐、竖直的脉冲，在示波器上扫出绿色的光束。

1月13日星期五下午，弗里施开始测量，并且，"大约具有所预见的振幅和频率（每分钟1或2次）的脉冲在几小时内都被观察到了。"他急忙换用各个中子源或者去掉衬里的铀进行检验。他用石蜡包裹好中子源以减慢中子的速度，这样就"将效果放大一倍"。他连续测试"直到早上6点，证实了设备始终如一地在运行"。正像在他之前的沃纳·海森伯那样，他也住在研究所的楼上；他筋疲力尽地爬上楼睡觉。他记得，当时他想，这再一次证明13是他的幸运数字。

甚至更为幸运："早上7点，我被邮差敲门的声音吵醒了，他送来一封电报说，我的父亲从集中营里释放出来了。"他的父母要去斯德哥尔摩和他的姨妈一起同住一套公寓，感谢哈恩，他姨妈的财产终于船运过来了。

在"稍微有点混乱的状态中"，弗里施第二天用了一天时间为所有想看这一实验的人重复做这个实验。上午下到地下实验室的，有一个名叫威廉·阿诺德（William A. Arnold）的人，他满头黑发，蓝色眼睛，是一个爱尔兰血统的美国生物学家，正以洛克菲勒合作关系的身份和乔治·德海韦西一起从事研究工作。阿诺德34岁，与弗里施同年，从加利福尼亚的帕西菲克格罗夫市的霍普金斯海运站而来。他领着他的妻子和年幼的女儿一起乘货船于去年9月从圣弗朗西斯科（旧金山）出发到欧洲。他本来能够去伯克利学习放射性同位素技术，但是，那样的话，他会失去生活在哥本哈根向德海韦西学习的机会——会失去在这一历史性创造上赌一把的机会。弗里施向这位美国人展示了实验，并且指出示波器上的脉冲。"从峰值的大小看，"阿诺德回忆说，"很清楚，它们一定表示100～200兆电子伏特，比铀产生的α粒子（的天然本底）的峰值要大很多。”

> 那天晚些时候，弗里施找到我说，“你在微生物学实验室工作。你将一个细菌分裂成两个的过程称为什么?”我回答说，“二分裂变。”他想知道是否能够仅仅称呼它为“裂变”，我说行。

弗里施是一个速写画家，擅长于图形化，这是他的姨妈所不能的。他将他的液滴变形为一个分裂中的生物细胞。因此，给生物繁殖所取的名称变成了猛烈毁坏过程的名称。“我写信给我的母亲说，”弗里施讲道，“我感觉就像我牵住了牛鼻子。”

整个周末，姨妈和外甥用电话进一步交换意见，为《自然》杂志准备的不是一篇而是两篇论文：一篇是对这种反应的两人共同的解释，另一篇是弗里施的关于他的实验的确切证据的报告。两篇报道——“铀被中子分解：一种新型的原子核反应”和“在中子轰击下重原子核分裂的物理证据”——用到了一个新的术语，“裂变”。弗里施于1月16日星期一晚间完成了这两篇论文，第二天早上用航空邮件将它们投递到伦敦。因为他和玻尔已经讨论过理论论文，并且因为实验仅仅证实了哈恩-施特拉斯曼的发现，因而他没有急于告诉玻尔。

玻尔和他的儿子艾里克以及比利时理论物理学家莱昂·罗森菲尔德乘坐瑞典-美国的“德罗特宁荷姆”号航船正在旅途中。“我们上船的时候，”罗森菲尔德回忆说，“玻尔告诉我，他手头刚好有弗里施给他的一篇短文，包含了他和莉泽·迈特纳的结论；我们应该‘尝试弄懂它。’”这意味着要进行旅途办公。玻尔的包舱里正好安上了一块黑板。这是北大西洋多风暴的季节，这使他“感到很难受，一直处于濒临晕船的状态”，但他几乎没有停止工作。他要回答的第一个问题是，当原子核被轰击时，如果它或多或少地随机振荡，它为什么似乎更能够裂开成两部分而不是某些其他数目？当他看到这是最重的原子核时，因为它的不稳定性，比起放出单个粒子，裂开它并不需要更多的能量，他满意了。这是一个概率问题，产生两块碎片比起产生多块碎片具有大得多的概率。

费米一家于1月2日到达纽约，劳拉产生了明显的侨居感，恩里科用他通常的一本正经的自嘲口吻宣布：“我们建立了费米家族的美国支系。”他们在王冠旅馆临时住了下来，这家旅馆正对着哥伦比亚大学，当时，齐拉也住在这里。哥伦比亚大学物理系主任兼研究生院主任乔治·佩格拉姆(George Pegram)，高个，是一个说话温和的弗吉尼亚州人，当费米一家在弗兰克尼亚下船时，他迎接了他们；现在轮到他们在码头迎候玻尔了。美国理论物理学家约翰·阿奇博尔德·惠勒，当时是29岁，20世纪30年代中期和玻尔一同在哥本哈根工作过，将在普林斯顿再一次和他一起工作。在拥挤的西57街码头他加入到他们的迎接玻尔的行列中。他是上完了他的定期的星期一上午课然后搭乘中午的火车来到这里的。

1月16日下午1点，“德罗特宁荷姆”号航船一靠岸，劳拉·费米就看到玻尔在上层的甲板上靠着栏杆向人群中搜寻。当他们会面时，她认为他很疲倦：“从我们到他家拜访到现在这一段不长的时间里，玻尔教授看上去老了很多。最近几个月来，他被欧洲的政治形势以及他表示出来的担忧所困扰。他像一个背着沉重负担的人一样弓着背。他忧郁不安的眼神在我们当中移来移去，但是，并没有停在哪一个人身上。”无疑，玻尔在为欧洲担忧。不过，他也刚晕过船。

他在纽约有事情要停留，他和艾里克与费米全家一起走了。惠勒将莱昂·罗森菲尔德领到普林斯顿。为了遵守对弗里施许下的诺言,玻尔没有向费米或惠勒提到过哈恩-施特拉斯曼的发现和弗里施-迈特纳诠释,但他忘了告诉罗森菲尔德他的这一承诺。罗森菲尔德认为弗里施和迈特纳已经将论文寄出,这将使他们对这一解释工作拥有了优先权。他将玻尔告诉给他的事情告诉给了惠勒。“在那些日子里,”惠勒回忆道,“我负责星期一晚间会刊俱乐部”——这是普林斯顿大学的物理学家们讨论他们在物理学会刊上看到的最新研究的每周一次的集会,这也是一种跟上前沿步伐的方法。“收集3件事情然后将它们在集会上报告是这个集会的传统,当我在火车上从罗森菲尔德那儿了解到那些事情时,这里就有了某个热点。”1939年1月16日寒冷的星期一晚上,在普林斯顿大学物理系的会刊俱乐部,美国人第一次听到铀裂开的消息——“裂变”这个术语此时尚未跨越大西洋。“我的讲话在美国物理学家身上产生的效果,”罗森菲尔德悔恨地说,“比裂变现象本身更为惊人。他们抢着将这些消息向四面八方传播。”

玻尔第二天到达普林斯顿居住下来,罗森菲尔德无意中提到会刊俱乐部的讨论。“我当即大吃一惊,”那天晚上玻尔给他妻子写信说,“因为我向弗里施承诺过要等到哈恩的短文发表了而他自己的论文也投寄出去了以后。”这不只是个人名誉攸关的事,尽管这个问题本身就足以引起玻尔良心上的不安。这也因为迈特纳和弗里施是流亡者,他们能够利用这个惊人的成就使自己在流亡中获得安稳。玻尔手头有他和罗森菲尔德在“德罗特宁荷姆”号航船上完成了的研究工作;随后3天,他吃力地将它写成一封给《自然》杂志的信,直截了当地将创始权归于迈特纳和弗里施。3天写出700字的论文对尼尔斯·玻尔来说是很仓促的了。

“你能猜出我从哪儿得到(玻尔的消息)的?”尤金·维格纳问道,“是在(普林斯顿)医务室里……因为我感染了黄疸病,在医务室里住了6个星期。”维格纳并没有很快适应普林斯顿大学;1936年,“他们说我应该寻找别的工作。”他认为,当时普林斯顿大学是“一座象牙塔,人们对现实生活没有任何常规的想法,他们瞧不起我”。他寻找别的工作,并且在麦迪逊的威斯康星大学找到了一份。“从第二天起,我就感到在那里十分轻松自在。有人提议我们去赛跑,我们绕着跑道跑,我们成了朋友。我们不仅谈论最难的问题,也谈论日常事件。我们颇为认真地对待人生。”维格纳在威斯康星大学遇到了一位年轻的美国妇女;他们很快结婚了。她生病了:

> 她得了癌症,并且没有了生存的希望,我试图向她保密。她住进了麦迪逊的一家医院,随后,她去看望她的父母,我陪伴她去了,当然,我不想留下来和她的父母在一起,因为我在她父母眼中毕竟是一个陌生人。我设法挤出一点时间去了安阿伯的密歇根大学,然后我返回来看到她躺在她父母家的床上。然后,她心情沉重地告诉我,她知道她快要死了。她说:“我应该告诉你我们的几个手提箱都在哪儿吗?”当她与我谈这些话时,我知道她已经知道了。我试图向她保密她的病情,是因为我觉得,一个年轻人如果明智地不去知道她命中注定的事情,会更好一些。当然,我们都是命中注定的。

1938年,维格纳回到了普林斯顿大学,到此时,这所大学才更为合理地评价了他的价值(他是一个成熟老练而且声誉颇高的理论物理学家,因为他在原子核结构方面的工作与人分享了1963年度诺贝尔物理学奖)。

玻尔到达后,齐拉从纽约前来看望他的生病的朋友,并且得到了一个迟到了很长时间的惊喜：

> 维格纳将哈恩的发现告诉我。哈恩发现，当铀吸收一个中子时，它破裂成两部分……当我听到这个消息时，我立即认识到，这些对应于它们的电量来说较重的碎片必定会发射中子，并且，如果有足够的中子发射出来……那么，当然，维持一个链式反应就是可能的。对我来说，H. G. 威尔斯预言的所有事情突然显得真实可信了。

在普林斯顿医务室里维格纳的病床前，这两位匈牙利人辩论着要做些什么。

与此同时，玻尔将他给《自然》杂志写的信寄给了在哥本哈根的弗里施并请他转寄，"如果如我所希望的，哈恩的论文已经发表了而且你和你姨妈的短文已经递交了的话"，他想知道在这个前沿的"最新消息"，并且想知道"实验进展怎样。"在信末的一个附言中，他补充说，他刚刚看到了哈恩－施特拉斯曼发表在《自然科学》上的论文。

思想像病毒一样传染开来。裂变感染的发源地是达勒姆。从那里出发，它扩散到斯德哥尔摩，扩散到康盖坞村，扩散到哥本哈根。它伴随玻尔和罗森菲尔德一起跨越大西洋。在那个星期，I·I·拉比和年轻的加利福尼亚出生的理论物理学家威利斯·尤金·兰姆（Willis Eugene Lamb）先生，这两位哥伦比亚大学的人正好在普林斯顿大学工作，两人都听到了这一消息，兰姆也许是从惠勒那里，而拉比是从玻尔本人那里听到的。他们回到纽约——兰姆认为，"也许是星期五晚上。"拉比说他告诉了费米。1954 年，费米证实了兰姆的话："我记得，一天下午，威利斯·兰姆非常兴奋地回来说，玻尔泄露了天大的消息。"兰姆记得曾"将它广泛传播"，但不记得曾特地告诉了费米。也许在数小时内两人都曾向这位意大利诺贝尔桂冠学者谈到这事。这条消息在物理学家中费米是最需要听到的，因为他仅在一个月前做的、但还没有印刷出版的诺贝尔奖演说如今就有些过时，并使人有点难堪了。（费米在修正稿中加了一个脚注："由哈恩和施特拉斯曼作出的发现……使得有必要重新探究超铀元素的所有问题，因为许多超铀元素也许最终会被发现是铀的一种分裂产物。"他和他的研究小组对许多其他放射性的确认以及他对慢中子的发现使他仍无愧于诺贝尔奖。）

齐拉也希望与费米谈一谈："我认为，如果在裂变中事实上发射了中子，这一事实应该向德国人保守秘密。因此，我很渴望与约里奥取得联系，与费米取得联系，这两个人很倾向于认为这个事实是可能的。"他借用了维格纳的公寓，并且尚未离开普林斯顿。"有天早上我起床并且想要外出。外面下着倾盆大雨。我说，'天啊，我会感冒的！'因为当时，我在美国是第一年，我每次只要被淋湿就总会得重感冒。"但是，不管怎样，他都得外出。"我被淋湿了，发着高烧回到家里，因此，我无法与费米取得联系。"

不管是否感冒了，于1月25日星期三，齐拉回到了纽约，看到了哈恩－施特拉斯曼的论文，并且写信给刘易斯·施特劳斯，施特劳斯作为担保人的身份在此时可能比任何时候都更为重要：

> 我觉得，我应该让你知道在原子核物理学方面的一个非常重大的进展。在一篇论文里……哈恩报道说，用中子轰击铀时，他发现铀裂开了……对普通的物理学家来说，这是完全出乎意料的和激动人心的消息。最近几天，我所在的普林斯顿大学物理系，像一个被搅动了的蚂

蚁窝。

除了纯粹的科学兴趣之外，这一发现可能还存在另外的意义，迄今为止，这一点看来还没有引起那些我曾经与之谈过话的人的注意。首先，显然，在这种新的反应中释放的能量一定比以前了解的所有情况都要高很多……这本身可能使得利用原子核能产生动力的方法成为可能，但是，我并不认为这种可能性很激动人心，因为……投资额可能会太高以至于使得这一过程不值得去做……

我看到了……在另外方向上的可能性。这一切可能会导致大规模地产生能量和放射性元素，不幸的是，也可能制造出原子弹。这一新的发现使我在 1934 年和 1935 年就持有的所有的希望和恐惧都复苏了，而在过去的两年里，我实际上已经抛弃了这些希望和恐惧。目前，我正在发高烧，因此被四堵墙壁隔离在房子里，但是，我也许能在其他某些时间里告诉你更多有关这些新进展的内容。

同一天，费米走进约翰·邓宁(John R. Dunning)的办公室。邓宁是哥伦比亚大学的一名实验物理学家，他的专长与中子有关。费米提出做一个实验。邓宁、他的研究生赫伯特·安德森(Herbert Anderson)以及哥伦比亚大学的其他人在普平大楼的地下室里，建造了一台小的回旋加速器。普平大楼是位于校园北区图书馆背后的、面向曼哈顿市区的一座现代化的 13 层物理学塔楼。一台回旋加速器是一个潜在的中子源；费米和邓宁讨论着利用它来完成类似于 1 月 13 ~ 14 日弗里施所做的实验，到此时为止，他们还不知道弗里施所做的实验。在哥伦比亚大学教授俱乐部的整个午餐时间，他们都在讨论实验计划，然后回到普平大楼。

费米刚离开他的办公室，玻尔就来想要告诉他自己已经知道了什么。玻尔发现办公室是空的，于是乘电梯下到地下室，来到回旋加速器所在的地方，在这里，他找到了赫伯特·安德森：

> 他径直走来抓住我的肩膀。玻尔不会训诫你，他附在你的耳朵上小声说话。“小伙子，”他说，“让我向你解释物理学上某些新颖而又激动人心的事。”然后，他告诉我铀原子核的分裂以及这多么自然地符合液滴的想法。我完全着了迷。在我面前的就是伟人本人，他的块头让人难忘，他让我分享他的兴奋，好像是说，明白他所说的一切对我来说是一件极端重要的事。

玻尔是在去参加次日下午在华盛顿举行的理论物理学大会的途中，他来不及见费米就前去赶火车了。玻尔刚走，安德森就去四处寻找费米，此时这个意大利人已经回到了自己的办公室。“在我找到一个说话的机会之前，”安德森回忆说，“他亲切地微笑着说，‘我想我知道你想告诉我什么，让我向你解释它……’我必须说，费米的解释甚至比玻尔的解释更为生动。”

费米帮助安德森和邓宁开始准备实验，他在这天较早的时候和邓宁讨论过了这一实验。安德森碰巧在不久前建了一台电离室和一台线性放大器。“我们只需在一个电极上准备一层铀并且将它插进电离室。同一天下午，我们在回旋加速器上安装每件东西。但是，那天回旋加速器没有很好地运行。当时，我记起有一些氡和铍，这在早期的实验中曾用作中子源。这是一个幸运的想法。”那天，这种想法来得太晚了。费米也要参加华盛顿大会，不得不离开。安德森和邓宁只好关门大吉。

理论物理学的华盛顿大会,1939 年是第五届,华盛顿大会是乔治·伽莫夫的一个发明。1934 年他规定把人们的创作作为其在乔治·华盛顿大学的就业条件。他将哥本哈根的玻尔的年度集会取作一种模式;因为当时在美国是没有类似的大会的,这几次华盛顿大会都立即取得了成功。在欧内斯特·劳伦斯少年时代的朋友默尔·图夫的鼓动下,也在华盛顿的卡内基协会的地磁部的推动下,卡内基协会和乔治·华盛顿大学合作举办华盛顿大会。其费用是适度的,只需要车旅费,总数不多于 500 或 600 美元一年。人们之所以参加,是人们对此有兴趣。在爱德华·特勒的回忆中,将这种会议描述为"通常规模小而令人兴奋,十分吸引人,也有一点点使人疲倦。不知何故,伽莫夫把大会的许多运作都留给我做。"两人简单地选择一个主题,拟定一个被邀请者名单。研究生们挤进来听。这一年的主题是低温物理学。

那天傍晚,玻尔一到华盛顿就找到了伽莫夫。伽莫夫接着给特勒打电话:"玻尔刚才来了,他发疯了。他说一个中子能够使铀裂开。"特勒想起费米在罗马做的实验以及有关放射性的混乱局面,"顿时豁然开朗。"在华盛顿,费米从玻尔那里了解到,弗里施应该做过了与费米在哥伦比亚大学留着尚未完成的实验相类似的一个实验,这使费米进一步感到懊恼。"费米……在弗里施做这一实验之前还没有形成想法,"玻尔几天后给玛格丽特写的信中说,"我无权阻止其他人做这个实验,但是我强调说,弗里施在他的短文中也谈到了一个实验。大家都听到了弗里施和迈特纳的诠释,这全是我的错。直到我收到弗里施写给《自然》的短文的一份拷贝以前,我诚挚地要求他们等待公开的宣布。我希望弗里施的成果的发布能在普林斯顿为我等几天(也就是说,等到大会后)。"费米,显得让人可理解地不愿意进一步拖延下去。

那天傍晚，赫伯特·安德森回到普平大楼的地下室。他找回了他的中子源。他计算出，在他的电离室内的镀在一块金属板上的氧化铀在正规的放射性衰变过程中会自发地发射多少个 α 粒子：每分钟 3000 个。他计算了 10 个自发出现的这种 α 粒子在他的示波器上产生一个扫描射束的虚的高能跳跃的概率："实际上根本没有。"他在他的实验室笔记中作出这样的结论。

下午 9 点稍过，他将中子源放在电离室旁边，并且开始观察示波器上的效应。"大部分跳跃对应于 0.4 厘米自由程的（大约为）0.65 兆（电子）伏特的 α（粒子），"他注解道。随后，他看到了他正在找的东西："现在，大的跳跃不太频繁地每 2 分钟出现 1 次。"他对着时钟给它们计数。60 分钟内他数到 33 个大的跳跃。他撤去中子源。没有中子源时，"20 分钟内"，他写道，"0 个跳跃记录。"这就是那个在远离哥本哈根的西方首次有意识的裂变观察。

安德森回忆说，那天深夜，邓宁出现了，"对我获得的实验结果感到非常兴奋。"安德森以为，邓宁会立即给费米发电报，但是，他似乎没有这样做。弗里施，正如他后来告诉玻尔的，没有将他的证实哥本哈根实验的消息发过电报，因为对他来说，这似乎"只是给一个已经做过的实验发现附加一个证据"。并且"发电报给你会显得我不够谦虚。"邓宁，尽管为自己看到新现象而感到兴奋，但可能也有相同的感觉。

玻尔意识到他的进退两难的局面。大会将于 2 点开始。仅仅 3 天前他曾再次给弗里施写过信，责备他没有将他和迈特纳发给《自然》杂志的短文的复制文件寄来。但是，即使有必要关心延误，他现在关心得更多的不是延误，而是保护弗里施对这个实验的优先权。他不情愿地同意公开宣布，他后来写信给弗里施强调，"在不提及你和你姨妈对哈恩的实验结果的独创性解释的情况下的任何公开报道……都是非法的。”

在第5届华盛顿大会会议期间,51位与会者坐着合影,奥托·斯特恩注意到,甚至这些人的名字的一部分名单就表明这次会议的声望。这些人有:费米;玻尔;哥伦比亚大学的哈罗德·尤里(Harold Urey),这人因为分离出一种重氢即氘(氘的原子核里带有一个中子)而获得1934年度诺贝尔化学奖;格雷戈里·布赖特,这人是一名尖刻但富有灵感的理论物理学家;拉比;当时在哥伦比亚大学工作的乔治·乌伦贝克(George Uhlenbeck),他曾经是保罗·埃伦菲斯特的助手;伽莫夫;特勒;来自康奈尔的汉斯·贝特;利昂·罗森菲尔德;默尔·图夫。西部明显地没有人参加,也许因为两个举办单位没有考虑这一远距离旅程路费的预算。

伽莫夫以向大家介绍玻尔作为大会的开幕式。玻尔带来的消息使会场活跃起来。一名坐在后排向前张望的年轻物理学家——理查德·罗伯茨(Richard B. Roberts)——看到了一个直接的应用。他曾在普林斯顿大学接受训练,和图夫一起在地磁部做实验工作,卡内基协会的实验部坐落在首都的切维蔡斯居民区的一个花园般的处所。罗伯茨是一名身材细长、精力旺盛、有着突出的下颚和波浪形黑发的人。1979年,他在一份自传草稿中仍然生动地记得这次集会:

> 1939年的理论物理大会,主题是在低温方面的,我并不迫切地想参加。不过,我在会场的后排坐了下来……玻尔和费米来到会场,玻尔开始介绍关于哈恩和施特拉斯曼实验的消息……他也报告了迈特纳的诠释,即铀裂开了。他照常说话含糊和漫无边际,因此,在他的谈话中,除了纯粹的事实外,几乎没有其他内容。接着是

费米发言，他给出了包括所有蕴涵内容的他的一贯优雅的陈述。

星期一，在大会闭幕后，罗伯茨给他父亲写的一封信中解释道："费米也……描述了一个明白地检验这一理论的实验"——弗里施的实验，也就是费米、邓宁和安德森的实验。"值得注意的是，这个反应引起 200 兆电子伏特能量的释放并且使得人们重新相信原子能的可能性。"

玻尔现在称裂变碎片为"裂块"。当时，每个人都借用玻尔的这个显得有些滑稽的用语。劳伦斯·哈夫斯塔德（Lawrence R. Hafstad），长期以来和图夫合作的人，就坐在罗伯茨旁边。当费米讲完时，两人相互交换了一下眼色，便起身离开会场匆匆去了地磁部。如果"裂块"是从铀产生的，那么，他们想要成为尽早看到它们的人。

那天，齐拉在纽约拖着病体去最近的西联汇款办事处给英国海军部发电报：

诚恳请求忽略我最近写给你们的信件。

机密专利复活了。

《自然科学》大约在 1 月 16 日被传送到巴黎。弗雷德里克·约里奥的一名助手记得："约里奥把自己锁在实验室里，好几天没对任何人说话，此后在一次非常令人激动的集会上，（约里奥）将这一实验结果告诉了约里奥夫人和我本人。"约里奥－居里再一次惊骇地发现，他们又错过了一项重大的发现。在随后的几天里，约里奥独立推导出大能量释放并且考虑了链式反应的可能性，正如齐拉所做的那样。他试图首先从裂变中追捕到中子，发现这种方法有困难，然后，设计了一个有些像弗里施所做的那样的实验。他于 1 月 26 日探测到了这种裂变碎块。

地磁部最新的地面建筑是原子物理学观测所，研究所所需的装置刚好在两星期前安置妥当：一台新的500万伏电压的范德格拉夫起电机，图夫、罗伯茨和他们的同事们用51000美元建造了它，用来扩展他们在原子核结构方面的研究。范德格拉夫起电机是用阿拉巴马州出生的发明这种设备的物理学家的名字命名的，不过，是图夫于1932年最先将它实际应用于实验中。它本质上是一种卓越的静电发生器，一个绝缘的、电机驱动的传动带从它的金属基座里的放电针上拾取离子，携带这些离子通过一个绝缘的支承圆柱体进入一个光滑的金属球形贮电器，并且积聚在球壳上。随着离子积聚，球壳上的电压便增加。然后，电压会以火花方式放电——范德格拉夫放电火花曾一度是科学狂人电影的主题——或者用来作为加速器加速管的动力。新机器是建在一个梨形的、像一个水塔的水槽一样大的压力槽里，这样能帮助减少意外的火花。

当图夫首次向繁荣的切维蔡斯居民区的区委员会提出范德格拉夫起电机方案时，委员会拒绝了他。击碎原子有工业制作的味道，而居民区有它的财产价值需要考虑。图夫注意到横过康涅狄格林阴大道向西数公里的海军观察所的声望，重新将他的方案命名为原子物理学观察所。作为原子物理学观察所，这个方案得以通过。

罗伯茨和哈夫斯塔德选择在原子物理学观察所工作。他们打算在隔壁一幢建筑内使用老的100万伏的范德格拉夫起电机为裂块实验产生中子，但是，这台机器的离子源丝极被烧坏了。尽管原子物理学观察所的真空加速管渗漏，但是，找出渗漏比更换丝极要容易些。事实上，这需要2天时间。哈夫斯塔德在星期五晚上外出滑雪度周末，图夫的另一名年轻的学生迈耶(R. C. Meyer)代替他做这件事情。

罗伯茨的实验室笔记簿上的记录概述了星期六的工作：

星期六下午4:30

安装电离室以设法检测

$U_{92}^{238}+n\rightarrow U_{92}^{239}\rightarrow Ba_{56}^{?}+Kr_{36}^{?}$

中子来自 Li + D(加速后的氘核轰击锂)

……

在用铀衬里的电离室观察到

α 粒子(近似地)产生1~2毫米的跳跃,偶尔有35毫米的跳跃(Ba + Kr?)

原子物理学观察所的靶室是一间小的圆形地下室,有些像印第安人的大地穴会堂,可以顺一条钢梯下去,寒冷的靶室闻上去有一股舒服的油味。罗伯茨一看到"对应于很大的能量释放的巨大脉冲",他和迈耶就做遍他们能够想到的每一个实验。"我们迅速地试验了石蜡(用来给中子减速)的效应,然后用镉来消除慢中子。我们也对所有能够得到的其他重元素进行实验(确定它们是否能够被击碎),使用钍时看到了相同结果(也就是裂变)。"获得这一独创性发现(在他们之前,弗里施在哥本哈根独立作出了这个发现)后,他们停下来去吃饭。"晚饭后,我告诉图夫,他立即给玻尔和费米打电话,星期六晚上,他们来了。"

不仅玻尔和费米来了,图夫、罗森菲尔德、特勒、艾里克·玻尔、格雷戈里·布赖特、约翰·弗莱明也来了。玻尔和费米穿着浓黑的细条纹服装,费米长得很快的胡子使他显得黝黑。艾里克·玻尔的勾花的丹麦毛线衣上潇洒地套着深色大衣。格雷戈里·布赖特看上去像一只猫头鹰。约翰·弗莱明是地磁部的保守的主任,他灵机一动请来了一名摄影师。除特勒外,所有其他人都在靶室里与迈耶和罗伯茨一起摆好姿势留下这历史性的合影。电离室盒子在前景与许多石蜡盘堆在一起;玻尔捏着饭后一支烟的烟头;费米咧嘴而笑,露出他很晚才脱落的乳牙留下的两颗门牙之间的缝隙;罗伯茨疲倦而满意地朝照相机内张望。费米对示波器上的离子化脉冲感到吃惊,并且坚持要他们检查设备故障:他在罗马从未观察到过这样的脉冲(它们被铝箔拦截了,阿玛尔迪用铝箔包裹铀以屏蔽它的 α 本底)。玻尔仍然感到担心。"我不得不站在那里看这首次(原文如此)实验,"他写信给玛格丽特说,他并不确切知道弗里施是否做过了同一实验并是否已经给《自然》发过短文。星期日回到普林斯顿大学,他从其他家信中了解到弗里施做过了。"紧接而来的,"罗伯茨推断说,"是数日的激动,发布新闻和打电话。"

科学记者托马斯·亨利(Thomas Henry)出席了这次大会,他写的报道星期六下午登载在《华盛顿晚星》上。美联社转载了它。星期日的《纽约时报》将它缩短以后在它的内页的一个版面上发表了。邓宁可能看到了它,那天上午他终于将哥伦比亚大学的实验拍电报告诉了费米。正如赫伯特·安德森回忆的:"费米……匆忙回到哥伦比亚并直接叫我到他的办公室。我的笔记本上开列着他觉得我们应该马上做的实验。这一天是 1939 年 1 月 29 日。"安德森说,他们已经意见一致,"我教他美国的社会历史人文,他教我物理学。"这两门功课认真开始了。

《旧金山纪事》转载了通讯社报道的消息。路易斯·阿尔瓦雷茨(Luis W. Alvarez)是欧内斯特·劳伦斯的一个高个、金发的徒弟,也是一名未来的诺贝尔桂冠学者,他的父亲是梅奥医学中心的一名优秀的医生。阿尔瓦雷茨在伯克利的史蒂文斯联合会理发室理发时坐在理发椅里读到了这条消息。"于是,(我让)理发师停止剪发,我立即从理发椅里站起来尽快跑到辐射实验室……在那里,我的学生菲尔·阿贝尔森(Phil Abelson)……正(设法确定)当中子撞击铀时产生出的超铀元素是什么,他很接近于发现裂变现象,这太令人惋惜了。”阿贝尔森仍然记得那痛苦的一刻:“大约早上9:30,我听到外面跑动的脚步声,紧接着阿尔瓦雷茨冲进实验室……当他告诉了我这一消息时,我认识到我很接近、但又错过了一项伟大的发现,我几乎变得麻木……几乎达24小时之久我都处于麻木状态,身体机能都不能很好起作用了。第二天上午,当着手进行另一个计划时,我恢复了正常。”这天结束时,阿贝尔森发现了作为辐照铀产生的碲的衰变产物的碘,这是原子核能够裂开的另一个途径(也就是碲52+锆40=铀92)。

阿尔瓦雷茨拍电报向伽莫夫了解细节,从那里了解到弗里施实验,然后追踪到奥本海默:

> 我记得告诉罗伯特·奥本海默我正在寻找(裂变引起的离子化脉冲),他说:“这是不可能的”,并且给出了许多裂变不可能真正发生的理论原因。我后来请他看示波器,当我们看到示波器上的大脉冲时,我要说在不到15分钟的时间里,罗伯特就确定了这确实是一个真正的效应……他确定,某些中子可能在反应过程中被激发出来了,你能够制造出炸弹和产生动力,所有这些想法只在几分钟内就喷涌而出……他的头脑运转速度之快真让人惊奇,而且,他得出的结论是正确的。

紧接而来的星期六,奥本海默在给加州理工学院的一个朋友的信中讨论了这一发现,勾画出了阿尔瓦雷茨和其他人在这一周里所完成的所有实验,并且推测其应用:

> 铀的事情令人难以置信。我们首先在各种文章上看到它,再发电报以求得更多的消息,此后又获得了许多报道……铀有多少种裂开的方式呢?是像人们猜测的那样

> 随机的呢，还是只以几种特定的方式呢？尤其是，在裂开过程中，或者从受激的碎片中，有许多中子产生出来吗？如果是这样，那么，一块10立方厘米的氘化铀［人们将会需要氘（氘就是重氢）在不俘获（中子）的情况下减慢中子速度］应该是一个够呛的东西。你认为怎样？我想，不是在研究正电子和介子的罕见方法中，而是在可靠的实用方法中，这都是激动人心的。

第二天，在写给哥伦比亚大学的乔治·乌伦贝克的信中，“够呛的东西”变成了“可能会将自己炸得无影无踪”。奥本海默的一个学生，美国理论物理学家菲利普·莫里森记得，“当裂变被发现时，可能是在一星期内，在奥本海默办公室的黑板上有了一幅图——一幅极差劲的涂鸦之作——画的是一颗炸弹。”

恩里科·费米作出了类似的推测。乔治·乌伦贝克在普平大楼里和他共用一间办公室，有一天无意中在这里听到他说话。费米正站在物理学塔楼高处他办公室的宽敞的窗前俯瞰在灰暗的冬季里曼哈顿岛的全景以及它那热闹的街道，在街道上，自动售货机、出租车和人群一如既往地川流不息。他作出一个好像他正拿着一个球的手势。“一个像这么大的小炸弹，”他简单地说，只说了一次，但口气并不轻松，“它（曼哈顿）就会灰飞烟灭。”

第二篇　一种特殊的主权

曼哈顿地区并不承担与我国的工业或社会生活的关联；它像是一个独立的州，有它自己的飞机、自己的工厂和自己的成千上万条秘密。它具有一种特殊的主权，这种主权能够以和平的或者暴力的方式终结所有其他的主权。

——赫尔伯特·麦克斯

我们一定会感到奇怪：成百座发电厂，上千颗炸弹，几万个聚集在国家机关里的人员，所有这一系列人和事竟然可以追根溯源到少数几个人，他们正坐在实验室的工作台前讨论着某种类型原子的奇特行为。

——斯宾塞·维亚特

第十章

中　子

1939年1月底，利奥·齐拉仍然在感冒发高烧，这使他躺倒了一个多星期，但为了防止纳粹德国的物理学家们知道有关铀的链式反应的可能性的资料，他决定做些事情。他在曼哈顿的西116街的国王皇冠旅馆从床上强打起精神，走进纽约的寒冬里去找他的朋友伊萨多·艾萨克·拉比商量。拉比的个子没有齐拉高，但总是修饰整齐和镇定冷静，他将是1944年度的诺贝尔物理学奖得主。他于1898年出生于西班牙的加利西亚省，还是一个小孩的时候就随全家移民到了美国。依地语是他的母语；他在纽约市的下东区成长，他的父亲在一家制造女装的工厂里做工，直到积攒了足够的钱转行开了一家食品杂货店。因为他的家庭是信东正教的，并且是在犹太教中信奉正统派基督教的，所以，拉比在从图书馆的书上读到地球围绕太阳转之前，并不知道这一知识。他在童年时代就读过《创世纪》中关于宇宙起源的头几段，所以当他作为一个孩子沿纽约街道看到正在升起的月亮的庞大的浅黄色月面时他深感惊恐，这使他开始转向科学。他是一个冷峻而又诚恳率直的人，很难容忍愚蠢。他所以缺乏耐心的一个原因无疑是，因为这样可以使他对科学浓厚的热情不受到损害：他认为物理学是“无限的”，他后来在中年时告诉一位传记作家说，他对当代的年轻物理学家很失望，他们只盯着技术，似乎没有察觉他的发现中包含的“神秘性：它与你能够看到的有多么大的差异，大自然是多么深邃”。

齐拉从拉比处了解到，恩里科·费米在一周前举行的理论物理学的第五届华盛顿大会上所作的公开陈述中论述了链式反应的可能性。齐拉来到费米的办公室，但没有在这里找到他。他又回到拉比处并且要求他告诉费米，“这些事情应该保密。”拉比同意后，齐拉又回到了他的病床上。

他正在康复，过了一、两天后，他再次找到了拉比：

> 我对他说：“你对费米说过了吗？”拉比说：“是的，我说过了。”我说：“费米说什么了吗？”拉比说：“费米说‘胡说！’”所以我问：“他为什么说‘胡说！’？”拉比说：“噢，我不知道，但他现在就在办公室，我们可以去问他。”于是我们来到费米的办公室，拉比对费米说：“看，费米，我告诉过你齐拉的想法，你说‘胡说！’齐拉想知道你为什么说‘胡说！’” 于是费米说：“噢……在铀的裂变过程中放出中子从而可能产生链式反应只有极小的可能性。”拉比问：“‘极小的可能性’是什么意思？”费米说：“噢，百分之十的可能性。”拉比说：“如果这意味着我们都可能因此而死，那么百分之十就不是一个‘极小的可能性。’如果我患了肺炎，医生对我说，我死亡只有‘极小的可能性’，为百分之十，我会因此而受到极大的刺激。”

不过，尽管费米轻巧地使用美国俚语，拉比在“可能性”上做文章，费米和齐拉还是无法达成一致。他们暂时撇开这一讨论。

费米并没有误解齐拉的意思。当费米站在他的办公室窗前俯瞰曼哈顿街区时，他很容易估计，如果裂变自动地产生于仅由铀这种物质组成的聚集体，一定数量的铀会有多大的爆炸力，甚至新闻记者也作过这种简单的计算。但是，这显然不是铀处于自然状态的情况，否则，地球上这种物质可能在很久以前就不存在了。可是，从能量方面说这是一种有趣的反应，裂变自身只能在实验室里满足人们的好奇心。只有当它释放次级中子，并且这些次级中子有足够的数量启动和维持一个链式反应时，它才可能起到更大的作用。“当时，”费米在实验方面的年轻伙伴赫伯特·安德森写道，对如何“确保产生中子一无所知。中子的产生必须在实验上观察到并且定量地测量出来”。这种事还从未做过。事实上，费米从华盛顿一回来就立即向安德森提起这项新工作。对费米来说，这意味着利用裂变开发出一种战争武器是极不成熟的。

几年后，齐拉简明地总结了他与费米之间立场的差别。“从一开始，这条界线就被划好了，”他说，“……费米认为守恒的东西降低了（链式反应）可能发生的概率，而我认为，守恒的东西预示反应将会发生，并且有必要对此采取预防措施。”

齐拉一康复就急起直追。他发电报给牛津大学请人将他来美国时留在克拉伦顿实验室的铍圆筒通过船只托运过来，第一步他要装备一个他自己的中子发射实验。应刘易斯·施特劳斯的请求，他用了一天时间与这位金融家讨论了裂变的可能后果。施特劳斯在他的回忆录中怀旧地指出，这次讨论包括，“完成我们在帕萨迪纳的浪涌脉冲发电机已经变得无关紧要，而这一设备刚好全部完成。”他已投资了大约数万美元的浪涌脉冲发电机的尺寸被减小了。施特劳斯预定在这天晚上乘通宵列车去一个棕榈海滨度假；齐拉要独自远行前往华盛顿继续进行讨论。他在讨好他的赞助人：他需要借用镭与他的铍结合以制成一个中子源，并且希望能够说服施特劳斯提供这笔费用。

齐拉到达华盛顿的联邦车站已经很晚，他给爱德华·特勒打电话。特勒夫妇还没有从华盛顿大会的忙碌疲倦中恢复过来。米奇·特勒(Mici Teller)拒绝这次突然的来访,他的丈夫回忆当时她的反应:“不!我们两人都很累。他必须去旅馆。”不管怎样,他们还是与齐拉见了面,而大出特勒所料,米奇邀请他们的同胞和他们呆在一起:

> 我们驾车回家,我指给齐拉他的房间。他疑虑重重地试了试床铺,然后突然转向我说:“附近有旅馆吗?”有,他继续说:“好的!我刚才想起了我以前曾在这张床上睡过,它太硬了。”
>
> 但在他离开之前,他坐在这张硬床的床沿兴致勃勃地说话:“你听到玻尔说的关于裂变的事情了吗?”
>
> “听到了,”我回答说。
>
> 齐拉继续说:“你知道这意味着什么!”

特勒回忆说,对齐拉来说,它意味着,“希特勒的胜利会取决于它。”

第二天,齐拉和特勒一起讨论他的关于自愿保密的计划,然后乘火车去普林斯顿和尤金·维格纳继续探讨同一课题,维格纳因黄疸病仍然在病房里休养。因而齐拉便出现在普林斯顿,正当此时尼尔斯·玻尔头脑中形成了另一个重要的见解。

玻尔和莱昂·罗森菲尔德正逗留在普林斯顿大学教员中心的拿骚俱乐部。2 月 5 日星期日,乔治·普拉切克在俱乐部的宴会厅与他们一同用早餐。这位波希米亚理论物理学家从哥本哈根出发昨夜到达了普林斯顿,他是从纳粹迫害下逃亡的又一难民。谈话转向了裂变。“我们现在摆脱了那些超铀元素,这真是一种解脱,”罗森菲尔德回忆当时玻尔这样说,谈到 20 世纪 30 年代末哈恩、迈特纳和施特拉斯曼发现的混乱不堪的几种放射性,玻尔认为现在能够归因于存在一些较轻的元素——钡、镧和研究者们正在开始鉴别的许多其他裂变产物。

普拉切克表示怀疑。“情况比以前更为混乱,”他告诉玻尔。他然后开始指出混乱的根源。他正在直接向玻尔的原子核液滴模型的合理性提出挑战。这位丹麦桂冠学者对此相当重视。

物理学家们使用一个他们称为“截面”的方便的测量值来描述一种特定的原子核反应发生的概率。理论物理学家鲁道夫·派尔斯曾经用下面的这种类比解释这种测量值:

> 比方,如果我向一个面积为 1 平方米的玻璃窗投出一个球,10 次中可能存在 1 次击碎玻璃窗的机会,而 10 次中有 9 次机会是球仅仅被弹回。用物理学家们的语言说,这扇特定的窗子,对于用这种特定方式投上去的一个球来说,有一个 1/10 平方米的“击碎截面”和一个 9/10 平方米的“反弹截面”。

对许多不同的原子核反应,截面能够被测量出来,它们不是用平方米表示而是用平方厘米的微小分数表示,通常为 10^{-24}平方厘米,因为类比于派尔斯分析中靶窗的是微小的原子核。普拉切克在他和玻尔的讨论中所涉及的截面是俘获截面:即一个原子核俘获一个逼近它的中子的概率。按照派尔斯的类比,俘获截面测出的是当球投到窗口时窗口可能打开从而可能让球进入房内的概率。

原子核俘获某些具有确定能量的中子比起俘获具有其他能量的中子频度更高。可以说,它们被自然地调整到某些特定的能级——就像派尔斯的开着的窗口仅仅对以特定速度投掷的球才更容易进入一样。这种现象称为共振。普拉切克在报告中津津乐道的那种混乱情形涉及铀和钍的俘获截面的一种共振。

普拉切克指出,铀和钍两者都对具有大约25电子伏特的中等能量的中子显示出一种俘获共振。这意味着,首先,尽管裂变是铀在中子轰击、中子俘获、并且相继嬗变成为别的元素时能够显示出的一种行为,但是,玻尔并非永远地放弃那些不合适的“超铀元素”。它们中的一些是真实存在的。

例如,如果一个中子穿透一个铀原子核,其结果可能是裂变。但是,如果当中子穿透时,中子碰巧以合适的能量传播——在约为25电子伏特的情况下——原子核有可能俘获它而不裂变。接着就可能产生β衰变,使原子核的电量增加一个单位,其结果应该是产生一种新的、当时尚未命名的超铀元素,其原子数为93。这是普拉切克的一个观点。它迟早会被证明是至关重要的。

混乱的另一个根源就更为直接。它也更为直接地与如何利用原子能的问题有关。它涉及铀和钍之间的差异。

钍是90号元素,是一种柔软、重量大、有光泽的银白色金属,是著名的瑞典化学家约恩斯·雅各布·柏济力阿斯(Jöns Jakob Berzelius)于1828年首先分离出来的。柏济力阿斯用托尔(Thor,挪威的雷神)的名字把这种新元素命名为“钍”。它的氧化物在19世纪末开始作为汽灯的脆弱的编织罩的基本成份从而找到了它的商业用途。热使它白热化发出白炽光。因为它有柔和的放射性,并且这种放射性曾一度被认为有滋补性,所以,有许多年,钍也被掺入一种德国的杜拉马德牌的普通牙膏里。奥尔公司是德国制造汽灯的公司,也制造这种牙膏。哈恩、迈特纳和施特拉斯曼,还有约里奥-居里和其他一些人,他们和研究铀一样同样系统地研究过钍。它们的表现常常是类似的。奥托·弗里施首先证明了它发生裂变。他在哥本哈根1月份做实验期间，在做完铀的实验后紧接着就用中子轰击了它。那个铀实验就是弗里施从康盖坞村返回哥本哈根后与玻尔讨论过而玻尔在美国不遗余力地为他保护优先权的那个实验。

弗里施当时也最先注意到钍的裂变特性与铀的裂变特性有所不同。钍对石蜡的神奇效果没有反应，它不受慢中子的影响。理查德·罗伯茨和他的在华盛顿卡内基协会的地磁部的同行们一起刚好独立地证实和延伸了弗里施的发现。用他们的5兆伏特的范德格拉夫起电机，他们能够产生若干具有不同的已知能量的中子。他们于星期六晚间为华盛顿大会出席者演示完毕后，继续进行他们的各种实验，他们对应于不同的能量对铀和钍的裂变进行了比较，而弗里施是无法借助于单一的中子源进行这种比较实验的。他们惊讶地发现（弗里施的论文尚未出现在《自然》上），在快中子的轰击下铀和钍都发生裂变，而在慢中子的轰击下只有铀发生裂变。0.5兆电子伏特和2.5兆电子伏特之间的某个能量值标志着这两种元素的快中子裂变较低的能量阈值。（玻尔和约翰·惠勒，在普林斯顿大学着手研究裂变理论，估计出阈值能量大约为1兆电子伏特。）能使铀发生裂变的慢中子在很低能量下也有效。“通过这些比较，”地磁部研究小组在2月份的论文中推断，“看来，由快中子和慢中子产生的铀裂变经历的是不同的过程。”

普拉切克现在向玻尔尖锐地提出，为什么铀和钍都具有类似的俘获共振和类似的快中子阈值而对慢中子的响应却不同？如果液滴模型还有一点合理性，那这个差异就是讲不通的。

玻尔猛然明白了这一问题并一时无言以对。因为不愿松开他刚刚抓住的法则，他几乎忘记了礼貌，推开身后的座椅，从房间里大步走出了俱乐部。罗森菲尔德赶忙跟了上去。

"我赶紧离开普拉切克,赶上玻尔,他正默默地步行,陷入冥思苦想之中,我特别当心不要打扰他。"两人无言地踏雪穿过普林斯顿校园来到怀恩大楼,这是一幢新哥特式砖块建筑,高等研究院当时就设在这幢大楼里。他们进入大楼来到玻尔从爱因斯坦那儿借用的办公室。这是一间宽敞的办公室,有宽敞的窗户、一只壁炉、一块大黑板,一块东方地毯让人感到暖和一些。爱因斯坦不像玻尔那样喜欢走来走去,他觉得这间办公室太空旷,就搬到旁边一间秘书用的小厢房里办公去了。

"我们一走进办公室,"罗森菲尔德回忆说,"(玻尔)急忙走向黑板,告诉我:'现在听着,我有了全部答案。'于是,他开始了——还是没有讲一个词——在黑板上画了几个图形。"

玻尔画的第一个图形看上去就像这样:

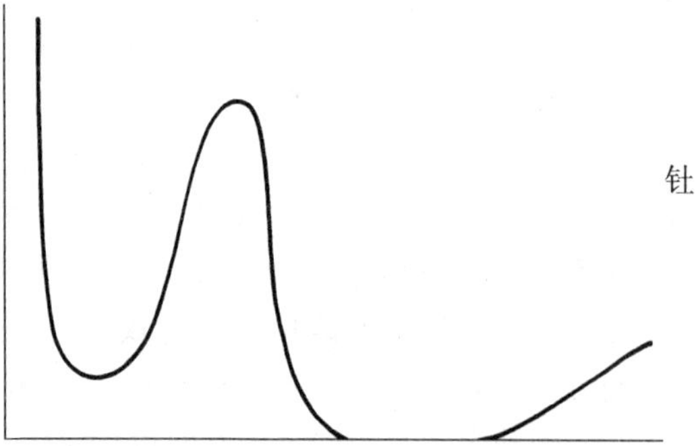

水平轴从左到右标志着中子从低到高、从慢到快的能量。竖直轴标志着截面的大小——即某一特定的原子核反应的概率——并且用作双重目的。左边 S 形曲线横跨了大部分区域,代表钍在不同中子能量下对中子的俘获截面,陡峭的中心峰值表示中间区域的 25 电子伏特共振。在右方从水平轴向上抬起的尾部代表钍的一种不同的截面:它是开始于 1 兆电子伏特阈值的高能量裂变的截面。因此,玻尔所画的图形就是钍对应于增加着的能量的中子轰击所作的不同响应的形象化表示。

玻尔转而在黑板的另一个位置画了第二个图形。他标出天然铀中含量最多的那种同位素的质量数。“他用很大的字体写出质量数 238,”罗森菲尔德说,“在书写过程中,他将粉笔弄得断成了几段。”玻尔急促的心情表示他处于洞察力的关键点上。第二个图形看上去与第一个图形很相似:

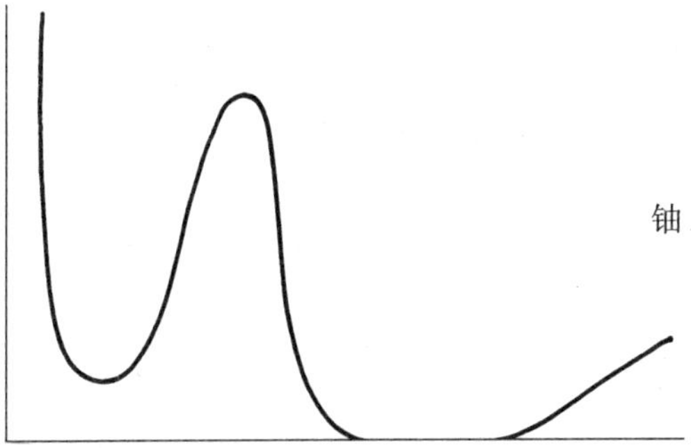

但是还有第三个图形即将画出。

当弗朗西斯·阿斯顿在卡文迪什实验室首次让铀通过他的质谱仪时,他只发现了 U238(铀 238)。1935 年,芝加哥大学的物理学家阿瑟·杰弗里·登普斯特(Arthur Jeffrey Dempster)利用一种功能更强的仪器,探测到第二种同位素,这是较轻的同位素。“我们发现,”登普斯特在一篇演讲中宣称,“数秒钟的曝光对于发现阿斯顿博士报道过的主要成份铀 238 来说是足够的,而长时间的曝光就使得微弱含量的质量数为 235 的同位素也呈现出来。”3 年后,一位名叫阿尔弗雷德·奥托·卡尔·尼尔(Alfred Otto Carl Nier)的天才的哈佛大学博士后研究员,他是从德国移民到明尼苏达州的工人阶级的儿子,测得在天然铀中铀 235 和铀 238 的比率为1:139,这意味着在天然铀中,铀235所含比率为0.7%。相比之下,处于天然状态下的钍实际上就只有一种同位素,为Th232(钍232)。两种元素成分的天然差异是引导玻尔的线索。他画出了他的第三个图形。它描述了一个截面,而不是两个:

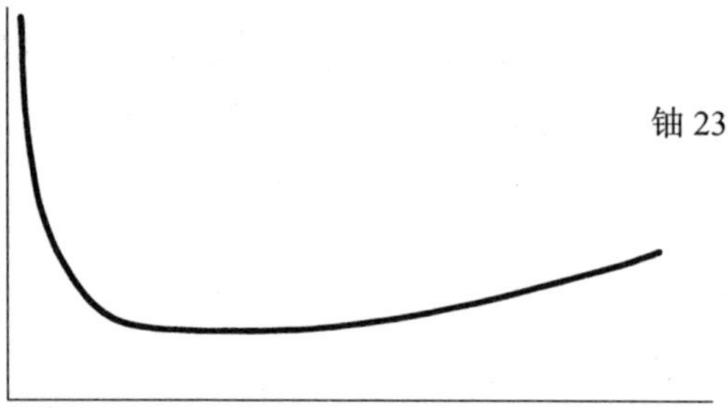

通过将他的突发的洞察力进行一番整理,玻尔最终准备自圆其说了。

他向罗森菲尔德指出,钍和铀238能够在理论基础上描述为有类似的表现:仅能用俘获能量高于1兆电子伏特的快中子来产生裂变。并且,它们似乎确实是这样。这样就只剩下了铀235。玻尔带着成功的喜悦说,接下来就是一个逻辑推理的问题了,铀235一定是造成慢中子裂变的原因。这就是他的基本想法。

他继续探究几个反应的微妙的能量学。钍比铀235轻,而铀238则较重,但是,中间的同位素(铀235)在另一重要关系中有着意义更大的不同。当钍232吸收一个中子时,它变成一种奇质量数的原子核钍233。当铀238吸收一个中子时,它也变成一个奇质量数的原子核铀239。但是,当铀235吸收一个中子时,它变成一个偶质量数的原子核铀236。就像费米有一天在演讲中解释的,原子核重新排列的变迁就像这样,“从奇数个中子向偶数个中子的改变会释放出1兆电子伏特或者2兆电子伏特的能量。”这意味着铀235有一个优越于它的两个竞争者的内在的能量优势:它能简单地通过改变质量来增加能量实现裂变,而那两个则不能。

莉泽·迈特纳和奥托·弗里施在康盖坞村认识到了,搅动原子核引起裂变,需要有一定的能量,但是,他们没有从细节上考虑输入能量的能量学。他们被巨大的200兆电子伏特的能量输出搞得心神不定。事实上,铀核要求有一个约6兆电子伏特的能量输入来引起裂变。这个较大的能量对于搅动原子核使之拉长并且破裂是必需的。吸收任何一个中子,不管它的速度多大,都会有一个约5.3兆电子伏特的结合能可用。但是,这给铀238留下了约1兆电子伏特的缺口,这就是铀238的裂变需要至少为阈值能量的快中子的原因,不然就不能发生裂变。

当铀235吸收一个中子时,它也获得了大小为5.3兆电子伏特的能量。但它通过简单地从一个奇质量数调整到一个偶质量数而赢得了费米所讲的“1兆电子伏特或者2兆电子伏特”的额外能量。因此,任何中子都可使铀235发生裂变——无论是慢中子、快中子或者是介于快慢之间的中子。这就是玻尔的第三个图像所表示的:铀235的可能的连续的裂变截面曲线。从图像左侧描述的仅仅在零点能量以上不到1电子伏特的能量的慢中子,到图像右侧也能使铀238发生裂变的1兆电子伏特以上能量的快中子,一个铀235原子核碰到的任何一个中子都将搅动原子核而发生裂变。天然铀掩盖了铀235的这种连续可裂变性;更为丰富的铀238俘获绝大多数的中子,只有当用石蜡将中子减慢到铀238的、25电子伏特的俘获共振以下的能量时,像哈恩、施特拉斯曼和弗里施这样的实验家们才能设法使高度可裂变物质铀235显现出来。玻尔用他的突发的洞察力回答了普拉切克提出的质疑,并且加强了他自己的液滴模型。

1月,玻尔用3天时间写了一篇700字的论文来保护他的欧洲同行的优先权。现在,他急切地传播铀235在裂变问题上扮演特殊角色的消息,他用2天时间写出了一篇1800字的论文,于2月7日投到《物理评论》上。"铀和钍蜕变中的共振和原子核裂变现象"一文不失为一篇仔细写成的论文,不过读者在阅读时却未必这样仔细。每个人都懂得它的基本假说——铀235而非铀238才是慢中子造成铀裂变的原因——尽管不是每一个人在没有实验证实的情况下都会表示赞同。但是,可能因为,正如费米回忆时所说的,在那时,同位素"被认为几乎中了魔法似地不可分离。"每个人都看漏了它的更深的含意。齐拉在那个月里向刘易斯·施特劳斯解释说,"慢中子所裂开的似乎是丰度大约为1%的那种铀同位素。"地磁部的理查德·罗伯茨在1940年起草的一篇具有重大意义的报告中宣称:"玻尔……把(慢)中子反应归因于铀235,而把快中子反应归因于铀238"。罗伯茨的误述可能只是一个粗略的初级近似,他在一篇修改的报告中进行了校正。可是,齐拉和罗伯茨的注释都表明,铀235的慢中子裂变知识一上来就先占据了物理学家们的思想,以至于不去考虑更为不祥的潜在可能性。

玻尔在他发给《物理评论》的论文中间接地意识到了这一点。铀235的慢中子裂变占据了他的论述的最显著地位,因为它解释了铀和钍之间的令人困惑的差异。不过,玻尔也考虑了在快中子轰击下铀235的行为。"对于快中子,"他在论文的接近结尾处写道,"……因为涉及的同位素(铀235)的含量很少,裂变产物比起中子撞击丰度大的同位素(铀238)所获得的要少得多。"这一陈述暗示了、但没有明确提出这样一个耐人寻味的问题:铀235若能够从铀238中分离出来,则对于快中子来说,其产物会是什么?

罗马的奥尔索·科宾诺的花园鱼池的最新替代物是那年冬天费米和安德森在普平大楼的地下室里安装的90厘米宽、90厘米深的水槽。他们计划将一个氡-铍中子源插入一支12.7厘米的球形管的中心部位,并且将球形管悬挂在水槽的中央位置。从铍放出的中子在水中散射开来,水会使中子的速度缓慢下来。中子会在铑箔条上激发出特有的44秒半衰期的产物;而费米偏爱的中子探测器,以各种距离放置在球形管的边上。费米一旦确定了单用Rn + Be(氡加铍)源时中子活性的底线,他就打算将氧化铀装进球形管内围绕中子源放置并进行第二系列的测量。如果有铀的情况比起没有铀的情况在水槽中有更多的中子出现,他就能够推测出,铀在裂变过程中产生了次级中子,并且能够粗略估计出它们的数量。一个中子进、一个中子出,这不足以维持一个链式反应,因为不可避免地,有些中子会被俘获而另一些中子会漂散:对于每个初级中子,需要产生多于1个次级中子,最好至少产生2个。

上到七楼,齐拉发现了一个不同的实验正在进行。沃尔特·津恩(Walter Zinn)是一个高个、白肤、金发的加拿大博士后研究助理,在城市学院任教,正在用从一台小加速器上产生的2.5兆电子伏特的中子轰击铀。他是用中子能量而不是用中子数量来进行推理;他正在寻找比他提供的2.5兆电子伏特的中子速度更快的中子,以此证明产生了次级中子。到此时为止,他仅仅得到了一些不确定的结果。

"齐拉带着极大的兴趣观看了我的实验,"津恩回忆说,"然后提出,如果利用能量更低的中子,实验可能会取得更大的成功,我说:'那当然好,不过,你从哪儿得到它们?'利奥说:'把工作交给我,我会得到它们的。'"

齐拉打算帮助津恩,但他也暗想得到津恩的电离室。"我们所需要做的一切,"他后来说,"是取得1克镭,取得一块铍，用从铍放出的中子辐照一块铀，然后借助于津恩已经建立的电离室观察在这一过程中是否有快中子放出。设备一旦建立起来，只要你有一个中子源，进行这样一个实验需要的时间不会超过1、2个小时。但是，当然我们还没有镭。”

问题仍然是经费问题。纽约和芝加哥镭化学公司是比利时的上加丹加省矿业联盟的子公司，是全世界镭的主要供应源，乐于以每个月125美元的租金将1克镭以3个月为最短租赁期出租。齐拉于2月13日写信给正在自己的弗吉尼亚农场的刘易斯·施特劳斯：“看看你是否能提供这样一项经费开支”，并且有预见性地向这位金融家简要介绍了这一最新发展的意义。这封信的最关键的段落讲了玻尔的最新假说，铀235是天然铀中慢中子裂变的原因：

> 如果这种同位素能够被用来维持链式反应，它将必须从铀块中被分离出来。如果有必要，无疑会这样做，但是，要能够在技术规模上这样做，还要经历5到10年的时间。小规模的实验能够表明，钍和天然铀块将不会起作用，但是，铀的稀有同位素会起作用，我们将有一项任务，立即攻克铀的稀有同位素的浓缩问题。*

---

* 铀235和铀238之间的差异已经引发了一场辩论。“费米和其他一些人，”约翰·邓宁说，“非常怀疑铀235，或者甚至不赞成——他们认为是铀238（对应慢中子裂变）。”这一异议激怒了玻尔，他告诉莱昂·罗森菲尔德说，他感到“愤怒”，费米应该对玻尔认为钍和铀238站在一边而铀235站在另一边的论点的逻辑提出疑问。罗森菲尔德写道：“不受外界任何影响地抱定决心按自己的思路进行研究，既是费米的长处也是他的弱点……他想象可能存在对玻尔讨论过的证据的不同解释，并且只有实验才能作出判决。”另一方面，邓宁“立即接受了玻尔的论点。”重要的结果是邓宁开始思考同位素分离，而费米还在继续研究在天然铀中产生链式反应的可能性。不同凡响的、但没有费米保守主义特色的齐拉也是这样做的。

施特劳斯在浪涌脉冲发电机方面遭受损失的前车之鉴使他不再敢进一步在原子核事业方面投资，齐拉说，施特劳斯想知道，"我怎么能确信这能够起作用呢?"因为齐拉没有提供保证，所以施特劳斯没有提供支持。

于是，齐拉转向本杰明·里布维兹。"他虽不穷但也并不十分富有……我告诉他所有这一切，他说：'你需要多少钱?'我说：'噢，我想借2000美元。'他拿出他的支票簿，开了一张支票，我兑现了支票，租来了……镭，同时，铍块也从英国运到了这里。"

铍圆筒于2月18日运到了这里，沃尔特·津恩认为它是"一种奇怪而且独特的物体"，并且误以为是齐拉的神奇方法的证明。

同一天，齐拉从特勒处听说了华盛顿地磁部的重要工作。理查德·罗伯茨和R·C·迈耶正在准备一篇发给《物理评论》的快报，报道从裂变产生缓发中子的发现。这些虽不是哥伦比亚大学研究人员正在寻找的瞬发次级中子，但他们确实证实了，裂变碎片有富余的中子并且自发地放出它们。

特勒在繁忙的地磁部实验室所感受到的普遍激动给了他更为深刻的印象：

> 我刚一开始对铀发生兴趣，关于实际意义的尖锐的讨论就开始了。图夫、哈夫施塔德和罗伯茨完全清楚这涉及了什么。他们也知道费米的实验。当然，我什么也没有说。以上提到的(发给《物理评论》的)快报不会造成任何损害……
>
> 我不知道他们的详细计划，但我相信，(对于保守秘密)必须采取紧急行动。很多人已经发现了所涉及的内容。在华盛顿，这些人想要说服卡内基协会，鉴于问题的实际重要性而为铀研究提供更多的经费……但是，此时

这样做不会产生现实效果，除非（卡内基）领导层对此表现出比它迄今为止的更多的兴趣……

我再说一遍，在华盛顿存在一种链式反应气氛。我只要说一声“铀”，就能对他们的想法听上两个小时。

卡内基协会的总裁名叫万尼瓦尔·布什（Vannevar Bush），是新英格兰的美国佬，祖父和父亲都是船长。他是一名电气工程师、发明家，是麻省理工学院的工程学校的前任主任。如果说布什最初对于投资链式反应实验的意愿还比不上特勒对他的期望，那么他有持这种勉强态度的广泛的同盟，无论是伯克利的欧内斯特·劳伦斯，还是达勒姆的奥托·哈恩，还是那年2月访问哥本哈根时与奥托·弗里施一道工作的莉泽·迈特纳，都不愿追逐镜花水月。只有哥伦比亚大学和巴黎进行了早期的实验，尽管地磁部不久就会紧跟哥伦比亚大学。

弗雷德里克·约里奥和他的两个同事——一个是有教养的奥地利人，名叫汉斯·冯·哈尔班（Hans von Halban），另一个是大块头的、敏锐的俄罗斯人，名叫卢·科瓦尔斯基（Lew Kowarski）——开始做一个类似于费米在2月份最后一周所做的鉴定从裂变产生次级中子的实验。他们也将中子源置于水槽中央，但是，他们是将铀溶解在水中而不是将它包装起来围绕中子源放置。对他们研究的优势更为重要的是，他们有权直接使用镭研究所的丰富的镭储备。

因为费米的中子源依赖于氡而不是依赖于镭，所以，这给他的实验带来了一个不确定的因素，齐拉发觉了这一因素并打电话引起他的注意：氡比起镭来会使得铍放出速度更快的中子；因此，费米在他的水槽里发现的中子的增加至少有某一部分不是由裂变引起的，而是由铍中另一种与之竞争的反应引起的。费米认为这一不确定因素微不足道,但同意用一个镭-铍中子源重复做这个实验,正像津恩此前所做的那样。齐拉慷慨地将他的铍贡献出来。但是用来激活它的镭尚未到手,齐拉还在为租借它而进行谈判,因为他没有正式所属单位而使得镭化学公司对他不放心。

在齐拉设法取得进入哥伦比亚实验室作为一名客座研究人员工作3个月的资格后,于3月上旬,他得到了他需要的镭,2克镭封装在一个小的黄铜容器中。他和津恩立即装备他们的实验。他们把各种组件装配成了一个精致的套件,很像中国套盒,所使用的组件有:一块大蛋糕状的石蜡,铍圆筒安放在石蜡的一个盲孔的底部,镭源放进铍圆筒中;一只内衬吸收中子用的镉并填满氧化铀的盒子,放在铍上,置于石蜡内部;一支与示波器相连的离子化管子,被推入盒内,但是用一块铅塞子来防护镭的γ辐射。齐拉说,借助于这一装置,他们能分别测出在有镉防护和没有镉防护的情况下从铀中产生的中子的流量:

> 一切准备就绪,我们只需旋转一个开关,向椅背上一靠,看电视显像管的屏幕。如果在屏幕上出现闪光,这意味着在铀裂变的过程中发射出了中子,进而又意味着原子能的大规模释放恰好来临。我们旋转了开关并且看到了闪光。我们看了一会儿,然后关上所有设备回家。

他们对中子的产量进行了一个粗略的估计:“我们发现,每裂变一次放出的中子数大约为2。”借助于只要打电话就能取得的镭,法国研究小组一星期前就发现了“每吸收一个中子,就有超过1个中子……产生出来。”费米和安德森估计“每俘获

1 个中子产生大约 2 个中子。”齐拉立即提醒维格纳和特勒留意。特勒清楚地记得那一刻：

> 我坐在钢琴边，尝试和一个朋友合奏，他用他的小提琴惟妙惟肖地奏出莫扎特的曲子，此时电话铃响了。这是齐拉从纽约打来的电话。他用匈牙利语向我说话，他只说了一件事情：“我找到了中子。”

齐拉也给刘易斯·施特劳斯发电报告知此事：

今天用铍块做的计划中的实验产生了惊人的结果。发现有大量中子发射出来。反应的机会估计在 50% 以上。

齐拉从在伦敦百花里横穿街道的那天起，就懂得了中子意味着什么：即幽灵降世。“那天晚上，”他后来回忆说，“我已经很少怀疑，这个世界正在酝酿悲剧。”

尽管尤金·维格纳还处在黄疸病的康复过程中，但他对齐拉的扰人的消息作出了充满激情的反应。此时，背信弃义的风暴震惊了整个中欧。希特勒命令捷克斯洛伐克的总统和外交部长于 3 月 14 日来到柏林，并且威胁说，除非放弃他们的国家，不然就要将布拉格炸成废墟。在纳粹元首的怂恿下，那天，斯洛伐克正式脱离捷克斯洛伐克共和国。鲁塞尼亚，捷克斯洛伐克的沿着喀尔巴阡山脉向东方延伸的狭窄区域，也作为喀尔巴阡－乌克兰而宣布独立。第二天一早，海军上将霍蒂的法西斯匈牙利在德国的认可下入侵了这个新生的国家，一场尸体累累的厮杀顷刻间就结束了。希特勒作为胜利者飞到了布拉格。3 月 16 日，他颁布法令，宣布脱离捷克斯洛伐克的地区——波希米亚和摩拉维亚——处于德国的保护之下。在慕尼黑会议上被法国和英国抛弃的这个国家在没有抵抗的情况下被肢解了。

维格纳赶上了去纽约的火车。3 月 16 日上午,他在乔治·佩格拉姆的办公室与齐拉、费米和佩格拉姆见了面。至少从 1 月底起,齐拉就一直在促成他的同盟的一个新的组织形式——他称它为科学协作联合会——用以协调研究、募集和支付资金以及保守秘密,这是一个可以引导原子能开发的民间组织。他与刘易斯·施特劳斯在开往华盛顿的火车上讨论过它,在特勒家坐在那张硬板床床沿上的那个夜晚与特勒讨论过它,在普林斯顿大学就在玻尔画那几个图形的周末与维格纳讨论过它。直到维格纳涉足其中,这种业余性就结束了。他"向我们强烈呼吁,"齐拉说,"立即将这些发现告知美国政府。"它是"这样一件严肃的事情,我们无法设想处理它的责任有多重大。"

乔治·佩格拉姆当时 63 岁,与那天上午在他的办公室争论的两个匈牙利人和一个意大利人相比,他是老一辈的人了。他是一名南卡罗来纳州人,于 1903 年从事钍方面的研究工作而从哥伦比亚大学获得哲学博士学位;曾在柏林大学在马克斯·普朗克的领导下从事研究工作;当欧内斯特·卢瑟福还在麦吉尔大学的富有成果的"流放"中不断进步时,他就与卢瑟福有了通信联系。佩格拉姆个头高,有着运动员体魄,以一名网球冠军身份很好地步入他的花甲之年,在年轻时作为一名独木舟运动员,喜欢用桨和帆驾驶一艘 5.5 米长的独木舟围绕曼哈顿岛转悠。他对放射性的兴趣可能是他的作为化学教授的父亲激发起来的。"可能当今在物理学家面前最重要的问题,"老佩格拉姆于 1911 年告诉北卡罗来纳州科学院说,"是使(原子内部的)巨大能量能够为世界所用。"第二年,作为哥伦比亚大学的一名副教授,佩格拉姆写信给阿尔伯特·爱因斯坦,促成他到纽约作有关相对论的演讲。佩格拉姆将拉比和费米带到哥伦比亚大学,为这所大学树立起原子核研究方面的国际声誉。如今他已经头发花白而且稀少，戴着金属边框眼镜，长着突起的耳朵，下颚坚挺、方正、宽阔。他仍对放射性怀有兴趣，但是，作为一名大学系主任，陈腐的保守主义使他提醒自己小心谨慎。

佩格拉姆告诉维格纳，他在华盛顿认识一些人，比如海军副部长查尔斯·爱迪生（Charles Edison）。维格纳坚持要佩格拉姆立即给这人打电话。佩格拉姆正乐意这样做，但是，这个小组首先应该统筹安排。由谁传送消息？费米那天下午正要去华盛顿，在晚间要给一群物理学家做演讲，他可以在第二天去海军部见面。他是诺贝尔奖得主，海军部会对他有特别的信赖。佩格拉姆接通了华盛顿，没找到爱迪生，爱迪生的办公室叫佩格拉姆直接打电话给海军上将斯坦福·霍普（Stanford C. Hooper），他是海军军事行动司令的技术助理。霍普同意听取费米带来的消息。佩格拉姆的电话是原子核裂变方面物理学家们和美国政府之间的首次直接接触。

那天上午的议程的下一个议题是保密。费米和齐拉两人都写了他们的有关次级中子实验的报告，并且准备将它们投寄给《物理评论》。征得佩格拉姆的同意，他们决定继续进行下去，将报告投寄给了《物理评论》，以确定自己的优先权，但要求编辑推迟发表它们，直到能够以秘密出版物的方式发表。两篇论文那天都投寄了。

佩格拉姆为费米履行这次使命准备了一封介绍信。它用假说的口气陈述一种毫无把握的情况：

> 哥伦比亚大学物理学实验室的实验揭示，也许可以找到这样的条件，在这种条件下，化学元素铀也许能够释放它的大量的额外原子能，并且这也许意味着铀可以用

作为一种爆炸物,每克这种爆炸物将释放 100 万倍于任何已知的爆炸物的能量。我个人的感觉是,上述可能性极小,但是,我的同事和我认为,尽管可能性极小,仍然不应该被忽视。

于是,费米轻松出发,前去海军部游说。

辩论没完没了,维格纳用了很长时间也无法取得结果。他回到普林斯顿大学,和城里的齐拉一同与尼尔斯·玻尔进行一次重要的会面。这是事先计划好了的;约翰·惠勒和莱昂·罗森菲尔德将会参加这次会面,特勒正从华盛顿专程赶来。如果能够说服玻尔用他的声誉来支持保密,那么,孤立德国原子核物理学研究的战役就能启动。

傍晚,他们在维格纳的办公室里会面。“齐拉概述了哥伦比亚大学的实验数据,”惠勒报告说,“以及这些数据的初步含义,即从每次中子引起的裂变中有 2 个次级中子出现。这不是意味着核爆炸确实可能吗?”未必,玻尔反驳说。“我们试图说服他,”特勒写道,“我们应该继续推进裂变研究,但是,我们不应该发表研究结果。我们应该对这些实验结果保密,以免纳粹获悉它们并且首先实现核爆炸。玻尔坚持认为,我们决不会成功地产生原子核能,并且他也坚持认为,决不应该把保密引进物理学。”

惠勒说,玻尔的怀疑态度与“在分离出铀 235 的必需的量方面存在巨大困难”有关。费米后来在一次演讲中说明,“(在 1939 年)人们还没有非常清楚地认识到,分离出大量的铀 235 是一项需要严肃对待的工作。”特勒回忆说,在普林斯顿大学的这次会面中,玻尔坚持认为,“除非你们将美国变成一个巨大的工厂,不然,这件事情是决不可能做成的。”

对玻尔来说,更为紧要的是秘密出版的问题。他经过数十年努力使物理学得以成为一个国际性的团体,在它的有限的特权内,它是一个和平的、政治上联合的世界的典范。公开性是它的脆弱而又基本的宪章,是一种操作上的必要性,正如言论自由对于民主来说是一种操作上的必要性一样。完全的公开性加强了绝对真诚:科学家报道所有他的研究结果,无论赞成的还是不赞成的,所有人能够读到它们,从而有可能纠正错误。保密将会废除这项宪章,会将科学作为一种政治体系——波拉尼的"共和体"降格为各民族国家间的无序竞争。没有谁比玻尔对纳粹德国的威胁更加感到痛苦;"在他到达美国的两个月后,"劳拉·费米回忆起那个时期说,"他带着一种日益增加的不祥预感谈及欧洲的厄运,他的面部表情显示出他在受到一种想法的折磨。"如果铀235能够容易地从铀238中被分离出来,那么,这一不幸就可能是在生存原则下作出暂时妥协的原因。玻尔认为,从技术上看没有一点哪怕是遥远的可实现性。这次会谈拖延到下半夜仍毫无结果。

第二天下午,费米出现在宪法大街的海军部里履行他和海军上将霍普的约会。他大概设想了一种保守的呈请。进去向海军上将通报的司务员的轻蔑用语使他认为保守呈请是合适的。"外面有一个欧洲黑肤移民。"费米在外面不经意间听到这个人这样说。诺贝尔奖得主的威望也不过如此。

在被当时当海军志愿兵的刘易斯·施特劳斯称为"一间草草建成的老式会议室"里,霍普请来一个由海军官员们、陆军军需品局的官员们和加入到海军研究实验室的两名文职科学家组成的旁听团。其中一个文职科学家,是一名直爽的物理学家,名叫罗斯·冈恩(Ross Gunn),在第五届华盛顿大会期间听过费米的全面讲解,不久,他又看过理查德·罗伯茨在地磁部的500万伏范德格拉夫起电机的靶室内演示的裂变实验。冈恩从事潜艇动力的研究，他渴望对一种不要燃烧氧气的能源有更多的了解。

费米给他的旁听者们讲了一个小时的中子物理学。如果其中一名听众，即一名海军官员的笔记是全面的，那么，费米在这次讲解中强调的是他的水槽测量法而没有强调齐拉的更为直接的电离室工作。费米解释说，正在准备的新的实验可能会证实一个链式反应。然后，问题将是组合一个质量足够大的铀块，在次级中子从材料表面逃逸之前，俘获和利用次级中子。

做笔记的官员打断了讲话。这个铀块可能多大？它是否能装进炮膛？

费米没有去考察炮管中的物理学，而是将话题转移到了世界之外。它最后可能有一颗小恒星的尺寸，他说着，微笑着，似乎表示这是明摆着的事。

中子在水槽中扩散：这一切太含糊了。除了机敏的罗斯·冈恩外，这次会议是没有成果的。"恩里科本人……怀疑他的预言的恰当性，"劳拉·费米说。海军方面报告说他们有兴趣保持接触；海军方面的代表无疑要参观哥伦比亚大学的基地。费米嗅到了在海军部屈尊的味道从而感到心灰意冷。

3 月 17 日是星期五，齐拉和特勒一起从普林斯顿大学去华盛顿，费米周末呆在家里。齐拉报告说，他们走到了一起，"讨论这些东西"——投到《物理评论》的论文——"是否应该被发表。特勒和我两人都认为，它们不应该发表。费米认为它们应该发表。但是，经过长时间讨论后，费米终究采取一种民主的态度说，如果大多数人反对发表，他将服从大多数人的意见。"在这一两天内，一件事情使得这一争论变得没有意义。这个小组读到约里奥、冯·哈尔班和科瓦尔斯基发表在

3 月 18 日的《自然》上的论文。齐拉解释说:"从那一刻起,费米强硬地认为,不发表论文毫无意义。"

随后的一个月,在 4 月 22 日,约里奥、冯·哈尔班和科瓦尔斯基在《自然》上发表了第二篇关于次级中子的论文。这一篇题为"在铀的原子核裂变中释放的中子的个数"的论文取得了成功。这个法国小组在以往报道的实验的基础上进行计算,发现每一次裂变产生 3.5 个次级中子。这三人写道:"作为一种产生原子核链式反应的方法,这里所讨论的现象的重要性在我们以前的通讯中已经提到过。"现在,他们作出结论,如果足够数量的铀被浸入合适的减速剂中,"裂变链将会自我维持,只在到达限制媒介的墙时才会终止。我们的实验结果表明,这种条件极有可能会得到满足。"这就是说,铀极有可能会发生链式反应。

约里奥的论文具有权威性。J·J·汤姆孙的儿子 G·P·汤姆孙(G. P. Thomson)是伦敦国王大学的物理学教授,听到了这一消息。"我开始考虑用铀完成某些实验,"他后来告诉一个记者说,"我所想的远远不只是作一番纯粹的研究,在我的想法的背后暗含着制造一种武器的可能性。"他立刻向英国空军部申请 1 吨的氧化铀,"(尽管我)羞于提出一个显然如此荒谬的建议。"

更为不祥的是,作为法国人的报道的结果,德国首次同时作出了两个反应。一名哥廷根大学的物理学家提醒第三帝国教育部予以警惕。这一提醒导致 4 月 29 日在柏林召开一次秘密会议,这次会议又导致了一项研究计划,包括一项从约瑟姆斯塔尔的捷克斯洛伐克矿山出口铀和用于镭储备的铀供应的禁令。(奥托·哈恩应邀参加会议但被安排在另外的场所。)同一周,一位在汉堡工作的名叫保罗·哈特克(Paul Harteck)的年轻的物理学家和他的助手联名给德国战争办公室写了一封信：

> 我们冒昧地提醒你们注意原子核物理学方面的最新进展，照我们看来，这将使得产生一种爆炸成为可能，这种爆炸的威力比起传统的那些爆炸要高出许多个数量级……首先利用这种爆炸的国家相对于其他国家有着一种无法超越的优势。

哈特克的信被送到了库尔特·迪布纳(Kurt Diebner)那里，迪布纳是一名有能力的原子核物理学家，很不幸地在纳粹国防军的军需部专心致志地从事高爆炸的研究工作。迪布纳将它转交给汉斯·盖革。盖革建议开展这项研究工作，战争办公室表示同意。

就在柏林举行秘密会议的同时，4 月 29 日，华盛顿进行了一次公开论战。《纽约时报》的报道准确地概述了当时美国物理学界的分歧：

> 美国物理学协会的成员们刚结束他们的春季会议，会议讨论某些科学家讲的用一小块铀就能将地球炸掉很大一块的可能性。铀就是产生镭的那种元素。今天，他们的情绪和温度都明显地高涨了。
>
> 来自哥本哈根的尼尔斯·玻尔博士，是阿尔伯特·爱因斯坦博士在新泽西的普林斯顿大学高等研究院的同事，他宣称，用原子的慢中子微粒对铀的少量的纯净同位素铀 235 的轰击会产生一种“链式反应”或者原子爆炸，这种原子爆炸的威力足以炸掉一个实验室和方圆数公里的地方。
>
> 可是，许多物理学家声称，从含量较为丰富的同位素铀 238 分离出同位素铀 235 会很困难，即使并非不可能。

同位素铀 235 在铀元素中只占百分之一。

可是，耶鲁大学的昂萨格（L. Onsager）博士描述了一种新的设备，按照他的计算，用这种设备，元素的同位素能够以气体状态在管子里被分离出来。这种管子一端冷却而在另一端被加热到高温。

其他物理学家则认为，这样一种过程花费将无比昂贵，而铀 235 同位素的产量将少得可怜。然而，他们指出，如果昂萨格博士的分离过程能实现，那么，产生能摧毁像纽约市这么大的地区的原子核爆炸将会比较容易。他们声称，一颗撞击铀原子核的中子微粒足以引起数百万个别的铀原子参与链式反应。

《纽约时报》的报道假设玻尔支持铀 235 的论据是真实的，尽管甚至玻尔本人显然地仍只是强调这是一种慢中子反应。费米和其他人尚未完全相信铀 235 的作用。两种铀同位素可能不容易大量分离，但是，在这个月早些时候，约翰·邓宁就能够用阿尔弗雷德·尼尔的质谱仪分离微量的铀。邓宁立即给尼尔写了一封热情洋溢的长信，请求他有效地解决费米和玻尔之间的争论，并且将链式反应研究大踏步地向前推进。尼尔、邓宁和费米都参加了这次物理学协会的会议。邓宁在开会时直接催促尼尔尝试做一次铀同位素分离，就像他在信的关键段落中所催促过的一样：

这里有一条值得付出艰巨努力的进攻路线，这也是我们需要你合作的地方……对于实际的试验，获得某些足够量的分离的铀同位素是极为重要的。如果你能够有效地分离出哪怕是微量的两种主要同位素（第三种同位素铀 234 存在于天然铀中，其微量的程度达到 17000 份中含 1 份），那么就存在一个好机会，尤金·布思(Eugene T. Booth)和我能够通过用回旋加速器轰击它们来证实是哪种同位素在起作用。解决这一问题没有别的途径。如果我们能够全力合作并且你能通过分离某些样品来帮助我们,那么我们就能够联手解决全部问题。

邓宁的重点、他激动的原因是,如果铀235对应于慢中子裂变,那么,它的裂变截面一定是天然铀的慢中子裂变截面的139倍,因为它在天然铀中含量为140份中的1份。"通过分离铀235同位素,"赫伯特·安德森在一部回忆录中强调说,"获得链式反应将会容易得多。不仅如此,借助于这些分离的同位素,制造出具有前所未有爆炸威力的炸弹的前景将会是非常可观的。"

费米也用类似的措词催促尼尔;尼尔回忆说,他"回来并想出我们怎样才可以将我们的设备的效率增大一些以增加输出量……我确实在着手解决这个问题,但是,一开头,这似乎像是一件牵强的事情,因而我并没有尽力而为。它只是我正在尝试做的众多事情中的一件。"

无论如何,费米更有兴趣研究在天然铀中而不是在分离的同位素中产生链式反应。"他没有因为在天然铀中裂变截面小就感到气馁,"安德森解释道,"'和我呆在一起,'他提议,'我们将用天然铀进行实验。你瞧。我们将最先产生出链式反应。'我留下来和费米一道继续实验。"

4月中旬,齐拉设法从艾多拉多镭公司免费借来大约230千克黑色的、脏兮兮的氧化铀,这个公司是属于俄罗斯出生的鲍里斯·普雷格尔(Boris Pregel)和亚历山大·普雷格尔(Alexander Pregel)兄弟的一个企业机构。鲍里斯在巴黎镭研究所从事过研究工作;艾多拉多公司投机稀有矿产并且在加拿大西北部的大熊湖拥有重要的铀矿床。

像费米和安德森以前的实验一样，齐拉的新方案涉及在水槽中测量中子的产生情况。为了更准确读数，这些实验需要一个比他们通常的、被激活成44秒半衰期的铑箔所需要的更长的辐照时间。他们决定简单地更换为向水槽充以百分之十浓度的锰溶液。锰是一种类铁的金属，它使得紫水晶呈现出紫红色，并且，在中子轰击下可被激活成一种具有将近3小时半衰期的同位素，"在锰中引起的(放射)活性，"他们后来在他们的报告中解释说，"与出现的(慢)中子数成正比。"因此，水中的氢将起到既减慢从中心中子源放出的初级中子也减慢由裂变产生的任何次级中子的作用，而溶解在水中的锰将起到检测它们的作用——这是一种很节省的设计。

铀块表面的原子比起铀块内部的原子更为有效地暴露于中子的辐照之下。因此，费米和齐拉决定不将他们的230千克氧化铀整块地装进一个大容器中，而是先将它们分装在52只直径5厘米、长60厘米的像笛子一样的狭长罐中，再分置于整个水槽中。

在每次实验过后装铀的罐子和锰溶液需要更换，锰需要浓缩，所以，装填铀罐和调制锰溶液的工作量不小。就这样一直呆到深夜读取锰的放射性的读数。费米饶有兴趣地接受挑战。"他愿意比其他任何人更努力地工作，"安德森评论说，"不过，每个人都很努力地工作着。"齐拉除外。"齐拉认为他应该将他的时间用于思考。"费米受到了伤害。"齐拉犯了一个不可饶恕的罪过，"塞格雷回忆并附和费米。"齐拉说，'啊，我不希望像一个画家的助手一样工作并且弄脏我的双手。'"此时，齐拉宣布他雇到了一名替身，这是一个年轻人，安德森回忆说他"非常胜任。"费米不作评论地同意了这个安排。然而,他再也没有和齐拉合作过一个实验。

最后经完善的实验安排看上去就像这样:

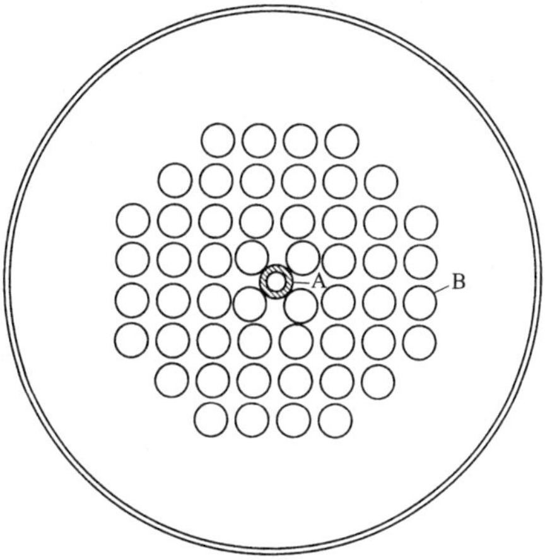

齐拉的 Ra + Be(镭加铍)中子源就放在水槽的中央,水槽里注有 650 升锰溶液;52 只装有 UO_2(氧化铀)的罐子围绕中子源密集地放置。

实验装置运行正常。三名物理学家发现中子活性"在有氧化铀时比起没有氧化铀时大约高出百分之十。这个结果表明,在我们的实验安排中,铀放出的中子数比铀吸收的中子数要多。"但是,实验带来了一个疑难问题。例如,共振吸收会捕获本来可以引起链式反应的中子,这明显是个问题。这个报告估计"每个热中子大约平均发射 1.2 个(次级中子)。"但是注解说,"这个数目应该会增加到 1.5,"因为一些中子明显地被俘获而不引起裂变——显示出在 25 电子伏特附近有一个大的俘获共振,玻尔在他的图形中将之归因于铀 238。

另一个问题是利用水作为减速剂。正如 1934 年在罗马费米的研究小组曾发现的那样,氢在减慢中子方面比任何其他元素都更为有效,并且,慢中子能避免铀 238 的寄生俘获共振。但是,氢本身也吸收一些慢中子,进一步减少了用于裂变的中子数。并且,已经明白,如果一种链式反应是在天然铀中产生的,那么,每个可能的次级中子就得小心地、节俭地使用。乔治·普拉切克在康奈尔大学安了个新家,他从康奈尔大学来到这里察看实验安排,并且颇有见解地不看好它的未来发展。正如齐拉所讲述的:

> 我们倾向于下结论说……水-铀实验系统将会维持一个链式反应……普拉切克说,我们的结论是错误的,因为为了使一个链式反应继续下去,我们必须消除水(对中子)的吸收;就是说,我们必须在实验系统中减少水的量,但是,如果我们在实验系统中减少水的量,那么,我们将会增加铀(对中子)的寄生吸收,(因为水越少,被减慢的中子就越少)。他建议我们放弃水-铀实验系统并且采用氦来减慢中子。费米觉得这很可笑,费米此后总是将氦称做普拉切克的氦。

6月份,哥伦比亚大学研究小组将他们的实验写成论文并将它发给了《物理评论》,论文标题为"铀中中子的产生和吸收",《物理评论》于7月3日收到了它。费米离开哥伦比亚大学去安阿伯执教理论物理学暑期班。安德森说,他的注意力转移了,"转移到了宇宙线的有趣问题。"费米或者是漠视齐拉对链式反应研究的紧迫感,或者是因为海军部的冷淡态度和普拉切克对他的水-铀实验系统的颇具说服力的批评而暂时抽身;也许两个原因都有。安德森专心研究铀的共振吸收,这个项目将会发展成他的博士论文。

齐拉留在这座潮湿的城市里。"我独自留在纽约。我在哥伦比亚大学仍然没有取得职位;我(被特许呆在实验室里)的3个月快要到期了,但是,这里没有任何实验能继续进行,而我必须做的只是思考。”

齐拉首先思考水的替换物。从周期表上溯下一种可能发挥作用的普通材料是碳,它的俘获截面明显小于氢,它是廉价的,它具有热稳定性和化学稳定性。碳的矿物形态是石墨,化学上相当于金刚石,但是具有不同的晶体结构,这是一种黑色的、油脂状的、不传热的、有光泽的材料,它是铅笔芯的主要成分。尽管碳减慢中子不及氢迅速,但这个差异可以通过精心设计甚至成为优点。

刘易斯·施特劳斯于7月2日的这一周去了欧洲。齐拉希望这位金融家能够设法让比利时的矿业联盟支持铀研究,他在这个紧急关头给施特劳斯发了一封信争辩说,铀的链式反应“有一种直接的可能性”,但是在信中他有意不提他的铀-石墨新构思。显然,他想首先与费米讨论它;同一天,也就是7月3日,他写了一封详细的信给这位意大利诺贝尔奖桂冠学者。“现在对我来说,”他报告说,“有一个好机会,碳可以成为用来取代氢的优异的元素,为这个机会赌一把具有强大的诱惑力。”他想要尝试“用碳-氧化铀混合物做一次大规模的实验”,一有足够的材料就行动。同时他认为,他要做一个小型实验来更精确地测量碳的俘获截面,当时只知道这一俘获截面的上限。如果证明碳不适合,那么他们的“下一个最好的推测就是重水”,重水里富含氘,不过,他们将需要“数吨”这种稀少而又昂贵的液体。(氘,元素符号为^2_1H,即重氢,对中子的俘获截面比普通的氢小得多。)

就在度过独立宣言发表163周年纪念日时,齐拉的想法迅速发展。7月5日,他访问纽约的国家碳公司,考虑购买高纯度的石墨块(因为像硼这一类具有大的俘获截面的杂质将会吸收太多的中子)。他当天就写信将他此行的发现告诉费米:“以公道的价格获得纯净的碳看来是可能的。”他也提到将铀和碳一层层放置。

周末,费米在安阿伯坐下来就齐拉给他的第一封信报告的内容回信。他独立地想到了一个类似的计划:

> 谢谢你给我的来信。我也在考虑用碳来减慢中子的可能性……按照我的估计,一种可能的配方可以是大约39000千克的碳与600千克的铀混合。如果真是这样,那么,物质的量就的确不会太大。
>
> 可是,因为尤其在均匀混合物中能够被利用的铀的量极少……也许,使用被铀层分隔开的厚碳层可以提高铀的利用的百分比。

用石墨以分层或者以其他方式隔开铀的想法起源于费米在6月份对锰水槽实验所做的计算。费米的计算引起两个人都考虑在他们独立发展出的新设计中用石墨将氧化铀分隔开。在中子遇到任何铀238原子核之前,这种分隔提供让快次级中子在减速剂附近反弹而减慢下来的场所。齐拉于7月8日写的下一封信提到,"碳和氧化铀将不会混合,而是分层组合,或者无论如何都要以某种罐装形式使用。"7月5日和7月8日发出的两封信显然与费米的回信在邮递的过程中错开了。

此时,齐拉从费米处听到,而后又进一步看到和认识到,从链式反应的观点看,安置在石墨块中的小铀球将会"比起最初考虑的将铀按平面分层的系统更为有利"。齐拉在头脑中形成的实验安排他称为"栅格"(大地测量学上的圆丘:一个完整的球并且它的所有内部空间像它的表面一样布满均匀隔开的点,那么,这种大地测量学上的圆丘就是这样一种栅格排列的图示。)他的计算结果指出,材料的量比起费米的计算结果要稍微大一些:"也许为50吨碳和5吨铀。"他认为,整个实验将要花费大约35000美元。

齐拉假设,如果一种链式反应能在石墨和铀中进行,那么,制造出一颗炸弹就是可能的。他进一步假设,如果他得到了这些结论,那么,他的纳粹德国的对手也会得到同样的结论。他在7月初的那些日子里找到佩格拉姆并试图说服他认识到用一个大规模的实验解决这一问题的紧迫性。这位系主任抗拒着这种冲击:“他采取这样一种态度,即使这一问题相当紧迫,但是,现在是夏天,费米也不在,在秋季到来之前,实在是没有有用的事可做。”

齐拉几个星期以来都在尝试独自从美国军方募集资金。在5月下旬,他向维格纳请求过与陆军的阿巴丁试验场接触,这是陆军在马里兰的武器开发部门。当他在全面考虑铀-石墨实验系统的可能性时,他向罗斯·冈恩谈起过海军方面的支持。现在,从冈恩处转来的费米7月9日和7月10日的信件使他气馁。费米论述了把碳和铀分层,但按照一种均匀分布的系统——碾碎了的石墨和氧化铀混合在一起进行计算。齐拉得出结论说,他正在受到嘲弄:“我清楚地知道,费米……计算均匀的混合物,只是因为它是最容易计算的。这向我表明,费米并没有真的认真对待它。”而冈恩接着报告说:“(与海军方面)达成任何一种确实对你有帮助的协议……几乎是不可能的。我对这种情况表示遗憾但又无法回避。”

尽管齐拉高傲自负,但他还不至于感到完全靠单人独马就能拯救世界。他这时呼吁他的匈牙利同胞给予精神上的支持。爱德华·特勒当时已转到曼哈顿在哥伦比亚大学暑期班教物理学;尤金·维格纳从普林斯顿前来和他们合谋。在后来的年月里,齐拉会提供详细描述他们的会谈进行情况的若干不同的版本,但是,他于1939年8月15日写的一封信提供了同时代可靠的证据:"维格纳博士能够作证,谋求与(罗斯福的)政府的合作是我们的责任。几星期前,他为了与特勒博士和我讨论这一观点来到了纽约。"齐拉向维格纳出示了他的铀-石墨计算结果。"他被打动并且十分感兴趣。"齐拉在1941年的一份背景资料备忘录中写道,特勒和维格纳两人都"持有这样的观点,在追随这条开发路线方面和在接下来的讨论方面不容再浪费任何时间,应该尝试征求政府的支持而不是征求私人企业的支持。尤其是维格纳博士非常强烈地要求要向美国政府提出建议。"

但是,这一讨论从上述议题转到了"担心如果德国人占有了大量的铀将会出现怎样的后果,比利时人正在刚果开采这些铀。"也许,齐拉强调过,与政府方面的接触不会有结果,他和费米已经作过这种努力。"所以,我们开始考虑,我们能够通过什么渠道接近比利时政府,并且提防他们将铀卖给德国人?"

随后,齐拉想起,他的老朋友阿尔伯特·爱因斯坦认识比利时女王。爱因斯坦曾于1929年在去安特卫普看望他的叔父的旅途中与比利时女王伊丽莎白会面过,此后,这位物理学家和这位君主保持着经常性的通信联系,爱因斯坦在他率直的信中简称她为"女王"。

这几位匈牙利人知道爱因斯坦正在长岛避暑。齐拉提议去拜访爱因斯坦并请求他提醒比利时女王伊丽莎白留心此事。因为齐拉自己没有车并且从没有学习过驾驶,所以,他要求维格纳开车送他。他们向爱因斯坦在高等研究院的办公室打电话,了解到他仍呆在拿骚旅游点的老格罗夫邦德的避暑别墅内,拿骚旅游点是一块叉形陆地,它在长岛的东北角将大佩科尼克海湾隔离出小佩科尼克海湾。

他们在电话中和爱因斯坦约好了日子。此时,齐拉还在推进实施维格纳提出的与美国政府接触的建议，征求一名知识渊博的移民经济学家的意见，此人名叫古斯塔夫·施托尔珀(Gustav Stolper)，是一名定居纽约的柏林人，曾一度是德意志帝国国会的一名议员。施托尔珀提出要设法确定一名有影响的信使。

7月16日星期日早上，维格纳驾车搭载齐拉离开长岛驶往佩科尼克海湾。他们在中午刚过就到达了那里，却没能幸运地找到去别墅的方向，后来齐拉想到借用爱因斯坦的名气来寻找别墅。"我们正要放弃并返回纽约"——两名世界级的匈牙利人冒着酷暑在乡间小道间迷了路——"当我看到一个大约7、8岁的小男孩站在路边时，我将身子探出车窗外，说：'哎，你或许知道爱因斯坦教授住在哪儿吧?'这个男孩知道并将我们领到了那里。"

C·P·斯诺两年前在同一个夏季休养地访问过爱因斯坦，也迷了路，他对当年的情景记忆犹新：

> 他在我们到达后过了1、2分钟走进起居室。除了几把花园椅子和一张小桌子外没有别的家具。向窗外望去便是水面，但是，百叶窗半关着以防外面的热气流进来。房间里湿度很高。
>
> 一室之内近看，爱因斯坦的脑袋正像我所想象的那样：出类拔萃，具有喜剧演员的人格特点。刻着深皱纹的前额；白发像光环一样散开；有着一双大大的突起的巧克力色的眼睛。如果我不认识他，那么，我猜不出我从这副面孔会期待些什么。一位精明的瑞士人曾说，它闪烁着一个好工匠的面容的智慧光芒，他看上去像一个小镇上憨厚的、也许某个星期天在收集蝴蝶标本的老派钟表匠。
>
> 使我吃惊的是他的体态。他刚刚驾完帆船回到房子里，身上除了一条短裤就没穿别的。这是一副结实的身

> 躯,有着非常发达的肌肉:他的身体正在发福,肚子变圆了,屁股也变圆了,更像一名中年足球运动员,但是,他仍然是一个非常强壮的人。他诚恳、天真、没有戒心。一双大眼睛看着我,就像他在思考:我来这里有什么目的?我想对他说些什么?
>
> ……几个小时过去了。我模糊地记得,有几个人在房间里进进出出,但是,我记不起他们是谁。天气闷热。好像是没有留出用餐的时间。我想,他还没有吃过什么,但是,他仍然在抽着他的烟斗。单片三明治的托盘——各种香肠、干酪、黄瓜——不时端了上来。这些都显得很随意并且具有中欧特色。我们只喝了些苏打水,没有喝其他饮料。

齐拉他们也受到同样的礼遇。齐拉将哥伦比亚大学的次级中子实验以及他对铀和石墨的链式反应的计算情况告诉了爱因斯坦。他在很久以后回忆起当时的惊讶,爱因斯坦竟然尚未听说过链式反应的可能性。当他提到链式反应时,爱因斯坦插话道:“我从没思考过这个问题!”(Daran habe ich gar nicht gedacht!)齐拉说,尽管如此,他“很快理解了我们的来意,并且完全乐意做任何需要他做的事情。他乐于承担敲起警钟的职责,即使很有可能这一警报会被证明是一个错误的警报。大多数科学家真正担心的一件事情就是怕自己出丑。爱因斯坦没有这样一种担心,并且,首先在这种场合下他的位置是独一无二的。”

爱因斯坦对写信给伊丽莎白女王犹豫不决,但他乐意去接触一个相识的人,这人是比利时内阁的一名成员。维格纳大声地再次坚持说,应该给美国政府敲警钟。齐拉继续指出:“我们在没有向美国国务院提出并遭到反对的情况下不应该去与一个外国政府接近。”维格纳提出,他们通过美国国务院给比利时发一封附带他们的信件的公函。3 个人都认为这样做行得通。

爱因斯坦口述了一封给比利时大使的信,这是一种更为正式的接触,合乎他们所作出的通过国务院与比利时接触的计划,维格纳用德文草书将它记了下来。同时,齐拉起草了一封附信。爱因斯坦的信是若干封这样的信件的第一封——它们相继作为草稿——这些原始的陈述绝大多数最终都被写进了他实际发出的信件里。

维格纳将第一封爱因斯坦的草稿带回了普林斯顿大学,将它翻译成英语并于星期一交给他的秘书打印。准备就绪后他将它邮寄给齐拉。然后,他离开普林斯顿驾车去加利福尼亚度假。

古斯塔夫·施托尔珀寄来的一封信早已投到了齐拉在国王王冠旅馆的住处。"他告诉我,"齐拉于 7 月 19 日写信给爱因斯坦说,"他和亚历山大·萨克斯(Alexander Sachs)博士讨论过我们的问题,萨克斯是莱曼公司的副总裁,是一名生物学家和国民经济学家,并且,萨克斯博士想就这件事和我谈话。"齐拉热切地安排了一次约会。

亚历山大·萨克斯出生于俄罗斯,当时 46 岁。还在他 11 岁时就来到了美国,19 岁从哥伦比亚大学生物学专业毕业,在华尔街当一名办事员,后来又回到哥伦比亚大学攻读哲学,然后带着几个享有盛誉的学会会员资格转到哈佛大学从事哲学、法学和社会学方面的工作。他为富兰克林·罗斯福 1932 年的竞选演说写了经济学方面的文本;从 1933 年开始,他在国家复兴署工作了 3 年,于 1936 年加盟莱曼公司。他长着浓密卷曲的头发和后缩的下巴,长相和声音很像喜剧演员埃德·温(Ed Wynn)。如果说国家复兴署本身还不足以说明萨克斯的激进改革才能的话,那么萨克斯在国家复兴署的同事们常常援引他化名去访问消防员的逸事，作为终极证明。萨克斯用浓郁华丽的散文写通讯，（春天他考虑过写一本书，书名为《以最近的不幸历史以及美国和英国对国际政治经济事务的同期处理作为战争期间放弃理智的例证》。）但只有在委员会中才能够施展才华。

萨克斯听完齐拉的陈述。正如齐拉在给爱因斯坦的信中所写的，随后，他“接受了委托，并且完全使我相信，这些问题是涉及白宫的首要问题，并且从实际的观点看，最好是禀告罗斯福。他说，我们是否给他一个书面报告，好让他确定要不要将它转达给罗斯福本人。”看来美国总统就是尊重萨克斯的意见并且不时找他谈话的许多人之一。

齐拉感到震惊。提议的颇为大胆博得了齐拉的好感，毕竟，数月来他面对着谨慎和怀疑。“尽管我只见到过萨克斯博士一次，”他告诉爱因斯坦说，“并且确实没有能够对他形成任何评价，然而，我认为尝试这条途径不会有任何害处，而且我也认为，关于此事，他能够履行他的承诺。”

从佩科尼克海湾回来后，齐拉不久便和萨克斯会面——在星期日和星期三之间的某一天。在这个周的中间几天，维格纳到加利福尼亚去了，齐拉找不到维格纳，就去找特勒，特勒认为萨克斯的提议比他们先前作出的计划还要好。在爱因斯坦的第一封信稿的基础上，齐拉让他准备一封给罗斯福的信件的草稿。爱因斯坦用德文写成了这封信，因为爱因斯坦的英语不可靠，他加了一个附件后投寄到长岛。“也许，你将能够用电话告诉我你是否愿意将你加了页边批语的信稿通过邮局寄回给我，”爱因斯坦在附件中提出，“或者我是否应该出门到你处与你把整个事情再讨论一次。”齐拉写道，如果他再次访问佩科尼克海湾，那么，他会让特勒开车搭载他，“不仅因为我相信爱因斯坦的建议是有价值的，而且因为我认为你可以就此认识他。他是一个非常卓越的人。”

爱因斯坦宁愿亲自再写一封信给总统。因此，大概是在7月30日星期日，特勒以他1935年在普利茅斯时的强健劲头驾车搭载齐拉到佩科尼克海湾。“我又回到了当年给齐拉当司机时的往事中，”特勒简炼地讲述这一经历。他们看到的是普林斯顿的这位诺贝尔奖桂冠学者穿着旧衣服和趿拉着拖鞋。埃尔莎·爱因斯坦端上了茶。齐拉与爱因斯坦一起构思第三个文本，特勒作记录。“是的，是的，”特勒记得爱因斯坦作着评论，“这将是人类第一次以直接的形式而非间接的形式释放原子核能。”他的意思是直接地从裂变而不是间接地从太阳获得原子核能，在太阳上，一种不同的核反应产生大量的辐射，也就是到达地球的阳光。

爱因斯坦显然问到过萨克斯是否是将消息带给罗斯福的最佳人选。8月2日，齐拉写信给爱因斯坦，希望“最终”达成一个“我们试图用谁作为中间人”的决定。齐拉在此期间留心过萨克斯，这位经济学家无疑希望充当代表爱因斯坦与总统联系的中介人，但大方地列出了金融家伯纳德·巴鲁克(Bernard Baruch)或者麻省理工学院的院长卡尔·康普顿(Karl T. Compton)作为可能的候选人。另一方面，萨克斯强烈赞同过查尔斯·林德伯格(Charles Lindbergh)；尽管他肯定知道罗斯福看不起这位著名的飞行员，因为林德伯格曾公开声称亲德国的美国孤立主义政策。齐拉写道，他和萨克斯讨论过爱因斯坦的信件的“一个稍长和内容更为广泛的文本”，爱因斯坦的这封信就是在齐拉第二次到佩科尼克海湾与爱因斯坦会面时他们一同写成的；齐拉现在封好了长和短两种文本的信并且请求爱因斯坦从中选出一封推荐给林德伯格。

爱因斯坦选择了长信，它结合了短信的内容，短信内容是爱因斯坦提出的，而长信是齐拉经与萨克斯磋商后在短信的基础上增添了一些附加的段落写成的。爱因斯坦在两封信上都签了名并在不到一星期的时间内将它们交还给了齐拉，并写了一个便条希望“你们最终将克服你们内心的阻力，企图过于聪明地做某事总是成问题的。”也就是说，要大胆付诸行动。齐拉于8月9日回答爱因斯坦说：“我们将力图听从你的劝告，并且尽力克服我们内心的阻力，不可否认，确实存在这种阻力。顺便说说，我们确实没有企图过于聪明地做这事，只要我们看上去不是太蠢就心满意足了。”

齐拉于8月15日将这封信的最终形式和他自己的一个备忘录一起交给了萨克斯，这份备忘录对信中关于裂变的可能性和危险性的讨论进行了详细说明。他尚未放弃与林德伯格的接触——第二天他起草了一封给这位飞行员的信件——不过，他似乎同时决定了先尝试萨克斯这一条途径，也许为了使这项计划继续向前推进，他尖锐地要求萨克斯要么把这封信交给罗斯福，要么把它退回来。

齐拉给爱因斯坦选择的那封长信草稿所增加的讨论之一，涉及由谁来承担“管理层和美国从事链式反应研究工作的物理学家群体”之间的联系人这一问题。在齐拉交给萨克斯的信中，他现在以心照不宣的方式提出由他自己来做这件事情。他写道：“如果能够找到这样一个具有勇气和想象力的人，并且，按照爱因斯坦博士的提议，如果这样一个人在这一问题上被置于按照当局的某种措施来行动的位置上，这将的确是向前迈出的重要的一步。为了你可能看到这样一个人在我们的工作中能够起到怎样的协助作用，请允许我荣幸地向你们给出一个有关这一情况的近期历史的简短陈述。”这样一个简短陈述后面紧接着一份简短而又含蓄的履历，基本上勾画出了自从玻尔在这日新月异的7个月前有关裂变发现的声明以来齐拉自己所充当的角色。

齐拉的提议,表现出他既对美国官僚主义政治、也对这个提议的大胆同样地天真无知。它当然也是他拯救世界的动力的顶峰。此时,这些匈牙利人至少相信他们看到了尤金·维格纳将在回顾往事时描述的"一种恐怖的军用武器"所内含的重要的人道主义意义,维格纳作出了这样的解释:

> 尽管(在早期)我们中间没有谁较多地谈论官方——他们认为我们是十足的空想家——我们确实希望原子武器的开发能避免即将来临的灾难而有其他的效用。我们认识到,应该开发原子武器,没有两个国家能够彼此和平相处,除非他们的军事力量由共有的更高级别的权威机构所控制。如果这些控制能够足够有效地废止原子战争,那么我们相信,它们也能足够有效地废止所有其他形式的战争。这种希望对我们的努力几乎是一种强烈的鞭策,与我们对于成为敌人的原子弹轰炸的受害者的恐惧一样强烈。

齐拉、特勒和维格纳——这些匈牙利"阴谋家",默尔·图夫这样开玩笑地称呼他们——希望这种他们打算催促美国开发的恐怖武器不只是反对德国侵略的威慑物。他们也希望世界和平,希望世界政府能够控制使用他们想象的、用铀制成的炸弹。

亚历山大·萨克斯想,当见到总统时,他要向总统大声地朗读。他相信忙碌的人们看到这么多的纸张,一定会倾向于抛开这些打印件。"我们的社会体系就是这样,"他于1945年告诉一个参议院委员会说,"任何社会名人都被印刷墨水弄得头昏脑胀……这是一个总司令和国家元首都肯定知道的事情。如果我能有一段较长时间与他呆在一起并且读这些材料,我只能这样做,让这些内容通过他的耳朵进入而不是作为画眉软膏涂在他的眼睛上。”他需要占用富兰克林·德拉诺·罗斯福整小时的时间。

横插进来的历史事变塞满了这位总统的日程。阿道夫·希特勒轻而易举地攫取了莱茵河区、奥地利和捷克斯洛伐克,于5月22日与意大利签定了钢铁协约,于8月23日与苏联签定了一个10年期的互不侵犯和中立条约,于1939年9月1日上午4点45分下令入侵波兰,引发了第二次世界大战。德国人入侵波兰,调遣56个师的兵力对付沿着漫长的波兰边境稀疏地分布的波兰30个师的兵力;希特勒有10倍于波兰的飞机,包括大量的由斯图卡式俯冲轰炸机组成的空军中队,以及9个师的装甲坦克,用来对付用矛和剑武装起来的波兰骑兵。这次攻击是“现代闪电战的一个完美范例,”温斯顿·丘吉尔写道,“是陆军和空军的战场紧密配合;是对所有通讯系统和任何一个看似有吸引力的目标城镇的猛烈轰炸;是由间谍和内奸组成的活跃的第五纵队被充分使用;是间谍和伞兵的自由使用;尤其是,大规模的装甲部队不可抵抗地向前强行推进。”

数学家斯坦尼斯拉夫·乌拉姆刚刚访问波兰返回,和他一起的有他的持学生签证的16岁的弟弟亚当(Adam):

> 我和亚当正呆在哥伦布环形广场的一家旅馆里。这是纽约市的一个很热和潮湿的夜晚。我无法很好入睡。当电话铃响起时,大约已经是凌晨1、2点钟。我头晕、出汗,很不舒服,我拿起话筒,电话里传来我的朋友拓扑学家维托尔德·胡尔维茨(Witold Hurewicz)阴沉、嘶哑的声音,他开始讲述战争爆发这样一个恐怖的消息:“华沙遭受了轰炸,战争已经开始了。”他说。这就是我所知道第二次世界大战爆发的过程。他继续讲述他从收音机中听到的内容。我打开了自己的收音机。亚当在睡觉,我

没有弄醒他。早上会有时间告诉他这个消息。我们的父亲和妹妹在波兰，还有其他许多亲戚也在波兰。就在这一瞬间，我突然感到在我过去的生命中好像出现了一道黑幕，切断了我的未来。从那时起，世间每件事情就有了不同的色彩和意义。

罗斯福的首要行动之一是呼吁交战国停止轰炸平民百姓。至迟从1937年日本轰炸上海起，美国对轰炸城市的反感情绪就高涨起来了。当西班牙的法西斯主义者于1938年3月轰炸巴塞罗纳时，国务卿科德尔·赫尔(Cordell Hull)就公开谴责这一暴行："没有哪个战争理论能够证明这种行为是正当的，"他告诉记者说，"……我觉得我正在代表全美国人民讲话。"6月，参议院通过了一份谴责"对平民百姓进行野蛮轰炸"的决议。当战争逼近时，反感开始让位于复仇的冲动；1939年夏天，赫伯特·胡佛促成了一个禁止轰炸城市的国际性禁令，又仍然主张"不断制造轰炸机的强有力理由之一是准备报复"。轰炸是坏事，因为那是敌人在轰炸。《科学美国人》看穿了更为黑暗的真相："尽管……空投炸弹的数量不得而知、难以确定，但可以肯定，今天正在世界上发生的令人反感的暴行，仅仅是拉开了将要上演的疯狂戏剧的序幕。"

因此，尽管罗斯福在9个月前请求过国会增加制造远程轰炸机的经费，但在1939年9月1日致交战国的呼吁中，他仍然能够强有力地表达出千百万美国人在道义上的愤慨：

在过去几年中，世界各地的敌对情绪已经白热化，对不设防的平民居住中心实行残酷的空中轰炸，导致了成千上万手无寸铁的男人、妇女和儿童的死亡和伤残，这种轰炸使得每一个文明的人，无论男女，都从内心里反感，它深深地震撼着人类良心。

> 在世界如今面对的悲剧爆发期间，如果必须采用这种非人的、野蛮的手段，那么，成千上万无辜的人们将失去他们的生命，而这些人对如今突然激烈起来的敌意并不负有责任，或者根本没有参与这种敌对。因此，我紧急公开呼吁各个可能被卷入敌对的政府，保证在任何事件中和任何环境下，其武装力量不对平民百姓或者不设防的城市进行空中轰炸，并且其所有对手均应谨守相同的战争法则。我请求马上答复。

同一天，英国对总统的提议表示赞同。而忙于轰炸华沙的德国，于9月18日表示赞同。

对波兰的入侵把英国和法国于9月3日拖入了战争。突然间，罗斯福的日程表变得爆满。尤其是在9月上旬，他超时地工作，与不太情愿的国会议员们将中立法案修订得更为倾向于英国；萨克斯在9月的第一个星期结束之前甚至都无法与总统讨论安排一次会见。

9月，由库尔特·迪布纳的新战争办公室部门牵头加强了德国的裂变研究。迪布纳征募了莱比锡的一个名叫埃里克·巴格(Erich Bagge)的年轻的理论物理学家，两名物理学家一起计划召开一次秘密会议，讨论一项武器工程的可能性。他们拥有征募任何他们想要征募的德国公民为之服务的权力，他们使用这种权力发出一些公文，这些公文使得汉斯·盖革、瓦尔特·博特、奥托·哈恩和许多特别年长的人们紧张不安，他们吃不准这些公文是要邀请他们去柏林接受咨询还是命令他们到军队服役。

9月16日在柏林召开的会议上，物理学家们了解到，德国知识界已经发现国外——推测起来是指美国和英国——已经开始铀的研究。他们讨论尼尔斯·玻尔和约翰·惠勒的长篇的、细致的理论论文——“原子核裂变的机制”，这篇论文发表在9月的《物理评论》上，特别讨论了它的结论——铀235可能是对应于慢中子裂变的铀同位素，这个结论是玻尔和惠勒从玻尔在星期日早晨所画图形的基础上精心加工而成的。哈恩像玻尔一样认为，同位素分离是困难的，几乎就是不可能的。巴格提出邀请他在莱比锡的领军人物沃纳·海森伯来作裁决。

海森伯因此参加了9月26日的第二次柏林会议，并且探究了利用裂变产生能量的两种可能途径：一是通过借助于减速剂减慢次级中子，制造出一个“铀燃烧反应堆”；二是通过分离铀235产生一种爆炸。汉堡的物理学家保罗·哈特克于之前的4月份给战争办公室写过一封信，带着一篇刚刚完成的论文前来参加第二次会议，这篇论文是论述将铀和减速剂分层放置以避免铀238的俘获共振这种做法的重要性的——这与费米和齐拉早在7月份就独立产生的见解相同。不过，哈特克的研究是考虑使用重水作为减速剂，尽管哈特克在卡文迪什实验室与卢瑟福一同工作过并且凭个人经验知道重水生产可能有多么昂贵——在重水中，氢被氘所取代，生产过程中必须冗长而乏味地对成吨的常规 H_2O 作蒸馏处理。

迪布纳和巴格将第二次会议概述为一次“为在原子核裂变的开发方面的独创性实验所作的准备工作计划”。海森伯将领导理论研究。巴格将测量氘的碰撞截面，从而确定重水在减慢次级中子方面所起的作用有多大。哈特克将探究同位素分离。其他人将用实验确定其他有意义的原子核常数。战争办公室将接管于1937年完工的并且装备精良的威廉皇帝物理研究所。对整个计划将投入足够的资金。

德国的原子弹工程就这样顺利地开始了。

与在美国的匈牙利人提出的项目一样，它也面临着人道主义方面的复杂性。卡尔·弗里德里希·冯·魏茨泽克

(Carl Friedrich von Weizsacker)是一名年轻而享有盛誉的德国物理学家,他是德国国务助理秘书的儿子,几乎一开始就投入了这项工作。冯·魏茨泽克在1978年的一份回忆录中回忆了1939年春天与奥托·哈恩一起讨论一种炸弹的可能性。哈恩当时反对保密,部分是基于科学伦理观,但也部分是因为他"觉得如果这种炸弹制造出来,并且希特勒是这种炸弹的唯一拥有者,那么对全世界甚至对德国来说将会是一件坏事"。像齐拉、特勒和维格纳一样,冯·魏茨泽克回忆起在与一个朋友的讨论中认识到"这一发现必定会根本改变世界的政治结构":

> 对于一个发现自己站在时代起点的人来说,它的简单的基本结构可能变得像在一次闪电的瞬间照耀下远处的景观一样清晰可见。但是,在黑暗中通向它们的路是漫长而又模糊的。那时(即1939年),我们面临一种非常简单的逻辑。战争用原子弹进行,就像发生了一个常规事件,也就是说,核战争作为常态似乎与参战国的生存要求是不能调和的。但是原子弹存在了,它存在于某些人的头脑中。按照历史上军备和武力体系的已知逻辑,它不久将形成它的物理外观。如果确实如此,那么,只有在作为常态的战争被废止时,参战国,最终是人类自身才能够幸存。

双方可能由于对别人心存恐惧而进行研究。但是,双方某些正在进行研究的人们也荒谬地相信他们正在准备一种最终会带来世界和平的新的力量。

就在9月份暴力蔓延之时,齐拉的急躁情绪也在增长。他从亚历山大·萨克斯处什么音讯也没有听到。遵照萨克斯先前的提议以及他自己的领头地位,他安排尤金·维格纳为他给麻省理工学院院长卡尔·康普顿写一封介绍信;他要重新接触一个可能有影响的实业家,这个人曾经一度对爱因斯坦–齐拉冰箱压缩机产生过兴趣;他读到一份报纸上有关林德伯格演讲的报道,并且向爱因斯坦报告说,这位飞行员"事实上不是我们自己人"。最后,9月份的最后一周,他和维格纳拜访了萨克斯,他们沮丧地发现这位经济学家手里仍然攥着爱因斯坦的那封信。"他说,他再三向罗斯福的秘书讲过,"齐拉于10月3日向爱因斯坦报告说,"并且得到这样的印象,罗斯福过于忙碌,迟些日子去见他才是比较聪明的做法。他打算在这一周去华盛顿。"两位匈牙利人预备好重新开始:"有一种明显的可能性,萨克斯对我们将没有用处。如果确实这样,那么,我们必须将这件事情交给另外某个人。我和维格纳决定给萨克斯10天的缓期。然后,我将再写信给你,让你知道此事的进程。"

可是,亚历山大·萨克斯确实去了华盛顿,不是在那周,而是在下周,于10月11日星期三,大概是在下午晚些时候,出现在白宫。罗斯福的助手,秘书长埃德温·沃森(Edwin M. Watson)——罗斯福和他的好友称呼他为"老爸"——与他自己的执行秘书和军事助理一起坐下来审阅萨克斯的呈请。当他确信这一信息值得占用总统的时间时,沃森让萨克斯进入了总统办公室。

"亚历克斯,"罗斯福招呼萨克斯,"这段时间你在干什么?"

萨克斯喜欢用开玩笑的方式使得与总统的关系更为融洽。他的幽默感倾向于博学的寓言故事。现在,他给罗斯福讲了年轻的美国发明家的故事。这位发明家曾给拿破仑写了一封信,提出为皇帝建一支舰队,这支舰队没有风帆,却能在任何气候条件下进攻英国。他在信中写道,不必担心狂风暴雨，他用这种使用他的动力的舰船能将拿破仑的军队在数小时内运送到英国，并且，他准备递交他的计划。拿破仑嘲笑说：没有风帆的船？“嗤！你就带着你的幻想滚吧！”

萨克斯最后说，这位年轻发明家就是罗伯特·富尔顿(Robert Fulton)。罗斯福舒心地哈哈大笑；也许，他是因为萨克斯说这个故事而发笑。

萨克斯提醒总统仔细听：他现在必须告知的事情至少与汽船发明者给拿破仑的提议等同。罗斯福尚未作好听讲的准备，他随手写了一张小条子并且召来一名助手。没过多久助手拿着一样珍品进来，这是一瓶小心包装的拿破仑白兰地酒，罗斯福保存在家里好几年了。总统倒了两杯，将一杯递给他的客人，向他祝酒后坐回了原座。

萨克斯为罗斯福便于阅读爱因斯坦的信和齐拉的备忘录制作了一份文件。但是，他觉得将这些资料呈献给一位忙碌的总统很不合适。“我是一名经济学家，不是一名科学家，”他后来告诉朋友们，“但是，我原先与总统有深交，并且，齐拉和爱因斯坦一致认为我是制作一份相关的、精炼的对罗斯福先生来说易懂的科学资料的合适人选。没有哪个科学家能够使总统接受它。”因此，萨克斯准备了一份他自己版本的裂变故事，即爱因斯坦和齐拉写的信件的内容的综合和释义。尽管将那些原始资料留给了罗斯福，但是，他没有给总统大声朗读其中的任何一份材料。他没有朗读爱因斯坦的著名信件，而是朗读了他自己写的800字的概述，这就是呈献给美国首脑的第一份有关利用核能制造一种战争武器的可能性的权威报告。这份概述首先强调动力的产生，其次是辐射材料的医药用途，第三则是“具有前所未见的潜在的爆炸力和爆炸范围的炸弹”。它建议与比利时协商铀的供给问题，并且扩展和促进实验，但是，它也想象美国的企业或者私人基金将会乐意承担费用。结尾处，它建议罗斯福“任命一位个人和一个委员会作为联络者，”在科学家和行政部门之间进行联络。

萨克斯有意在裂变利用前景的第一条和第二条中列举了和平利用裂变的潜力。他后来说，为了强调对这一发现所持的“矛盾心态”，即它具体包含的“善良和罪恶的两极”，他在论述的末尾转向弗朗西斯·阿斯顿于1936年所作的题为“原子理论40年”的演讲，这篇演讲收录在1938年出版的一本论文集《现代科学的背景》里，萨克斯将它随身带到了白宫。在这篇演讲中，这位英国质谱学家嘲笑了“我们的史前祖先、更古老的类人猿”，他们“反对煮熟食物这一革新，并指出新的发明物——火的应用的严重危害性。”萨克斯给罗斯福朗读了演讲最后的整个段落，强调最后的几句：

> 我个人认为，亚原子能量无疑是能被我们所用的，并且，总有一天，某人会释放和控制它那几乎无穷的威力。我们不能阻止他这样做，只能希望他不要只把它用来炸飞他的隔壁邻居。

“亚历克斯，”罗斯福很快就明白了，他说，“你的目的是要看到纳粹没有将我们炸飞掉。”

“正是如此，”萨克斯说。

罗斯福将沃森召了进来。“这需要行动，”他告诉他的助手说。

沃森随后与萨克斯会面，并按常规采取了行动。他提议建立一个最初由标准局主任、一个陆军代表和一个海军代表组成的委员会。1901年根据国会法案建立的标准局是国家物理学实验室，承担着与国家利益和公共利益有关的科学和技术应用的职责。1939年它的主任是莱曼·布里格斯博士，他是在约翰·霍普金斯大学获得哲学博士学位的，是在政府部门工作达43年的科学家，他任这一职务是经赫伯特·胡佛提名并由罗斯福任命的。军事代表是陆军中校基思·亚当森（Keith F. Adamson）和海军中校吉尔伯特·胡佛（Gilbert C. Hoover），两位都是军火专家。

“别让亚历克斯不和我再见一次面就走。”罗斯福这样指示沃森。同一天傍晚，萨克斯与布里格斯见了面，向他作了简要介绍，提议他和他的委员会其他两名成员将物理学家们召集到一起从事裂变方面的研究工作。布里格斯表示赞同。萨克斯再次见到总统并且表示他对这一切很满意。这对罗斯福来说也是够好的反馈信息了。

布里格斯于10月21日星期六召开了有关铀的顾问委员会的第一次会议。萨克斯建议邀请那几个流亡者；为了平衡这几个流亡者进入带来的影响，布里格斯邀请了图夫，而图夫在时间上有冲突抽不出身来，所以让理查德·罗伯茨作为他的代表。费米仍然对他在海军方面受到的委屈耿耿于怀而拒绝参加，但愿意让特勒作为他的代言人。在约定的那一天，那个匈牙利“阴谋家”和萨克斯一起在卡尔顿旅馆用早餐，这个外埠人于昨晚到达这里。他们离开旅馆向商业部进发。当时，参加会议的有9人：布里格斯、布里格斯的一名助手、萨克斯、齐拉、维格纳、特勒、罗伯茨，还有陆军代表亚当森和海军代表胡佛。

齐拉以强调在铀–石墨实验系统中产生链式反应的可能性作为开场白。他说，这一系统是否会发挥作用依赖于碳的俘获截面，而我们对此了解得尚不充分。如果这个值较大，他们认为大规模的实验将会失败。如果这个值非常小，大规模实验将会显得非常有希望。而这个值的大小介于中间时，有必要通过大规模实验进行判定。他估计一颗铀弹的潜在破坏力为20000吨烈性炸药当量。他在萨克斯带给罗斯福的备忘录中写过，这样一颗炸弹将依赖于快中子，并且可能“太重以至于无法用飞机携带”。这表明他还在思考使天然铀爆炸，而不是分离出铀235。

亚当森公然表示轻蔑地插嘴。“在阿巴丁，”特勒回忆他当时讥讽地说，“我们把一头山羊用一根3米长的绳子拴在木桩上，我们设置了一项大奖，奖给任何一个能用一种死亡射线杀死这头山羊的人。还没有谁前来领取这一奖项。”至于20000吨烈性炸药当量，这位陆军官员说，有一次，当一个火药库爆炸时，他正站在这个火药库的外面，而这甚至没有将他击倒。

维格纳耐着性子，在齐拉之后讲话支持他的同胞的论点。

罗伯茨严肃地提出异议。他确信，齐拉对于链式反应的乐观态度是不成熟的，齐拉的有关用天然铀制造快中子武器的观念是错误的。就在一个月前罗伯茨和人合写过一篇对这一课题的评论。这篇评论赞同齐拉的如下观点：“还没有充分的数据明确表明，一座铀动力厂是否可能建成。”但是，它也评估天然铀的快中子裂变问题——因为地磁部开始对这一问题进行了评估——并且发现，因为快中子的共振俘获和大范围散射的缘故，“快中子产生维持（链式）反应的足够数量的裂变是很不可能的。”

这位地磁部的物理学家也指出，其他研究途径可能比在天然铀中产生一种慢中子链式反应更有前途。他的意思是对铀进行同位素分离。在弗吉尼亚大学，欧内斯特·劳伦斯昔日在耶鲁大学的同事杰西·比姆斯正在致力于高速离心分离机的研究工作，他正在那里开发这种设备。罗伯茨认为，这些问题的答案可能需要进行数年的工作才能揭晓，因而这种研究工作应该同时交给各所大学。

布里格斯大声地为他的委员会鼓劲。他极力主张，在欧洲处于战争期，对裂变的可能性的任何评估都必须包含比物理学更多的内容；它必须包括对国防发展的潜在影响。

正如齐拉在第二天告诉佩格拉姆的，他对萨克斯在会上“积极而热心的”参与态度感到“吃惊”。萨克斯支持布里格斯和这些匈牙利人。“这个问题太重要以至于不能再等待，”他回想起萨克斯当时的论点，“并且，重要的事情必定是有用的，因为，如果我们稍有闪失，我们就有被炸飞的危险。我们必须争分夺秒，我们必须抢在前头。”

然后，轮到了特勒。他用低沉的、有浓重地方口音的声音声明，他强烈地支持齐拉。不过，他也担负着作为费米和图夫的信使的任务，这两个人在纽约讨论过这些问题，并且取得了一些一致的意见。“我说，这方面需要一点点支持。尤其是我们需要获得一种合适的物质来减慢中子，因此，我们需要纯净的石墨，而纯净的石墨非常昂贵。”特勒还补充说，也需要支持杰西·比姆斯的离心分离机的研究工作。

“你们需要多少钱?”胡佛中校想要了解经费情况。

齐拉没有计划过申请经费，“政府为我们的这一目的划拨经费看来是几乎不可能的，”第二天他向佩格拉姆解释说，“因此，我避免在这方面提出任何建议。”但是，特勒迅速回答了胡佛，也许是替费米说话：“这一研究的头一年我们需要6000 美元，主要用于购买石墨。”(“我的朋友们责备我，因为原子能的伟大事业将只能用这一笔微薄的资金启动，”特勒后来回忆说，“他们至今都没有原谅我。”齐拉将会于 10 月 26 日写信给布里格斯说，对于大规模实验来说，仅仅石墨就需要至少 33000 美元。当时，他一定大吃一惊。)

亚当森预计他们会提出近乎洗劫国库的要求。“在这一点上，”齐拉说，“陆军代表作了一个激烈的长篇发言”：

亚当森告诉我们，相信我们可能通过创造一种新式武器来为国防做出重大贡献可谓天真之极。他说，如果一种新式武器创造出来了，那么，要让人们知道这种武器到底有没有优点，一般需要经过两次战争的检验。然后，他相当卖力地解释说，最终赢得战争的因素不是武器，而是军队的士气。他兴致勃勃地讲了好长时间，直到我们当中最有教养的维格纳突然打断他的话。（维格纳）用他的尖嗓音说，对他来说，听到这些真是非常有趣。他一直认为，武器是非常有用的，而且这是要花钱的，这也是军队需要如此多的拨款的原因。但是，他很有趣地听到有人说他弄错了：赢得战争的不是武器而是士气。如果这是对的，那么，也许人们应该对军队的预算采取不同的看法，也许可以削减这种预算。

"好了，好了，"亚当森接过话头说，"同意给你们拨款。"

铀委员会于11月1日形成了一个给总统的报告。它只局限于强调探究"作为潜艇的一种持续能源"的受控链式反应。此外它解释说，"如果这种反应被证明其性质是爆炸性的，那么，它将会提供一种具有比目前已知的任何炸弹大得多的破坏力的炸弹的可能资源。"铀委员会建议"为彻底调查提供充分支持"。最初，政府答应可以提供4吨纯石墨（这将使费米和齐拉得以测量碳的俘获截面）。并且，如果实验成功，就再提供50吨氧化铀。

布里格斯于11月17日从沃森"老爸"那里打听消息。沃森写道，总统读了这份报告，并且想要将它存档。这份报告便保存在档案里，默默地、静静地躺在那儿进入1940年。

甚至在齐拉和费米的研究工作停滞不前时，在美国其他许多实验室，裂变的研究工作仍在继续进行。比如，明尼苏达大学的阿尔弗雷德·尼尔，在费米10月下旬给他的信件的促动下，终于开始准备用他的质谱仪分离足够的铀 235 和铀 238，从实验上确定究竟是哪一种同位素对应于慢中子裂变。但是，对于美国政府内外的科学家和管理人员来说，铀弹似乎充其量只具有一种极小的可能性。而且不管他们的同情心有多强，这场战争终究是一场欧洲战争。

第十一章
截　面

奥托·弗里施回忆说，战前的日子里，他在汉堡常常与奥托·斯特恩一起，白天进行实验，然后深入地思考物理学问题直到深夜。“我准时回家，”弗里施曾经告诉一名来访者说，“7 点钟吃过晚饭，晚饭后有 1 刻钟时间打盹，然后惬意地坐下来在台灯下拿着一张纸工作到大约夜间 1 点钟——直到我开始产生幻觉……我仿佛看到满屋子奇怪的动物，然后我想，‘哦，好了，该睡觉了。’”这位年轻的奥地利人入睡前的幻觉是“不良感觉”，但是在别的方面“它却是一种完美的生活，一种我以前从没有过的愉快的生活——每晚集中精力进行 5 个小时的工作”。

与此相反，1939 年整个春天，在他进行早期的裂变实验后，弗里施发现他自己“处于一种完全忧郁的状态。我感觉到战争正在降临。进行研究有什么用？我简直不能振作精神。我处于非常糟糕的状态和感觉中，‘我现在开始的研究工作没有一件有好处。’”正像他的姨妈莉泽·迈特纳在斯德哥尔摩为她自己的孤独担忧一样，弗里施在哥本哈根为他自己的脆弱而担忧；当英国同行们前来访问时，他意兴阑珊地参与他们的活动：

> 当布莱克特和奥利芬特来到哥本哈根时，我首先向布莱克特讲然后向奥利芬特讲，我有一种恐惧感，丹麦不久将会受到希特勒的蹂躏。如果是这样，我将可能及时

去英国。因为我宁愿为英国工作，而不愿无所事事，也不愿被用这样或那样的方式强迫去为希特勒干活或者被送往集中营。

马克·奥利芬特领导着伯明翰大学物理系。他不想发起某个复杂的活动，而只是在那年夏天简单地邀请弗里施来他这里探讨问题。“所以，我整理了两只小手提箱，先乘船，再乘火车，正像一名游客。”战争把他逼到安全的英国内地，但是，他随身带的财产只有两只小手提箱和其中的物件，而没有更多的东西。他在哥本哈根的朋友不得不保管好他的财产，并且准备取回他刚定购的钢琴。

奥利芬特给他安排了一份辅助讲师的工作。因为有了这一相对而言的保障，他开始重新思考物理学。裂变仍然引起他的兴趣。他缺少直接研究所需要的中子源。但是，他紧随玻尔的理论工作：玻尔在 2 月份提出的铀 235 和铀 238 的裂变特性之间的差异；这是在 9 月发表的玻尔－惠勒的重要论文上的内容，此时，德国对波兰的入侵引发了世界大战，他有“一种高度严肃紧张的情绪”。他不知道玻尔认为铀 235 是对应于慢中子裂变的同位素是否正确。他构思了一种方法来进行验证：通过准备“一块两种同位素的比例可以改变的铀样品”进行实验。这意味着至少要在一定程度上分离同位素，正如费米和邓宁为了同样的目的敦促尼尔所做的那样。弗里施研读了各种方法。他判定最简单的是气体热扩散方法，这是由德国物理化学家克劳斯·克鲁修斯（Klaus Clusius）开发出的一种技术。这种设备，只需要一根竖立的长管子，把一根加热棒从顶端一直插到管子的中心位置。将想要分离的气态物质充满管子，再用流水冷却管壁，“富含较轻同位素的物质就会堆积在顶端附近……而较重的同位素会倾向于堆积在管子的底部。”

弗里施着手组装克鲁修斯管。进展较慢。他打算制成玻璃管，但是，实验室的吹玻璃工要优先完成奥利芬特的战争秘密工作，弗里施作为一名来自敌对国的侨民，按规定是不能知晓这种秘密工作的。奥利芬特的两名物理学家职员，詹姆斯·兰德尔（James Randall）和布特（H. A. H. Boot），事实上正在研究开发空腔磁控管，这是一种电子管，能够为地面雷达和飞机上携带的雷达产生高强度的微波辐射——C·P·斯诺评价说，它是“在希特勒战争期间最有价值的英国科学创新”。

同时，英国化学协会要求弗里施写一篇有关原子核物理学的实验进展的总评作为它的年度报告。“我白天在自己的卧室里借助整天燃烧的煤气取暖器对付着写这篇论文，室内温度升到了摄氏五六度……而到夜间，我床头的杯子里的水结上了冰。”他穿上自己的冬季外套，将打字机放在自己的膝上并且将椅子拉近火炉。“火炉里辐射出的温暖刺激了向我大脑的血液输送，我如期完成了这篇论文。”

弗里施的总评文章只是提及链式反应的可能性，并不真把它当成一回事。他以玻尔的论点为基础得出结论，玻尔的论点是，天然铀中的铀238将会散射快中子，从而减慢它们使之达到俘获共振能量；他认为，少数逃脱俘获的中子在铀235含量极少的情况下不足以启动一种慢中子链式反应。弗里施指出，无论如何，慢中子决不可能产生比普通爆炸更为强烈的爆炸；它们要用太长时间才能减慢速度并且碰到一个原子核。正如他后来所解释的：

> 这一过程将要花费1毫秒（也就是千分之一秒）的相当大数量级的时间，而进行整个链式反应将会花费数

毫秒的时间；物质一旦加热到足以蒸发时，它将开始膨胀，反应将停止下来而不再继续进行。所以，这些物质可能像一堆火药一样爆炸而不会更加剧烈，因而，它不值得担心。

不久，弗里施从纳粹德国那里发现，他的与剧烈爆炸的链式反应相反的论点再一次得到肯定。它被不亚于尼尔斯·玻尔这样的理论物理学家的研究工作所支持。他满意地将文章发表了。

这一观点此前就显露了，最著名的是议员温斯顿·丘吉尔于1939年8月5日致英国航空部长的一封信。丘吉尔考虑到希特勒可能利用一种新式秘密武器来讹诈内维尔·张伯伦，他从弗雷德里克·林德曼那里得到一份简报，并且写信告诫内阁至少“在数年内”不要害怕“新的巨大破坏力的爆炸武器”。这位著名的议员基于对尼尔斯·玻尔的认同而强调，最卓越的权威们相信，“在这些过程中只有铀的很少的成分在有效地起作用。”为了产生大规模的效果，这种起作用的成分需要在实验室中提取。“只有当浓缩出很大质量的铀，链式反应才有可能产生，”丘吉尔稍微有些糊弄地继续写道，“这些能量一经发展，在任何真正剧烈的效应产生之前，它将以一种温和的方式爆炸。但它不太可能产生任何更为危险的后果。”他乐观地下结论说：“邪恶的暗示会降临人世，恐怖的谣言会不停流传，但是，我们希望没有人会被它们蒙骗。”

弗里施那年在伯明翰与一位移民过来的同事交上了朋友，这个人就是理论物理学家鲁道夫·派尔斯。派尔斯是一名事业上顺利的柏林人，瘦长个子，一张稚气的脸，一副暴牙，有着严谨的数学头脑。派尔斯出生于1907年，于1933年以洛克菲勒研究员的身份来到伦敦剑桥大学工作。由于纳粹对德国大学进行了清洗，他选择留在英国。他将在1940年2月加入英国国籍而成为一名英国公民，但是，严格说来，在此之前他一直都是一名敌国侨民。当奥利芬特不时向他请教对微波雷达来说是很重要的共振腔的数学问题时，两人都装得像是在讨论一个纯学术问题。

派尔斯已经对裂变的可能爆炸效果的研究作出了重要的贡献。上一年5月份，弗雷德里克·约里奥在巴黎的一个同事，弗朗西斯·佩林（Francis Perrin），发表了一篇有关计算铀的临界质量的一个一级近似公式的论文，铀的临界质量就是维持一个链式反应所需要的铀的总量。一块小于临界质量的铀是稳定的，而一块具有临界尺度的铀一聚集在一起就会自发爆炸。

临界质量的可能存在是基于这样一个事实，球的表面积随半径的增加要比球的体积随半径的增加慢得多（接近于r^2比r^3）。在某个特定的体积上——这个体积依赖于物质的密度以及散射、俘获和裂变截面——碰到原子核并产生裂变的中子数应该比从表面逸出的中子数更多，这样一个体积便对应临界质量。通过估计出天然铀的这几个截面，佩林提出它的临界质量为44吨。包在铀周围的铁的或铅的反射层能够将中子反弹回来，这可以降低要求，佩林计算出在有反射层的情况下临界质量只有13吨。

派尔斯立即看到，他能够对佩林的公式进行深化。他在一篇理论论文中就这样做了，这篇论文是他于1939年5月到6月上旬作出的，并由剑桥哲学学会发表在它的《学报》的10月那期上。因为基于慢中子裂变的临界质量公式在数学上很复杂，需要将减速剂的特性考虑进去，所以，派尔斯提出考虑“一种简化的情况”：由未减慢的快中子引起的裂变。在公式中代入天然铀的裂变截面——基本上就是铀238的裂变截面，得到临界质量，派尔斯指出，“是数吨的数量级。”作为一种武器，这种尺度的物体太笨重以至于无法让人接受。“当然没有可能将这样一种庞然大物装进任何飞机里，这篇论文看来也就没有实际意义。”派尔斯虽知道英国和美国都关心这方面的保密工作，但在这种情况下，他认为没有理由不发表论文。

11 月底，苏联乘机入侵芬兰。在欧洲的其余国家流行一种古怪的回避态度，爱达荷州的孤立主义参议员威廉·鲍拉（William Borah）将它贴上了“假战争”的标签。派尔斯全家搬进了一所较大的房子里；新年伊始，他家慷慨地邀请弗里施和他们住在一起。吉尼亚·派尔斯是一名俄罗斯女人，她一把拉住这位单身的奥地利人。她“操持家务，”弗里施写道，“十分在行，令人愉快，她响亮地说着曼彻斯特话，并且带着俄罗斯人完全忽视定冠词的习惯。她教我每天刮胡子，教我在她刚将盘子洗净时就将盘子弄干，说这是以后经常会用到的一种技能。”在派尔斯家里的生活是舒心的，但是，弗里施在不祥的黑暗中走回家，夜色太浓，有时他会被路边的长椅绊倒，并且只能凭行人帽沿缎带上发光卡的光亮来辨别行人。这提醒了他对德国轰炸的持续恐惧，这时，他会对他确信的化学协会的评论产生怀疑：“我写过的东西真的是正确的吗？”

1940 年 2 月的某个时候，他再次推敲。铀的爆炸性的链式反应总共有 4 种可能的机制：

（1）铀 238 的慢中子裂变；

（2）铀 238 的快中子裂变；

（3）铀 235 的慢中子裂变；

（4）铀 235 的快中子裂变。

玻尔合理地将铀 238 和钍作为一方面，而将铀 235 作为另一方面来考虑它们之间的差异，由此对以上 4 种可能情况进行排除分析,情形(1):铀238不能由慢中子引起裂变。情形(2):因为散射和铀238的俘获共振的寄生效应,这种情形不会有效。情形(3):可能适用于动力的产生,但作为一种实战武器它太缓慢。但是情形(4)又怎样呢?显然,在此之前,英国、法国或者美国没有人完全以这种方式提到过这一问题。

弗里施现在瞥见了通向深处的一条通道,他能做到这一点,是因为他仔细考虑过同位素分离,并且确定了它能够借助于甚至像铀235这样难以获得的同位素来完成。因此,他准备考虑没有混杂铀238的纯物质的状态,而玻尔、费米、甚至齐拉都尚未这样做过。"我想知道——假设我的克鲁修斯分离管正常运作——如果有人能用许多这样的管子生产出足够多的铀235而使得真正的爆炸性链式反应成为可能,而它又不依赖于慢中子,那么,这样的同位素需要多少呢?"

他将这一问题提出来和派尔斯一同探讨。派尔斯研究出了他的临界质量公式。在这种情况下,需要知道铀235的快中子裂变截面,这是一个无人知道的数字,因为还没有人分离出这种稀少的同位素的足够的量来从实验上确定它的截面,而这是能够可靠地知道这一数字的唯一途径。然而,派尔斯说:"我们读过玻尔和惠勒的论文并且理解了它,它似乎使我们确信,在中子的情况下,在铀235中截面是由裂变支配的。"派尔斯能简要地讲出结论:"只要一个中子碰撞到(铀235)原子核,就必然会发生某些事情。"

因此,这个结论使得截面变得直观明显:表示中子撞击铀核的概率与我们熟悉的截面,即说到底与几何截面——10^{-23}平方厘米——是大体相同的,比先前给天然铀估算的10^{-24}大小的裂变截面大整整一个数量级。

"像是一种游戏,"弗里施写道,他将10^{-23}平方厘米代入到派尔斯的公式中。"使我大为惊奇的是,"这个结果"比我期待的值小很多;它不是数吨的物质,而是不到1千克"。对于像铀这样的重金属,其体积比一只高尔夫球还要小。

不过,这几百克物质是会爆炸还是仅嘶嘶响一阵就作罢呢?派尔斯不费力地作出了一个估计。链式反应必须比加热金属球造成的汽化和膨胀要快。派尔斯通过计算中子的代与代之间的时间,得出链式反应时间为 $1\times2\times4\times8\times16\times32\times64$ 乘积的倒数,大约为百万分之四秒,比弗里施估计过的慢中子裂变所用的千分之几秒的时间要快很多。

那么,爆炸会带来多大的破坏力呢?大约8代中子,能够赶在爆炸膨胀将铀235的原子分离得足够远而使链式反应停止下来之前,按预期的数量倍增,而经历的时间仍然总共为百万分之几秒,产生的温度和太阳内部温度相当,压力比铁在其中以液态流动的地球中心的压力还高。"我计算出这样一种原子核爆炸将会带来的后果,"派尔斯说,"我和弗里施都被这些计算结果所震惊。"

最后,实际问题是:能够从铀238中分离出哪怕是几千克铀235吗?弗里施写道:

> 我已经借助于克鲁修斯公式证明了我的分离系统的可能效率,并且,我们得出结论,借助于像由上万只类似的分离管组成的装置,人们可能在一段适当长的时间(大约为数周)里生产出500克纯度合适的铀235。对此,我们面面相觑,认识到原子弹终究可能被制造出来。

"建一个这样的工厂所需的费用,"弗里施补充自己的观点说,"与这场战争需要投入的费用相比就微不足道了。"

"喂,不应该让某些人了解这一切吗?"弗里施随后问派尔斯。他们赶紧将他们的计算告诉马克·奥利芬特。"他们说服了我。”奥利芬特证实说。他让他们将全部内容都写出来。

他们简明地将这一内容写成两部分，一部分打印成3页，另一部分更为简短。派尔斯回忆说，他们一说起它就感到紧张(此时是3月份，严寒已向温暖的天气转变)：

> 我记得我正在写我们的备忘录……，我们聚集在一楼的物理实验室我的房间里；这是一个晴朗的日子，窗户开着……。当我们正在讨论措词时，一张面孔突然出现在开着的窗前。我们有点受惊！原来，正好在窗户(它是朝南的)下面人们栽种了一些西红柿，有人正弯腰照料这些西红柿秧苗。

这两个部分的第一部分，他们将标题定为“论一种基于铀核链式反应的‘超级炸弹’的构造”。他们写道，它试图“指出和讨论在……早期的讨论中似乎被忽视的一种可能性。”他们继续探讨他们先前一起在私下里探讨过的同样的话题，说明“一枚5千克的炸弹释放的能量将等价于数千吨普通炸药释放的能量。”他们描述了装备这种武器的一种简单的机制：将铀的球块分成两半，“想要产生爆炸时就首先将这两个半球组合到一起。一旦组合起来，炸弹将会在1秒钟或更短时间内爆炸。”他们认为，可以用一些弹簧将这两块小的半球拉到一起。这种组合必须迅速进行，不然，链式反应会过早开始从而只是毁坏炸弹。爆炸的一种副产品——他们认为，它的大约百分之二十的能量——将会是放射性的辐射，等价于“100吨镭”产生的辐射，这将“甚至在爆炸发生很长时间后仍然对生物体是致命的”。“几乎不可能有”有效防护这种武器的方法。

第二部分报告，题为"关于放射性'超级炸弹'的特性的备忘录"，是一篇技术含量较少的文件，显然是为非科学家准备的一份替代性读物。这份研究报告探究在设计和生产的技术问题之外的拥有和使用的战略性问题，它同时设法做到了既维护了自己的清白又具有非凡的预见力：

> 1. 作为一种武器，超级炸弹的威力事实上是不可抵挡的。无法指望有什么材料或者设备能够阻挡得了这种爆炸的威力……
>
> 2. 因为放射性物质随风扩散，使用这种炸弹不可能做到不杀死大量的平民，这可能使得它不适合作为一种武器被某个国家使用……
>
> 3. ……可以设想，事实上，德国正在开发这种武器……
>
> 4. 如果人们再设想德国已经或者将会掌握这种武器，那么一定会认识到，不会存在任何可供掩蔽的、有效的和可大规模使用的避难所。最有效的回击就是用相同的武器针锋相对地给予威胁。

因而，在1940年的头几个月里，两位有才智的研究者已经清醒地认识到，原子核武器将会是一种大规模破坏性武器，针对这一点，唯一显而易见的防御将是彼此拥有这种武器造成的威慑效果。

弗里施和派尔斯完成了他们的两份报告并交给了奥利芬特。他对这两个人进行了详细的盘问，将他们的备忘录附加一封加封的信件（"我在一定的程度上详细考虑过这些提议，并且与作者们作了重要的讨论，因为这一结果，我相信整个事情必须被相当严肃地对待，哪怕只是确信目前另一方还没有从事这种炸弹的制造"），并且将信件和所有这些文件送交亨利·托马斯·蒂泽德(Henry Thomas Tizard)。蒂泽德是一个牛津人,是一位训练有素的化学家,也是英国雷达研究开发的幕后推动人,同时是防空科学研究委员会的非军方主席。防空科学研究委员会通常被人们称为蒂泽德委员会,这是英国当时有关将科学应用于战争的最重要的委员会。

奥托·弗里施在战后许多年写他在认识到一种炸弹终究可能制造出来而他和派尔斯还没有将这一消息告诉马克·奥利芬特时的心情:"我常常问自己,我为什么不能在当时当地放弃这一项目,不向任何人说起这些事情?为什么要启动这样一个项目?这一项目一旦成功启动,将会最终制造出一种无比猛烈的武器,这种武器是一种世界上从未见过的大规模破坏性武器。答案非常简单,我们正在进行战争,有种想法相当明显:很有可能某些德国科学家有了相同的想法并且已经开始实施。"

无论交战国一方的科学家们在考虑什么,交战国另一方的科学家们可能也在考虑同一问题,并且相互保密。1939年年初和1940年年初,核武器竞赛开始了。相关人员恰当地和可理解地恐惧危险的敌人,他们看到自己的想法经过恶毒歪曲后反射到自己身上:以友好方式看是防御的想法,而用另外的方式看就是侵略的了。但其实它们都是相同的想法。

沃纳·海森伯将他深思熟虑的结论于1939年12月6日发送给了德国战争办公室,此时,费米和齐拉在等待布里格斯的铀委员会划拨给他们用作石墨研究的6000美元,而弗里施在准备他的悲观的化学协会总评。海森伯认为,如果能够找到一种合适的减速剂,那么,甚至用普通铀产生的裂变也能引起能量的产生。水不是合适的减速剂,但是"重水(或者)很纯净的石墨会是合适的减速剂,另一方面,目前有足够的证据表明,"海森伯写道,建造一个反应堆最可靠的方法,"将是浓缩铀235同位素。浓缩的程度越高，反应堆就能建得越小。”浓缩，就是增大铀235相对于铀238的比例，这也是“产生比迄今所知道的最强烈的爆炸还要强几个数量级的爆炸的唯一方法。”（这一段话表明海森伯甚至在弗里施和派尔斯之前就认识到了快中子裂变的可能性。）

在同一时期，保罗·哈特克在汉堡正在制作一个克鲁修斯分离管；12月份，他测试它，成功地分离了重气体氙的同位素。他于圣诞节去慕尼黑与慕尼黑大学的物理化学教授克鲁修斯讨论对这一设计的改进。奥尔公司，拥有一批钍问题专家，是汽灯罩和放射性牙膏的提供商，从约瑟姆斯塔尔矿石中加工出第一吨纯氧化铀，于1940年1月送交战争办公室。德国的铀研究蓬勃发展。

获得一种合适的减速剂看上去较为困难。德国科学家倾向于使用重水，但是，德国没有自己的萃取工厂。哈特克在年初计算出，每生产1吨重水，一台烧煤的装置将要消耗100000吨煤，而在战时这是不可能做到的。世界上唯一的大量重水的来源是位于维莫尔克的建在大瀑布旁460米高的峻峭的花岗岩断崖中的电化学工厂，维莫尔克在尤坎附近，位于挪威南部的奥斯陆以西145公里处。诺斯克水力发电厂重水车间生产的这种稀有液体，是为生产合成氨而电解氢时的副产品。

法本公司是由拜尔的卡尔杜伊斯堡于20世纪20年代组成的德国化学卡特尔，在诺斯克水力发电厂拥有股份；法本公司了解到战争办公室的需要，就与挪威人接触试图购买现有的所有重水，大约为230升，价值120000美元，并且以每月至少140升的量定购更多的重水。诺斯克水电站当时每月生产的重水不到14升，在战前的年月里足以供应小的物理实验室市场。它想了解德国为什么需要如此大的量。法本公司选择了沉默。2 月份，这家挪威公司既拒绝出售它现有的库存，也拒绝增加重水产量。

重水也给法国研究小组留下了印象，约里奥已将情况反映给了法国军需部长拉乌尔·多特里(Raoul Dautry)。当多特里听到德国投标诺斯克水电站的重水供给时，他决定为法国赢得这种水。一家法国银行——低地巴黎银行——在这家挪威公司控制了多数股权，并且，一个前任的银行高级职员，名叫雅克·阿利耶(Jacques Allier)，此时是多特里的军需部的一名中尉。多特里于 2 月 20 日在约里奥在场的情况下向秃头、带眼镜的阿利耶作了简要的交待：部长想要中尉带领一支法国特别行动代理小组到挪威获取重水。

3 月初，阿利耶化名潜入奥斯陆，并且与诺斯克水电站的总经理见了面。这位法国官员准备支付达 150 万克朗购买重水并且甚至给德国人留下一半，但是，这位挪威人一经听到这种物质可能有什么军事用途，便自愿提供全部库存并且谢绝报偿。这些重水被分装成 26 罐，随后立即在半夜趁黑用小车拉着离开了维莫尔克。阿利耶的特别行动小组从奥斯陆将它分两批空运爱丁堡——德国歼击机对一架诱饵飞机迫降进行检查，阿利耶在第一批装载时假装把重水装上了那架飞机——然后通过火车和海峡轮渡将它运往巴黎，而约里奥在整个冬季和春季的“假战争”期间在巴黎用它进行均相和多相两种情况下的氧化铀实验。

在此期间，苏联的原子核研究只限于精巧的实验室工作。物理学家伊戈夫·库尔恰托夫(Igor Kurchatov)的两名合作者于 1940 年 6 月向《物理评论》报道说，他们在铀中观察到了罕见的自发裂变。“这一发现的发表在美国完全没有引起反响，”美国物理学家赫伯特·约克(Herbert F. York)写道，“这一点是使俄国人相信美国一定在进行一个很大的秘密工程的因素之一。"此时它尚不够大,但它已经开始成为秘密。

日本首先是在军队里开始朝原子弹方向的研究。日本皇军飞行技术研究学院的主任安田武夫是一名陆军中将,也是一名活跃的电气工程师,他尽责地追踪与他的研究领域相关的国际科学文献;在1938年和1939年间,他在阅读过程中,注意并追踪了原子核裂变的发现。1940年4月,因为预见到裂变的可能后果,他命令一个受过科学训练的助手铃木辰三郎中校准备一篇全面的报告。铃木满腔热情地着手工作。

尼尔斯·玻尔于1939年5月初从普林斯顿返回哥本哈根,全神贯注于正在聚集的欧洲大灾难。他的朋友力劝他将家人送到美国并一起在那儿留下来。他没能被说服。仍然在逃离德国和现在正逃离中欧的难民需要他,他的研究所需要他,丹麦需要他。希特勒提议用互不侵犯条约来达成斯堪的纳维亚地区各国家的中立的妥协。只有实用主义的丹麦接受了这项提议,而丹麦人完全明白这种条约没有价值并且有损国家形象,但是不愿因为争纸上的胜利而引起入侵。到了秋季,当约翰·惠勒在这一危难时期为玻尔的一个儿子在普林斯顿提供了一个庇护所的时候,玻尔接受了这份关照以备未来之需。"我们意识到一场大灾难随时都可能降临。"他在波兰危机中这样写道。

1940年4月大灾难降临丹麦,引起剧烈的震撼。玻尔正在挪威作演说。英国已经声明他们要在挪威沿海各水域上埋水雷,以防止挪威的铁矿石运往纳粹德国。在玻尔做巡回演说的最后那天,即4月8日傍晚,他和挪威国王哈康七世(Haakon VII)共进晚宴,发现国王和政府都处于遭受德国进攻这样一个前景的阴影之下。晚宴后,他登上了去哥本哈根的夜班火车。一艘火车轮渡于晚间跨过厄勒海峡将火车厢摆渡到达赫尔辛格,而此时乘客们都已入梦乡。丹麦警察捶打着火车厢门叫醒他们，并告诉他们一个消息：德国不仅入侵了挪威而且也入侵了丹麦。一支2000人的德国军队隐藏在停泊于长堤码头附近的运煤货船里，这个码头就是安徒生笔下小美人鱼所在的那个哥本哈根码头，这些货船于凌晨咆哮着驶向岸边，这样一个意外的情景使得骑自行车回家的夜班工人以为是在开拍一场电影。一支德国主力部队向北通过德国的石勒苏益格－荷尔斯泰因州（简称石荷州）也向丹麦半岛进发了，在黎明前跨过了边界。带有黑十字标志的德国飞机占据了空中优势。德国军舰控制了瑞典和丹麦之间的卡特加特海峡和丹麦与挪威南部之间通向北海的斯卡格拉克海峡。

挪威人奋起反击，他们的国王、宫庭和国会决定流亡海外。而丹麦人，在他们的装甲车队可以辗过的平原上，却没有那样做。凌晨，哥本哈根的街道响起了枪声，但是，国王克里斯蒂安十世（Christian X）下令立即停火，停火令于上午6点25分生效。此时，玻尔乘坐的火车正好到达首都，这座被丘吉尔称为“这个残酷的战利品”的城市保全下来了，街道上散落着绿色的投降传单，国王准备接待德军司令。丹麦抵抗力量将热忱而有效地进行斗争，但它将很少采取与纳粹德国的国防军正面作战这样的自杀方式。

美国大使馆迅速传过话来，它能够保证将玻尔安全地护送到美国。玻尔再次选择了道义和职责。他当即关心的就是烧毁那些帮助过数百名移民逃亡的难民委员会的文件。“这就是尼尔斯·玻尔的个性，”他的合作者斯忒藩·罗森塔尔写道，“他所做的首要的事情之一是与各大学的校长和丹麦其他的权威接触以保护他的研究所的那些职员们，预计这些人可能会遭到迫害。”这些人中首先是那些波兰人，不过，玻尔还找到政府领导们要求一致抵制德国在丹麦制订任何反犹主义法令的企图。

在沦陷的日子里,他甚至为马克斯·冯·劳厄和詹姆斯·弗兰克交给他保管的诺贝尔奖大金质奖章担心。在德国,输出黄金是一种严重的犯罪行为,而劳厄和弗兰克的名字镌刻在了这些奖牌上。乔治·德海韦西想出了一个有效的解决办法——确切地说就是:他将这些奖牌分别溶解在酸里。它们被化为黑色液体装在没有标记的罐子里放在实验室的架子上,一直神不知鬼不觉地搁置到战争结束。然后,诺贝尔基金会重新铸造它们并将它们归还给它们的所有者。

诺斯克水电站是德军一个重要的目标,在尤坎附近发生了激烈的战斗,战斗持续到5月3日,这座挪威南部的最后一座城镇沦陷了。然后,一个强制管理部门向保罗·哈特克报告说,它的重水设施——维莫尔克高浓缩工厂——能够扩大规模以增加这种理想的中子减速剂的产量,使其达到每年1.5吨。

"我所需要的,"亨利·蒂泽德研读过弗里施-派尔斯的备忘录后写信给马克·奥利芬特说,"是建立一个相当小的委员会,它能够及时地建议该做什么事情,应该让谁去做,以及应该在什么地方去做。我提议,你、汤姆孙,以及我说的布莱克特,将足以组成这样一个委员会的核心。"汤姆孙是指G·P·汤姆孙,他是J·J·汤姆孙的儿子,也是国王学院的物理学家,上一年他定购了1吨氧化铀进行研究,并且羞于提起那个荒谬的结论。在许多次中子轰击实验后,他曾得出结论说,不太可能在天然铀中产生链式反应,因而这个战事项目是不切实际的。蒂泽德本来就持怀疑态度,现在汤姆孙的结论支持了他的这种怀疑态度,他任命汤姆孙为这个小委员会的主席;詹姆斯·查德威克此时在利物浦,他的助手穆恩和卢瑟福的一名学生约翰·道格拉斯·考克饶夫(John Douglas Cockcroft)被增加进了委员会名单。布莱克特尽管后来加入了委员会，但他忙于其他战争工作。这个小组首次于4月10日在伯灵顿宫的皇家学会总部开了个非正式的会议。

这次会议讨论了弗里施－派尔斯的研究工作，并且也同样多地听取了一名来访者的意见，这名来访者就是无处不在的雅克·阿利耶，他从属于巴黎银行和法国军需部。阿利耶警告英国物理学家们说，德国对重水生产感兴趣，他并且愿为英国和法国之间的原子核研究的合作投标出资。随后，汤姆孙在他一直在做的笔记中记录道，他们在考虑“分离同位素的可能性……并且认为用六氟化铀（一种气态的铀化合物）做小规模实验进行验证其前景看好。”他们很谨慎地提出要提醒弗里施避免“这些消息的任何可能的泄露，因为德国人表现出了这方面的兴趣”。他们乐于告诉他，他的备忘录正在被考虑，但是没有提供细节。（派尔斯的名字似乎尚未给汤姆孙留下印象，而蒂泽德显然在他的文件中保留了第二份弗里施－派尔斯备忘录。）“我们带着疑惑多于相信的心情开始从事这一项目，”委员会后来报告说，“尽管我们觉得这是一个必须深入研究的问题。”汤姆孙的笔记中明显反映出怀疑主义态度。至于蒂泽德，他写信给林德曼的兄弟查尔斯——英国驻巴黎大使馆的一名科学顾问说，他认为，这位法国人关于德国原子核研究的危险的担心纯属“杞人忧天”。“我仍然……认为，具有任何实际军事意义的可能性是非常小的，”他在同一周写给英国战争内阁成员的一份意见中作出了这样的估计。

这可能和布里格斯的铀委员会开过的第一次会议一样，是一个前途渺茫的开端，但是，汤姆孙的委员会的成员们是积极而有能力的物理学家，而不是军火专家，并且尽管他们最初持有怀疑主义态度，但他们懂得弗里施和派尔斯所使用的数据的出处以及这些数据的可能含义。在4月24日的第二次会议上,汤姆孙简洁地记录下这样一段内容:“弗里施博士作了一些解释,表明制造铀弹是切实可行的。”许多年后,奥利芬特回忆起一个更为广泛的反响:“委员会普遍对这一可能性感到震惊。”查德威克的有益的意见帮了忙。当他看到弗里施-派尔斯的备忘录时,他恰好开始用他的新的利物浦回旋加速器独自探究快中子裂变,这在英国是第一次。在4月24日的会议上他对这两位移民的研究工作作出了令人懊恼的肯定:他“感到局促不安,”奥利芬特说,“承认他得到了相同的结论,但是,在用实验对中子的截面作出更多的了解之前,感到无法验证报告中的内容的正确性。派尔斯和弗里施使用过计算值,可是,这一确切的证据引导委员会对……分离技术的研究开发给予极大的关注。”

查德威克同意承担必要的研究工作。在接下来的几周里,弗里施和派尔斯被排除在他们自己揭开的这一秘密之外,直到他们的抗议通过奥利芬特汇报给汤姆孙。但是,朝向用链式反应的铀制造炸弹的研究工作此时正式开始了,并且,它驶上了快车道。

齐拉有些烦燥。第一次铀委员会会议后的几个月成为“我生命中最奇怪的时期。”没人给他打电话,“我从华盛顿方面根本听不到什么……我曾设想,一旦我们论证了在铀的裂变过程中会放出中子,那么要引起人们的兴趣不会是难事,但是我错了。”铀委员会在11月1日形成的报告事实上被冷落地放在罗斯福的文件堆中,1940年2月初沃森终于决定自己重新将它提出来。他问莱曼·布里格斯是否要补充点什么。最后,布里格斯汇报说已经把给费米用于研究石墨中中子吸收的6000美元交付了。这是“一项至关重要的事业,”布里格斯说,他推测它将决定“这项事业是否会有一种实际应用。”他建议等待结果。

一种与布里格斯收效甚微的方法不同的方法激发了齐拉的新的积极性。他花了一个冬天进行彻底的理论研究:“在铀和碳组成的实验系统中的发散链式反应”——在这种情况下,发散的意思是指这种链式反应一旦开始便持续不断地倍增(这是这份文献的第一个脚注,编号为0,引自“威尔斯1913年所著的《世界解放》一书”)。新年伊始,约里奥的研究小组报道了一种水-铀实验,齐拉说,它“似乎更像是链式反应,如果我们用石墨代替水对这个实验系统稍作改进,依我看来,我们就能越过这一困难阶段”。他安排了一次午餐与费米一起讨论法国人的论文。“我问他,‘你读过约里奥的论文吗?’他说他读过了。我问他,‘你认为它怎么样?’费米说,‘没怎么想。’”齐拉发怒了。“到这个份上,我看不出还有继续交谈的理由,于是回家了。”

他再次去普林斯顿拜访爱因斯坦。他们讨论过后写了另一封信,爱因斯坦签上名后将它寄给了萨克斯。它强调指出德国在威廉皇帝研究所进行的秘密的铀研究,他们已经从物理化学家彼得·德拜那里了解了这些事情。德拜是1936年度诺贝尔化学奖得主,是达勒姆的物理研究所的主任,最近表面上是来度假实则是被驱逐来到美国,其原因是他拒绝放弃荷兰国籍加入纳粹德国。萨克斯将爱因斯坦的信转发给了沃森“老爸”再转交给罗斯福。但沃森认为先与铀委员会商量较为明智。亚当森作出了反应,他附和布里格斯意见:一切都取决于哥伦比亚大学的石墨测试结果。沃森建议等待正式的报告。萨克斯可能进行过反驳;罗斯福于4月5日写信给这位紧盯不放的经济学家强调说,布里格斯的委员会是“继续进行这种研究的最实际的措施”,并且建议召开另一次萨克斯可以参加的委员会会议。布里格斯尽责地将这次会议安排在4月27日星期六下午。

与此同时,另一发展异军突起。明尼苏达大学的阿尔弗雷德·尼尔在费米再次写信催促他后,着手准备分离出相当数量的铀235和铀238样品。约翰·邓宁送给他六氟化铀,这是一种高腐蚀性的化合物,在室温下是一种白色固体,但在加热到摄氏60度时就挥发成气体。“我在1939年年底用这些材料进行了两个月的研究,”尼尔回忆说。很不幸,这种气体太容易挥发;尽管他的真空泵卖力地清除它,但它还是弥漫于质谱仪90厘米长的玻璃管中,污染了集电极板:

> 最后我说,“这没法做。”1940年2月份,花了大约10天时间造出一台新设备。我们的吹玻璃工为我吹制了一根马蹄形质谱仪管;我自己制作金属部件。我使用(他早年)在哈佛大学实验中剩下的挥发性较小的四氯化铀和四溴化铀作为铀源。1940年2月28日和29日首次实际完成铀235和铀238的分离。这一年是闰年,2月29日星期五下午,我将一小片样品(收集在镍箔上)粘在一封手写的信件的纸页边上,大约在6点钟将它们投到明尼阿波利斯邮局。这封信使用的是航空特别专递,于星期六到达哥伦比亚大学。星期天凌晨,我被约翰·邓宁(他工作了一整夜,用从哥伦比亚大学的回旋加速器产生的中子轰击这一样品)打来的长途电话唤醒。哥伦比亚大学的样品测试清晰表明,铀235对应于铀的慢中子裂变。

这一实验证明了玻尔的假设是正确的,但是,这也使得布里格斯对天然铀的价值甚至产生了更大的怀疑;这“很难说,”他于4月9日向沃森汇报说,“在不把铀235与其他铀分离开的情况下是否能建立起一个链式反应。”尼尔、邓宁和他们的合作者尤金·布思以及阿里斯蒂德斯·冯·格罗塞在3

月15日的《物理评论》中对同一件事写得更多:“这些实验强调为了研究铀的链式反应的可能性而进行大规模铀同位素分离的重要性。”但同位素分离是邓宁在这一问题上首先采用的方法,也是他的热情之所在;慢中子的发现很难排除费米-齐拉实验系统。更易误导的可能是尼尔和哥伦比亚研究小组于4月15日发表的使用大样品(但仍然是微量)所作的实验测量:“此外,在这些中子强度条件下观察到的U^{238}(铀238)的裂变数/毫克,足以解释在未分离的铀中实际观察到的所有快中子裂变。”这个陈述在对小样品进行实验测量的范围内是正确的,但是,它的措词似乎不支持铀235的快中子裂变。事实上,尼尔还没有积累足够多的铀235使得哥伦比亚大学能够测量这种可能性。当时,所有人知道的一切就是,铀235的快中子裂变的截面小于这种同位素的慢中子裂变的截面。但是,这种截面非常大,正如尼尔和他的哥伦比亚小组在这方面的第一篇论文所报告的,为400×10^{-24}平方厘米到500×10^{-24}平方厘米。

因此,可以预见,当铀委员会于4月27日在有萨克斯、佩格拉姆、费米、齐拉和维格纳参加的情况下召开会议时,铀委员会听取了新一轮的辩论,自信地对待萨克斯插进来的劝诫,而从未动摇自己的坚定信念,认为大规模的铀-石墨实验应该等候费米对石墨进行测量的结果出来。

此时,6000美元已经拨出,哥伦比亚大学能够购买齐拉为费米做实验而找到的石墨了。“用纸板箱小心包装的石墨块送到了普平实验室,”赫伯特·安德森回忆说,总量为4吨,“费米带着热情重新回到链式反应问题。这是他最喜爱的那种物理学问题。我们一起将石墨块整齐地堆叠起来。我们在一些石墨块上刻出窄沟以便插入我们想要插入的铑箔探测器,很快,我们就准备进行测量。”

"因而,普平实验室7楼上的物理学家们开头看上去像煤矿矿工,"费米补充说,"当这些物理学家们晚上疲惫不堪地回家时,他们的妻子们都纳闷他们究竟发生了什么事情。"

实验安排被设计用来确定从氡-铍中子源——中子源被安放在石墨柱下面、楼板上面的石蜡中——产生的中子在散射碰撞过程中第一次被减慢后,在石墨柱中会扩散多远的距离。中子传播得越远碳的吸收截面就越小,它就越是好的减速剂。普平大楼7楼变成了像罗马学院2楼那样的一条跑道。安德森描述这一情景说:

> 对每个测量制订了精确的进度表。与在石墨中置于适当位置的铑一起,中子源被插入石墨堆中的规定位置,进行1分钟辐照后被撤除。为了在限定的20秒内让铑箔置于盖革计数器的检测之下(因为它的诱导半衰期只有44秒),需要协调和快跑。分工方式是特定的。我的分工是听到信号就撤出中子源;费米手持秒表拿着铑箔以最快的速度跑过走廊。他仅仅来得及将铑箔小心地放到靠近铅屏蔽的位置,并且在规定的时间里开始计数。然后,明显满意地看到一切运转正常,他便要观察计数器上的闪光,随着记录的"咔哒"声不时用手指敲击工作台。放射性现象的这样一种显示从没使他失去过兴趣。

正如费米和安德森随后计算的一样,吸收截面被证明足够小:为3×10^{-27}平方厘米,他们认为借助于更纯的石墨还能使之更小。这一测量强有力地支持了费米和齐拉试图在天然铀中引导慢中子链式反应的计划。

不过,当这样一项计划可能展示一种潜在的未来能源时,正在向布里格斯提建议的美国科学家和行政管理人员尚未能看到任何军事用途。4月份,英国的汤姆孙委员会要求英国驻华盛顿大使馆的科学顾问希尔(A. V. Hill)查明美国在裂变方面正在做什么。根据英国原子能计划的官方史料记载，希尔与身份不明的“卡内基协会的科学家们”谈过话，他将这些人的意见作了言辞辛辣的汇报：

> 实际的工程应用和战争用途最终可能出现，这并非不可想象。但是，美国的同行们使我确信，目前不存在它们出现的迹象，而且，对忙于紧迫问题的英国人来说，转向作为战争研究的铀问题将纯粹是浪费时间。如果有什么具有战争价值的东西出现，他们无疑会及时给我们有关的暗示。很多美国物理学家正在从事这一课题的研究或者对这一课题有兴趣；他们有精良的设施和配备；他们对我们极有好感；并且他们觉得，最好是他们应该加紧做这件事而不是我们的人民应该将自己的时间浪费在这种只在科学上非常有意义的事情上，但是，就目前的实际需要而言，这只可能是竹篮打水一场空。

卡内基的科学家们的意见也许是精明的，但是，它是出于偏见的。罗伯茨、哈夫施塔德和其地磁部的同事、物理学家诺曼·海登伯(Norman P. Heydenburg)改进了他们对天然铀中快中子裂变、散射和俘获截面的测量方法。使用他们的数据，爱德华·特勒在这一时期作了许多计算，从其中之一得出一个达到30吨的临界质量，与佩林和派尔斯在他之前所作过的计算结果有相同的数量级。根据略微更悲观的设想，罗伯茨下结论说：“(天然铀中的)俘获截面太大，以至于快中子链式反应目前似乎不可能发生，甚至在一块无限大的纯铀块中也不可能发生。”到1940年春季，哥伦比亚大学和地磁部的实验就这样排除了铀238中的慢中子和有意义的快中子裂变两种情况，只肯定了铀235中的慢中子裂变。这种不对称性也许能提供一条线索。但是没有人捡起这条线索。

至少从爱因斯坦给罗斯福写第一封信的时候起，爱德华·特勒就在心里展开了武器研究工作的道德观的斗争。他的人生曾两次被极权主义连根拔起过。他懂得战争之初德国的令人恐惧的技术优势。"我于1935年来到美国，"他解释说，"……不祥之兆。那时我相信，除非发生奇迹，希特勒将会征服世界。"但是纯科学仍然使他平静。"将我的注意力从我所喜爱的专职的物理学转向从事武器方面的工作不是一件容易的事情。在相当长的一段时间里我都没有下定决心。"

同时偶然发生的两个事件导致他作出决定。"1940年春天发表的通告说，罗斯福总统将会在华盛顿的泛美科学大会上讲话，并且，作为乔治·华盛顿大学的一名教授，我被邀请了。我不打算参加。"在那个至关重要的日子——1940年5月10日，发生的另一个事件改变了他的初衷："假战争"突然中止了。德国用77个师和3500架飞机在没有宣战和警告的情况下侵入比利时、荷兰和卢森堡，打开了入侵法国的通道。特勒认为罗斯福可能是针对这一暴行发表讲话。特勒说，在他自愿的战前孤立中，他从没考虑过要拜访国会大厦，或者要听一次罗斯福的广播讲话，或者别的将他自己卷入他所侨居国家的政治生活的事，但是，他此时想亲眼看到美国总统。

在大会上的科学家当中，只有特勒知道爱因斯坦的信。这是一个直接的关联，他是一个情感型的人，与罗斯福的相遇怪诞地给他一种私人会见的感觉："我们从未谋面，但我有一种不合理性的感觉，觉得他正在对我个人讲话。"总统提到德国的侵略，它是对美国人民珍视的"文明延续"的挑战，现代技术将现代世界的距离缩短至一份时间表中，也除去了美国人一度感到从欧洲战争中"神秘豁免"的感觉。"然后，他开始谈到科学家的作用，"特勒回忆说，"科学家们谴责过发明死亡武器。他下结论说:‘如果自由国家的科学家们不制造武器来捍卫他们的国家的自由,那么,必将失去自由。’”特勒相信,罗斯福不是在提议科学家可以做的事情,“而是某些我们责无旁贷的和我们必须做的事情——解决军事问题,因为如果没有科学家们的工作,战争和世界都会失败。”

特勒对罗斯福的演说的回忆与演说的文本不同。总统说,许多人痛恨“征服、战争和流血”。他说,探求真理是一种伟大的探险,然而,“在世界的其他地方,不准许教师和学者”进行这种探求——对于这种观察特勒有亲身体验。然后,罗斯福精明地事先为战争工作豁免罪责:

> 作为科学家,你们可能听人说起过,你们在某种程度上对今天的大灾难负有责任……但是,我让你们确信,对此负有责任的不是世界上的科学家们……发生的事情只是由那样一些人引起的,那些人打算利用或者正在利用你们出于完全不同的动机沿着和平的道路而取得的成就。

“我的观念形成了,”特勒报告说,“它至今都没变过。”

这年春天,万尼瓦尔·布什作出了同样的选择。这位目光敏锐的美国的新英格兰人工程师,看上去像一个没有胡须的山姆大叔,离开了他在麻省理工学院的副院长之职而到卡内基协会任第一把手,使自己在战争逼近之时更加接近政府权威的消息来源。卡尔·康普顿提出自己改任麻省理工学院法人主席,而让布什当院长以此来挽留他,但是,布什有更大的计划。

布什在一个紧张的年代里获得了由麻省理工学院和哈佛大学联合授予的工程学博士学位,作为一名拥有这样一个学位背景的年轻人,他于 1917 年满怀爱国热情前去为一家科研公司开发一种潜艇磁性探测器。这种设备效果不错,生产了 100 套;但是因为官僚主义混乱思想的影响,它们从没被用来对付过德国潜艇。"这个经历,"布什在回忆录中写道,"相当强烈地使我认识到,战时在开发武器方面军队和民用之间完全缺乏适当的协作,以及缺乏这种协作意味着什么。"

在入侵波兰事件发生后,在华盛顿,这位卡内基的会长召集了一群科学管理人员——弗兰克·朱厄特(Frank B. Jewett),贝尔电话实验室和国家科学院的院长;詹姆斯·布赖恩特·科南特,哈佛大学年轻的校长,著名化学家;加州理工学院的理查德·托尔曼,他就是那个想要争取爱因斯坦的理论物理学家;卡尔·康普顿——来为日益逼近的国际冲突分忧:

> 这还是在"假战争"期间。我们认为,战事必然要爆发成一种激烈的斗争,美国无论如何迟早肯定会卷入这种激烈的斗争,这场斗争将会是一场高技术的斗争,我们在这方面没有一点准备。而且决定性的和最重要的是,现存的军事体制……将决不会充分产生我们确实需要的新手段。

他们构思一种国家机构来承担这一工作。布什在华盛顿认识到了自己的道路,并且在其中起带头作用。布什想要建立的机构需要有独立的权力。他认为他应该直接向总统汇报而不是通过军方渠道,并且应该有他自己的经费来源。他起草了一份提案。然后,他准备了一份给哈里·劳埃德·霍普金斯(Harry Lloyd Hopkins)的自荐信。

哈里·劳埃德·霍普金斯是爱荷华州一个小镇上长大的人,在格林内尔学院攻读 4 年后进入纽约从事社会服务并且在低压管理(depression adminislering)应急救援部成立之初赢得一个职位。当罗斯福从纽约州州长当选为总统时,霍普金斯随罗斯福来到华盛顿帮助其推行新政。他启动庞大的工作进展管理委员会,随后接任商务部长之职。他的业绩使他越来越接近求贤若渴的总统;随着战争的逼近,一天晚上,罗斯福邀请霍普金斯参加白宫的晚宴,并且在整个非常时期内,将此人提升为他的最亲近的顾问和助手。霍普金斯个子很高,他烟瘾很大,并且瘦弱得像鬼一样,他糟糕的健康状况是癌症外科手术的结果,这个手术摘除了他很大一部分胃,使他无法吸收更多的蛋白质营养物质因而慢慢地因营养不良而死。他在白宫的地下室里拥有一间办公室,但是常常将就着住一套凌乱的卧室——林肯卧室——与罗斯福的卧室隔着一个大厅。

当布什遇到霍普金斯时,尽管这位总统助手是一名自由民主党成员,而这位卡内基会长是赫伯特·胡佛的一名景仰者和一名自封的保守党党员,但"某些事情一拍即合,"布什写道,"我们发现我们说共同的语言。"霍普金斯有一个创建发明家理事会的方案。布什心里盘算着建立更为广泛的国防研究委员会。"我们两人都试图将自己的想法兜售给对方。"布什赢了,霍普金斯喜欢他的计划。

6 月上旬,布什巡回走访了华盛顿的重要部门:陆军部、海军部、国会、国家科学院。6 月 12 日,"然后哈里和我去白宫见总统。这是我第一次与富兰克林·罗斯福见面……我在一张纸片的中间用四个短小的段落提出了创建国防研究委员会的计划。整个会见持续了不到 10 分钟的时间(哈里无疑在我之前就到了那里)。我带着签有'同意,罗斯福'(OK—FDR)的计划出来,整个计划开始启动了。"

国防研究委员会立即接收了铀委员会。这是它的目标的一部分。布里格斯是一个小心谨慎而又节俭的人,但是他的委员会也没有独立于军方获得经费来源的权力。这位满头白发的国家标准局主任将继续负责裂变研究工作。他此时要向詹姆斯·布赖恩特·科南特报告,科南特这位瘦长结实的哈佛大学校长外表看来有些稚气,但实际上冷静而且保守,罗斯福刚一授权给布什成立新的委员会,布什就将他列入了名册。

国防研究委员会在执行部门里为原子核裂变研究提供了一个音响效果很好的大厅。但是,尽管布什和科南特感觉到德国科学的挑战——"一种可能的原子弹的威胁,"布什写道,"存在于我们每个人的头脑中"——然而,两个人都关注科学资源的稀缺,他们最初都对证明这样一种武器的不可能性比起匆忙制造一个更感兴趣:德国人不能做无法做的事情。当布里格斯在 7 月 1 日给布什的一份报告中总结国防委员会之前的铀委员会的工作时,他请求 14 万美元的经费,其中 4 万美元用于截面和其他基本物理常量的研究,10 万美元用于费米 - 齐拉的大规模的铀 - 石墨实验(军方已经决定单独通过海军研究实验室拨款 10 万美元用作同位素分离研究)。布什只为布里格斯分配了 4 万美元。费米和齐拉只好重新等待时机。

当内维尔·张伯伦于德国入侵荷兰那一天提出辞职时,温斯顿·丘吉尔接受了乔治六世(George VI)的邀请组织一个政府;他平静地肩负起了首相之职,但是他感觉到职责的沉重的份量。C·P·斯诺回想起一种更为矛盾的情绪:

> 我记得——我在有生之年将不会忘记——1940 年那个美丽的、晴朗的、令人绝望的夏天……说来也怪,我们当中大多数人在那些日子里非常快乐。举国上下存在一种共同的欢快情绪。我不知道我们在想些什么。我们

都很忙。我们有了一个目标。我们正生活在持续的兴奋之中,通常,如果我们正视真实的处境,就会感到前途无望。在一个人的现实的片刻,很难看到我们有什么机会。但是,我怀疑我们中的大多数人是否有许多现实的片刻或想得那么多。我们都在像发疯一样地工作。我们被一种民族精神的浪潮所支配,而丘吉尔是这种精神的象征和本质、唤起者和代言人。

不仅土生土长的英国人感觉到了这种浪潮,英国所庇护的移民科学家们也是如此。弗朗茨·西蒙(Franz Simon)是一名卓越的化学家,弗雷德里克·林德曼于1933年将他从德国争取到克拉伦顿实验室,法兰西之战前夕西蒙写信给他的老朋友马克斯·玻恩说,他渴望"在战斗中为这个国家贡献我的全部力量"。尽管西蒙可能尚未认识到,然而他的机会已经来到了。在年初,当弗里施和派尔斯首次开始讨论他们的将会导致他们的重要备忘录的想法时,派尔斯向西蒙请教同位素分离的方法。弗里施选择了用气体热扩散方法进行分离工作——用他的克鲁修斯管——因为这对他来说似乎是最简单的方法,但是,西蒙随后开始思考其他分离系统。他试验过六种方法。西蒙开玩笑地说,你不能因为没有分离出同位素就向地板啐唾沫表示轻蔑;问题是收集它们。他一直想找到一种适合大规模生产的方法,因为铀同位素含量比例为1:139,所以,铀同位素分离将必须大规模地进行,正如弗里施计算出的用10万支克鲁修斯管进行分离。弗里施用一个比喻生动地解释了这种困难:"这就像找到一位用艰巨的劳动制造出了一点点新药品的医生并对他说:'现在我们想要足以铺垫街道的数量。'"

民族精神的浪潮也支持着马克·奥利芬特,并且在那种情绪下,对有妨碍的规章他甚至比平常更没有耐心。当 P·B·穆恩质疑气体热扩散方法是同位素分离的最佳方法的假设时,他没有得到汤姆孙委员会的支持,但是,回到伯明翰,奥利芬特简单地告诉他继续进行下去,并且与派尔斯详细地讨论它。"在一两个星期内,"穆恩写道,"派尔斯将普通的扩散确认为一种确有道理的优越过程,并且就这一问题直接写信给汤姆孙。"派尔斯建议汤姆孙委员会与最佳人选西蒙进行协商。虽然西蒙是一名加入了英国国籍的公民,委员会仍然犹豫不决。因而,奥利芬特授权派尔斯立即到牛津大学与西蒙见面。

西蒙与此同时正努力使持怀疑态度的林德曼改变观念。在西蒙的建议下,派尔斯于 6 月 2 日写信给林德曼。6 月下旬,他们一同见到了林德曼本人。"我并不充分了解他,以至于不能准确地弄懂他的咕哝声。"派尔斯这样报告这次会见。但是,他确切感觉到,他"使他确信应该严肃对待整个事情"。

与派尔斯一样,在对候选方案进行筛选后,西蒙选择了"普通的"气体扩散(与气体热扩散相对而言)作为同位素分离的最佳方法。气体通过多孔材料按照比率扩散,这一比率由它们的分子量所确定,较轻的气体比较重的气体扩散得更快,弗朗西斯·阿斯顿于 1913 年使用过这一原理,当时,他将一个混合样品数千次周而复始地通过陶管——更确切地说,就是那种用来做陶土管的没有上釉的素陶——进行扩散从而分离氖的两种同位素。像陶管这样的笨重材料工作起来太慢,以至于不能在工业规模上产生效果。西蒙寻找更为有效的机制,并且推断,一种刻有数百万个微孔的金属箔工作起来会更快。用这样一种箔栅栏将圆柱形管在长度方向上分隔成几段,将同位素混合气体从分隔的圆柱形管一端泵入,当气体从圆柱形管的一端流向另一端时,它会通过栅栏扩散。与留在后面的气体相比，通过栅栏扩散的气体将是相对浓缩的较轻的同位素。对于六氟化铀的情况，浓缩系数将是微小的，在理想条件下为1.0043。但是，借助于足够多的重复过程，任何浓缩系数都有可能达到，直到接近百分之百。

西蒙看到，直接的问题是栅栏的选材。孔越小，分离系统能够支持的压力就越高，而压力越高，设备就能做得越小。不管是哪一种材料，它必须抗得住六氟化铀的腐蚀，不然气体将会阻塞它的微孔。他们正开始将六氟化铀简称为“六”，无需将它的全称读出来。

在这年6月份的一个早晨，西蒙突发灵感地拿着一把锤子走向他在自家厨房里找到的一块金属丝网。他带着这一成果来到克拉伦顿实验室，将他的两名助手叫了过来——一个是匈牙利人，名叫尼古拉斯·屈尔蒂（Nicholas Kurti），另一个是从爱达荷州立大学来的大罗德斯学者，名叫H·S·阿姆斯（H. S. Arms）。“阿姆斯，屈尔蒂，”西蒙手持丝网喊道，“我想我们现在能够分离同位素了。”他演示性地将丝网面锤打平整了，使金属丝之间的空隙收缩成气孔。

“我们使用的第一个物件，”屈尔蒂回忆说，“是‘荷兰布’，我认为应该这样称呼它，这是一种非常精细的铜质薄纱，每厘米上有上百个孔。”助手们用手将这些孔锤打得甚至更加细密。他们没有用六氟化铀测试铜栅栏，而是使用水蒸气和二氧化碳的混合物进行测试，“换句话说，这很像平常的苏打水”——这便是在整个夏季和秋季完成的一系列紧迫的实验中的第一个实验，这一系列的实验就是研究材料、气孔大小、压力和其他基本参数，这对任何设备的设计来说都是基础性的。

6月下旬，G·P·汤姆孙给他的委员会取了一个新名称以使它的行动具有隐蔽性：莫德（MAUD）。乍一看好像是一个缩写,其实不然。它作为一个神秘的词语来自于莉泽·迈特纳给一位英国朋友的一份电报:最近见到尼尔斯和玛格丽特两人都好但对事件感到不快请告知考克饶夫以及 MAUD RAY KENT。迈特纳的朋友将这一信息传给了考克饶夫,考克饶夫写信给查德威克,确定 MAUD RAY KENT 是"'radium taken(占有镭)'的一种打乱字母顺序的重排列方式。这与德国人正在控制所有他们能够控制的镭这一信息是一致的。"汤姆孙借用考克饶夫的神秘的乱序字的第一个词语作为合适的化名。直到 1943 年,委员会的成员们都不知道莫德·雷(Maud Ray)其实是教过玻尔的儿子们英语的家庭女教师,她住在肯特郡。

战争首次从空中越过海峡。德国于 1939 年秋天轰炸华沙,德国人称这是一次战术性行动,因为波兰的城市是设有坚固防御的。其后果是,英国航空部因此否认它的禁止战略轰炸的誓约。然而,两个交战国都不急于协停空袭,尽管每夜的灯光管制增加了麻烦以及两国人民对战时负担的忧虑,直到 1940 年 5 月中旬,才形成了一份含蓄的停战协定。随后,在一个星期内,两起事件触发了英国的行动。德国袭击机将位于第戎的法国飞机场作为轰炸目标,不料迷了路,结果错误地轰炸了德国南部城市弗莱堡,导致 57 人死亡。德国宣传部无耻地公然指责这次轰炸事件是英国或者法国制造的,并且威胁说要加以五倍的报复。更为邪恶和更为残暴的野蛮行径摧毁了鹿特丹的市中心。荷兰军队在这个荷兰老港口城市的北部区域顽强抵抗,一直坚持到 5 月 14 日。德军总司令命令进行"迅速而又毁灭性的空袭",他希望可以以此解决战斗。与荷兰方面的谈判有了进展,空袭也就取消了,但是,这一停火令传达得太迟,以至于没有能够阻止 50 架受令进入战斗状态的亨克尔三型轰炸机投下 94 吨炸弹。轰炸首先在肉店和奶油店引起熊熊大火。第一份正式的荷兰声明，发布于荷兰驻华盛顿大使馆，公布在这座被毁坏的城市里伤亡达 30000 人之多，西方民主国家对这一暴行表示愤慨。实际共计死亡约 1000 人，约 78000 人无家可归。

英国于 5 月 15 日实施报复，派遣了 99 架轰炸机攻击德国城市鲁尔的铁路枢纽和补给站。因为忙于法兰西战役，希特勒没有立即给予回击，但他作了一个准备回击的指示，他命令德国空军“只要有足够的军力可以调用，就对英国本土采取一次全面规模的进攻”。

德国空军最初发起的不列颠战役开始于 8 月中旬：这是德国空军和英国战斗机司令部之间为争夺制空权而进行激烈的日间厮杀的一个月。德军将这一次跨海峡的轰炸行动称为海狮作战行动，英国战斗机司令部提前作了充分准备。此时德国空军尚未攻击城市，英国飞机场和飞机工厂是其主要的轰炸目标。正如以前德皇所做的那样，希特勒暂时没有轰炸伦敦的打算。可是不久，城市相继成为轰炸目标，德国空军预定于 8 月 28 日晚间袭击利物浦。意外事件再次发生了：将泰晤士河岸的储油罐作为攻击目标的德国轰炸机于 8 月 24 日越过它们的目标而错误地轰炸了伦敦市中心。

丘吉尔立即下令报复，一个星期之内对柏林进行了 4 次猛烈的空袭。这几次空袭造成的有形破坏不大，但激起了希特勒歇斯底里的报复：

> 如果英国空军投下 2000 或者 3000 或者 4000 千克炸弹，那么，我们将在一个晚上就投下 15 万、18 万、23 万、30 万、40 万、100 万千克的炸弹。如果他们声称他们将对我们的城市进行大规模的攻击，那么，我们将扫平他们的城市！

无论怎样，德国空军在不列颠战役中失败了，造成了无法接受的损失——德国大约损失1700架飞机，而英国大约损失900架。夜间轰炸将会减轻损失，夜幕掩护了轰炸机。但是，在没有有效的雷达的那些日子里，夜间轰炸与白天轰炸相比，准确性明显小得多，并且要求相对大的目标。因为更为准确地命中目标的必要的技术尚未出现，城市和它们的平民百姓因此在一定程度上因这种欠缺而成为牺牲品。无论如何，恐怖行动是一种被希特勒特别青睐的武器，他认为借此可以摧毁敌人的“斗志”。在9月上旬，希特勒告诉他的海狮行动策划者说：“对伦敦的一种系统的和持久的轰炸可能在敌方产生一种心态，它将使得海狮行动变得多余。”他下令进行轰炸。因为从天空中像下雨一样投了数月的炸弹，很难说这是blitzkrieg——即闪电战，但是，暴露在轰炸下的市民们并没有心情去作精细的区别，他们很快便将它说成是闪电战。

格雷欣(Gresham)法则就像它对良币和劣币起作用一样对防空掩蔽所起着作用：随身携带着巧克力和冰淇淋等点心的职员们，首先挤满了像狄更斯和琼斯这样的较好的百货公司的地下室。因为轰炸不断在进行，一夜接着一夜地进行，伦敦人便有时间去习惯它，不过，心理调节可能以各种方式进行，自信的人慢慢地适应了，而胆小的人也逐渐地变得不再害怕了。

更多的伦敦人到目前为止在他们的家中而不是在掩蔽所内躲避空袭：百分之二十七的人躲在后花园里用波状钢搭建的家庭简易防空洞里，百分之九的人躲在街道掩蔽所内，只有百分之四的人躲进地铁。到11月中旬，伦敦被投下13700吨烈性炸弹和12600吨燃烧弹，平均每夜投下201吨炸弹；整个闪电战期间，从上年9月份到5月份，总的投弹吨数达到18800吨，用现代量度标准即为18.8千吨，长达9个月的时间。在 1940 年和 1941 年中，伦敦平民总计死亡 20083 人，英国其他地方平民死亡 23602 人，在战争的第二年和第三年（在这段时间前后，美国仍然正式保持中立）中，由于闪电战而造成的总死亡人数为 43685 名。此后，轰炸改到了其他路线，1942 年只有 27 名伦敦人因轰炸而丧生。

1940 年 12 月在牛津，弗朗茨·西蒙此时正式为莫德委员会工作，他针对铀弹的研究开发提出了一个几乎与首创的弗里施－派尔斯备忘录同样关键的报告，这个报告题为“对实际的分离工厂规模的估计”。西蒙写道，它的目标是“为每天从天然铀中分离 1 千克铀 235 的工厂的规模和成本提供数据。”他估计这样一个工厂要花费大约 500 万英镑并且认真仔细地概述了它的必要性。

西蒙从没有相信过那些邮件。他甚至在闪电战的高潮期也没有相信它们。他将他的报告复制了大约 40 份。他攒足了用于周游旅行的配额汽油，并在圣诞节前驱车从牛津来到受轰炸威胁的伦敦，将他半年来努力工作的成果交给了 G·P·汤姆孙，这是他在战争中为他的国家贡献的全部力量。

德国人可能一直在收集镭，正如考克饶夫认为 MAUD RAY KENT 所包含的内容那样。他们无疑正在储备铀的工业规模的库存。1940 年 6 月，大约在西蒙锤平他的厨房丝网之时，奥尔公司向已经占领的比利时矿业联盟定购了 60 吨精炼的氧化铀。汉堡的保罗·哈特克在那一个月试图在氧化铀和干冰状态的二氧化碳的精巧实验系统中测出中子的倍增率——干冰是除氧之外没有任何其他杂质的碳源——但是，他无法说服海森伯将足够的铀提供给他，以使他能够获得明确的实验结果。海森伯有更大的计划。他已经在与威廉皇帝研究所的冯·魏茨泽克合作。7 月份，他们开始规划在威廉皇帝研究所的地基上紧挨着物理研究所建一座木质的实验室建筑用于生物和病毒的研究。为了打消人们的好奇,他们将这座建筑命名为病毒所。他们打算在那里建一座亚临界燃烧反应堆。

德国可以使用世界上唯一的重水工厂和成千吨比利时和比属刚果的铀矿。它拥有首屈一指的化学工厂和卓越的物理学家、化学家和工程师。它只缺少一台回旋加速器用来测量原子核常数。法国战败——巴黎于6月14日沦陷,6月22日签订停战协定——使这一要求得到了满足。常驻战争办公室的原子核物理学专家库尔特·迪布纳急忙赶到巴黎。他发现,佩林、冯·哈尔班和科瓦尔斯基已经逃到英国,并且带走了阿利耶弄到的26罐重水,但是,约里奥选择留在法国(这位法国诺贝尔奖桂冠学者将会成为国民阵线的指导委员会的委员长,国民阵线是法国最大的战争抵抗组织)。

当巴黎沦陷后约里奥返回他的实验室时,德国军官们长时间地盘问他。他们之间的翻译人员是从德国的海德堡派来的,原来就是沃尔夫冈·根特纳,他以前是镭研究所的学生,1933年,当约里奥发现人工放射性时,就是他为约里奥证实那台盖革计数器运转正常的。根特纳安排在一个傍晚与约里奥在一个学生咖啡馆秘密会面,并且警告约里奥说,约里奥正在建造的回旋加速器可能会被没收并船运到德国。为了避免这一暴行,约里奥通过谈判求得妥协:回旋加速器留下来,而德国物理学家能够用它来做纯科学实验;而约里奥将继续被允许当实验室主任。

病毒所于10月份完工。除了一间实验室外,这座建筑还包含一个专用的铺砖的坑,它有1.8米深,是与费米用于中子倍增研究的水槽类似的一个变体。到12月份,海森伯和冯·魏茨泽克准备好了几个这样的实验中的第一个实验。坑中的水既当反射体,又当辐射防护物质,他们将一个交替充以氧化铀层和石蜡层的大铝罐浸入水中。放置在铝罐中央的镭－铍中子源提供中子，但是，德国物理学家根本没有测到中子倍增。这一实验证实了费米和齐拉已经证实过的结果：普通的氢，无论以存在于水中的形式还是以存在于石蜡中的形式，都不能在天然铀中维持链式反应。

这一实验结果使得德国人认识到这个项目有两种可能的减速剂：石墨和重水。1月，一个误导的测量结果把减速剂缩减成只有一种。在德国海德堡，一个杰出的实验家名叫瓦尔特·博特，后来与马克斯·玻恩分获诺贝尔奖，他使用一个1.1米的浸入水槽中的高质量石墨球测得碳的吸收截面。他发现截面值为6.4×10^{-27}平方厘米，比费米的测量值的2倍还多，并且计算出，石墨像普通水一样会吸收太多的中子，以至于无法在天然铀中维持链式反应。冯·哈尔班和科瓦尔斯基此时在剑桥大学并且与莫德委员会取得了联系，类似地将碳的截面值估计得过大——在这两次实验中，石墨可能被像硼一类的吸收中子的杂质所污染——但是，他们的研究工作最终都与费米的工作进行了比照。博特无法作这样的比照。上一年秋天，齐拉用另一次对保密的呼吁对费米发起冲击：

> 当（费米）完成他的（碳吸收）测量时，保密问题就再一次提了出来。我来到他的办公室说，我们拥有这个数值，也许这个数值不应该公开。这次，费米真的发了脾气，他确实认为这是荒谬的。我没有更多的话可说，但是，当我下一次顺便访问他的办公室时，他告诉我说，佩格拉姆来看过他，佩格拉姆认为，这些数值不应该发表。从那时起保密就开始了。

这正好及时防止了德国的研究者们寻找到一种便宜而又有效

的减速剂。博特的测量使德国在石墨方面的实验就此结束。没有记录表明这种数值过大的估计是故意的,但是,值得注意的是,瓦尔特·博特这位马克斯·普朗克的学生是反纳粹的,所以,在1933年他从海德堡大学物理学院院长的位置上被赶了下来。"这些令人烦恼的斗争影响了我的健康,"他后来在一篇没有发表的简要的备忘录中写道,"以至于我不得不长时间地住进巴登维勒的一家疗养院。"博特康复后,普朗克将他安排到了威廉皇帝协会的海德堡物理研究所,但是,"纳粹继续烦扰我,甚至控告我犯了科学欺骗罪。"

几乎在同一时间,即1941年年初,哈特克在汉堡知道了奥托·弗里施最近在利物浦所了解的东西。弗里施转到了英国西北部的这座工业化港口城市与查德威克一起用查德威克的回旋加速器进行研究工作。他在这里与查德威克派给他的一名学生助手一起制造了一个克鲁修斯管——他们在这个实验室中表现得如此积极协作,以至于他们赢得了"弗里施和他的影子"的昵称——弗里施说,并且发现,"六氟化铀是用克鲁修斯方法无法起作用的一种气体。"这一发现一点也没有使英国的计划落后,因为西蒙已经在努力着手研究气体栅栏扩散方法。但是,德国研究人员对热扩散方法如此一心一意,以至于他们没有想过要发展替代方法。弗里施他们迅速开始这样做,并且确定了几种有希望的方法;说来也怪,他们的方法中偏偏没有栅栏扩散方法。对分离问题的重新研究使得人们甚至更为清楚地认为,铀235和铀238只能用强力方法分离,并且需要高额费用。

当哈特克于1941年3月在与他的同事们开的一次会议后向战争办公室汇报时,他强调他们的一致意见,同位素分离"只对不计成本的特殊应用来说"是切实可行的。他的"特殊应用"言下之意是,制造一种炸弹。因而,在战后他告诉历史学家戴维·欧文(David Irving)说,德国物理学家们在他们的列表中将"特殊应用"放在第二位;他们将重水生产列为所有工作中最为紧迫的工作。像费米和齐拉一样,他们最初选择在天然铀中产生慢中子链式反应。产生这种反应的研究工作和"特殊应用"可能随后而来。他们并不了解更多的知识,他们很难作出选择。

铃木中校于1940年10月向安田中将作出汇报。他将他的报告限制在一个基本问题上:日本对铀矿床的可利用度。他越过日本展望朝鲜和缅甸,并且推断他的国家可以取得充足的铀。因此,制造一颗原子弹是可能的。

安田随后被调任为日本物理学和化学研究所的主任,他将这一问题交给了他们国家的领头物理学家仁科芳雄。仁科,出生于明治时代晚期,1940年为50岁,以康普顿效应方面的理论工作而著称,曾在哥本哈根和尼尔斯·玻尔一同从事研究工作,他留给哥本哈根的同事们的印象是一个世界主义者和一个卓越的人。他在东京他的理研(Riken)实验室建造了一台小回旋加速器,并且在一名曾在伯克利接受过训练的助手的帮助下,1940年正在建造一台具有250吨磁铁的1.5米的后继回旋加速器,它的设计是欧内斯特·劳伦斯赠予的。超过100名年轻的日本科学家,这是一群最优秀的人,在理研实验室由仁科领导开展工作;对他们来说,他就是长辈——"老头子",他用温和而又不拘礼节的西方风格管理他的实验室。

理研实验室于12月份开始测量截面。1941年4月,正式通知下达了:皇军空军批准其朝开发原子弹的方向研究。

利奥·齐拉此时已经被整个美国物理学界认为是裂变问题保密方面最主要的倡导者。5月上旬,他的信箱里出现了一封由普林斯顿大学物理学家路易斯·特纳(Louis A. Turner）寄来的令人费解的短信。特纳给《物理评论》的编辑写了一篇短文，他发来的就是这篇短文的复制件。文章的标题为"铀238释放的原子能"，他不知道是否应该发表它。"这篇论文像是很不切实际的推测，因而它不可能带来危害，"特纳告诉齐拉说，"但那是对其他人来说的。"

特纳在1月份的《现代物理评论》上发表了一篇关于原子核裂变的29页的高水平的评论论文，其中引证了自从哈恩和施特拉斯曼报道他们在12个月前的发现以来的近100篇论文；论文的数量表明了这一发现在物理学方面的影响以及物理学家们探究它的紧迫感。特纳也注意到了最近尼尔和哥伦比亚大学小组报道的证实慢中子裂变归因于铀235的文章。（他不太可能错过它；《纽约时报》和其他报纸广泛发表了这个消息。他急躁而又率直地写信给齐拉说，他发现，"考虑到最近发表的同位素分离方面的大量的论文，要遵守（对裂变研究保密的）指导原则有一点难度。"）他对评论文章的阅读和哥伦比亚大学的新的实验测量激励他进一步思考；其结果就是他写给《物理评论》的那篇通讯。

在这篇通讯中他指出，因为铀235对应于慢中子裂变，而且通常的铀140份中只包含1份那种同位素，所以"自然地得出结论，如果用的是慢中子，那么，任何数量的铀只有1/140能够被考虑作为原子能的可能来源。"但是，事实可能并非这样，特纳继续写道，如果大部分铀238的裂变不能直接利用，那么也许仍能找到间接释放的途径。

特纳提到中子轰击铀可能会使一些铀转变为超铀元素，而玻尔曾经希望因为裂变的发现而可以排除这种超铀元素。当一个铀238原子俘获到一个中子时，它就变成同位素铀239。特纳提出，这种物质本身可能会裂变。但是，不管铀239是否会发生裂变，它在能量方面总是不稳定的，并且可能

会通过 β 衰变变成比铀重的新元素。并且,其中一种或多种新元素也许能够被慢中子裂变——因此,它将会使得铀 238 间接地发挥作用。

从铀出发沿着周期表下行,下一个元素应该是 93 号元素。然而,特纳选为裂变的最可能候选者不是 $^{239}_{93}X$,而是再下一个元素,即 94 号元素 $^{239}_{94}X$,他称这种元素为"类锇"* 并记为 $^{239}_{94}EkaOs$。特纳提出,当原子核吸收一个中子准备发生裂变(239 个核子 -94 个质子 =145 个中子,145 个 +1 个 =146 个)时,就像铀 235 转变为铀 236 那样中子数从奇数转变到偶数,它应该甚至比较轻的铀同位素更容易发生裂变:"在 $^{240}_{94}EkaOs$ 中……额外的能量将甚至比起在 $^{236}_{92}U$ 中更多,因此,会有一个大的裂变截面。"

当特纳透彻思考这些理论时,两位伯克利人,埃德温·麦克米伦(Edwin M. McMillan)和菲力普·埃布尔森(Philip M. Abelson),正在独立地朝实验验证它们迈进。麦克米伦长得瘦弱,脸上长有斑点,是一名加利福尼亚出生的实验家,他是在 20 世纪 30 年代将欧内斯特·劳伦斯的回旋加速器改进得能够稳定工作并且产生出可靠的实验结果的最重要的人之一。1939 年 1 月下旬,在发现裂变现象的消息传到伯克利不久后,他设计了一种简洁的实验探究这一现象。"当铀原子核吸收一个中子并发生裂变时,"麦克米伦后来告诉一位听众说,"两块由此产生的碎片极为猛烈地飞散开来,足以在空气或其他物质中飞出一段距离。这一距离被称为'射程',它

---

* 尽管玻尔多年前思考过,如果有超铀元素,它将可能在化学性质上类似于铀,研究者们仍然普遍假设超铀元素会是周期表中化学性质类似的金属系列,这一系列开始于铼和锇并且包括铂和金。Eka 是一个意为"类似"的老前缀。

是一个比较重要的量，我对它进行了测量。”他首先用薄铝箔进行了测量，这些铝箔“像书页一样”堆叠在一层搁在滤纸上的氧化铀上。他用慢中子轰击铀。某些裂变碎片被反冲进入铝箔堆层中；每块碎片将自己置入它的射程的末端位置的一层铝箔中，究竟置入哪一层取决于它的质量；麦克米伦然后就可以在电离室中简单地检查每一张铝箔，寻找各种裂变产物的特征性的半衰期，并且得出其射程（铀原子核以多种不同的方式分裂，产生多种不同的轻元素原子核）。

但是，铝本身被中子的轰击激活，这使得半衰期的测量变得困难。所以，麦克米伦用一叠香烟纸取代铝箔，这些香烟纸事先用酸处理过以去除任何在轰击下可能产生放射性的微量无机物。“从中没有发现关于裂变碎片的非常有趣的事，”他注解说。另一方面，在香烟纸堆层下的涂在滤纸上的铀，“给出某些非常有趣的东西。”它显示出两种半衰期的活性，它们与那些被反冲的裂变产物不同。由于留在铀层中的物质没有被反冲，这两种不同的活性可能不是来自裂变产物。它们可能是通过俘获中子在铀中诱导的放射性。麦克米伦怀疑，两种活性物质之一，即半衰期为 23 分钟的那种，是哈恩、迈特纳和施特拉斯曼在 20 世纪 30 年代鉴定的铀 239，是“一种由共振中子俘获产生的铀同位素。”另外一种留在铀层中的活性物质具有更长的半衰期，大约为 2 天。在他关于他的铝箔和香烟纸实验的报告中，麦克米伦选择不去考虑这第二种活性物质可能是什么，但是，他回忆说，在私下里他认为“这种 2 天周期的可能……是铀 239 的 β 衰变的产物，因此，是（超铀）元素 93 的一种同位素；事实上，这是最合理的解释。”

为了检验这一解释，麦克米伦需要这种物质的化学特性的某些线索。他期待 93 号元素在化学上会表现得像 75 号元素金属铼，在周期表中紧排在铼下面——老的学名应是“类铼”。他轰击一块较大的铀样品并且得到埃米利奥·塞格雷的帮助，塞格雷此时作为一名研究合作者正在伯克利工作。“塞格雷非常熟悉（铼的）化学性质，因为在1937年他和他（研究铼）的合作者一起发现了（一种类似的元素），现在称这种元素为锝。”塞格雷开始对辐照过的铀进行化学分析；同时，麦克米伦使他的半衰期测量精确到2.3天。麦克米伦说，塞格雷“指出2.3天物质不具有铼的特性，它却实际表现得像一种稀土元素。”稀土元素，从57号元素（镧）到71号元素（镥），构成一种在元素钡和元素铪之间的化学上关系接近的特殊系列。因为它们具有处于周期表中部位置的接近钡的原子量，所以，它们常常作为裂变产物出现。当塞格雷发现2.3天活性物质表现得不像预测的铼，而像一种稀土元素时，麦克米伦以为它就是稀土元素：“因为稀土元素在裂变产物中是突出的，所以，这一发现在当时似乎要为故事划一句号了。”塞格雷甚至发表了一篇关于他的这项研究工作的论文，标题为“对超铀元素的一次不成功的探究”。

麦克米伦可能将它留在了那里，但是，2.3天物质没有从铀层反冲离开的事实使他感到烦恼。“随着时间推移并且裂变过程变得更好理解时，我发现越来越难以相信一种裂变产物会以某种方式表现得与其他产物很不相同，因此，在1940年初，我重新考虑这个问题。”1.5米的回旋加速器具有一块厚重的矩形磁铁，其规模大到足以让劳伦斯的全体工作人员都处在它的两极之间拍一张照片——一共有27个人，前两排坐在这一怪物的下颚上，劳伦斯突出地居于中央位置，而第三排站在它的肚子里——当时已经建成并且在运行；麦克米伦用它更为详细地研究2.3天的活性物质。他也用化学方法研究这种活性物质，并且观察到一个重要现象：它并非总是像稀土元素那样少量地从溶液中结晶出来。

“现在是1940年春天,”麦克米伦继续说,“菲利普·埃布尔森博士来到伯克利短期休假。”埃布尔森就是那个年轻的实验家,路易斯·阿尔瓦雷茨曾经为了他,在伯克利分校理发室理发时,才理到一半便离开理发椅前去实验室将发现裂变的消息告诉他。他已经在伯克利取得了他的哲学博士学位,并且在地磁部与默尔·图夫签约受聘。与麦克米伦一样,他开始怀疑2.3天活性物质只是另一种稀土裂变产物的结论。他于1940年4月抽空着手研究它的化学性质——尽管他是一名受过正规训练的物理学家,他还在华盛顿州获得了化学专业的理学学士学位。但他需要一个被轰击的铀的大样品,大于他借助于地磁部的设备所能制作出来的。“当他来到这里度假,”麦克米伦说,“由于我们的共同兴趣变得彼此相知时,我们决定一起工作。”麦克米伦配制被辐照的铀的新原料,而埃布尔森研究它的化学性质。

“一天之内,”埃布尔森回忆说,“我确定了2.3天活性物质具有与任何已知元素都不同的化学性质……(它)具有与铀相像的性质。”显然,超铀元素不是像铑和锇这样的金属元素,而是类似于铀的类稀土元素的新增系列的一部分。为了严格证明他们确实找到了一种超铀元素,两人分离出具有强23分钟铀239活性的纯铀样品,并且用半衰期的测量来证实2.3天放射性的强度随着23分钟活性的减弱而增强。如果2.3天活性物质在化学上不同于任何其他已知的元素并且是在铀239的衰变过程中产生的,那么,它一定是93号元素。麦克米伦和埃布尔森详细描写了他们的实验结果。麦克米伦已经为这一新元素想出了一个名称——镎*,这个名字来自天王星以外的下一颗行星的名字——但是,在他们的报告中

---

* 在英语中,海王星是 neptune,而镎是 neptunium。——译者

并没有采用这一名称。他们于1940年5月27日将报告“93号放射性元素”投递给了《物理评论》，同一天，路易斯·特纳将他的超铀元素理论寄给了齐拉：在科学上，预期和发现能够设法做到一致。

当齐拉于5月30日回复特纳的信时，大概他还不知道伯克利的研究工作（发表于6月15日），因为他没有提到它，但是，他认可特纳的论据的合理性，告诉他“它可能最终被证明是非常重要的贡献”——并且提醒他对此保密。齐拉比特纳看得更远。他看到，一种在铀中生成的裂变元素能够用化学方法分离出来：作为制造原子弹的一种途径，相对容易和便宜的化学分离过程能够取代非常困难和昂贵的同位素物理分离过程。但是，不稳定的93号元素镎还不是这种裂变元素，并且，齐拉还没有认识到，纯净的裂变物质的量究竟可以有多小方能达到临界质量。（特纳因他的观察而处于领先地位，但是，他不是独一无二的。7月的一天，当冯·魏茨泽克乘坐柏林地铁时，尽管他假设93号元素会起到这个作用，但他还是独立地产生过这种想法，此时，他在德国还没有收到发表了麦克米伦－埃布尔森的论文的6月号《物理评论》；他将这一想法写成一篇5页的报告提交战争办公室。1941年年初，卡文迪什实验室的一个英国研究小组完成了这项工作并且将它交给莫德委员会。但是，德国人认为只有重水才能使可能产生新元素的铀反应堆正常运行，而英国对同位素分离工作的态度变得十分乐观。因而，这两个研究小组没有一个采用特纳的方法。）

埃布尔森回到华盛顿以后，麦克米伦加紧进行研究。不稳定的镎产生一个具有2.3天半衰期的β衰变；他认为它衰变成了94号元素。与自然地放出α粒子的铀类比，94号元素也应该自然地放出α粒子。因此，麦克米伦寻找从他的铀－镎混合样品放出的与从铀放出的自由程不同的 α 粒子。到秋天，他鉴定了它们。他试验过一些化学分离方法，“发现 α 活性不是由镤、铀或者镎的同位素产生的。”他是如此地接近真相。

但是，被英国的呼吁所激励的美国科学家最终加快了备战的步伐。1940 年夏末，丘吉尔派遣亨利·蒂泽德率领一支专家代表团，随带一只黑瓷漆的金属轮船衣箱，就是那种最早的黑色箱子，里面装满了军事机密。在这些军事机密中，珍贵的样品是一支伯明翰的马克·奥利芬特实验室开发的空腔磁控管。约翰·考克饶夫，这位肩负重大使命的未来诺贝尔奖得主，前往美国解释这种高性能的微波发生器。美国人以往从没看到过任何这类东西。10 月的一个周末，考克饶夫、欧内斯特·劳伦斯和拥有千万家财的物理学家兼金融家阿尔弗雷德·卢米斯——最后一位绅士科学家——聚集在卢米斯的私人实验室里，这个实验室位于优雅的市郊礼服公园的纽约侨居地。这次会谈为在麻省理工学院的一个重要的新的国防研究委员会实验室奠定了基础。为了使这项工作保密，它被命名为辐射实验室，仿佛严肃的科学家们事实上可能去进行应用研究，这种应用研究就像空想家们散布的原子核物理学研究一样可疑。卢米斯希望劳伦斯领导这个新的实验室。劳伦斯更愿意呆在伯克利为一台新的 4.7 米回旋加速器拟定计划和筹集资金，但他愿意鼓励他的最优秀的助手去剑桥大学。他使麦克米伦相信：“1940 年 11 月我将离开伯克利去参加用于国防的雷达开发。”劳伦斯和麦克米伦的优势是衡量 1940 年年底美国科学优势的尺度。和平时期的回旋加速器和用于防空的雷达在超级炸弹之前首先出现。出于对这一问题的不同看法，在利物浦的詹姆斯·查德威克因麦克米伦－埃布尔森报道 93 号元素的论文的发表而异常恼怒，他通过英国大使馆提出一个正式的抗议。一名大使馆成员被适时地派往伯克利责备欧内斯特·劳伦斯这位1939年度的诺贝尔物理学奖得主,因为他在危险的战争时期将秘密泄露给了德国人。

劳拉和恩里科·费米和他们的两个孩子于1939年夏天跨过乔治·华盛顿大桥、越过帕利塞德陡崖从一套曼哈顿的公寓搬到新泽西州舒适的利昂尼亚市郊。哈罗德·尤里是一个矮个、激情而又热心的人,他随同其他哥伦比亚家庭一起成为这里的一名居民,他说服费米在这里买了一座房子,他称赞利昂尼亚市的“优秀的公立中小学校,”劳拉写道,并且赞美“住在一座中等城镇的好处。在这里,孩子们可以拥有其他孩子所拥有的一切。”在许多良好的忠告之中,尤里告诫这对意大利夫妇要不断地进行铲除马唐草的战斗。费米是在罗马公寓里长大的,他很快不带感情色彩地将马唐草看成“一种无节制地蔓延的一年生草本植物”,并且打算不理睬它。劳拉准备与马唐草进行斗争,但是又不能识别绿化用的草和马唐草。一天,尤里顺路来到费米家给她忠告并教她如何识别。“劳拉,你知道你的草地有什么不妥吗?”这位诺贝尔化学奖得主同情地对她说,“全是马唐草。”在利昂尼亚的生活是愉快的,费米真正适应了。塞格雷回忆说,他的朋友“特意研究当代美国社会历史人文并且阅读连环画……在成年移民中,我从未看到过还有谁如此努力地趋于美国化。”

塞格雷于1940年底来到印第安纳州访问普渡大学,只是很随便地访问而已,因为他打算留在伯克利——“机器设备如此地好,使我能做那些我无法在其他地方做的事情。”他继续向东旅行来到利昂尼亚访问费米。塞格雷回忆说,他和费米两人,在没有受到特纳的影响的前提下考虑了94号元素。塞格雷写道,12月15日,“我们在严寒的天气里沿哈德森河作了一次长距离步行,在这段时间里,我们谈到分离原子量为

239 的 94 号元素的同位素的可能性……它可能是一种慢速中子可裂变物质。如果证明这是正确的，那么（它）能够取代铀 235 作为一种原子爆炸物质。此外，用普通的铀作燃料的原子核反应堆将会产生出（这种新元素）。这为制造原子核爆炸开辟了一个全新的前景，不再需要分离铀同位素，而分离铀同位素在当时实在是一件吓人的事情。”

劳伦斯碰巧正在纽约访问。“费米、劳伦斯、佩格拉姆和我在哥伦比亚大学的佩格拉姆的主任办公室里会面，并且为一种回旋加速器辐照方法拟订计划，这种方法能够产生足够数量的（94 号元素）。”圣诞节后，塞格雷回到了伯克利。

这里的一名年轻化学家，名叫格伦·西博格（Glenn T. Seaborg），他已经开始着手鉴定和分离 94 号元素。西博格出生于密执安州，父母为瑞典－美国人，他成长于洛杉矶市，于 1937 年在伯克利获得化学方面的哲学博士学位，当时他 25 岁。他长得特别高、瘦弱，有着瑞典人的警惕性，但是天才地而且轻松地工作着。已出版的奥托·哈恩于 1933 年在康奈尔大学所作的应用放射化学演讲记录，曾一度是他在研究生院的学习指南：放射化学是他的热情之所在。1939 年 1 月，当他听到裂变的消息时，他已经在伯克利从事放射化学方面的工作；像菲利普·埃布尔森一样，他为这一发现感到兴奋，为错过了它而感到懊恼，并且在听到这一消息的那个夜晚在街道上漫步了数小时。

早在 8 月底，他轰击了一个铀样品产生了镎，并且将产物交给他的二年级研究生阿瑟·沃尔（Arthur C. Wahl）去研究它的化学性质。和他一起研究 94 号元素的另一个合作者是约瑟夫·肯尼迪（Joseph W. Kennedy），他像西博格一样是伯克利的一名化学指导教师。11 月下旬，这个研究小组再做了 4 次轰击实验并取得了进展，了解了有关镎的足够多的化学性质，已能设计出分离高纯度样品的技术。然后，西博格写信给麻省理工学院的麦克米伦，他在他后来写的一部编辑成当代日记形式的严谨的历史学著作中概述了这封信："我认为，因为他现在离开了伯克利……所以不处于继续做这项（研究镎和寻找94号元素的）工作的位置，而我们很乐意地在他不在场的情况下作为他的合作者而继续从事这项工作。"麦克米伦于12月中旬加入进来；就在塞格雷返回伯克利时，西博格用受到了轰击的样品分离出了各种重要物质，包含有铀、裂变产物、纯净的镎和一块可能包含94号元素的稀土碎片。

因而，两项研究同时进行。西博格的小组将研究一种特别强的α粒子发射体，这个小组怀着实验验证的希望鉴定了它是94号元素的一种同位素，其化学性质不同于所有其他已知的元素。同时，塞格雷和西博格将大量制造出镎239以寻找它的衰变产物（应该是$^{239}_{94}X$）并且试图测量这种物质的裂变性。

1月9日，在1.5米的回旋加速器中，塞格雷和西博格用了6个小时轰击10克固体的铀化合物——六水硝酸铀酰（UNH）。第二天上午，他们用了1个小时轰击另外5克这种物质。到下午，他们从电离室的测量结果了解到，他们能够用回旋加速器轰击来制造94号元素；他们算出，1千克被适当辐照的六水硝酸铀酰应该产生大约0.6微克（百万分之一克）的94号元素，这是由它的直接产物镎经过适当时间的β衰变产生的。

1月20日，西博格的研究小组鉴定出镎238的一种α辐射的衰变产物，为了决定性地证明它就是需要进行化学分离的94号元素，在2月份进行了精巧而又单调乏味的工作。当每个人例行公事地工作到半夜后将难度很大的分馏法进行到底时，某一周之初，出现了至关重要的突破。2月23日星期天下午，沃尔发现他能够使用钍作为载体从酸溶液中将这种 α 辐射体沉淀出来。但是，他当时不能从钍中分离出这种 α 辐射体。他向伯克利的一位化学教授请教，这位教授建议使用更为有效的氧化剂。

那天傍晚，西博格和塞格雷开始用 1.5 米回旋加速器轰击 1.2 千克六水硝酸铀酰而使其中的某些铀转变成镎。他们用六水硝酸铀酰装填玻璃管，将管子放入在 25 厘米的石蜡块上钻出的孔中，而将石蜡块放入一只木箱内。然后，他们将木箱安放在大回旋加速器的铍靶后面，回旋加速器用 16 兆电子伏特的高能氘核从铍核轰击出大量的中子——重水中包含的氘核，是人们偏爱使用的回旋加速器炮弹。西博格带着曾放在回旋加速器中适当位置的、被辐照过的六水硝酸铀酰，爬上吉尔曼大楼的三楼，上面有一间带有小阳台的狭窄的房间，沃尔在那里做好了分馏的准备。那天傍晚，沃尔和西博格一起测试新的氧化物的化学性质。试验在进行中，钍从溶液中沉淀出来，而 α 辐射体留在了溶液中，其数量足以使人们在线性放大器上每分钟读出大约 300 个跳跃信号。西博格写道，这是“发现它的关键一步”。但是，他们仍然需要 α 粒子发射体的沉淀物，他们夜以继日地工作。西博格回忆说他注意到了新一天的到来——一道亮光在旧金山上空向西跨过海湾——此时，他正踱到阳台上呼吸新鲜空气以清除肺内的废气。星期二，沃尔再次工作到午夜，他得到了一块不含钍的沉淀物。“借助于这次与钍的最终分离，”西博格用着重的方式记录道，“我们验证了，我们的 α 放射性与所有已知的元素不相干，因而，现在很清楚了，我们的 α 放射性起因于具有原子序数为 94 的新元素。”

塞格雷和西博格对千克重量级的样品的轰击，不时被其他实验所中断，这些实验需要使用回旋加速器，这样持续了一个星期。六水硝酸铀酰变得具有更强的放射性；当他们浓缩他们已经制造出的镎239时，放射性的危险大大增强了。他们开始使用护目镜和铅屏蔽物进行工作，首先将铀溶解在2升醚中，然后进行一系列费力的沉淀处理。

他们于3月6日完成了第五、第六次再沉淀工作。此时，他们从1.2千克六水硝酸铀酰分离出不足百万分之一克的纯净的镎239，这些镎239与足够的载体混合在一起，在口径为1.7厘米、深度为1.3厘米的小铂金盘上留下了斑点。当他们使这些上帝在造物时没有乐意造出的物质的斑点变得干燥时，他们简单地剪下铂金盘的侧面，用杜科胶泥做保护层将样品覆盖起来，将铂金盘粘上一片标有“样品A”的纸板，将它放到一边直到它完全衰变成元素$^{239}_{94}X$。

3月28日星期五——在这一星期，德国非洲军团司令、陆军元帅马歇尔·埃尔温·隆美尔（Marshal Erwin Rommel）在北非展开了一次重要的攻势；英国肉类配给减少到每人每周不到0.2千克；英国的鱼雷轰炸机成功地攻击了从爱琴海返回的意大利舰队，这一行动引起了日本极大的兴趣——西博格作了记录：

> 这天早晨，肯尼迪、塞格雷和我用“样品A”对$^{239}_{94}X$的裂变性进行了首次测试……
>
> 肯尼迪在刚过去的几周里造了一台用于检测裂变脉冲的便携式电离室和线性放大器……“样品A”（估计包含0.25微克的$^{239}_{94}X$）靠近电离室遮蔽的窗口放置，这个电离室被置于93厘米回旋加速器的铍靶旁边的石蜡中。用具有8兆电子伏特能量的氘核辐照过的铍靶所产生的中子给出了每分钟每微安1次的裂变率。当电离室被镉屏蔽层包围时，裂变率基本上下降到0……
>
> 这强有力地表明，$^{239}_{94}X$经历了慢中子引起的裂变。

直到1942年，他们才正式为这种与铀235具有相似的裂变性而又能够用化学方法与铀分离开的新元素提出一个名称。但是，西博格已经知道他会怎样称呼它了。与化学家马丁·克拉普罗特在1789年将他当时发现的一种新元素与当时最新发现的行星（即天王星）联系在一起的那种灵感一致，也与麦克米伦提出的将这一命名法推广到镎的想法一致，西博格打算将94号元素的命名与冥王星联系起来，将它命名为钚*。冥王星是太阳系第九大行星，于1930年被发现，其名称来自于古希腊的冥府之神的名字，这个神分管土地产量，但也分管死亡**。

弗里施和派尔斯基于合理的理论算出了一个小的铀235临界质量值。地磁部的默尔·图夫的研究小组整个冬季连续不断地提高它的截面测量精度；3月，图夫已能给英国发送一份测得的铀235快中子截面值，英国人用这个截面值确定了一个比弗里施－派尔斯的估计值稍大的临界质量值：无反射层时大约为8千克，而被合适大小的反射填充物包围时大约为4千克或者4.5千克。“对理论的首次检验，”派尔斯在那个月内自豪地写道，“给出了一个完全肯定的答案，并且，整个方案无疑是切实可行的（假如同位素分离的技术问题被令人满意地解决的话），并且铀球块的临界尺寸问题是容易解决的。”

查德威克也作出了进一步的截面测量。他已是一名冷静的人；当他看到新的数据时，他变得更加冷静。他于1969年在一次接受采访时描述了这一变化：

---

* 在英语中，冥王星是Pluto，钚是plutonium。——译者

** 2006年国际天文联合大会投票决定将冥王星从行星中除名，而归入“矮行星”。——译者

我记得1941年春季的这一天。我当时认识到，制造出原子弹不仅是可能的，而且是必然的。这些想法迟早不会为我们所独有。不要多久，人人都会考虑它们，并且，一些国家会付诸行动。我没有对谁说起过。你看，这个实验室中主要人物是弗里施和（波兰实验物理学家）约瑟夫·罗特布拉特（Joseph Rotblat）。尽管我对他们的评价是高的，但他们不是这个国家的公民，而其他人又是些相当年轻的小伙子。没有人谈论起这个问题。我度过了许多个不眠之夜。但我认识到这会是非常非常严重的问题。我随后开始使用安眠药。这是唯一的治疗方法。从那时起我就从未停止过服药，整整28年，我认为我在这28年中没有一个夜晚不是这样。

第十二章

来自不列颠的信息

詹姆斯·布赖恩特·科南特于1941年冬天来到伦敦,建立了英国政府和美国国防研究委员会之间的一个联络处。科南特是按照蒂泽德计划作为特使第一个访问这个受围攻国家的、具有政府头衔的美国科学家,他把这次旅程看成是"我生命中最特别的经历"。他在自传中这样写道:"我作为希望使者受到欢迎,""我看到了在轰炸下强毅不屈的人们。我看到了一个有着坚强后盾的无所畏惧的政府。几乎每时每刻,我看到的或者听到的,都使我为我是人类的一员而感到自豪。"

科南特,哈佛大学校长,到3月底就满47岁了,受到热烈欢迎,这不仅因为这所名校的缘故,或者他作为美国国防研究委员会成员这样一个显赫身份的缘故。在长达数月的假战争期间,他是美国孤立主义的旗帜鲜明的反对者,因而他的到来作为一个特别的迹象而受到欢迎——只有首相有不同看法。丘吉尔在与这位哈佛校长的午餐会上没有表现出一丝乐观。"我该对他说什么呢?"人们听到他这样发问。"他认为你是一个白胡须老头,浑身散发着学究气,"丘吉尔的助手布伦登·布拉肯(Brendon Bracken)事后告诉科南特。但是,在唐宁街10号地下防空室吃午饭的时候,面对这位美国人亲英的好战观点,也由于他穿了一套使人感到随便的粗呢西装,首相终于变得热络起来,发表了一通丘吉尔式的独白,其中一再重复他近来创造的那句警句:"只要给我们工具,我们就能把事情做完。"

1920年,27岁的科南特向哈佛大学化学家理查兹(T. W. Richards)的独生女儿求婚,理查兹是诺贝尔奖获得者、原子量测定的先驱者。科南特向理查兹的女儿许下了常人听起来荒唐可笑的宏愿:“我有三个心愿。先成为美国有机化学的领头人;再成为哈佛大学校长;之后成为政府内阁成员,也许是内政部长。”这些看上去是并不相关的心愿,科南特都逐一实现了。他出生于马萨诸塞州,他们家族于1623年定居于此。在路克西拉丁学校毕业后,他在哈佛大学由他未来的岳父指导下获得了有机化学和物理化学双哲学博士学位。第一次世界大战期间,他将所学知识应用于在埃奇伍德的毒气研究工作中,从而崭露头角。在他晚年写的自传中,他这样评述他的这段经历:

> 在1917年我没有理解,在1968年我也没有理解,为什么摧毁人的勇气首选用烈性炮弹攻击人的肺或皮肤而致人残废。所有战争都是不道德的。从道理上讲,只有百分之百的和平主义者才是不可战胜的。一旦放弃了这一点,比如,当一个国家变得好战时,人们只会对撕毁条约、挑起战争、某种战术或武器的后果津津乐道。

和万尼瓦尔·布什一样,科南特是一个信奉将先进技术应用于战争的爱国者。

“科南特早就在天然产物化学和物理有机化学两方面都赢得了国际声誉,”乌克兰出生的哈佛大学化学家乔治·基斯佳科夫斯基(George B. Kistiakowsky)写道。天然产物包括叶绿素和血红蛋白,科南特将这两种生命分子阐释清楚,从而作出了贡献。他的研究也有助于推广酸和碱的概念,这些概念如今被作为重要的化学基础。即使说他算不上美国有机化学的最高权威，也算得上是美国领先的化学家。当加州理工学院试图用丰厚的科研经费把他挖走时，哈佛大学提出了更优越的条件并拒绝放行。

科南特年轻时的第二个心愿是成为他母校的校长，1933年，他实现了这一愿望。他跟与他接近的哈佛公司成员们说，他除了参加校长选举，不愿接受其他工作，这当然是必要的。他40岁那年参加竞选。他创建了具有卓越的奖学金制度以及“发表或者死亡、升迁或者走人”制度的现代哈佛。

科南特的第三个雄心也在战事发生后基本得到实现，他的职务虽然比内阁成员级别略低一些，他大跨度的、义务的政府职务开始于在国防研究委员会任职。

1941年深冬，他在英国会见了英国政府的其他领导人；谒见了英王；在剑桥得到了一个荣誉学位，并在剑桥大学后花园中散步观赏盛开的报春花；在美国使馆陆军和海军武官们的敌视下，他为国防研究委员会代表机构找到了一个理想的办公场所；再次和丘吉尔共进午餐。他到英国的使命是作为外交使节而不是技术人员。他谈论毒气战和炸药制造，但无法交流有关雷达的信息，因为他对电子学知之甚少。尽管他熟悉有关铀的工作，而且这也是他的国防研究委员会的职责，但保密以及他强烈的“‘需要才去了解’的原则”促使他不急于去了解英国人所知道的关于制造一种炸弹的可能性。

他在牛津大学见到了一位“法国科学家”，可能是汉斯·冯·哈尔班，冯·哈尔班抱怨对铀－重水研究不够积极，“因为他的抱怨明显‘偏离轨道’，我很快终止了交谈并淡忘了这件事情。”这一反应是可以理解的：科南特几乎不了解英国与自由法国达成了怎样的安全协议。但他也讨厌林德曼。他们各自在伦敦俱乐部进午餐，“他介绍了铀核裂变的研究课题，我的反应是，重复我在国防研究委员会会议上提出过的和听到过的怀疑。”林德曼无视这些并突然发难：

> （林德曼）说：“你忽略了制造一种威力无比的炸弹的可能性。”我问：“那要怎样实现呢？”“首先，分离出铀235，”他说，“然后，将两块这样的铀同位素突然碰到一起，合在一起的两块便会自发地进行自持链式反应。”

值得注意的是，这位国防研究委员会化学和爆炸部的主席后来于1941年5月补充说：“这甚至是我首次听说有那么一点可能制造一种炸弹。”他没有再深究这一问题。“我相当准确地设想，如果布什什么时候想在英国接触原子能方面的工作，他会通过布里格斯这一渠道。”匈牙利“阴谋家”继续感到气恼也就不足为怪了。

接着，美国一流的物理学家首次参加到辩论中，他们的意见不容忽视。甚至在西博格和塞格雷证实钚的裂变性之前，欧内斯特·劳伦斯就在美国占上风的怀疑论及保守主义与他的英国朋友日益高涨的狂热之间权衡，并且表现出了特有的热情。欧内斯特·卢瑟福的女婿，丧偶的拉尔夫·福勒，于20世纪30年代访问了伯克利并与回旋加速器的发明者一起参加野餐和周末晚会。福勒现在是英国驻华盛顿的科学联络官，并利用近水楼台的优势促使劳伦斯加盟。马克·奥利芬特也这样做了，劳伦斯在1933年索尔韦会议后见到了他并在访问卡文迪什实验室时对他产生了好感。

劳伦斯鼓励对钚的研究，部分是因为迄今为止所讨论过的所有同位素分离方法都看不到希望，这些方法包括用离心分离机、热扩散或气体多孔膜扩散。但是，大约在这一年年初，他开始考虑用电磁法分离同位素，阿尔弗雷德·尼尔在小规模的研究中就用过这一方法。劳伦斯想，他可以将他的93

厘米回旋加速器改装成一个大的质谱仪,尼尔曾认为不可能在工业规模下实现电磁分离,这一事实反而激励了这位伯克利的桂冠学者。劳伦斯差不多全身心地投入到机器改造中,斗志昂扬地构思一种将禁闭在铀238中的铀235分离出来(当时,伯克利用费米的铀-石墨反应堆合成了钚)的机器。一个切实可行的计划正在形成。

这个计划分成几个阶段。劳伦斯在情绪上还没有准备取消他的和平利用核能的计划。洛克菲勒基金会自然科学部主任沃伦·韦弗(Warren Weaver),于2月访问伯克利,看到了4900吨重、直径4.7米的回旋加速器的制造进展情况,基金会同意12个月之内将115万美元全部到位。劳伦斯长时间地抱怨铀委员会的怠惰,韦弗本来和国防研究委员会的另一个部门一同工作,他当时驱车来到大学后面山坡上的回旋加速器实验室,并首次受到震撼,然后用他对这一卓越而又庞大的机器的看法说服了洛克菲勒管理层。

3月,当科南特从伦敦回国四处发表演说的时候,劳伦斯又一次在他面前抱怨。"给布里格斯的铀委员会点一把火,"这位精力充沛的加利福尼亚人鼓动这位哈佛大学校长,"难道要在德国科学家成功地制造出了原子弹时,我们还只是在论证它的可能性吗?"劳伦斯为全面出击作好了准备。3月17日,当他在麻省理工学院见到卡尔·康普顿和阿尔弗雷德·卢米斯时行动便开始了。

卢米斯从法律和银行投资这些赚钱的事业转行到物理学。而康普顿已经是一位著名物理学家,在1930年成为麻省理工学院院长之前,他在普林斯顿大学获得理学博士学位并从教了15年。这两人都懂得社交政治,然而,他们深受劳伦斯激情的感染,几乎是劳伦斯刚一离开房间,康普顿就给万尼瓦尔·布什打电话,并在同一天紧接着就口述了一封信。布里格斯"生性缓慢、保守,用和平时期政府部门的节奏处理事务,"康普顿写道,传达着劳伦斯生硬的抱怨,"奉行与这种品性相一致的政策,并由于保密要求而更加束手束脚。"即使美国拥有"全世界最多最好的核物理学家",英国仍然占据领先地位。德国则"非常积极"。布里格斯只邀请了很少几个美国核物理学家从事这项工作。此外,在寻找用慢中子链式反应作动力的裂变研究中,还存在其他可能性,"如果成功,这将具有重要得多的军事用途。"

尽管卢米斯和康普顿在向布什游说后感到松了一口气,但两人都对劳伦斯心怀敬畏,卢米斯此时为劳伦斯提供了3万美元的私人资助以使他能方便地巡游全国——考虑到布什也不过是发表一通空谈:"我急切地说,欧内斯特自己积极地参与机构重组的想法,决不只是他的设想或只是存在于他的头脑中,我坚信它将是一个理想的解决途径。"

布什的自负与他的职责份量相当,正如卢米斯和康普顿所应该了解的。欢迎劳伦斯的活动可能是一种策略,尤其因为卢米斯是令人尊敬和有影响的国防部长亨利·史汀生(Henry L. Stimson)的第一代堂兄弟和密友;但布什将劳伦斯的活动当成是对他的权威的挑战,这是自从他成立国防研究委员会以来物理学界第一次发起挑战,他确信他能战胜挑战。在麻省理工学院会议两天后,他在纽约会见了劳伦斯并直言不讳:

> 我平淡地告诉他,我正在主持这项工作,我们建立了操作流程,他可以或者作为国防研究委员会的成员通过内部机制提交他的意见,或者完全置身局外以个人身份并以任何他认为合适的方式行事。他顺从了,我为他安排了与布里格斯一起参加一系列极好的讨论会。不过,

> 我明白地告诉劳伦斯，我会向布里格斯提供有用的忠告和可能的咨询，但最终我提出支持布里格斯和他的委员会的决定，除非有某个决定性的、强有力的事情需要个人加入其中。因此，我认为这个问题已彻底澄清，只将痕迹留在过去。

通过威胁说要排挤劳伦斯使其像移民一样受冷落，布什暂时把铀的问题搁在一边，这一做法持续了不到一个月。

1940 年劳伦斯用一个核物理学家换取了一个名叫肯尼思·班布里奇（Kenneth Bainbridge）的哈佛大学实验物理学家，班布里奇建造了哈佛大学的回旋加速器，在麻省理工学院从事雷达工作。当科南特前往伦敦创建国防研究委员会办事处时，班布里奇和其他一些人随行，并在各自的专业领域和英国人一起工作。因为班布里奇像了解雷达一样地了解核物理，甚至熟悉同位素分离，于是英国人让他参加了一次正式的莫德委员会会议。班布里奇惊奇地发现，这个委员会"对临界质量和（炸弹的）组合（机制）有很好的想法，并且激励个人间的交流……他们估计至少要用 3 年时间解决所有与制造原子武器有关的问题"。班布里奇立刻与布里格斯取得了联系，并提议派出美国的铀问题代表。

在布什整齐而又刚硬如刷的头发下面是满脑袋的困惑，"我不是原子物理学家，"他直率地写道，"很多内容我都不能理解。"正如他那年 4 月间见到的情形，"这的确可能要花费大量的资金，然而目前在我们面前还没有出现为它的重要性提供的确凿依据。"但是，他感受到日益增大的压力，劳伦斯在刺激他，班布里奇又证实了英国进展的情况，他现在需要帮助。

"这是布什的策略，"美国实验物理学家阿瑟·康普顿写道，阿瑟是卡尔·康普顿的弟弟，“作为国家战争研究机构的协调者，将国家(自然)科学院当成重大科学问题的最终裁判所。”4月中旬的一个星期二，在与布里格斯会谈后，布什写信给资深的贝尔电话公司工程师弗兰克·朱厄特，此时的朱厄特是国家科学院院长。布里格斯听到了班布里奇的话，并提醒布什；“乱了套了，”布什和布里格斯异口同声地说。“英国人显然做得与我们一样多，甚至更多，如果这真是一个非常重要的问题，我们就应该为这个国家承担更多的责任。”布什希望“一个由卓越的物理学家组成的小组对整个情况作出积极而冷静的回顾评估”，入选的人应该“具有理解问题的足够的知识，并且能足够超脱地冷静评估”。

在紧接着的星期五国家科学院的华盛顿例会上，朱厄特、布什和布里格斯组织了他们的评估小组。他们把劳伦斯添加进委员会，同时还有近来已经退休的通用电器研究实验室主任、物理化学家威廉·库利吉(William D. Coolidge)。他们还找到了阿瑟·康普顿，他是芝加哥大学教授、诺贝尔奖获得者，并提出请他领导评估。康普顿谦恭地说了一句自己“是否合适”后便欣然接受了。

阿瑟·霍利·康普顿是长老教会牧师兼俄亥俄州伍思特地区伍思特学院的哲学教授的儿子。他的母亲是门诺派教徒，献身于传教事业，并成为1939年度美国母亲。阿瑟追随他的哥哥卡尔从事科学研究，并在成就上超越了他，不过在家族性的虔诚方面与他一样。“阿瑟·康普顿每天与上帝为伴，”芝加哥大学恩里科·费米的年轻学生利昂娜·伍兹如此评说。不过她评价康普顿是“一个杰出的科学家，一个杰出的人……他一生都非常潇洒，有着运动员一样高大而强健的身躯。”伍兹写道，费米认为“英俊潇洒往往与智力成反比，”但“阿瑟·康普顿除外……他智力非凡”。

正如费米所言,康普顿的物理学研究是一流的。他毕业于伍思特学院,在普林斯顿大学取得哲学博士学位。1919年,计划实施的头一年,他被指派为国防研究委员会研究员,在卡文迪什实验室卢瑟福的领导下从事研究工作。他在那儿开始了一项高难度的工作——测试伽马射线的散射和吸收,这直接导致了以后称为康普顿效应的重大发现,他因此而赢得诺贝尔奖。

1920年,康普顿写道,他在圣路易斯的华盛顿大学接受了一个教授职务,"一个小地方,"避开了物理学主流,从而他能集中精力从事散射研究,他从伽马射线延伸到X射线。他用石墨块散射X射线,用方解石晶体X射线光谱仪接收它们并测得它们的莫塞莱型的波长。他发现,X射线通过石墨散射后,出射波长比入射波长长:好像喊声被远处的一堵高墙反射后很奇怪地它的声调变低沉了。如果X射线(X光)仅仅是一种波动,那么它们的波长就不会改变;事实上,康普顿于1923年用实验证明了爱因斯坦1905年在光电效应理论中的假设:光是波同时也是粒子——光子。一个X射线光子与电子弹性碰撞,好像台球相撞,被反弹回来并因而损失它的部分能量。方解石晶体显示出作为X射线光波波长变长的能量损耗。阿诺尔德·索末菲为康普顿效应——光子被电子弹性散射——而热烈欢呼,将它称为"在物理学现行状态下能做出的可能是最重要的发现",因为它证明了光子的存在,在当时,1923年,人们对此还很难相信,并且清晰地用实验证明了光既是粒子又是波的波粒二象性。

当他从做科学研究转到皈依上帝时,精明的实验者失去了他的精明。他僵直地滑向肖陶扩(Chautauqua)野外教育集会运动的逻辑,将海森伯的不确定性原理延伸到原子尺度以外的人类世界,认为物质有自由意志并为此呐喊。玻尔在30

年代早期访问美国期间听了康普顿有关自由意志的报告，觉得好笑。“玻尔高度评价了作为一个物理学家和作为一个男人的康普顿，”这位丹麦诺贝尔桂冠学者的一个朋友回忆说，“但他觉得康普顿的哲学思想太原始：‘康普顿似乎想说对上帝来说不存在不确定性原理。这是胡扯。在物理学上，我们不去谈论上帝，而只谈论我们能够了解的东西。如果我们要谈论上帝，那我们就必须换一种完全不同的方式去谈论。’”

1941年的战争工作对阿瑟·康普顿的哥哥来说是有好处的，卡尔在科学界获得国家级重要地位，并且为麻省理工学院赢得一个重要的秘密实验室。阿瑟希望得到更多。这里有一个和平主义问题，他母亲的门诺派教徒信条以及当时在美国一个小礼拜室讨论得很多的话题——孤立主义的一种宗教翻版：

> 1940年我48岁，我开始强烈感受到我作为一个公民的责任，我要在这场将要把我的国家像世界上其他一些国家一样卷入的战争中找到自己的合适位置。在芝加哥，我作为大众中的一员与我的牧师进行讨论。他很奇怪，为什么我不支持他对我们教堂的年轻人发出的要站在和平主义立场上的呼吁。我用这种方式回答他：“只要我确信，就像我现在这样，还有比我生命更有价值的东西，我将为捍卫这些价值义无反顾，哪怕冒死亡的危险甚至献出自己的生命。”

后来，当布什和国家科学院要求他领导评估工作时，“一段短时间后”，阿瑟·康普顿已经作好了准备。

评估委员会立即会见了一些布里格斯在华盛顿的同事。一星期后，1941年5月5日，评估委员会再次在坎布里奇集会听取其他铀委员会成员及班布里奇的发言。“紧接着，”康普顿写道，“用了两个星期与其他有积极兴趣的人讨论铀的军事应用可能性。”康普顿迅速完成了7页篇幅的报告并于5月17日递交给了朱厄特。

报告一开头就论述评估委员会考虑的是“原子核裂变的可能的军事方面问题”，并列出了三种这样的可能性：“强辐射物质制品……用飞机像投炸弹一样散布到敌占区，”“潜水艇和其他船只的动力能源”以及“烈性炸弹”。在“链式反应的首次成功实现之后”，放射性尘埃还需要一年的准备工作，这意味着“不会早于1943年”。在链式反应后，准备动力能源至少需要3年。而炸弹需要浓缩铀235或者在链式反应中可能制造出的钚，因此“原子弹很难预期在1945年之前制造出来”。

并且，问题在于，报告没有提及快中子裂变、临界质量以及炸弹组合机制。报告用大量篇幅讨论“安全控制链式反应”，考虑的是铀－石墨、铀－铍和铀－重水系统。委员会提出要为费米的中间实验及其他方面提供他所需要的足够的资金。它，更独创地，发现并强调了这一新领域的决定性的长期挑战：

> 对我们来说，两年之内原子核裂变成为军事应用似乎不可能……然而，如果链式反应能发生并被控制，它就可能迅速地在战争中成为决定因素。因此，注意到对于可能持续10年或更长时间的竞争来说，我们在这一发展方向取得领先地位是重要的。哪个国家首先产生和控制了这一过程，它就将从核能应用中成倍获益。

布什收到美国国家科学院的这份报告时，政府科学部门正在改组。国防研究委员会在科学研究方面已拥有与军事实验室和国家航空顾问委员会同等的权力，但无权进行工程开发。布什提议建立一个为战争服务的具有覆盖所有政府科学部门的广泛权力的新的总代办处——科学研究和发展局。布什作为它的主任将亲自向罗斯福汇报。布什准备召回科南特来接管国防研究委员会，从而自己可以升任科学研究和发展局主任。“只要事情一明朗，我很快就会有一个新的职位，”科南特写道，“当布什考虑如何对待布里格斯的铀委员会时，他开始接纳我为他的亲信。”科南特凭着他在英国工作的经历背景，他告诉布什，他对康普顿的报告的反应是“几乎完全否定。”

朱厄特向布什转交了这个报告，附带了一封布什称为“权威而感人”的加封信件。私下里，他警告布什，他有“一种潜伏的恐惧”，那个报告“可能有些部分过于热情，因而不能很好地平衡全局”。朱厄特也将报告转给一些资深的同事征求意见，其中有加州理工学院的罗伯特·密立根(Robert A. Millikan)，1923 年的诺贝尔物理学奖得主。并将他们的评论于 6 月上旬发送给布什。布什的反应是恼火中夹杂着对英国发展情况的令人惊讶的思维混乱：

> 这个铀事业真让人头疼！我从密立根的评论看，很明显，他写这些东西时对现状一点都不了解。英国已经明确无误地确定了铀 238(原文如此)链式反应的可能性，这将完全改变整个事件的局面。密立根将他的评论仅仅建立在对铀 235 有指望的信念上。这很自然，因为他没有接触到英国人极为秘密地告诉我们的最新进展。

他同意工作“应该以更为富有生气的方式进行”，但他对评论中的内容仍然深表怀疑：

即使物理学家们取得了他们期望的一切，我仍相信，从这种物质中能实际产生出某些东西之前，会有一个很长的、本质上非常困难的工程工作时期，除非取得重大突破，而我对此深表怀疑。

尽管这位科学研究和发展局主任得到了钚的显著的裂变性这一新消息，却不予置信。塞格雷和西博格通过1941年春天连续不断的工作确定了各种人造元素的截面。星期天，也就是5月18日，终于精制了一个足以精密测量的细小样品，他们算出钚的慢中子裂变截面是铀235的1.7倍。西博格说，劳伦斯在星期一听到这一消息时几乎难以自控：

我们告诉劳伦斯，我们昨天明确证实了钚239的慢中子裂变，他非常兴奋。他立即打电话到芝加哥大学将这一消息告诉阿瑟·康普顿……康普顿立即打电话（但没有成功）给万尼瓦尔·布什，于是他又给布什发了一封电报……在这封电报中，康普顿指出，这种实验验证……极大地增加了裂变问题的重要性，因为可用的材料（也就是从铀238嬗变到钚）因而增加了100倍以上……他说，阿尔弗雷德·卢米斯和欧内斯特·劳伦斯因而请求他重新强调推进哥伦比亚大学的（铀－石墨）工作的至关重要性。

美国的这个计划因官僚主义疑虑而陷入停顿，而希特勒和他的战争机器却使它复活。那年夏天代号为“巴巴罗萨行动”的大规模战争升级，于6月22日星期天凌晨在东线揭开了序幕，一支有164个师，包括荷兰和罗马尼亚军团的德国军队汹涌向东，以闪电战方式入侵苏联。德国元首在6个月前的一个密令中，野心勃勃地扬言，“甚至要在对英国的战争结束之前用快速战术摧垮苏联。”希特勒意欲在冬季到来之前将所有战线推进到乌拉尔地区并强占苏联的工业和农业基地;7 月,装甲车越过第聂伯河,威胁基辅。

在伦敦的经历对科南特的影响以及扩大的战事,荒谬地增加了他对计划的怀疑,他只是接受了委派的管理任务:

> 我对布什说,我对康普顿的第一份报告所担心的是,完成链式反应虽说是如此重要,但花费这样一大笔财力和人力是否完全合理。对我来说,自由世界的防务处于如此危险的状态,以至于只有可能在大约数月或者至多一、两年内能产生结果的努力,才值得认真考虑。1941年夏天,通过重新整理我在英国看到和听到的、至今仍记忆犹新的东西,我无法忍受那些我经常遇到的、加盟铀委员会的物理学家们的论点。他们用兴奋的声调谈论着一个新领域的发现,在这个领域,从铀反应堆出来的能量将给我们的工业社会带来一场革命。我对这些空谈感到冷淡。我提醒他们,我们的精力应该集中在最即时的目标上,直到纳粹德国被打败。

亲眼目睹了对伦敦的闪电战,科南特产生了一种被围困的紧迫心理;正如科南特指出的,布什“面对该优先发展什么的重大决断”。两人都希望有一个牢靠而又务实的评估。他们决定,康普顿的报告需要注入工程专业技术常识。康普顿谨慎地从领导位置上退了下来,通用电器科学家库利吉临时取代了他的位置。科南特从贝尔实验室和威斯汀豪斯实验室分别引进了一个工程师,并在 7 月上旬扩大了委员会,重新审视第一次评估。

布里格斯是一个可以相信的证人。那时,他已收到了莫德委员会技术分会会议 4 月 9 日的备忘录,在那个会上,派尔斯报告,截面测量证实了快中子炸弹的可行性。布里格斯也正好从劳伦斯那儿了解到钚有一个比铀 238 大十倍的快中子裂变截面。劳伦斯甚至提交了一个有关 94 号元素的独立报告,并首次在美国官方考虑中强调快中子裂变比慢中子裂变重要。但是,布里格斯仍然专注于产生能量的慢中子链式反应,国家科学院的第二个报告也是如此。“1941 年夏天,”约翰·邓宁的合作者尤金·布思回忆说,“布里格斯在哥伦比亚大学普平实验室的地下室访问了我们,看了我们对六氟化铀用(气体)散射法分离铀 235 的实验。他很有兴趣,祝福我们,却没有给我们钱。”

那个夏天,这个美国计划处于夭折的危险之中,康普顿认为:“政府的负责的代表们……非常倾向于将核裂变研究从战争项目中淘汰出去。”他相信这一计划之所以会保留下来,是因为劳伦斯提出了用钚制造炸弹的建议。94 号元素的裂变性也许使康普顿深信不疑,而对于政府的负责的代表们来说却不是决定性的。他们是牢靠的人,需要有牢靠的事实。而这一切正在到来,“比康普顿和劳伦斯的论点还要重要的,”科南特写道,“是这样一则新闻,一个英国物理学家小组断定用铀 235 制造一个炸弹是完全切实可行的。”

英国整个冬季和春季都在试图兑现这句话。7 月,他们再次尝试。G·P·汤姆孙于 6 月 23 日草拟了一个报告供莫德委员会考虑,这一天正好是“巴巴罗萨行动”在巴尔干地区和东波兰爆发的第二天。加州理工学院的查尔斯·劳里森(Charles C. Lauritsen),一个受人尊敬的资深物理学家,正在着手为国防研究委员会开发火箭,在莫德计划起草期间,他恰好在伦敦与英国人协商。莫德委员会邀请他参加 7 月 2 日他们在伯灵顿宫召开的会议。劳里森认真听着,做着笔记,然后与当时正在从事这项工作的 24 个物理学家中的 8 个人单独会谈。他第二周回到美国时,立即向布什汇报了莫德的发现。"大体上,"科南特说,"他概述了'报告的草稿'。"劳里森会见的物理学家们都为推进美国建造气体扩散工厂作出了贡献。

英国政府直到10月上旬都没有正式将莫德的最终研究报告传送给美国政府,但莫德委员会7月15日认可了它(因而迅速被解散),并同时将一份汤姆孙的草案复制件发送给了布什,这份草案具体讲述了一些基础性的发现。莫德报告与两份国家科学院作为蓝图而不是草案的研究成果不同,它一开始就声明:

> 我们现在已经得出结论,制造一颗实际的铀弹是可能的,这颗铀弹将含有10余千克的放射性材料,爆炸力相当于1800吨的TNT炸药,而且还将释放出大量的放射性物质……一座每天生产1千克(铀235)(或者说每月3颗炸弹)的工厂造价大约500万英镑……尽管这是一笔非常大的开销,但是,我们认为这种炸弹在物质上和精神上的破坏效果是如此之巨大,因而,应该尽一切努力来生产它……生产第一枚原子弹的材料在1943年年底能准备好……即使在铀弹制造出来以前战争就已经结束,这种努力也不会是没有回报的,除非出现全面裁军这种不太可能出现的情况,因为没有一个国家愿意承担不掌握具有这种破坏威力的武器所带来的风险。

报告在结论和建议方面,清晰明了地列出了三点:

> (i) 委员会认为发展铀弹的计划是切实可行的,而且很可能对战争产生决定性的结果。
>
> (ii) 建议把这一工作继续放在最优先地位,并扩大

到能在最短的可能时间内制造出这一武器所需要的规模。

（iii）应将目前同美国的合作继续下去，尤其是实验工作领域中的合作应该得到扩大。

“得到从大不列颠非官方渠道传来的信息，”科南特在1943年起草的一份工程的秘史中总结道，“……对科学研究和发展局主任和国防研究委员会主席来说，很清楚，报告所勾画出的主要应推进的工作已经井然有序。”

他们仍然没有立即组织推进。科南特战后回忆说，他也还没有相信铀弹会像所说的那样发挥作用。英国人的研究和深思熟虑的判断至少提出了一个轮廓鲜明的军事发展计划。布什将这份报告交给了他在白宫的后台老板、副总统亨利·华莱士（Henry Wallace），他是内阁成员中唯一的一名科学家，一个开发了许多品种的杂交玉米的植物遗传学家。“7月间，”科南特写道，“布什与华莱士副总统商讨了一个将大量政府经费用于铀工程的问题。”自那以后，布什显然决意等待官方传送过来的莫德的最终研究报告。

“如果每个必要的步骤都需要10个月去仔细考虑，”利奥·齐拉1940年向亚历山大·萨克斯抱怨说，“那么很明显，有效地实现这一开发将是不可能的。”虽然美国计划现在比以往有所加快，但仍然远远不够。

那年夏天，正当劳伦斯和康普顿支持钚的时候，一个高大、削瘦、受过战争摧残的奥地利人，却躲在德国物理研究机构里，企图把这种可裂变的新元素隐藏起来。他是奥托·弗里施的一个老朋友：

弗里兹·豪特曼斯和我是在柏林认识的，但（战前）

> 在伦敦,我对他印象较深的就是他的长相像一只老鹰:他有一半犹太血统,同时又是一名共产党员,这种人很少能逃过盖世太保的迫害。他的父亲是荷兰人,母亲是一个犹太人,他为自己的犹太血统感到自豪。对于反犹,他常常会如此反击:“当你们的祖先还生活在森林里的时候,我的祖先已经在制造假支票了!”他有满脑子聪明想法。

豪特曼斯在哥廷根获得实验物理学的理学博士学位,但是他却精于理论。他的聪明想法之一,是在恒星的能量方面。他在20年代后期在柏林大学时,与一位来访问的英国天文学家罗伯特·阿特金森(Robert Atkinson)共同发展了有关理论。阿特金森对他年长的同事阿瑟·爱丁顿对太阳和其他恒星以千万度量级的温度燃烧并延续了数十亿年的寿命的最新估算很熟悉,这意味着在恒星内部存在巨大而尚未查明的能量损耗。1927年夏天,两人在哥廷根附近散步时觉得,卢瑟福在卡文迪什实验室产生的那种原子核转变是否能说明恒星的持续燃烧。他们很快创立了基本理论,正如汉斯·贝特后来描述的那样,“在恒星内部的高温下,星球内的原子核可以进入另外的核而产生核反应,便释放出能量。”当两个热的(因而也是快速运动着的)氢核以足够的力量碰撞从而克服它们各自的静电势垒并熔合成一体形成氦核时,便在这一过程中释放出部分结合能。后来豪特曼斯和阿特金森同伽莫夫一起把这些事件命名为“热核反应”,因为这一过程是在如此高的温度下进行的。

1933年,豪特曼斯移民到苏联,“但沦为牺牲品,”弗里施写道,“斯大林清洗运动的受害者,在监狱里呆了好几个年头;”他的妻子和两个小孩设法逃到了美国。1939年希特勒和斯大林签订了临时协议,其中包括交换犯人,于是,豪特曼斯被作为“犯人”交还给了盖世太保。幸好，他碰上了马克斯·冯·劳厄，弗里施称赞后者为“具有威望和勇气、敢于对抗纳粹的罕见的德国科学家”。冯·劳厄设法使他获得了自由，并给他在一位富有的德国发明家曼弗雷德·冯·阿登(Manfred von Ardenne)男爵那里找到一份工作。冯·阿登曾学过物理学并在柏林郊外的利希特费尔德有一间私人实验室。他独立于海森伯和陆军部，自己从事铀的研究，而研究经费从邮政部得到。邮政部拥有一笔很大而大部分未用的研究预算。邮政部长认为他自己是在为希特勒的重大秘密武器拨款，计划建造一台100万伏的范德格拉夫起电机和两台回旋加速器，1941年均已动工。在设备建成之前，豪特曼斯专心于理论研究。

8月份，豪特曼斯已经独立研究出制造一颗炸弹所需要的全部基本概念。他写了一份39页的报告论述它们，这份报告题为“论释放链式反应的问题”。报告中考虑了快中子链式反应、临界质量、铀235、同位素分离和94号元素。豪特曼斯特别强调94号元素的生产。“每一个不使铀235裂变的中子均被铀238俘获，”他写道，“这样就产生一种可由热中子发生裂变的新核。”他私下和冯·魏茨泽克以及海森伯讨论他的一些想法，但他注意到，邮政部将他的报告瞒过陆军部的眼睛秘密保存在自己的保险柜里。在苏联他学会了为了生存而合作，在那里，内务人民委员会，也就是当时的克格勃，曾打掉他的全部牙齿并将他单独关押长达数月之久。同在苏联一样，在德国他也在他的胆量允许的范围内尽量不把自己知道的东西说出来。他个人对通过链式反应从天然铀转变过来的94号元素的认可，也许填补了德国在同位素分离方面的疏忽。1941年夏天过后，德国的炸弹计划完全依赖于铀和维莫尔克的重水。

在英国，至少他们知道自己在干什么。蒂泽德对莫德报告表示怀疑，并且怀疑在战争结束之前这种炸弹是否能制造出来。林德曼，他现在是彻韦尔(Cherwell)爵士，一位男爵了，他的首相朋友尚未有此礼遇。彻韦尔一直认真地关注着莫德的工作。他尊敬汤姆孙，西蒙是他的老朋友，派尔斯毕竟准确地读懂了他的啰嗦文章。他相信这些人的判断力，于是，着手把长篇报告压缩为一份简短的备忘录呈交丘吉尔阅读。丘吉尔喜欢给他的文件都不超过半页。因为这个报告内容重要，彻韦尔无法迁就丘吉尔，便把它写成了两页半长。他认为研究工作应持续6个月，然后再作进一步的评估。他认为同位素分离工厂不应建在美国而应建在英国……虽然面临人力不足和德国轰炸的危险，或者"最坏"也要建在加拿大。他这个结论同莫德委员会的结论不同。"赞成(建在英国)的原因，"他写道，"是可以更好地保密……而且最重要的是，哪个国家有这样一个工厂，就能够向世界上其他的国家作统一调度。可是，不管我如何信任和依靠我的邻居，我都很不愿意让自己完全任其摆布。因此，我并不愿意让美国人来承担这项工作。"他的总结报告虽然降低了机会，却决定性地提升了"赌注"：

> 从事这些问题研究的人们认为两年内成功的机会为百分之十，我决不会以超过二对一的赔率或同额赌注来赌这事不会成功。但我非常清楚我们必须行动。如果我们让德国人在战争中打败了我们，或者在他们被打败后又来翻案，那都是不可饶恕的。

丘吉尔在8月27日收到彻韦尔的建议，3天后便短时间会见了他的军事顾问，用讥讽的语气暗示闪电战效应："尽管我个人相当满足于已有的炸弹，但我觉得我们不能停留在改良道路上，因而，我认为我们要按彻韦尔爵士所建议的那样采取行动。"

英国三军参谋长于9月3日协调了行动。

马克·奥利芬特协助在美国上层推动美国计划。"如果国会了解原子能工程的真实历史"，战后利奥·齐拉公正地说，"我认为，应该制造特别的奖章授予有杰出功绩的'爱管闲事'的外国人，第一个应该授予奥利芬特博士。"科南特在他1943年写的秘史中认为，1941年秋天计划变更方向的"最重要"原因是"对奋力攻克铀问题的大力提倡者变得更加直率和坚定"，并且首先提到了奥利芬特的影响。

奥利芬特在8月下旬乘飞机抵达美国——他认为乘坐途经里斯本的泛美航空公司的飞机太慢，因此常常乘坐未装弹的轰炸机来往——与他在国防研究委员会致力于雷达研究的搭档们一起工作。但他也负责打听美国对莫德委员会的成果熟视无睹的原因。"记录和报告……已经送到莱曼·布里格斯那里……但我们事实上没有得到任何意见，我们对此迷惑不解……我在华盛顿给布里格斯打电话，只发现这位口齿不清、心不在焉的人将报告扔在保险柜里从未给他的委员会成员们看过。"奥利芬特对此"吃惊而又沮丧"。

后来，他与铀委员会接触。塞缪尔·阿利森(Samuel K. Allison)是委员会的新成员，一位有才干的实验物理学家，是阿瑟·康普顿在芝加哥大学的学生。奥利芬特"出席会议，"阿利森回忆说，"……用非常准确的言辞论述'炸弹'。他告诉我们，我们必须将全部精力集中在炸弹上，我们没有理由继续建造动力厂或者做其他任何事情，只能全力以赴制造炸弹。他说，这种炸弹将要花费2500万美元，而英国没有这么多的财力和人力，因此责任就落在了我们身上。"阿利森感到非常惊讶。布里格斯一直在瞒着委员会的成员。“我以为我们正在为潜艇制造一种动力能源。”

在绝望中，奥利芬特去找他所认识的在美国有影响的支持者。他接通了欧内斯特·劳伦斯的电话：“我甚至要在合适的时间乘飞机到伯克利去见面。”在9月初他这样做了。

劳伦斯驱车将奥利芬特带到伯克利校园后面山坡上4.7米回旋加速器实验室，在那里他们可以在不被偷听的情况下谈话。奥利芬特复述了莫德报告，劳伦斯从未看到过这份报告。劳伦斯接过话题，讲到在改进过的回旋加速器上可能实现铀235的电磁分离，还讲到钚的诸多优点。“我不知要用多少话来赞美你的实验室所做的一切，”会见之后，奥利芬特在给劳伦斯的信中这样写道，“我确信，在你们手中，铀问题将受到正确而周密的考虑。”回到办公室，劳伦斯打电话给布什和科南特，安排奥利芬特与他们见面。从奥利芬特那里，他得到了一个成文的英国秘密报告的摘要。

在华盛顿，科南特邀请奥利芬特一起用餐，并满怀兴趣地听他讲述。布什在纽约会见了他，仅仅给了他礼貌性的20分钟。两位长官都没有对莫德报告的内容产生兴趣。“一场在核物理学家之间的对一个禁谈话题的闲聊。”科南特在他的秘史中这样刻画奥利芬特的这次旅行。

奥利芬特也顺便访问了费米，并和他交换了意见。他发现这位意大利桂冠学者比任何时候都更为谨慎，“对快中子炸弹的态度不明朗，并且全然不觉得玻尔-惠勒裂变理论之巧妙。”

在华盛顿和纽约会见的前后，奥利芬特在纽约斯琴奈克塔迪的通用电器公司拜访了威廉·库利吉，他是国家科学院第二份评估报告的临时主席。这次访问至少激起了某种义愤。库利吉立刻将奥利芬特带来的消息写信告诉了朱厄特，强调对纯净的铀 235“在这种情况通过快中子直接作用将会发生链式反应……这个信息,就我所知,在国家科学院委员会提交第二次评估报告之前,美国都没有用上。我认为,奥利芬特所讲的这些事情应该得到认真考虑。”这些信息对美国的确有用,至少是那个莫德备忘录,包括派尔斯 4 月 9 日的陈述,但布里格斯将它锁在保险柜中了。奥利芬特回到伯明翰大学,他根本不知道是否留下了任何印象。

劳伦斯已经采取行动。他在奥利芬特离开伯克利之后,打电话给芝加哥的阿瑟·康普顿。“某些明确的发展使他相信可能制造出原子弹,”康普顿解释那次会谈,“这种炸弹,如果及时造出,可能决定战争的结局。德国人在这个领域的活动使他觉得我们加快发展是非常紧迫的事情。”这正是两年前齐拉的观点。9 月 25 日,劳伦斯按日程要在芝加哥大学做一个演讲。科南特也要来芝加哥接受一个荣誉学位。康普顿提出邀请两人一起到他家来。这样,劳伦斯能够直接向这位国防研究委员会主席施加压力。

爱德华·特勒在泛美科学大会上决定了自己的政治志向后,继续留在乔治·华盛顿大学任教,同时在裂变研究方面开展工作。1941 年 3 月,他与作为发起人之一的默尔·图夫一同宣誓效忠美国,并成为美国公民。汉斯·贝特,从康奈尔大学来到哥伦比亚大学临时在春季学期任教,在同一个月宣誓。在学期结束时,贝特向哥伦比亚大学推荐,邀请特勒取代他。为了在工作中与费米和齐拉更加接近——也为了裁定他们之间的争论——特勒接受了邀请并移居曼哈顿,住在晨光大道的一所公寓内。

在实验中期,费米抽出时间建立理论。9 月间一个舒适的日子里,他和特勒在大学俱乐部一同用午餐,然后,步行回到普平——“突然地,”特勒说,费米大声嚷嚷,不知是否可以用原子弹来充分加热大量的氘从而引发热核聚变。在这样一个机制中，一枚将氢聚变成氦的炸弹其能量应该比核裂变炸弹高三个数量级，按等量爆炸力衡量又廉价得多。对费米来说，这一想法是随口说的，而特勒却感到了惊人的挑战，并将它记在心上。

特勒喜欢开辟新领域。当他在理论上理解了某事后，他通常来不及等待实验验证就迫不及待地推进。他懂原子弹，他进而考虑制造氢弹的可能性。他作了大量的计算，结果令人失望。"我确定氘不能用原子弹引爆，"他回忆道，"下一个星期天，我和费米两家人一起散步。我向恩里科解释了氢弹绝对不能制造出来的原因，他相信了。"一段时间里，甚至特勒也相信了自己。

不过，恩里科·费米和爱德华·特勒并非最早想象用核链式反应激发氢的热核反应的人。这一功劳应属于京都大学富有科学才能的日本物理学家荻原德太郎。荻原德太郎一直跟随世界核裂变研究的脚步，并开展自己的研究工作。1941年5月，他做了题为"超级炸药铀235"的演讲，综述了已有的核物理知识。他知道依赖于铀235的爆炸链式反应，并且理解同位素分离的必要性："因为爆炸链式反应的应用潜力很大，应该立即找到实现它的实际方法。找到从天然铀中大量提取铀235的方法非常重要。"然后，他论述了他所看到的核裂变和核聚变之间的关联："铀235一旦能大量生产出来并适当浓缩，将极有可能作为氢聚变的引爆物。我们对此寄予很高的期望。"

但是，在日本或者美国制造氢弹之前，他们必须先制造一个原子弹。这两国中还没有哪一个国家已经具备了较重要的、可靠的支持。

"这是9月的一个凉爽的夜晚，"阿瑟·康普顿回忆说，

"科南特和劳伦斯来到我家中时,我妻子向他们打了招呼,并给围坐在火炉边的我们每人倒了一杯咖啡,就上楼去忙自己的事去了。这使得我们能无拘无束地谈话。"

劳伦斯说话充满激情。他"在陈述自己对美国计划的不满时显得精力非常旺盛,"科南特写道,"那个夏天奥利芬特博士见到了他,并通过重述英国人的希望来进一步激起劳伦斯要在这整个领域投入更多行动的热心。"科南特对英国人的希望全知道,认为那次谈话没有价值,并选择充当挑刺的角色,他能轻易地让康普顿上当,而康普顿认为自己的论点会改变局面:

> 科南特感到棘手。作为他到目前为止收到的报告的结果,他下结论,结束对作为战时研究课题的核研究的支持的时刻来到了……我们的每一份力量都需要用在国防上,无论是科学上还是工业上,都不能为军事价值非常可疑的原子核计划花费力气。
>
> 我决心给劳伦斯以支持……
>
> 科南特开始被说服了。

这位哈佛大学校长说:"我禁不住想问劳伦斯是否准备搁置他自己的研究计划,从而打断他的花言巧语。"康普顿使科南特的挑战演变得富有戏剧性:

> "如果这项任务像你们这些人所说的这样重要,"(科南特)谈到,"那我们就必须开始行动。我和万尼瓦尔·布什谈论了铀计划在战争期间应束之高阁。现在你们将制造一种高效武器的计划放到我面前。如果要制造这种武器,我们必须第一个制造。否则我们承担不起其后果。但我在这里要告诉你们,除非我们用已有的知识

弄清楚了它们，否则这项工作不会有任何重大的进展。”

他转向劳伦斯。“欧内斯特，你说你对这些核裂变炸弹的重要性深信不疑，你准备将你生命中以后的数年时间奉献给它们的制造吗？”

……这一问题使劳伦斯大吃一惊。我仍能记得他的眼神，他半张着嘴坐在那里。这是一个严肃的个人决定……他只犹豫了片刻：“如果你告诉我这是我的职责，我一定会尽力而为。”

回到华盛顿，科南特简要地向布什汇报了他称为“我不情愿出席的、一直是攻击对象的芝加哥商谈的结果”。这两位管理者决定着手准备一份国家科学院的第三次评估报告，这时，扩大了的康普顿委员会包括刘易斯（W. K. Lewis），一个在估价从实验室工序到工业规模的成功可能性方面享有盛誉的化学工程师，还包括科南特在哈佛大学的同事乔治·基斯佳科夫斯基，他是常驻国防研究委员会的爆炸专家。

基斯佳科夫斯基高个、骨骼粗大和性格暴躁，长着一副扁平的斯拉夫人的面庞，具有很强的自信，18 岁时自愿参加了白俄军队，在俄国革命中投入战斗。“我在这样一个对民权和人类自由都看得很重的家庭中长大，”晚年他告诉一个采访者，“我的父亲是一个社会学教授，曾写过有关这些主题的文章和著作，因而在沙皇政权下惹上麻烦，非常实质性的麻烦。母亲也有同样的政治取向。我认为，他们两人在一段短时间里是马克思主义者，然后背离了它。这也就是我 18 岁时参加反布尔什维克军队的确切原因。这的确不是因为我喜欢沙皇专制。当然，早在这一切全都结束之前，我就对白军已深感厌恶。”基斯佳科夫斯基逃到德国并于 1925 年在柏林大学取得博士学位。他可以留下来，但他的教授劝他到别处看看。“他告诉我如果想从事学术研究，我就应该移民；说我在德国决不会找到一份工作——‘你在这里永远是一个俄国人。’”普林斯顿以协作关系接受了这个乌克兰化学家,不久因他的才能聘用了他。然后,哈佛大学发现了他并设法获得了他。1930 年,他移居(美国)并来到哈佛大学,1938 年成为化学教授。

科南特就是将基斯佳科夫斯基从普林斯顿大学挖到哈佛大学来的人之一。他非常尊重他的这位朋友兼化学研究员的意见。“当我零零星星地向他提起,通过将两块可裂变物质快速组合在一起能制造出炸弹的想法时,他第一反应是托马斯式的疑虑重重。‘这在战场上似乎太难做到了,’他评说道。”但是,当英国的希望和物理学家们的恳求都无可奈何时,最终还是基斯佳科夫斯基的判断说服了科南特:

> 在我们见面几周后,他的怀疑消失了。“它能够被制造出来,”他说,“我百分之百地被说服了。”
>
> 当我听到乔治·基斯佳科夫斯基深思熟虑的判断时,我对布里格斯计划的怀疑立刻烟消云散了。我与乔治相知多年……我请他担任国防研究委员会爆炸部的领导者……我对他的判断完全有信心。如果他信服阿瑟·康普顿的计划,那我为什么还要留一手呢?

奥利芬特说服了劳伦斯,劳伦斯说服了康普顿,基斯佳科夫斯基说服了科南特。科南特说,康普顿和劳伦斯的态度“深受布什重视”。但“更重要的”是,莫德报告由 G·P·汤姆孙——现在是英国驻渥太华的科学联络官——于 10 月 3 日正式传送给了科南特。10 月 9 日,来不及等待国家科学院的第三份评估报告出来,布什就将莫德报告直接交给了总统。

富兰克林·罗斯福、亨利·华莱士和科学研究和发展局主任星期四在白宫会晤。在布什同一天写给科南特的一个备忘录中，他明白地指出，莫德报告是这次会谈的基础：“我向会议报告了英国的结论。”他告诉总统和副总统，原子弹的爆炸核心可能重10余千克，而爆炸威力却相当于大约1800吨TNT，需要一个造价数倍于一座大炼油厂的庞大工厂来分离铀235，原材料可以从加拿大和比属刚果得到，英国估计第一枚原子弹可能在1943年底制造出来。布什试图说明，一个原子弹工厂一个月只能生产两到三枚炸弹，不知总统是否接受这种“相对低的产量。”他强调指出，他的发言主要基于“对一些实验室研究进行初步计算的结果，不是被证实了的情况”，因此不能保证成功。

布什基本上是介绍英国的计算和英国的结论。这番介绍表明，英国在这一领域比美国更为先进。因此，讨论话题转向美国可不可以将自己依附于或如何依附于英国计划上。“我提出与英国进行完全的技术交流，这一建议被采纳了。”布什讲解说，英国的“技术人员”也制订政策，提出政府部门出面开发作为战争武器的原子弹，并且将他们的这一政策直接提交给战时内阁获得通过。布什说，在美国，国防研究委员会的一个部门和顾问委员会考虑技术问题，只有他和科南特考虑政策。

政策是总统的特权。布什刚一提出来，罗斯福就一把夺了过去。布什将这一决定当成这次会议的极为重要的成果，在给科南特的备忘录中将它强调为头等重要的东西。罗斯福希望政策的制订应限制在一个小组中（后来称为最高决策小组）。他指定了它的成员：副总统华莱士、国防部长亨利·史汀生、陆军参谋长乔治·马歇尔、布什和科南特。每个人都直接由总统授权。罗斯福本能地将原子核武器的决策权留给了自己。

因此,在美国原子能工程的开始时期,科学家们对他们所建议制造的武器的政治和军事用途的决定权一下子就被否定了。布什高兴地接受了这一现实。对他来说,这是一个由谁来主持局面的简单问题。会议的结果使他留在了最高核心机构,他将立即利用这一有利条件来使物理学界步入正轨。正如他在11月份写给弗兰克·朱厄特的信中说的,在几小时内,他"向阿瑟·康普顿和他的那班人强调这样的事实,他们被要求只作技术上的汇报,而对普遍政策的考虑不是需要他们承担的课题。"

耐人寻味的是,布什将保留决策权和缓解外界的批评联系起来:"过去的许多困难事实上都是因为欧内斯特·劳伦斯尤其在政策方面有过于强烈的想法,并且到处谈论它们……我不能……让他再乱发议论,因为总统没有授权让我这样做。"他正是用这样的试验——对政策保持沉默——来测试劳伦斯和康普顿的忠诚度:"我认为(劳伦斯)现在懂得了这一点,我肯定阿瑟·康普顿也这样,我认为我们在这方面的困难已经克服了。"

一个科学家是帮助或者不帮助制造核武器,只能选其一。在这个问题上,被接纳的代价是对更高一级权威的屈从,可以发展成为一种具有最高权力的独立的、秘密的状态,这种状态通过个人,将总统的权威与民众的状态联系了起来。

许多决定可以归因于爱国精神,但从物理学家的言谈看,他们更深入的动机是担心——担心德国人取胜,担心不受原子弹伤害的德意志"千年帝国"。并且比担心更深入的是宿命论。原子弹早就潜藏在自然界中,好像基因潜藏在肉体内一样。任何国家都可能学会制造它、掌握它,因此竞争不仅是针对德国的。正如罗斯福明显感觉到的,竞争也是针对时间的。

布什在备忘录中暗示，罗斯福对德国人的担心，远不如对获得如此具有决定意义的一类新破坏工具的长期后果的担心。"我们最后讨论战后如何控制，"布什给科南特的信中写道，"以及原材料的来源"（相信这种原材料的来源相对稀少；无论谁掌握了它们，似乎就有充分的理由垄断原子弹）。罗斯福的思考已经超越了为这场美国尚未卷入的战争开发原子弹，他在思考将会改变世界政治格局的军事发展。

布什是一个成功的管理者，部分是因为他知道自己的权限，因而提出，一个"更广大的计划"——原子弹的工业生产——到时候要由某些大机构而不是科学研究和发展局来掌控。罗斯福同意了。作为对他自己工作的总结，布什告诉这位总统，他懂得他要设法加快必须的研究，但"在从他那里得到更多指示之前，无法以任何明确的步骤继续实施这一扩展了的计划……他指出这是正确的。"资金嘛，总统告诉他，"将会从一个用于像这样的特殊目的的特殊来源获得，并且……他能够安排好。"

美国还没有保证造原子弹，但保证全面论证是否能够造出原子弹。有一个人，富兰克林·罗斯福——秘密地，没有请示国会或议会——决定了那个承诺。它似乎是一个军事决定，而他是总司令。

布什和科南特着手要求阿瑟·康普顿准备提交一份国家科学院的第三次评估报告。康普顿向塞缪尔·阿利森询问能帮他计算铀235临界质量的人员名单。阿利森在碳吸收截面课题上一直与恩里科·费米有联系，因而极力推举他。康普顿"在哥伦比亚费米自己的办公室召见了他。他走向黑板，为我简单而直接地推导出方程，从这个方程能计算出……链式反应球体的临界尺寸。他用指尖写出了各个最新的实验常数值，他讨论数据的可靠性……甚至最保守的估计表明，引起核爆炸所需的裂变金属的量几乎不会超过45千克”。*

康普顿转而到哈罗德·尤里的办公室观察同位素分离。尤里因氢同位素分离而获得诺贝尔奖,在该领域是世界公认的领头人;他一开始就在铀委员会和海军研究实验室指导同位素分离的研究工作。他亲自研究铀235的化学分离(最终证明在当时给出化合物是不可能的)和采用离心机分离。估计每天生产1000克铀235的离心分离厂需要约40公里见方的厂房来摆放离心机,花费约1亿美元。他最近已经以铀委员会的名义与威斯汀豪斯公司签约,生产一台样机。

尤里起初怀疑气体多孔膜扩散。他和约翰·邓宁不能协调一致,也许因为他们都是狂热的人,只是在1940年离心分离机开发工作进展顺利的情形下,尤里才把注意力转到邓宁和尤金·布思正在用他们自己的经费致力开发的方法上。1940年,在到斯克内克塔迪旅行回来的路上,他们在晚宴上选择了气体多孔膜扩散,其他方法因为不适合大规模生产而被系统地排除了,很像派尔斯和西蒙做过的那样。布思回忆道,他们对核能,而不是对制造原子弹感兴趣,“我们从事能导致核能生产的同位素分离工作,其原因是简单而又普通的。如果利用普通的铀能使链式反应变得可能,一种小型而又廉价的能源工厂就可能靠浓缩铀建起来。”

1940年11月,邓宁和尤里对气体多孔膜扩散过程作了一个联合评估。邓宁的膜材料当时是烧结的玻璃——部分地是熔合的,因而是多孔渗透性的二氧化硅,就是那种制造瓷器

---

* 康普顿记忆有误,这比费米的正确计算更为乐观。在康普顿拜访乔治·布莱特之后,布里格斯铀委员会的理论家请求费米从理论上计算他的公式。费米忙于他的铀-石墨实验,于10月6日得到了一组粗略的数据。他用截面作出推测:130千克。他补充说:“依我看来,没有谁能排除(临界质量)低到20千克或者高达数吨的可能性。”

的材料——可能会被六氟化铀腐蚀。他们估计气体扩散工厂将包括大约5000个分离膜槽——“一级一级的”——但没有打算确定其成本和所需的动力。

1941年秋天，在没有官方支持的条件下，邓宁和布思仍然取得了重大进步。他们改用黄铜做多孔膜，其中的锌被腐蚀掉了（黄铜是铜和锌的合金，把锌腐蚀掉就能制作多孔渗透性材料）。就在康普顿访问一个月后的11月，他们用他们的设备成功地浓缩了可观数量的铀。

康普顿下一步是到普林斯顿拜访尤金·维格纳，维格纳的工作很接近费米。维格纳为康普顿澄清了快中子和慢中子裂变之间的区别。他认同费米正在作为生产94号元素的方法而开发的铀-石墨系统。康普顿写道：“他几乎是流着泪恳求我，帮忙设法使这一项原子计划运转起来。他对纳粹可能会首先造出原子弹的真切恐惧给人的印象极为深刻，因为他在欧洲的生活体验使他对纳粹有深切的了解。”

回到芝加哥，康普顿找格伦·西博格谈话，西博格是在康普顿的要求下从伯克利来到东部的。西博格自信他能发明出用化学方法从铀分离出94号元素的大规模的遥控技术。

借助这一圈访问得到的信息，康普顿于10月21日在斯克内克塔迪召开了一次他的委员会的会议。他为会议草拟了一份报告。劳伦斯写信来说他想带罗伯特·奥本海默来：“我非常信任奥比，我很想听取他对我们讨论的意见。”在康普顿家的火炉边，科南特听说劳伦斯邀请了奥本海默，便狠狠地斥责了劳伦斯，奥本海默还是一个局外人。为了有助于理论研究，劳伦斯的请求还是得到了同意。

劳伦斯和奥本海默之间关于劳伦斯称之为理论家的“左派活动”的争执几乎使得奥本海默被排斥在原子弹计划之外。这时奥本海默已和原名叫凯瑟琳·普恩宁（Katherine

Puening)、人称基蒂的妇女结了婚，并有了一个六个月大的儿子。奥本海默开始想得到一份任务。“我认识的许多人离开这里去从事雷达和军事研究的其他方面的工作，”他后来表明，“我很羡慕他们。”当他邀请劳伦斯参加他在鹰山的雅致的新居为专业联盟——美国科学工作者联盟举行组织会议时，才了解到被接纳的代价，康普顿是这个联盟的资深会员。劳伦斯不想参加他称为“目标和忧患”的任何政治活动，并且禁止他的员工参加：“我不认为这是一个好想法，”他告诉他们，“我不希望你们去参加。我知道它并没有什么问题。但是，我们正在计划一些与战争工作有关的大项目，这样做就欠妥了，我不想让华盛顿的某些人有机会找我们的麻烦。”奥本海默不是一个这么容易放弃的人，他不同意劳伦斯的观点，认为，人道主义是每个人的责任，比较幸运的人应该去帮助“倒霉的人”。纳粹是首要问题，劳伦斯针锋相对地说。他把科南特对自己的指责告诉了奥本海默。奥本海默保留自己的观点。10 月 21 日的会议上，奥本海默凭自己卓越的天赋打量这些铀工程的科学领导人，从而改变了自己的想法。他表白说：“直到我头一次与这个初步的原子能计划联系在一起，我才开始看到我能够直接发挥作用的地方。”他一旦看到他在战争工作中的用武之地，就很快把那些“倒霉的人”忘掉了，劳伦斯 11 月 12 日写道：

> 我……向你保证，任何时候都不会再有与美国科学工作者联盟相关联的困难了……我非常怀疑是否还有人此时想去成立一个组织，刁难、分裂、干扰我们正在进行的工作。我还没有和所有涉及者谈话，但所有我已经谈过话的人都赞同我们：所以你别在意这事。

劳伦斯在阅读奥利芬特的莫德报告概要后，召开了斯克内克塔迪会议。康普顿随后拿出了基于他10月出访时所获信息的评估报告。奥本海默在讨论铀235的临界质量时提出一个100千克的估计值，这很接近于费米的130千克的估计值。康普顿写道："基斯佳科夫斯基曾经讲解过，用单独一架飞机运载一枚原子弹便能给予敌方沉重打击具有重大经济利益。"

但是，康普顿悲哀地发现，他无法鼓动评估委员会的工程师们。布什坚持施加的务实精神使得国家科学院的评估报告过于脚踏实地，不论是在估计制造原子弹要多长时间方面，还是在估计这一项事业需要多少花费方面：

> 他们一致拒绝……理由是没有足够的数据。事实是，所有已经存在的相关资料都已摆在他们面前。某些答案是必要的，但它也可以是粗略的，否则我们的建议就毫无意义。在通过一些讨论后，我提出总的时间在3到5年之间，而总的开支……大约为数亿美元。没有哪个委员会成员提出反对。

这些美国数字正像英国莫德数字一样，就这样从一个科学家的魔术帽中冒出来了。原子能对工程学来说还是太新了。

如果说康普顿为许诺被拒绝而哀伤，劳伦斯则感到震惊。在24小时内，他给委员会主席写了一封精神抖擞的挑战信，而在纸边上写上了带威胁性的注记：

> 在我们昨天的会上，有一种倾向：强调不确定性，从而强调铀可能不是战争的一个要素。按我的意见，这是非常危险的……
>
> 当我们得到铀问题的一些答案时，如果从军事观点

来看，最终它们是否定的，这就不是一场灾难；但是如果这些答案意想不到地是肯定的，而我们又不能首先得到它们，其结果对于我们的国家就完全是一场悲剧。因此，我强烈地感到，在富有朝气、应全力以赴的铀研究上，任何一个犹豫不决的人，都要承担严重的责任。

但是，康普顿已经受到来自一个专家——万尼瓦尔·布什的威胁，他也很好地知道自己的职责，尽管他还不知道布什已经受委派来探险和扩张。他难以估计"原子弹的破坏性"。这些计算"涉及气压、迄今未知的温度下的比热、辐射和粒子穿过物质的传播，以及惯性力"。他求助于格雷格里·布赖特。布赖特比布里格斯更热衷于保密。"没有得到任何帮助，"康普顿咬着牙说。他转而求助于奥本海默，"我认识'奥比'大约有 14 年之久，我认为他在理解复杂问题的本质以及解释他观察到的问题方面有很强的能力。因此我乐意得到他的写有有益建议的信件。"10 月下旬，康普顿继续工作。

9 月，在莱比锡，沃纳·海森伯收到了从诺斯克水电厂运来的第一批 180 升的重水，他立即着手再一次进行上一年在达勒姆的"病毒所"里没有成功的链式反应实验：76 厘米的铝球充满了重水和氧化铀的交替层，超过 140 千克重，中间放置中子源，然后将铝球浸在实验室储水槽的水中。这一次，海森伯发现中子有些增加，足以推断实验成功了。这位德国诺贝尔桂冠学者现在从冯·魏茨泽克和豪特曼斯的工作中了解到，天然铀的持续链式反应将产生 94 号元素。他后来说："从 1941 年起，我们看到一条开阔大道出现在我们面前，引导我们制造原子弹。"

他决定告诉玻尔。他对玻尔可以帮助他达到什么结果从未明确解释过。他的妻子伊丽莎白（Elisabeth）相信"他在德国感到孤独。尼尔斯·玻尔对他来说是父亲般的人……他认为他能够与玻尔无话不谈……他的这位老朋友,在人事和政治事务方面都富有经验,玻尔的劝告对他总是那样重要”。他“看到自己面对着原子弹的幽灵,”伊丽莎白·海森伯解释说,“他想告诉玻尔,德国既不想也不能制造原子弹……暗地里他希望他的这一信息能防止有朝一日在德国使用原子弹。他不断地被这一想法所折磨……这个含糊不清的希望也许是他这次远行的最强烈的动机。”

10月底,海森伯和冯·魏茨泽克参加了在哥本哈根召开的一个科学会议。玻尔强调拒绝通敌,像他抵制丹麦和德国的所有联合活动一样,照例抵制了这次会议。不过,他却答应见见海森伯,按这位德国物理学家的妻子说,他“热烈而盛情地”接待了海森伯。

海森伯计划把他和玻尔的重要谈话留在晚上,那时,他们将在靠近卡尔斯堡荣誉宫的酿酒厂附近作长时间的晚间散步。“意识到玻尔处于德国政治势力的监视之下,”战后他回忆说,“以及他关于我的看法可能被报告给德国人,我试图将这次谈话引导到不会对我的生命带来直接危险的方面上来。”海森伯回忆起当时问过玻尔,对一个物理学家来说,战时从事“铀问题”工作是否正确,因为这一工作极可能“在军事技术中产生严重后果”。玻尔,从美国回来以后,一直不相信原子弹实际上有可能制成,“我从他的略带恐惧的反应上就知道他立刻懂得了这个问题的含义。”海森伯显然认为玻尔由于知道美国的秘密而对这个含蓄的揭露感到内心有愧了。但是,玻尔紧接着的反应使海森伯明白了,玻尔只不过是为海森伯的透露感到吃惊而已:玻尔立即问海森伯,原子弹是否真有可能制造出来。海森伯回忆说,他回答:需要有一个“很棒的技术努力”,他希望在现在这场战争中不会实现。

"玻尔被我的回答震惊了，明显认为我在有意暗示他，德国在研制原子武器方面有了重大进步。尽管我随后试图更正给他造成的这一错误印象，但我可能没有做到……我对这次会谈的结果很不满意。"

这就是这次晚间散步交谈的海森伯版本。玻尔的版本语焉不详。他的儿子奥格(Aage)，一位诺贝尔奖获得者，继承他父亲的事业成为哥本哈根理论物理所所长，在一个论文集中他总结说：

> 1941年秋天沃纳·海森伯和冯·魏茨泽克访问哥本哈根时，对于德国赋予(原子能研究)巨大军事重要性的印象加强了……在与我父亲的一次私人会谈中，海森伯提出了原子能的军事应用问题。我的父亲沉默不语，表示他的怀疑态度，因为还有很大的技术困难需要克服，但他有这样一个印象，海森伯认为如果战争拖延下去，新的可能性可能会决定战争的结果……(海森伯)(对这次会谈)的说明没有事实依据。

罗伯特·奥本海默，也有一个直接来自玻尔的说法，将这次会谈精简为这样的评论："海森伯和冯·魏茨泽克从德国那边过来，其他人也是如此。玻尔有这样的印象，他们来这里不是想说些他们所知道的，而是想了解玻尔是否知道他们还不知道的东西，我相信那是一个僵局。"

这两个说明并不矛盾，但二者遗漏了一个至关紧要的事实：海森伯向玻尔呈递了一份他正在建造的重水反应堆实验的图纸。如果他暗中做了这事，他一定是冒着生命危险的。如果他做这事是在玩弄手段，在纳粹的授意下用以误导盟国的谍报系统，那么他肯定不会再将玻尔当成像伊丽莎白·海森伯所写的父亲般的人。无论他是哪种意图，这都让玻尔产生了误解。伊丽莎白·海森伯认为,“玻尔基本上只听了一句话:德国人知道原子弹会被制造出来。他对此深感震动,而且他的惊愕到了神志昏乱的程度。”但是,奥格·玻尔和奥本海默的说明都暗示了玻尔另外的反应:愤慨,甚至怀疑海森伯可能乐意以某种方式、某种理由与纳粹德国合作。而海森伯则对玻尔未能看到和相信他的保留而感到吃惊,正如他妻子写的,也对玻尔未能理解他“与他的国家和人民的联系,并不等于他同那个政权的联系”而感到吃惊。相反,她补充说:“玻尔告诉海森伯,他完全理解,在战时,一个人应该用他的全部才能和力量为他的祖国而工作。”这并不奇怪,因为这暗示玻尔把他想得最坏——认为他是心甘情愿地为纳粹而工作的——“玻尔的回答使海森伯深感震惊”。

这次会谈,尤其是海森伯交出的图纸,使玻尔深感忧虑,但他对任何一个国家,特别是在战时,能够拥有足够的工业生产能力来进行同位素分离这样的事一直持怀疑态度。他一定为他眼中这样一个杰出而曾经深爱的学生的背叛行为感到痛苦。而对海森伯而言,海森伯的妻子说,他发现自己处在“一种混乱和令人失望的状态下,”即使冒了险,他没能使玻尔相信他的真诚,也没能以任何方式开始的防止可能的灾难对话。没有这样的对话,他只能暗暗地用链式反应方面的进展的消息来进一步给德国最强大的敌人报警。这些消息一定会促进盟国致力于制造原子弹。正如鲁道夫·派尔斯所写的,在海森伯生命中的那段时间里,“他自愿与魔鬼一同喝汤,并且,也许他发现没有一把足够长的汤匙。”

阿瑟·康普顿在11月1日这个周末之前将国家科学院第三次报告的草稿复制件上交给了万尼瓦尔·布什和弗兰克·朱厄特。新报告很简短,只有6页,而且是隔行打字的(附有49页技术附录和有关图表),最后,报告强调指出了这样一点:"现在这个报告的特别目标是考虑一种用铀 235 产生爆炸裂变反应的可能性。"康普顿写道,分离铀同位素方面的进展,使得思考重新变得紧迫起来(一个有些不够坦率的根本原因是:英国的进展刺激了这种改变)。

这一次,报告明确指出:"一颗具有超级破坏力的裂变炸弹可以由足够质量的铀 235 元素迅速地组合在一起而产生。这一点看来与任何根据理论和实验得出的尚未尝试过的预测一样有把握。"在第二页上,在国家科学院的三个报告中首次提到的对快中子裂变临界质量的估计指出:"在合适的条件下,产生一个爆炸性裂变所需要的铀 235 的质量,不可能小于 2 千克,也不会大于 100 千克。这些上下限相差极大的数字主要反映了在实验中铀 235 快中子俘获截面的不确定性。"

国家科学院对破坏力的估计比莫德报告的估计低些,每千克铀 235 约为 300 吨 TNT 当量(对于 10 余千克铀,300 吨与莫德的 1800 吨相对照),但是,美国的报告强调了炸弹的放射性对生命的破坏效应"也许和爆炸本身同样重要",试图以此来补偿对从少量物质释放一份巨大能量的效率的怀疑。

离心法和气体扩散法已经"接近实施阶段"。"在 3 年到 4 年之内可以有一定数量的"裂变弹投入使用。与前两个报告一样,它没有强调德国人的挑战而是强调了远景:"在几年之内必须对应用这里所描述的原子弹或者其他与使用铀裂变类似情况的可能性作出严肃的考虑,它们可能决定军事优势。为了很好地适合我们的国防,看来需要紧急发展这个计划。"

在详细的附录中,康普顿计算出密密包裹在反射层中的炸弹的临界质量不超过 3.4 千克;基斯佳科夫斯基讨论了一次裂变爆炸是否会具有在能量上相当的 TNT 炸药爆炸的破坏力,证明了将两块铀高速撞在一起而发生反应的可能性;在康普顿的委员会,一位资深物理学家关于同位素分离系统的报告赢得了赞同，经过考虑后推荐采用“平行发展的原则”，也就是同时发展各种方法，这是一种防止一个或者多个方法可能失败的高价却节约时间的办法。

值得注意的是，第三份报告没有提到哥伦比亚大学的铀－石墨或者钚的工作。康普顿回忆说，铀 235 原子弹看上去比钚原子弹“更为直接，成功的把握更大”，但这一省略也反映了布里格斯对优先项目判断的影响，而他本人已被闲置一边。布什在会见康普顿之前写信给朱厄特，已经提到“目前让布里克斯去掌管一个致力于物理测量的部门”——实在是一颗小土豆——并且组成“一个由全职领导管理发展的新小组。”他正在考虑欧内斯特·劳伦斯，但又认为劳伦斯说话太多：“事情……必须在最秘密的条件下处理。这是我对提名欧内斯特·劳伦斯举棋不定的原因。”

如果说第三份也是最后一份国家科学院报告只是将先前的总统决定合理化，那么它至少审核了英国人的独立发现，并对美国物理学界有所交待。美国终于走上了原子弹制造之路。它的惯性与它的科学、工程和工业能力这辆重型货车的质量成正比，而加速度克服了这一惯性，它如今开始运转了。

在富兰克林·德拉诺·罗斯福所签署的文件中，没有一件与加速原子弹研究的重大决定有关。万尼瓦尔·布什在他 10 月 9 日给詹姆斯·布莱恩特·科南特的备忘录中报告：档案文件中没有泄露机关。档案中最接近于这种记录的只有一张普普通通的短笺，而正是这张纸改变了世界。布什于 1941 年 11 月 27 日将国家科学院的第三份报告亲自交给了总统。两个月以后，罗斯福把报告退还给他，并附有一张用黑墨水和粗笔尖在白宫信纸上写的短笺，这一短笺仅仅传递了保守国家秘密的平常话，只是它所用的第一个口语和总统名字的首字母说明了它的权威性：

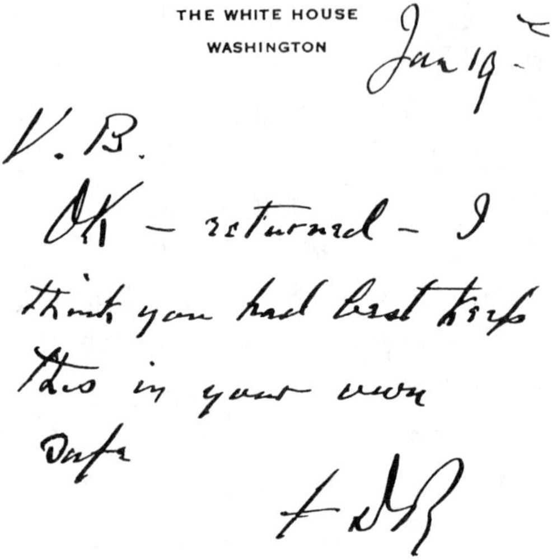
THE WHITE HOUSE
WASHINGTON

Jan 19

V.B.
OK – returned – I think you had best keep this in your own safe

FDR

短笺内容:“1 月 19 日　V. B.（布什）　OK—回执— 望把它妥善保存在你自己的保险柜内 FDR(罗斯福)”

钚仍然是无人领养的孤儿,劳伦斯和康普顿却相信它前途无量。12 月上旬,当布什和科南特召集铀委员会成员到华盛顿宣布他们工作的重组情况时,康普顿找到了发表这方面意见的机会。布什和科南特决定,哈罗德·尤里在哥伦比亚大学开发气体扩散方法;劳伦斯在伯克利继续进行电磁分离;一位年轻的化学工程师、新泽西标准石油公司研究部主任伊格·墨弗里(Eger V. Murphree)监管离心分离机的发展工作并且照看更广泛的工程问题;康普顿在芝加哥负责原子弹的理论研究和实际设计。康普顿写道:“会议宣布休会,将在两周内再次召开,好比较进展情况,更加稳固地形成我们的计划。”

布什、科南特和康普顿在拉斐特广场的宇宙俱乐部共进午餐。在那里,这位芝加哥物理学家大声地说起钚。他强调用化学萃取法制造94号元素比用同位素分离法更优越,是"一个有价值的竞争者"。布什持谨慎态度。科南特指出,新元素的化学性质仍然很不清楚。康普顿回忆他们当时交换意见的情形:

> "西博格告诉我,在(钚)通过链式反应形成后的6个月内,他能用它来制造原子弹。"这也是我的意见。
>
> "格伦·西博格是一个非常有才能的年轻化学家,但他不是很好的人选,"科南特说。

格伦·西博格是一个多么难得的化学家。科南特回忆当时的情景,康普顿继续认为,即使钚没有资格作为原子弹材料,"(在天然铀——费米和齐拉的项目中)构造出自持链式反应也是一个辉煌的成就";"事实将会证明,测量和理论计算都是正确的":

> 我从不知道,解决布什头脑中问题的是不是实验验证慢中子反应已接近成功,或者他是否对康普顿在生产出钚原子弹方面的信念有深刻印象,而我作为化学家,对钚原子弹缺乏信心。无论如何,在几周内的所有事情中,他同意了康普顿提出的在芝加哥建立非常秘密的项目。

布什在一个周末召开了华盛顿会议来调配这些繁忙的人。他们于1941年12月6日星期六聚集在一起。他们几乎都立刻发现自己成了大忙人。

1941年12月7日,星期日,夏威夷时间上午7点,在瓦胡岛最北端的卡赫库角附近,两名正在关闭欧帕纳流动雷达站的二等兵注意到显示屏上有一个不寻常的跳动，这个雷达站是一个飞行器侦察单元，早晨4点起开始运行。他们检查并证实没有任何故障，并确认了大量成团的光斑"一定是一个机群"。他们的标航线盘指示是在东北212公里的地方，出现的飞机超过50架。其中一个士兵打电话告知在岛的另一端的夏芙特要塞的情报中心，雷达和肉眼勘查报告都在这里的一张桌面地图上汇总。接电话的陆军中尉听到雷达操作员说他看到"他从未看到过的最大的……"可是，这个操作员没有报告他估计的飞机数量。

陆军和海军都收到了日本进攻的紧急报警。日本认为在东亚的统治对他们来说生死攸关。日本入侵中国，1937年在上海，多达20万的男人、妇女和儿童被日本军队残酷杀害*。美国对日本军事扩张的反应是禁运战争物资和冻结日本人在美国的资产。航空用油、钢铁和废铁相继列在1940年9月的禁运表格中，而当时日本凭法国维希政府一个懦弱的应允占领了原法属印度支那。日本人作出估计，如果没有获得亚洲其他国家的石油和铁矿石使用权，他们将不能坚持18个月以上。一段时间里，他们一边继续谈判，一边准备战争。现在，谈判失败了。

沃尔特·肖特(Walter C. Short)中将，陆军夏威夷部队司令，11月27日收到一份由总参谋长乔治·马歇尔(George Marshall)签名的密码电报，部分内容如下：

> 抱着日本政府可能会回心转意的渺茫希望而与日本进行的所有实质性谈判看来已经走到了尽头。日本的进

---

* 原文如此。1937年日本占领南京后，在南京屠杀了30万中国平民。——译者

一步行动是无法预言的，但日本人随时可能采取敌对行动。如果战争行动不可避免（重复一遍，不可避免），则美国希望是日本首先采取公开的行动……应该采取一些措施，但不要（重复一遍，不要）惊动民众或揭露其意图。

肖特有三种级别的报警措施可供选择，从“一种针对来自外部没有任何威胁的破坏、间谍和颠覆的防卫”逐级上升到针对“全面进攻”的全面防卫。他认为陆军部的信息明显地“主要是写给在菲律宾的的麦克阿瑟将军的”，并且选择了有限的针对破坏活动的防卫，一号警报。

海军上将赫斯本德·金梅尔（Husband E. Kimmel），美国太平洋舰队总司令，数小时后也收到了海军部发给他的相似但更为严峻的消息，他的舰队当时驻在瓦胡岛南岸、火奴鲁鲁（檀香山）西部的珍珠港。电文如下：

这封急件是一份战争警报。与日本谋求太平洋地区稳定的谈判中止了，估计近日内日本会发起一场攻击性行动。相当数量和装备的日本军队以及它的海军特遣部队预示会发起一场针对菲律宾、泰国、朝鲜半岛或是婆罗洲的两栖进攻。做好适当的防御配备并随时待命。

金梅尔注意到了可能发生冲突的其他区域。在他和肖特交换信息时，他注意到陆军警报中的“更谨慎的措词”。他认为，“适当的防御配备”意思是对海里的船只采取全面的安全措施。突如其来的潜艇攻击看来是可能的，他针对任何在瓦胡岛周围的水域中发现的潜艇布置了深水炸弹。

因此，接到欧帕纳流动雷达站电话的陆军中尉没有意识到危险。他为这不寻常的报告寻找并且找到了常规解释。陆军出钱给火奴鲁鲁的KGMB广播电台，让它在向岛上运送飞机时通宵播放夏威夷音乐,给飞机领航员们一个搜索的信号。那天早晨,这位陆军中尉在他到情报中心的路上在收音机中听到了这种音乐。他确定雷达是探测到了 B-17 的机群。欧帕纳流动雷达站标出的航向也是接近从加利福尼亚飞来的平常方向。"好了,别担心了,"陆军中尉如此告诉雷达操作员。

珍珠港是一个包在岛内的浅水混合内港,通过一个狭窄的通道通向海里。一个半岛(珍珠城)和一个港内岛(福特岛),使珍珠港的主港湾成为一圈狭窄的环形水域。1941 年,干船坞、储油罐和一个潜艇基地占据了港口不规则的东岸。那个星期天的早晨,7 艘战舰直接停在福特岛的东南岸边。"内华达"号单独停泊;"亚利桑那"号紧挨着修理船"赤诚"号;"田纳西"号紧挨着"西弗吉尼亚"号;"马里兰"号紧挨着"俄克拉荷马"号;"加利福尼亚"号单独停泊。第八艘战船,"宾夕法尼亚"号,毫无遮掩地挤入附近的干船坞。

39 岁的日本皇家海军少校渊田美津雄,身着红色衬衫,以此向别人掩饰他可能流出的血,头盔上缠着一条写着"必胜"的白色布条,上午 7 时 53 分,当他的飞行员在珍珠港西南的巴伯角附近倾斜飞行时,他大喊"虎! 虎! 虎!"以此来通知正在收听电讯的日本海军,他的 183 架飞机第一波突袭已经完全成功。他指挥的 43 架歼击机、49 架高级轰炸机、51 架俯冲轰炸机和 40 架雷击机从 320 公里外的 6 艘航空母舰出发向北。而航空母舰在战列舰、重型巡洋舰、驱逐舰和潜艇的强大护航下于 11 月 25 日离开日本北方择捉岛的单冠湾,在无线电停用的情况下黑灯瞎火地在狂风暴雨而又辽阔空旷的太平洋上航行了大约两个星期后到达这个最佳的集合点。

雷击轰炸机被分成两架一组、三架一组进行俯冲。如有必要,全部飞机准备用机身猛撞美国战船,不过,他们的进攻没有遇到任何阻拦。上午7时58分，福特岛指挥中心慌乱地用明码发出无线电信号：空袭珍珠港，这不是演习。海军上将金梅尔在邻居家的草坪上目睹了进攻的开始——“完全不相信自己的眼睛，完全被惊呆了，”他的邻居回忆说，“脸色苍白得与他穿的制服一样。”雷击机攻击了一艘轻型巡洋舰和一艘靶舰、一艘布雷舰、其他轻型巡洋舰，然后是其他战船：“亚利桑那”号被抛出水面；“西弗吉尼亚”号被巨浪冲刷着；“俄克拉荷马”号被3架雷击轰炸机轮番攻击立刻向左船舷严重倾斜；“亚利桑那”号的船底被炸掉了；3架雷击轰炸机向“加利福尼亚”号进攻；另有两架攻击“西弗吉尼亚”号；第四架也加入轰炸“俄克拉荷马”号的攻击，使得这艘巨舰反复跳动然后翻转成船底朝天了；“亚利桑那”号被一枚炸弹炸中储存室，船体被炸开了，至少有上千人死亡，尸体、手、腿和头被抛上天空然后令人毛骨悚然地像雨一样落下；一架雷击轰炸机炸毁了“内华达”号停泊的港湾。浓黑的烟团在翻滚着，遮蔽了夏威夷早晨蓝色的天空，水面在猛烈燃烧，尖叫的人们试图从燃烧着的黏稠的油的浮渣中游到岸边。在希甘姆机场、伊瓦机场和惠勒机场，日本歼击机和轰炸机摧毁美军在地面上的飞机，用机枪扫射士兵和从兵营里涌出的水兵。一小时后，超过167架强击机的第二波进攻造成了更大的破坏。两次袭击共计摧毁8艘战舰、3艘轻型巡洋舰、3艘驱逐舰，使4艘船只沉没、倾覆和破坏，292架飞机包括117架轰炸机被摧毁或损坏。在持续了仅仅几分钟的突袭中，包括军人和平民，有2403名美国人死亡，1178人伤残。第二天下午，富兰克林·罗斯福召开参众两院联席会议，在国会上发表了讲话，要求对日宣战，并对德国和意大利宣战，这一声明得到了国会通过。

策划偷袭珍珠港的人，是日本联合舰队总司令、海军上将山本五十六，他很少指望对美国的战争能获得最终胜利。他曾在哈佛大学上过学，并当过驻华盛顿的海军大使专员，深知美国的强大。但是，如果战争一定到来，他会“突然给敌方舰队以致命的打击”，尽管开始时希望渺茫。他希望通过这次偷袭行动，能为他的国家赢得6个月到1年的时间来建立大东亚共荣圈，并专心致志地干了起来。

雷击机曾面临一个挑战。珍珠港只有12米深。从飞机上落下的鱼雷在进入进攻深度之前通常会下沉到20米以下的深度。日本人只好下降投弹高度，不然就会使他们的炸弹沉没在珍珠港的淤泥中。

他们通过反复试验发现，只要在水面12米高的上空飞行并减小其飞行速度就能够做到浅水投弹——这种操作需要熟练的飞行技巧——但进一步的改进需要对鱼雷进行重新设计，主要是测试和校正误差。直到10月中旬，渊田美津雄的机组仍然不能处理好18米深的深水投弹，那还是太深了。

一种新的稳定翼，最初是为航空稳定性而设计的，使这项特殊任务起死回生。9月份测试，它始终如一地保持雷击机低于12米稳定飞行，但是飞行员仍然需要做瞄准练习。到10月15日，只有30架这样的飞机能够使用，到月底50架，最后到11月30日100架，这已经是在特遣部队预定启航的时间以后了。

厂家做得很好。因为认识到这些武器对史无前例的秘密计划至关重要，经理福田幸郎一改公司规则，超时加班开动机床、装配产品，并于11月17日将180架改进的雷击机交货了。三菱军需品公司在九州的雷击机工厂发扬爱国精神为太平洋战争中的首次重大偷袭的成功作出了决定性的贡献。九州在日本岛的南端，离开长崎市老港海湾沿浦上河上溯近5公里，就是该厂所在地。